国家社科基金青年项目成果

本书由吉林省能源局委托项目——《吉林省能源供给侧结构性改革对策研究》

吉林省长吉图规划项目——《长吉图开发开放先导区口岸经济建设与发展问题研究》资助

森林碳汇交易机制建设与
集体林权制度改革协调发展研究

张伟伟　著

人民出版社

责任编辑：孟令堃

装帧设计：朱晓东

图书在版编目(CIP)数据

森林碳汇交易机制建设与集体林权制度改革协调发展研究/
　　张伟伟著.—北京：人民出版社,2017.12
ISBN 978-7-01-018451-7

Ⅰ.①森… Ⅱ.①张… Ⅲ.①森林－二氧化碳－资源管理－研究②集
体林－产权制度改革－研究－中国　　Ⅳ.①S718.5②D922.634

中国版本图书馆 CIP 数据核字(2017)第 261325 号

森林碳汇交易机制建设与

集体林权制度改革协调发展研究

SENLIN TANHUI JIAOYI JIZHI JIANSHE YU

JITI LINQUAN ZHIDU GAIGE XIETIAO FAZHAN YANJIU

张伟伟　著

人民出版社 出版发行

(100706　北京市东城区隆福寺街 99 号)

北京中兴印刷有限公司印刷　新华书店经销

2017 年 12 月第 1 版　2017 年 12 月北京第 1 次印刷
开本：710 毫米×1000 毫米 1/16　印张：26.5
字数：393 千字

ISBN 978-7-01-018451-7　定价：80.00 元

邮购地址：100706　北京市东城区隆福寺街 99 号
人民东方图书销售中心　电话：(010)65250042　65289539

目 录

摘　要 ……………………………………………………………… 1

引　言 ……………………………………………………………… 1

第一章　集体林权制度改革的历程、现状及绩效 ………………… 32

　第一节　集体林权制度改革的历程 …………………………… 32

　　一、土地改革时期 …………………………………………… 33

　　二、集体化林权发展阶段 …………………………………… 35

　　三、林业三定时期 …………………………………………… 38

　　四、现代林业发展阶段 ……………………………………… 40

　　五、集体权改深化阶段 ……………………………………… 42

　第二节　集体林权制度改革的现状 …………………………… 44

　　一、森林资源变化情况 ……………………………………… 44

　　二、林权流转情况 …………………………………………… 51

　　三、林权抵押贷款情况 ……………………………………… 56

　第三节　集体林权制度改革的绩效 …………………………… 59

　　一、集体林权制度改革的目标 ……………………………… 59

　　二、绩效评价方法说明与选取 ……………………………… 61

　　三、林改综合效益评价指标体系 …………………………… 65

　　四、林改经济效益实证检验 ………………………………… 73

第二章　森林碳汇交易机制设置、地区实践及储量测算 ………… 81

　第一节　国际碳市场与森林碳汇交易机制简介 ……………… 81

一、国际碳市场基本情况 …………………………………… 82

二、国际森林碳汇交易机制与碳汇项目 ………………… 85

第二节 我国森林碳汇机制简介 …………………………… 90

一、我国森林碳汇发展概况 ………………………………… 90

二、我国森林碳汇交易机制 ………………………………… 92

第三节 我国试点地区的森林碳汇交易机制 ……………… 96

一、北京市森林碳汇交易机制 ……………………………… 96

二、深圳市森林碳汇交易机制 ……………………………… 98

三、广东省森林碳汇交易机制 ……………………………… 99

四、湖北省森林碳汇交易机制 …………………………… 101

五、重庆市森林碳汇交易机制 …………………………… 102

第四节 我国森林碳汇项目的实践 ……………………… 103

一、试点省市森林碳汇项目的实践 ……………………… 104

二、非试点省市森林碳汇项目的实践 …………………… 116

第五节 我国森林碳汇量及碳汇经济价值的测算 ……… 126

一、森林碳汇量测算 ……………………………………… 127

二、森林碳汇经济价值测算 ……………………………… 130

第三章 集体林权改革与森林碳汇建设协调发展的理论分析 … 132

第一节 基础理论 ………………………………………… 133

一、外部性理论 …………………………………………… 133

二、碳排放权交易理论 …………………………………… 136

三、绿色发展理念 ………………………………………… 140

第二节 森林碳汇的供给与需求 ………………………… 144

一、森林碳汇供给分析 …………………………………… 144

二、森林碳汇需求分析 …………………………………… 158

第三节 集体林权改革和森林碳汇建设协调发展的理论关联 … 161

一、集体林权改革与森林碳汇建设协调发展的依据 …… 162

二、集体林权改革与森林碳汇建设协调发展的理论价值 …… 164

三、集体林权改革与森林碳汇建设的关联机制 …………………… 169

第四章　林业发展的国际经验借鉴 ………………………………… 175

第一节　美国林业发展的政策、金融及管理经验 …………………… 175
一、林业政策层面 ………………………………………………… 176
二、林业金融层面 ………………………………………………… 180
三、林业经营管理层面 …………………………………………… 182
四、美国林业发展的经验启示 …………………………………… 185

第二节　欧盟林业发展的政策、金融及管理经验 …………………… 186
一、林业政策层面 ………………………………………………… 187
二、林业金融层面 ………………………………………………… 192
三、林业经营管理层面 …………………………………………… 195
四、欧盟林业发展的经验启示 …………………………………… 199

第三节　日本林业发展的政策、金融及管理经验 …………………… 201
一、林业政策层面 ………………………………………………… 201
二、林业金融层面 ………………………………………………… 203
三、林业经营管理层面 …………………………………………… 204
四、日本林业发展的经验启示 …………………………………… 206

第四节　印度林业发展的政策、金融及管理经验 …………………… 208
一、森林政策层面 ………………………………………………… 208
二、林业金融层面 ………………………………………………… 210
三、森林管理层面 ………………………………………………… 212
四、印度林业发展的经验启示 …………………………………… 214

第五章　森林碳汇机制建设与集体林权改革协调发展的政策兼容机制 217

第一节　我国林业政策的权属特征与改革方向 …………………… 218
一、林业产权归属特征分析 ……………………………………… 218
二、林业政策改革目标与方向 …………………………………… 220

第二节　森林碳汇相关的林业政策 ………………………………… 223
一、森林权责法律制度 …………………………………………… 224

二、森林生态补偿制度 …………………………………… 226

三、森林经营管理制度 …………………………………… 228

第三节 集体林权与森林碳汇的政策兼容性分析 …………… 229

一、林权归属的界定问题 ………………………………… 230

二、林权计量政策问题 …………………………………… 231

三、森林采伐限额制度与碳汇市场交易安排 …………… 231

四、林业补贴政策与碳汇交易成本收益 ………………… 232

五、林权损益不确定问题 ………………………………… 233

第四节 林业政策兼容问题的博弈分析 ……………………… 233

一、假设条件 ……………………………………………… 234

二、博弈模型选择 ………………………………………… 235

三、博弈模型的选择策略集 ……………………………… 236

四、政府与供给方的博弈模型设计与效益讨论 ………… 236

五、双方博弈过程及策略选择 …………………………… 238

六、博弈结果分析 ………………………………………… 239

第五节 政策兼容机制设计 …………………………………… 239

一、森林碳汇交易市场发展初期的政策协调 …………… 240

二、森林碳汇交易市场发展运行期的政策协调 ………… 244

三、森林碳汇交易市场成熟期的政策协调 ……………… 248

第六章 森林碳汇机制建设与集体林权改革协调发展的金融互助机制 253

第一节 集体林权制度改革进程中的林业金融支持 ………… 254

一、林业金融支持的总量与构成 ………………………… 254

二、林业金融支持的类型与作用 ………………………… 255

三、林业金融支持的主要局限 …………………………… 259

第二节 森林碳汇产品对丰富林业信贷金融支持的作用 …… 261

一、森林碳汇基础金融产品能够扩大林业信贷金融支持 ………… 261

二、碳汇衍生金融产品将为林业信贷提供风险规避工具 ……… 266

三、森林碳汇金融组织服务体系将提升林业信贷服务质量 ……… 269

第三节　森林碳汇金融支持问题的实证分析 ………………………… 271

一、欧盟碳排放权资产定价模型实证分析 ………………… 271

二、我国金融体系支持林业经济发展的实证分析 ………… 277

第四节　森林碳汇机制建设与集体林权改革的金融互助体系构建 282

一、森林碳汇准备阶段政府主导的政策性金融体系 ……… 283

二、森林碳汇初步发展阶段的碳汇信托基金支持体系 …… 284

三、森林碳汇深入发展阶段的项目融资支持体系 ………… 287

四、森林碳汇全面实施阶段资产证券化融资模式 ………… 292

第七章　森林碳汇机制建设与集体林权改革协调发展的经营管理机制 296

第一节　林业经营管理概述 …………………………………… 297

一、林业经营管理的定义 …………………………………… 297

二、林业经营管理的分类 …………………………………… 298

第二节　我国林业经营管理现状 ……………………………… 299

一、林业的组织结构模式 …………………………………… 299

二、准备阶段的经营模式 …………………………………… 303

三、造林阶段的经营模式 …………………………………… 306

四、防护阶段的经营模式 …………………………………… 309

第三节　林业经营管理模式与森林碳汇的关系 ……………… 312

一、林业经营组织结构与森林碳汇 ………………………… 312

二、准备阶段管理模式与森林碳汇 ………………………… 315

三、造林阶段管理模式与森林碳汇 ………………………… 316

四、防护阶段管理模式与森林碳汇 ………………………… 318

第四节　林业经营管理模式影响森林碳汇的实证分析 ……… 319

一、森林碳汇量的测算方法 ………………………………… 319

二、碳泄漏的测算 …………………………………………… 320

三、碳吸收的测算 …………………………………………… 323

四、不同经营模式的影响 …………………………………… 325

第五节　林业管理模式设计 …………………………………… 326

一、林业经营组织结构模式的设计 ……………………… 328

二、准备阶段的经营管理模式设计 ……………………… 330

三、造林阶段的经营管理模式设计 ……………………… 333

四、防护阶段的经营管理模式设计 ……………………… 336

第八章　促进森林碳汇机制建设与集体林权改革协调发展的配套对策　340

第一节　森林碳汇交易机制与集体林权改革协调发展的基本内容 … 341

一、森林碳汇交易机制初期的内容设计 ………………… 342

二、森林碳汇交易机制中期的内容设计 ………………… 344

三、森林碳汇交易机制成熟期的内容设计 ……………… 346

第二节　推动森林碳汇交易机制建设与集体林权改革协调发展的路径　349

一、森林碳汇交易机制建设初期的路径设计 …………… 349

二、森林碳汇交易机制建设中期的路径设计 …………… 353

三、森林碳汇交易机制建设成熟期的路径设计 ………… 356

第三节　促进森林碳汇交易机制建设与集体林权改革协调发展的对策　362

一、碳汇交易机制建设初期的对策 ……………………… 363

二、碳汇交易机制建设中期的对策 ……………………… 368

三、碳汇交易机制建设成熟期的对策 …………………… 372

结　语 ……………………………………………………… 377

参考文献 …………………………………………………… 378

附　表 ……………………………………………………… 390

后　记 ……………………………………………………… 403

图目录

图引-1 研究思路 …………………………………………… 23

图1-1 2005—2014年主要林种造林面积变化情况………… 46

图1-2 2002—2015年七省林业总产值…………………… 48

图1-3 2002—2015年七省林业从业人员年人均工资……… 49

图1-4 2002—2015年七省人工林面积…………………… 50

图1-5 2002—2015年七省林业系统在岗职工数…………… 51

图1-6 2009—2014年七省林权流转林地面积及比例变化…… 55

图1-7 样本农户林地流转途径…………………………… 56

图1-8 七省抵押林地面积情况…………………………… 57

图1-9 七省林权抵押贷款金额…………………………… 58

图1-10 2002—2015年七省自年初累计完成投资………… 59

图1-11 历年来林业生产地区的经济效益趋势图………… 69

图1-12 林业经济、社会、生态、综合效益发展变化图……… 72

图2-1 碳市场框架及交易结构图………………………… 85

图2-2 森林碳汇交易运行机制…………………………… 87

图2-3 CCER森林碳汇申报及开发流程图……………… 94

图2-4 全国宜林地面积分布情况………………………… 95

图2-5 全国人工乔木中、幼龄总面积分布情况………… 96

图2-6 2003—2015年全国森林碳汇量…………………… 129

图3-1 碳排放权交易框架图……………………………… 140

图 3-2 不同立地条件下商品林和新建碳汇林的等额年金比较 … 152

图 3-3 不同立地条件下商品林和已有碳汇林的等额年金比较 … 153

图 3-4 集体林权制度改革与森林碳汇交易机制建设的关联机制 169

图 5-1 政府与林业经营者之间的博弈扩展形 …………… 237

图 6-1 中国绿色碳基金市场运作 …………………… 267

图 6-2 EUA、CER 现货价格、现货对数价格频数分布 …… 273

图 6-3 EUA 现货价格趋势图 ………………………… 274

图 6-4 CER 现货价格趋势图 ………………………… 274

图 6-5 EUA 现货对数价格趋势图 …………………… 275

图 6-6 CER 现货对数价格趋势图 …………………… 275

图 6-6 AR 根的分析结果 …………………………… 279

图 6-7 脉冲响应 …………………………………… 281

图 6-8 我国森林碳汇信托基金运作模式 …………… 287

图 6-9 森林碳汇资产证券化业务的运作程序 ……… 295

表目录

表 1-1　两次全国森林资源清查的情况对比 …………………… 38

表 1-2　四次全国森林资源清查的情况对比 …………………… 42

表 1-3　第八次全国森林资源清查的情况 ……………………… 44

表 1-4　林改后的森林资源变化 ………………………………… 46

表 1-5　集体林权制度改革后森林火灾情况统计表 …………… 47

表 1-6　七省林地流转规模 ……………………………………… 52

表 1-7　七省不同类型林地的林权流转情况 …………………… 53

表 1-8　七省林地流转情况 ……………………………………… 55

表 1-9　林业综合效益评价指标 ………………………………… 66

表 1-10　具体指标层评价指标的规格化值 …………………… 67

表 1-11　各层评价指标评价结果 ……………………………… 68

表 1-12　七省新一轮集体林权制度改革实施年份 …………… 75

表 1-13　2002—2015 年七省的 T 值设定 …………………… 75

表 1-14　ADF 单位根检验结果 ………………………………… 77

表 1-15　残差的平稳性检验 …………………………………… 77

表 1-16　Hausman 检验结果 …………………………………… 78

表 2-1　国际碳市场协议及规定 ………………………………… 83

表 2-2　目前全球主要的碳排放权交易制度 …………………… 84

表 2-3　国际碳市场分类 ………………………………………… 84

表 2-4　林业减排活动 …………………………………………… 90

表 2 - 5　我国碳汇交易机制建设历程 …………………………… 92

表 2 - 6　CCER 使用情况一览 ………………………………… 93

表 2 - 7　CCER 林业碳汇项目情况 …………………………… 95

表 2 - 8　北京市碳汇造林项目预估的碳汇量 ………………… 106

表 2 - 9　崇阳县碳汇造林情况 ………………………………… 108

表 2 - 10　项目的造林模式 …………………………………… 109

表 2 - 11　湖北省碳汇造林项目预估的碳汇量 ……………… 111

表 2 - 12　广东省碳汇造林项目预估的碳汇量 ……………… 114

表 2 - 13　福建省碳汇造林项目预估的碳汇量 ……………… 118

表 2 - 14　黑龙江省碳汇造林项目预估的碳汇量 …………… 121

表 2 - 15　四川省碳汇造林项目预估的碳汇量 ……………… 125

表 2 - 16　全国历年来森林碳储量 …………………………… 128

表 2 - 17　森林碳汇交易价格 ………………………………… 130

表 2 - 18　2003—2015 年我国森林碳汇经济价值 …………… 131

表 3 - 1　不同立地等级林分 40 年和 60 年平均材积 ………… 151

表 3 - 2　不同立地等级下林分单株落叶松 40 年和 60 年碳储量 … 151

表 3 - 3　生产函数、CET 函数和 Armington 条件函数的弹性 …… 156

表 3 - 4　森林部门亿元增加值碳补贴率(CSubsidy) ………… 156

表 3 - 5　不同方案下的森林碳汇需求约束 …………………… 161

表 4 - 1　欧盟部分成员国的森林构成与归属 ………………… 187

表 4 - 2　法国主要的林业税种 ………………………………… 189

表 4 - 3　德国主要的林业税种 ………………………………… 189

表 4 - 4　比利时的主要森林税种 ……………………………… 189

表 4 - 5　欧盟部分国家森林采伐与更新政策规定 …………… 190

表 4 - 6　欧盟实施绿色信贷的代表银行和产品 ……………… 193

表 4 - 7　各国碳基金一览表 …………………………………… 194

表 4 - 8　日本林业遗产税的还款期限与优惠税率 …………… 202

表 5 - 1　全国不同时期林业产权归属统计 …………………… 220

表 5 - 2　改革开放以来中国主要林业政策　………………　222

表 5 - 3　双方策略选择及其收益　………………　237

表 5 - 4　森林碳汇交易机制建设的具体制度设计　………………　240

表 6 - 1　2002—2015 年林业实际到位资金及其构成　………………　255

表 6 - 2　三种林业金融资金支持方式优缺点比较　………………　257

表 6 - 3　全国六种典型的林权抵押贷款模式　………………　258

表 6 - 4　福利彩票资金详细说明　………………　266

表 6 - 5　EUA、CER 描述性统计表　………………　272

表 6 - 6　EUA、CER 数据平稳性检验　………………　274

表 6 - 7　GARCH(1,1)模型的参数估算　………………　276

表 6 - 8　ADF 检验　………………　278

表 6 - 9　VAR 分析结果　………………　280

表 6 - 10　森林碳汇交易机制建设各时期金融体系具体内容　………　282

表 7 - 1　不同林业经营模式下具体的整地方式　………………　307

表 7 - 2　普通林项目边界外的二氧化碳泄漏　………………　322

表 7 - 3　碳汇林项目边界外的二氧化碳泄漏　………………　323

表 7 - 4　30 年间杉木林蓄积量　………………　324

表 7 - 5　30 年间杉木林固碳量　………………　324

表 7 - 6　森林碳汇市场建设与集体林权协调发展各阶段管理模式　327

表 8 - 1　森林碳汇交易机制建设的基本内容　………………　342

摘 要

党的十八大以来，习近平总书记在多个场合提到"绿色发展"理念。目前，"绿色发展"理念已经深入人心，植树造林是绿色发展的关键，林业的制度建设将成为促进绿色发展的重要工具。当前与林业相关的两项制度建设正在实施，集体林权制度改革已经成为解放林业生产力的破冰之剑，确权后生产要素向林业聚集，林业生产效率不断提升。然而，相对其显著的经济成效而言，其生态效果发展迟缓。集体林权改革无法调动林业经营主体种植生态林的热情，急需其他林业政策的补充和支持。在集体林权改革的同时，中国碳市场正在建设与发展，森林碳汇作为碳市场的重要交易品种与林业发展息息相关，森林碳汇交易机制设置将以集体林权制度改革为基础，并将对集体林权制度改革产生影响。两项林业发展相关的制度建设在时间上的重叠和空间上的集聚，是否需要协调发展并怎样相互协调才能为植树造林提供助力，才能促进生态林种植与保护，促进林业经济、生态及社会的协调发展，实现人与自然的和谐发展，这是值得我们思考的重要问题。

首先，笔者详细分析了集体林权制度改革与森林碳汇交易机制建设的现状，新中国成立以来，我国的林权制度改革经历了土地改革、集体化、林业三定、现代林业、集体林权深化等五个阶段，每一次变革都是国家针对林业生产关系所采取的制度变迁过程。最新一轮集体林权制度改革，在林权流转、森林资源变化、林权抵押等方面均取得了丰硕成果，通过建立综合评价指标体系对新一轮集体林权制度改革前后的各项指标对比分析得出，林改的经济效果优于生态绩效和社会绩效。在我国森林碳汇发展方面，笔者首先简要介绍了造林再造林项目、REDD 及 REDD＋等森林碳汇交易机制；而后对我国 CCER 机制及主要试点省份的森林碳汇交易机制及项目开展情况进行了介绍。通过采用蓄积量法测算得出，我国森林碳汇储量丰富以及不同碳汇价格下的经济价值。

其次，笔者分析了森林碳汇交易机制建设与集体林权制度改革协调发展的理论框架。外部性理论、碳市场交易理论及绿色发展理论构成了课题研究的理论基础。在森林碳汇供需影响因素与约束条件的基础上，笔者以轮伐期模型为基础构建了森林碳汇供给模型，结果显示，碳汇生态林供给需要满足其等额年金超过其他机会成本计算得到的等额年金。随后笔者在可计算一般均衡模型的基础上计算了森林碳汇补贴对林业、工业和其他行业的影响，通过数值模拟计算了最优森林碳汇补贴额。两项机制遵循原则上具有一致性，集体林权制度改革是森林碳汇交易机制建立的基础和前提，而森林碳汇交易机制为集体林权制度改革提供了市场化的生态补偿机制。两项机制的协调发展将沿着政策协调、金融互助、经营管理水平等路径开展。

再次，笔者总结了林业发展的国际经验，本部分延续理论部分的研究思路，总结了美国、欧盟、日本、印度在林业政策、林业金融及林业经营管理层面的经验。这些经济体在林业产权确定、生态补偿方案设定、林业税收政策、森林碳汇制度等制度领域，在林业资金筹措、林业金融工具、森林碳汇金融等林业金融领域，在森林经营管理模式、林业经营管理方法、森林碳汇经营管理等林业管理领域都积累了独特的经验，学习和借鉴这些经验将有助于我国森林碳汇交易机制建设与集体林权制度改革的协调发展。

最后，笔者分别从政策兼容性、金融互助机制、林业经营管理和辅助措施四个层面对森林碳汇机制与集体林权改革协调发展的路径与对策进行了分析。

在政策协调机制设计方面，笔者认为现有以林权改革为主导的林业政策与森林碳汇机制建设中的部分政策安排上存在交叉，重点探讨了林业补贴政策、砍伐与间伐等政策之间的差异。在分析政策差异的基础上，利用博弈论方法探讨了政府补贴与林农碳汇供给之间的博弈关系，得出政府补贴在碳汇市场发展的不同阶段所发挥的作用差异较大。尤其是在碳汇市场建立之初，政府补贴的作用尤为重要，而随着碳汇市场的不断发展和完善，林业补贴的数额将会降低，从支持转向引导。据此，笔者提出了：在森林碳汇发展初期，首先要明确林业碳汇的产权归属，这是进行所有碳汇交易的首要条件。除此之外，扩大碳汇政策宣传的范围，为碳汇市场的扩大化发展打下基础。到了森林碳汇市场的运行期，碳汇的产权问题已经得到解决，需要在此基础上规范林业市场，具体任务是实现林木采伐"有章可循"，进而为碳汇的充足供给提供保障。由于森林碳汇市场刚刚建立，各项基础设施均不完善，此时急需政府给予充足和多样化的补贴政策，保证碳汇市场的顺利发展与完善。最后是森林碳汇市场建设的成熟期，政府应转变职能，逐渐退出市场，令碳汇交易利用市场的自动调节机制实现高效的市场化运作，在提高效率的同时，还要注重发挥森林的生态效益，确保林业碳汇产业可持续发展。

在金融互助体系发展方面，笔者探讨了金融机构在林业信贷方面的基本情况，发现当前集体林金融支持中存在着林业金融抑制、信贷错配、林业服务结构不完善等问题。而林业碳汇金融基础产品与衍生产品对完善林业金融具有重要的补充作用，能够为减缓和解决上述问题提供帮助。通过建立 GACH 模型和 VAR 模型发现，林业金融对发展碳汇市场以及碳汇金融对林业发展均具有重要激励作用。据此，笔者提出：在森林碳汇的初步发展阶段，由政府主导的政策性金融体系的建立十分必要，政府的金融扶持有助于推动碳汇市场的快速发展。到了森林碳汇市场的初步发展阶段，有了准备阶段奠定的基础，初步发展阶段将目光放在资金的管理层面，力争建成碳汇信托基金支持体系，以实现碳汇信托基金在全国范围内的融通。在森林碳汇的深入发展阶段，碳汇金融体系有了一定的规模，加大碳汇金融的创新是需要完成的重点任务，建成 PPP 项目融资模式、BPT 项目融资模式以及 TOT 项目融资模式,这些新型的融资模式均为森林碳汇的进一步发展提供了融资渠道,进而保证了碳汇市场的顺利建设。最后是森林碳汇的成熟阶段,主要任务是建成资产证券化的融资机制,目的在于有效降低森林碳汇经营者的风险,促进金融市场和森林碳汇市场的协同长效发展。

在林业经营管理机制设计方面,笔者阐述了林业经营管理的定义与分类;从组织结构、准备阶段、造林阶段以及防护阶段对我国林业经营管理现状做简要介绍。重点讨论了各项林业经营管理活动与森林碳汇之间的关系,实证考察了不同经营管理模式对森林碳汇与碳泄漏的影响。在此基础上,笔者提出:准备阶段的经营管理模式主要是关注树种选择、树种安排、育苗方式等多个层面,提出了包括构建林业互联网、改良碳汇林树种以及优化群落结构等多项对策。造林阶段的经营管理主要关注造林面积、整地方式、生产技术等层面,提出了退化地造林、林木采伐管理、林业专项经营等多项对策。防护阶段的经营管理主要针对森林抚育、森林防火、病虫害防治等问题,提出了建立科学的抚育方式、建立森林保护机制等多项对策。

在辅助措施层面,以解决一些基本问题的角度提出森林碳汇交易机制建设与集体林权制度改革协调发展的具体对策。第一部分是详细叙述我国森林碳汇交易机制与集体林权制度改革协调发展的辅助机制的内容设计:笔者研究认为在 2020 年以前,森林碳汇交易机制重点实现碳汇扶持精准化和碳汇交易规范化,集体林权制度改革关注集体林权流转制度化和实现林权收储担保机制完善化;在 2050 年之前,森林碳汇交易机制实现林业信息的对称和消除森林碳汇交易障碍,而集体林权改革重点是实现林农素质专业化和实现林木种植科技化。在 2050 年以后的长远期,在碳汇市场方面努力实现森林碳汇交易的链条化、打破森林碳汇交易的地区壁垒、实现碳汇交易网络化。在集体林权改革方面,实现林业种植-经营-服务一体化以及实现区域间要素流通。在此基础上,笔者重点阐明各个阶段针对我国森林碳汇交易机制建设中面临的潜在与实际问题,提出切实可行的发展路径与对策，主要包括建立并规范碳汇交易市场、降低森林碳汇市场的交易成本、加强森林碳汇信息建设、实现碳汇交易网络化等。同样，针对三个阶段集体林权改革出现的现实与潜在问题，提出促进森林碳汇交易机制与集体林权改革协调发展的具体对策，包括完善森林资源资产评估制度、加强林权流转市场建设、完善林业服务体系、加强林业基础设施建设及促进人才培养等内容。

引 言

一、选题背景

(一) 绿色发展理念兴起，造林是绿色发挥的关键

经过四十年的改革开放，凭借外向型经济发展模式和粗放式发展战略，中国的经济发展取得了骄人的业绩，国际地位也在不断提升。凭借GDP 的持续扩大，中国已经跃升为世界第二大经济体，货物贸易总额跃居世界之首，人民币进入 SDR，"一带一路"倡议得到国际社会的拥护和支持。尽管如此，伴随着经济的持续扩张，国内经济体制中的一些深层次问题也在逐渐显现，主要包括产业发展的结构性矛盾、人口的老龄化现象，尤其是能源的逐渐枯竭和环境的不断恶化问题正在成为当前中国经济增长与发展过程中的寄生品，同时也成为阻碍中国经济获得可持续发展的主要障碍。社会各界提倡保护生态环境，促进人与自然和谐发展的呼声逐渐高涨。倡导绿色发展已经成为国家和人民共同的愿望和方向。

早在 2005 年，时任浙江省委书记的习近平既已提出，绿色发展与经济增长是辩证统一的相互关系："生态资源是最宝贵的资源，绿水青山就是金山银山。不要以牺牲环境为代价推动经济增长。""我们追求人与自然的和谐、经济与社会的和谐，通俗地讲，就是既要绿水青山，又要金山银山。""绿水青山可带来金山银山，但金山银山却买不到绿水青山。""绿水青山与金山银山既会产生矛盾，又可辩证统一。"[①]

党的十八大以来，习近平总书记多次强调了绿色发展的特殊意义：

---

① 《绿水青山就是金山银山——习近平同志在浙期间有关重要论述摘编》，《浙江日报》2015年 4 月 17 日。

"良好生态环境是最公平的公共产品，是最普惠的民生福祉。""建设生态文明，关系人民福祉，关乎民族未来。""在生态环境保护问题上，就是要不能越雷池一步，否则就应该受到惩罚。""要正确处理好经济发展同生态环境保护的关系，牢固树立保护生态环境就是保护生产力、改善生态环境就是发展生产力的理念。""要给你们去掉紧箍咒，生产总值即便滑到第七、第八位了，但在绿色发展方面搞上去了，在治理大气污染、解决雾霾方面作出贡献了，那就可以挂红花、当英雄。"①。习近平总书记倡导的绿色发展理念逐渐深入人心，日益丰富和完善，除了强调绿色发展价值观的重要性外，不断提出绿色发展的政府作用、绿色发展的经济价值等理念，逐渐形成了绿色发展理论体系。在 2015 年 10 月中国共产党第十八届五中全会上，党中央决定把创新、协调、绿色、开放、共享五大发展理念确立为指导"十三五"时期和中国中远期发展的重要理念和发展方向。

在绿色发展理念中，植树造林的作用一直被关注，植树造林是绿色发展的命脉。树木是人类发展的命脉，从习近平总书记的生命共同体理念中可见一斑："山水林田湖是一个生命共同体，人的命脉在田，田的命脉在水，水的命脉在山，山的命脉在土，土的命脉在树。"②"植树造林是实现天蓝、地绿、水净的重要途径，是最普惠的民生工程；要坚持全国动员、全民动手植树造林，努力把建设美丽中国化为人民自觉行动。"③习近平明确主张要开放性地合作开展植树造林，具体是"通过'一带一路'建设等多边合作机制，互助合作开展造林绿化，共同改善环境"。④ 将植树造林作为中国向世界的承诺。2015 年 11 月，习近平参加在法国巴黎召开的气候变化大会，在演讲中向世界各国郑重承诺："中国在'国家自主贡献'

---

① 中国共产党新闻网：《习近平谈"十三五"五大发展理念之三：绿色发展篇》，2015 年 11 月 12 日，见 http://cpc. people. com. cn/xuexi/n/2015/1112/c385474-27806216. html。

② 习近平：《关于〈中共中央关于全面深化改革若干重大问题的决定〉的说明》，《人民日报》2013 年 11 月 16 日。

③ 霍小光、罗宇凡：《习近平：把建设美丽中国化为人民自觉行动》，2015 年 4 月 3 日，见 http://news. xinhuanet. com/politics/2015-04/03/c_1114868498. htm。

④ 霍小光、张晓松：《习近平：发扬前人栽树后人乘凉精神　多种树种好树管好树》，2016 年 4 月 6 日，见 http://cpc. people. com. cn/n1/2016/0406/c64094-28252296. html。

中提出将于 2030 年左右使二氧化碳排放达到峰值并争取尽早实现，2030 年单位国内生产总值二氧化碳排放比 2005 年下降 60%—65%，非化石能源占一次能源消费比重达到 20% 左右，森林蓄积量比 2005 年增加 45 亿立方米左右。"[①]

显然，绿色发展是中国"十三五"及中长期发展的方向，是国家改革开放四十年的经验总结与反思。植树造林是实现绿色发展的关键，是关系中国可持续发展、实现人与自然和谐发展的重要保证。如何扩大植树造林，提升森林的生态效应离不开国家对林业的政策支持。

（二）林改经济效果显著，生态绩效增效相对迟缓

改革开放以来，经过 30 多年的努力，我国林业经济建设取得了巨大成就，林业生产总值从改革开放之初的 48.1 亿元增长到 2015 年的 5.81 万亿元，增长了近千倍，在 2001 年至 2014 年的 14 年中，我国林业的总产值取得了年均 22% 的增长速度，特别是当前我国林产品的生产与贸易已经位居世界首位。林业经济的蓬勃发展与我国林业制度改革密不可分。在中国经济发展的不同阶段，林权制度也进行了适时调整，林业发展重心从提供生产资料、保证温饱逐渐向创汇、侧重生态职能等方向转变。

最近的一次林权制度改革发生在 21 世纪初。经过近 30 年的林业生产实践发现，林业发展始终受产权不清等问题的困扰，致使各类资源无法向林业集聚。为此，我国于 2003 年在福建省开展集体林权制度改革试点，最终于 2008 年正式开展了全国层面的集体林权制度改革，希望通过林权制度改革促进人力、资金及技术向林业的转移，进而促进林业的繁荣发展，并实现林业所具有的经济职能、社会职能与生态职能这三大职能之间的协调发展。在经过了十几年的集体林权改革之后，其经济效果已经开始显现。在确权的基础上，通过林权抵押、林地流转等方式促使资金流向林业，各种商品林种植和林下经济所得使得林农收入倍增。随着林改的逐步深入，一些问题也凸显出来，如林权抵押贷款期限错配，违约率过高；林

---

① 习近平：《携手构建合作共赢、公平合理的气候变化治理机制》，《人民日报》2015 年 12 月 1 日。

农注重短期效应，多选择见效快的商品林。由于树种单一和轮伐期限较短等原因，森林的生态功效发展缓慢，水土流失、滑坡、泥石流、土地沙石化等现象屡见不鲜。尽管国家也针对林业生态保护采取了补贴、专项资金支持和禁伐限伐等行政手段，但是一方面增加了国家的财政负担，国有林停伐后，目前地方林业局的收入主要来源于政府补贴。另一方面造成林农收入降低，林业职工面临下岗和再就业压力增加，林农参与林业管理的积极性下降，林木砍伐和盗伐问题突出，生态林种植和保护等问题亟待解决。

显然，2008 年正式实施的集体林权改革不仅是希望通过放权来解放林业生产力，提高林业的经济绩效，更重要的是实现林业的"自我造血功能"，林业不仅能够满足自身发展的资金需求，改变林业完全依靠地方政府的局面以缓解政府的财政压力，而且随着林农经济收入的逐渐提高，对林业生态和社会职能的需求是不断增长的。现实中，由于各种林业替代品的存在，林业生产周期长、砍伐收益见效慢等弊端暴露无遗，提高林业的生态和社会功效，为林业建立长效的生态补偿机制必不可少，林业的可持续发展已经成为摆在我们面前的重要课题。有鉴于此，能否找到一种不同于政府行政干预和单一财政资金支持的生态补偿机制对深化集体林权改革和巩固改革成果是至关重要的。

（三）碳汇市场建立在即，森林碳汇交易如火如荼

1896 年，自从阿累尼乌斯（Svante August Arrhenius）首次计算并公布了人类社会二氧化碳排放导致全球气候变暖之后，二氧化碳的温室效应使全球变暖的议题一再受到全球关注。人类排放使气候变暖已经成为不争的事实。从 2000 年开始，中国的温室气体排放量就占据了世界前三的位置。中国作为碳排放大国，排放量自 2007 年年初超过美国成为世界第一大排放国之后依然不断增长，2012 年的温室气体排放量就已经占到了全球温室气体排放总量的 26％，达到了 85 亿吨二氧化碳当量。

为了降低碳排放，提高我国在世界环境保护中的国际地位，谋求未来在整个世界范围内进行的碳商品定价权，从而应对逐渐升温的对农产品和食品等进行限制的绿色贸易壁垒，并且最终有效地推动中国产业结构调整和实现经济增长方式的优化转型，履行在"十二五"发展规划中的减排承诺：我国开展了碳配额交易试点，并积极筹建碳商品交易平台以及碳排放权交易市场。从 2011 年 11 月开始，国家发展与改革委员会就已经在北京、天津、上海、重庆、湖北、广东和深圳启动碳排放权的交易试点。2014 年年底，国家发展与改革委员会又颁布了《碳排放权交易试点管理暂行办法》。随后，国家发展与改革委员会投资数千万元，在发展与改革委员会的国家信息中心设立了各类企事业单位参与碳交易的注册登记系统。截止 2015 年 3 月底，前期设立的北京市等 7 个碳排放权交易试点省市累计成交量接近 2000 万吨，累计成交金额接近 13 亿元①。在持续努力下，2015 年中国的碳排放总量降低了 0.1%，2016 年总排放量与 2015 年基本持平。随着 2017 年中国正式建设全国碳市场基础工作的快速推进，中国的碳排放总量将得到有效控制。

由于森林资源在收储二氧化碳等导致气温升高的气体上的明显能效，绝大多数国家都把森林资源当作各自加快碳循环的重要环节之一，因而关于林业的碳汇方面的项目被列入《京都议定书》中的清洁发展机制（CDM）。森林碳汇指的是一段时间森林的净固碳量，即森林光合作用吸收的二氧化碳量减去通过呼吸作用、森林退化、砍伐等排放的二氧化碳量。与其他减排方式相比，森林碳汇具有成本低、效果好及有效保护生态环境等多重功效，因此森林碳汇项目已经成为世界实现碳减排的主要替代渠道，也据此加快促成了世界范围内各国，特别是发达国家建立森林碳汇交易机制的步伐。在世界范围内促成森林碳汇交易机制，一方面能够通过降低二氧化碳等温室气体大气保有量来应对温度上升，另一方面还能够增加林农对林业资源的处理和控置权。林农和林业企业可以通过卖出森林碳汇来提高绿色企业和退耕还林农户的林业生产积极性。通过以上分析可见，建设好林业碳汇市场交易体系已成为推进碳汇交易市场稳步发展的基

----

① 数据来源：中国证券网，见 http://stock.cnstock.com/stock/smk _ gszbs/201504/3395440.htm。

础，同时也是建立全国碳交易市场的重要环节。在碳排放权交易试点省市，允许5％—10％的碳配额可以通过碳汇交易进行抵免，其中森林碳汇是碳汇交易中最重要的交易品种之一。在2017年建立的全国碳市场中，森林碳汇交易也将占有重要的一席之地。

尽管如此，在现实操作过程中，林业碳汇交易市场仍然还存在诸多不成熟和不完善的地方。首先，存在碳汇计量及其监测问题。这两个问题在碳汇交易过程中是根本无法回避的。其次，关于卖方碳汇交易市场的进入问题也是一个十分重要的问题，它需要深入研究以实现疏通。卖方要进入碳汇交易市场，不仅仅需要它们能够原原本本地依照我国林业部门制定的"碳汇造林系列标准"去开展相关项目，而且需要在进行过程中符合我国各项政策和法律的规定，与此同时还必须建成合理和易操作的关于碳汇计量与监测的技术指标体系。除此之外，还需要具备完备的第三方审定、核查、规范的项目注册和碳信用签发程序。森林碳汇交易机制的建设也需要考虑诸多关系：林木产权与碳汇产权的关系、森林碳汇产权确定和森林碳汇产权注册平台确认的关系、森林碳汇产权合理转移与林权的交易和流转的关系等。以上关系均以集体林权制度改革紧密相关。我国集体林权制度改革走势将决定森林碳汇交易机制的发展速度与水平。显然，森林碳汇交易机制的建设与完善是必须以集体林权制度改革为基础的。当然，反过来森林碳汇交易也将为林业发展提供一种源自市场的生态补偿机制，这是否能够为集体林权制度的后续改革提供助力，而作用又有多大，有待进一步论证。

从上述分析不难看出，绿色发展理念正在深入人心，而植树造林已经成为绿色发展的关键，林业的制度建设将是促进绿色发展的重要工具。当前与林业相关的两项制度改革正在实施，集体林权制度改革已经成为解放林业发展的破冰之剑，确权后生产要素得以向林业聚集，林业生产效率得以提升。然而，集体林权改革无法调动林业经营主体种植生态林的热情，急需其他林业政策的补充和支持。在集体林权改革的同时，中国碳市场正在建设与发展，森林碳汇作为碳市场的重要交易品种与林业发展息息相关，森林碳汇交易机制必然以集体林权制度改革为基础，并将对集体林权制度改革产生影响。两项林业发展相关的制度建设在时间上的重叠和空间上的集聚，是否需要协调发展并怎样相互协调才能为植树造林提供助力，才能促进生态林种植与保护，促进林业经济、生态及社会的协调发展，实现人与自然的和谐发展，这是值得深入思考的问题。正是在以上背景下，笔者选择《集体林权制度改革与森林碳汇交易机制建设协调发展》问题进行深入系统的理论与实证研究。

二、研究目的与意义

(一) 研究目的

(1) 从理论视角证明森林碳汇交易机制与集体林权改革二者之间实现协调发展的必要性和紧迫性。分析集体林权制度改革与森林碳汇交易机制这两项与林业相关的制度建设在时间和空间的重合是否能为各自的发展提供驱动力，从理论角度考察二者之间是否需要协调发展以突破自身局限带来共赢，一方面能够促进集体林权制度后续改革的顺利开展，提高集体林权改革的生态成效；另一方面，以碳汇机制设计促进森林碳汇的供给，以建立与完善碳汇交易市场机制提高碳汇需求，通过森林碳汇市场建设推动集体林权制度改革，促进林业产业发展。

从森林碳汇交易机制发展角度看，从理论角度考察森林碳汇供给和碳汇交易的基本条件是至关重要的。尤其是证明森林碳汇交易机制运行的前提和基础恰恰是集体林权制度改革所约束的，即证明集体林权制度改革成果是森林碳汇交易机制运行的基础和前提。

从集体林权制度改革视角，提高集体林权制度改革的生态效果需要一种新型的生态补偿机制，而森林碳汇交易机制作为一种市场化交易手段，能够在一定程度上作为提高森林生态功能的激励机制，森林碳汇交易机制能够为集体林权制度后续改革提供助力。

(2) 从实际可操作角度找到集体林权制度改革与森林碳汇交易机制协调发展的路径和对策。以集体林权制度改革与森林碳汇交易机制的发展现状为基础，分析二者各自发展中存在的问题，找到解决办法。理论分析已经证明集体林权制度改革和森林碳汇交易机制非常有必要实现协调发展，接下来应该从它们各自发展中所面临的问题入手，找到二者协调发展的具体途径和举措，将森林碳汇交易机制建立的基本思路与林权制度改革的路径相互结合。

从林业制度建设角度入手。以国家集体林权改革制度与国家碳市场交易制度及国家林业局制定的"碳汇造林系列标准"等法规为依据，进一步加大制度层面的支持力度，在确定林木归属的基础上，对森林碳汇进行认证，以明确森林碳汇归属权。

从林业管理角度入手。在理顺村民关系的基础上开展森林碳汇项目，集中进行森林碳汇交易，形成森林碳排放权交易市场和森林碳汇信用项目交易市场。在集体林权制度改革不断推进的过程中，要不断完善和发展森林碳汇交易机制。建立森林碳汇风险保障机制、中介服务机制及相关监督管理机制等。

从林业金融支持角度入手。林业金融支持不足和金融工具单一问题是限制林业发展的重要原因，结合林业碳汇交易，开发碳汇金融抵押担保工具为集体林权制度改革和生态林发展提供资金支持，以降低集体林权制度后续改革实施的难度，促进森林碳汇交易机制顺利发展与运行。

（二）研究意义

1. 理论意义

本课题具有重要的理论价值，主要体现在以下三方面：

（1）强调森林碳汇交易机制建设与集体林权制度改革协调发展的机理及意义，为林业发展理论拓宽思路。通过理论与实证分析探讨森林碳汇交易机制建设与集体林权制度改革协调发展的机理与意义。从目前已有的文献来看，大多文献是单方面对集体林权制度改革或者森林碳汇交易机制建设问题进行研究，并未将两项林业制度建设有机结合。而两项林业制度建设相互之间存在紧密关联，某项制度的单独发展都会受到对方的制约，只有协调发展才能达到帕累托最优。本课题试图从理论角度证明二者之间的理论关联，理论研究是开展制度建设的前提，证明二者之间的理论关联才能够在实践中决定制度建设的轻重缓急与具体实施，同时以实证分析佐证理论研究，能够摆脱理论研究的抽象性，强化理论指导现实的能力。

（2）讨论符合低碳经济目标下的森林碳汇产权制度安排及符合林权改革目标下的森林碳汇机制设计。森林碳汇交易机制是碳市场机制建设的一部分，中国建立统一碳市场是为了实现国家降低碳排放，实现经济可持续发展、产业结构升级等目标，因此森林碳汇交易机制需要满足国家设定的低碳经济发展目标，森林碳汇的制度安排也应依据国家的低碳经济发展规划。此外，集体林权制度改革是林业发展的基本制度安排，森林碳汇交易机制也应在集体林权制度的基础上设定和发展，因此森林碳汇交易机制也需要满足林权改革目标的基本要求。

（3）综合运用多学科研究方法，充分利用制度经济学、组织行为学、社会学等多学科视角审视集体林权制度改革和森林碳汇交易机制建设的协调发展问题，从多角度分析森林碳汇交易机制建立与完善和集体林权制度改革协调发展的相关问题。在我国森林碳汇交易机制建设与集体林权制度改革协调发展的框架下，融入组织行为学和社会学研究方法，为相关研究提供新的视角和思路。森林碳汇交易机制建设与集体林权制度改革这两项与林业相关的制度建设项目，哪一项都涉及林农、林企、社区、村集体之间复杂的关系。因此，在项目的理论研究中，不仅需要利用经济学、环境学的研究方法，同时也应该融入组织行为学和社会学研究方法，去分析考察林业的制度建设问题。

2. 现实意义

本课题关于森林碳汇交易机制建设与集体林权制度改革协调发展的研究是对党的十八届三中全会"改革生态环境、保护管理体制"、十八届四中全会"用严格的法律制度保护生态环境"、十八届五中全会"坚持创新、协调、绿色、开放、共享的发展理念"等会议精神的贯彻落实。

课题的现实意义在于林权制度改革的基本思路是首先以赋权为主要手段来刺激林业生产者的生产热情，然后通过林木所有权和使用权流转、融资政策等接下来的改革措施来实现林业的生产关系的改革，进而实现林业经济、自然生态与社会的和谐发展。基于集体林权主体改革已经基本结束的现实——林改经济效果显著而生态效果相对缓慢，林改的后续改革包括林地流转、林业金融创新、林业管理体系建设等诸多任务更要建立在强化林改的生态效果上，发挥林业在人类生活中尤为重要的生态功能。仅靠政府单一财政政策很难有效实现林改的生态功效，除了强制性的限伐禁伐措施以外，通过市场机制的价格引导和发现功能将提高林业改革的生态效益。

森林碳汇交易机制成为提高林业生态功能的一种市场化交易机制，森林碳汇交易机制需要与集体林权制度改革有机协调，这对于调动林农生产经营积极性，促进中国推进低碳经济改革，深化林权制度改革，促进碳交易市场建设和林业的可持续发展，巩固和改进农村已经实行多年的家庭联产承包经营责任制，最终推动社会主义新农村建设和有效处理"三农"问题等诸多方面都会起到非常巨大的实际效果。

三、文献回顾与述评

近年来，国内外学者对集体林权制度改革与森林碳汇交易问题进行了广泛的研究，从开展研究的需要出发，笔者分别对集体林权制度改革和森林碳汇交易机制的相关文献进行了回顾。

（一）集体林权制度改革研究

当前一段时间，国内对于我国集体林权制度改革的相关研讨不断出现并获得明显发展，不过关于这方面的研究在国外并不多见。国内的研究主要是从改革的绩效和对策两个方面展开的。

1. 集体林权改革的绩效

林权改革虽然已经在诸多地区展开，但是在各地区的进展情况和其实施的效果却不尽相同，多数学者们的研究都对集体林权制度改革的经济绩效给予了肯定，他们利用地方调研数据进行比较分析得出，林改试点省份的经济效果显著。朱冬亮、肖佳（2007）以福建省林权改革为研究对象，研究虽然肯定了福建集体林权制度改革的经济绩效，但同时认为政策性增收和林木市场的复苏发展也是提高其经济绩效的重要原因。[①] 房风文（2011）从理论和实证层面考察了我国福建省永安市集体林权制度改革的政策实施效果。他认为，集体林权制度改革效果的产生是政府强制性变迁和市场诱致性变迁共同作用的结果。并且，他通过计量分析获得的结果表明，集体林权制度改革对参与改革的农民收益有正向影响，而且对竹林种植面积、其他费用投入方面亦会存在积极的影响，只是对于劳动投工因为过度投工或计算不准问题而显现出负向的影响。[②] 陈永富等（2011）以福建省邵武市为研究对象，利用林改前后两次森林资源规划设计调查数据，对比分析了林地面积、森林蓄积、森林覆盖率、各林种年轮、森林面积和蓄积结构，以及林地生产力的变化趋势等等。研究表明，集体林权制度改革有利于森林资源数量的增加和质量的提高。[③]

对于集体林权制度改革的生态和社会影响，质疑之声颇多。如朱冬亮和肖佳（2007）曾经指出，在我国的一些农村地区，对于林权改革的社会效用的重视明显不足，普遍被忽视，导致这些地区在林权改革之后林权被严重集中到一小部分农民手中，而对于其他大部分的农民却没能真正享受到林权改革所带来的好处，林权改革并没有在较大比例上实现"耕者有其山"的林权改革目标。[④] 赵绘宇（2009）则认为，生态效益与经济效益二者的相互协调问题成为当前林权改革之后最为突出的问题。[⑤] 目前为止所开展的林权改革虽然是为了林业生产力的利益发展而进行地适当调整，但是由于实施过程中的具体情况不同，可能出现一些不同程度的生态环境风

---

① 朱冬亮、肖佳：《集体林权制度改革：制度实施与成效反思——以福建为例》，《中国农业大学学报（社会科学版）》2007年第3期。

② 房风文：《集体林权制度改革政策效果：基于一阶差分模型的估计——以福建省永安市为为例》，《林业经济》2011年第7期。

③ 陈永富、陈辛良、陈巧、潘辉、陈杰、李文林：《新集体林权制度改革下森林资源变化趋势分析》，《林业经济》2011年第1期。

④ 朱冬亮、肖佳：《集体林权制度改革：制度实施与成效反思——以福建为例》，《中国农业大学学学报（社会科学版）》2007年第3期。

⑤ 赵绘宇：《论生态系统管理》，《华东理工大学学报（社会科学版）》2009年第2期。

险。这些风险主要是由林业分为商品林和公益林，对二者进行分类经营所致。由于两种林权的物权权能不同，造成了二者在收益和流转过程中的权能也不平等。由林权改革带来可能的生态风险主要表现在：生态补偿不合理可能导致公益林发生丧失风险、乱砍滥伐风险和生物多样性被破坏进而减少的风险。由于林业资源通常同时带有经济和生态的双重属性，因此在各个地区推进林权改革的同时应该进一步加强国家权力对林权改革的介入力度，以及国家参与决策制度的形成。以便实现在改进生态补偿制度的同时，改进限额采伐制度，强化对相关地区森林物种多样性的保护力度，借此来降低林业改革中的生态风险。何得桂（2013）则指出，一些地区的林权改革已经对山区农村的社会结构、社会秩序以及国家权力在山区农村的影响力产生了部分负面的影响。村干部是农村集体林权制度改革的主要组织者和执行者，对林权改革影响的评估具有较强权威性。通过对陕西省4县84个村干部的问卷调查和深入访谈，对林权改革政策实践及其影响进行分析发现：林改对林农的增收作用有限，但林权意识逐渐觉醒；林改消解村集体组织的经济基础，但促进村级民主进程的发展；林改改善了干群关系，但村庄社会稳定问题较为突出。林权改革的影响是多面向、复杂的，应关注其在产权和经济层面的作用，也应考察在基层实践的政治社会效应。[①]

2. 集体林权改革的对策

对于通过深化集体林权制度改革进而提高集体林权制度改革的积极效应，学者们从林业管理模式、政府财政补贴及培育和规划林权市场发展等角度提出了应对策略。李晨婕等（2009）建议以社区林业作为集体林区改革的基础。过去三十多年关于集体林区的三次林权改革表现出"分权—合并—再分权"的循环式经验过程。这一改革过程表现出了具有不同产业特性的林区业态下林业生产者在不同时期进行地有利于自身的抉择，以及林区自身发展和属于林区之外的与之相配套的财税金融等外部环境二者之间

[①] 何得桂：《产权与政治：集体林权改革的社会影响——从山区农村治理角度的分析》，《湖北社会科学》2013年第1期。

具有的联系性。十年前在我国南方地区集体林区大面积施行林权改革以来的现实状况，亦再次表现出了此种相关性作用。因此，建议以"社区林业"作为集体林区改革与发展的基础，这种新型林业模式能够很好的兼顾农民生计和环境保护的关系，在提高农民组织化程度、强化谈判地位的前提下形成引入外部资本规模进入的条件，实现集体林区的和谐发展。① 吴萍（2012）主张加大政府林业补偿。我国集体林权制度改革与公益林生态补偿制度在实现林业的生态价值、经济价值、社会价值的目标上高度一致，公益林生态补偿是实施林权改革已经设定好的目标之一，当然与此同时林权改革也为环境保护与生态补偿朝向市场化方向发展奠定了重要的基础。但现阶段由于我国公益林生态补偿制度明显滞后于林权改革步伐，如公益林的划分和补偿范围的界定不合理、补偿方式和资金来源单一、补偿标准低等，在一定程度上制约了林权改革的进程和成效。我国应采取更加科学有效的方式方法来界定公益林的补偿范围，尽可能地引入市场机制改进对于公益林的生态补偿方式，并不断提高生态补偿标准最终实现合理充分的补偿，更好地为林权改革保驾护航。②

黄萍（2011）提出规范林权流转市场和发展新型林业合作组织。林权是一个政策上的概念，集体林权改革的目标是明晰产权。科学的林权制度安排，有利于激发林业经营者植树造林、管护林业资源的积极性，实现森林资源的经济效益、生态效益。我们应明确林权的法律内涵；坚持生态林与商品林分类经营，确定不同的林权制度；完善林木采伐和林权流转制度；保障林权人的生态补偿权，建立基于森林碳汇的生态补偿制度。③ 于丽红等（2012）强调完善资源资本运作模式。长期以来，我国林农和林业企业一直面临融资困境，导致林业产业发展受到严重制约。林权抵押贷款则为破解林农贷款难问题找到了突破口，有效缓解了林农和林业中小企业的融资困境。作者以辽宁省抚顺市为例，首先介绍了抚顺市林权抵押贷款

---

① 李晨婕、温铁军：《宏观经济波动与我国集体林权制度改革——1980 年代以来我国集体林区三次林权改革"分合"之路的制度变迁分析》，《中国软科学》2009 年第 6 期。

② 吴萍：《我国集体林权改革背景下的公益林林权制度变革》，《法学评论》2012 年第 3 期。

③ 黄萍：《论我国林权制度的完善》，《江西社会科学》2011 年第 11 期。

取得的明显成效，包括林权抵押贷款加速了林业产业发展、带动了农民脱贫致富以及促进了金融机构增盈增效，但同时也指出了还存在林权抵押贷款风险分散机制及林业服务体系不完善等问题。其次提出了建立抵御林业风险的林业保险机制与全方位的林业风险担保体系、进一步健全与完善林权管理服务体系等各方面的对策。①

虽然关于我国集体林权制度改革的研究已经实现了较大的进展，但是有必要说明的是：现有的文献绝大多数是专注于林业改革过程中的某个单独的环节。而在实际操作中，林业改革进程具有多个环环相扣的环节，这些环节把产权激励作为先导，同时把价格激励、金融激励和补偿激励等作为辅助推进措施。要使得这一系列激励措施起作用，关键在于林业经营收入超过林业生产的机会成本，而如果只是从单个环节入手，头疼医头脚疼医脚地采取非系统性的措施，是无法从根本上解决问题的。另外，还存在一个问题是改革过度依赖政府，强调政府在制度、资金及管理等多方面支持。诚然，在林权改革初期由政府参与和主导是必不可少的，但实际上必须承认的是政府在林权改革中的作用也是有限的：原因之一是政府财政资金的有限性；原因之二则是政府功能具有很大的局限性。根据侯元兆（2009）对法国林业发展的研究发现，法国增加林业补贴不仅没有改善私有林的生产效率，反而使私有林生产效率降低了。因此，深化林权制度改革，绝不能单纯依靠政府的政策资金支持，依然需要同时采取其他的收入激励以及相关的配套的辅助措施，才能真正起效。②

（二）森林碳汇交易机制研究

近年来，伴随着我国碳市场的不断完善和发展，国内外学者对森林碳汇的关注也在逐渐增多。尤其在森林碳汇机制的功效与运行条件、森林碳汇价值计量与供给意愿等方面。

1. 森林碳汇机制功效与运行条件

有关研究表明：森林碳汇交易机制的建立会对林权制度改革的深入开

---

① 于丽红、兰庆高：《林权抵押贷款情况的调查研究——以辽宁省抚顺市林权抵押贷款实践为例》，《农村经济》2012年第11期。

② 侯元兆：《从国外的私有林发展看我国的林权改革》，《世界林业研究》2009年第2期。

展创造一种源于市场的激励效果和功能，具体可以表现为以下几方面：以CDM、REDD＋为代表的森林碳汇项目有助于降低减排成本、减缓气候变化同时把收入转移支付给农村贫困人口（Palmer，2009[①]；Gong 等，2010[②]；Besten 等，2014[③]），化解农村金融排斥（蓝虹等，2013[④]），改善林业监管（Peskett 等，2011[⑤]），激励发展中国家的小农户积极参与（Klooster 等，2006[⑥]），使造林成为可供选择的土地利用方式（Olschewski 等，2005[⑦]），导致土地的重新规划并减少非法的森林砍伐（Edwards 等，2012[⑧]；Besten 等，2014），带来生物多样性和气候适应的协同效益（Gibbon，2010[⑨]）。

仍需要强调的是，森林碳汇交易机制的顺利运行也需要一些前提条

[①] Charles Palmer，Markus Ohndorf & Ian A. MacKenzie，*Life's a Breach！Ensuring Permanence in Forest Carbon Sinks under Incomplete Contract Enforcement*，CER-ETH-Center of Economic Research at ETH Zurich，Working Paper，2009（09/113）.

[②] Yazhen Gong，Gary Bull & Kathy Baylis，"Participation in the World's First Clean Development Mechanism Forest Project：The Role of Property Rights，Social Capital and Contractual Rules"，*Ecological Economics*，Vol. 69，No. 6（2010），pp. 1292—1302.

[③] Jan Willem den Besten，Bas Arts & Patrick Verkooijen，"The Evolution of REDD＋：An Analysis of Discursive-institutional Dynamics"，*Environmental Science & Policy*，Vol. 35（2014），pp. 40—48.

[④] 蓝虹、朱迎、穆争社：《论化解农村金融排斥的创新模式——林业碳汇交易引导资金回流农村的实证分析》，《经济理论与经济管理》2013 年第 4 期。

[⑤] Leo Peskett，Kate Schreckenberg & Jessica Brown，"Institutional Approaches for Carbon Financing in the Forest Sector：Learning Lessons for REDD＋ from Forest Carbon Projects in Uganda"，*Environmental science & policy*，Vol. 14，No. 2（2011），pp. 216—229.

[⑥] Dan Klooster，"Environmental Certification of Forests in Mexico：The Political Ecology of a Nongovernmental Market Intervention"，*Annals of the Association of American Geographers*，Vol. 96，No. 3（2006），pp. 541—565.

[⑦] Roland Olschewski，Pablo C. Benitez，"Secondary Forests as Temporary Carbon Sinks？The Economic Impact of Accounting Methods on Reforestation Projects in the Tropics"，*Ecological Economics*，Vol. 55，No. 3（2005），pp. 380—394.

[⑧] David P. Edwards，Lian Pin Koh & William F. Laurance，"Indonesia's REDD＋ Pact：Saving Imperilled Forests or Business as Usual？"，*Biological Conservation*，Vol. 151，No. 1（2012），pp. 41—44.

[⑨] Adam Gibbon，Miles R. Silman，Yadvinder Malhi et al.，"Ecosystem Carbon Storage Across the Grassland‐Forest Transition in the High Andes of Manu National Park，Peru"，*Ecosystems*，Vol. 13，No. 7（2010），pp. 1097—1111.

件：Duchelle（2013）指出，土地使用权的安全性是 REDD＋实施的前提[①]。Resosudarm 等（2014）进一步考察了社区土地所有权与提高 REDD＋实施效率的关联[②]。Duchelle 等（2014）也认为，在巴西，因为 REDD＋项目参与者的土地所有权是清晰的，因此参与者能够将国家土地所有权改革与环境保护相结合[③]。此外，采伐速度、造林面积、拥有的土地面积和期限、土地价格、木材价格、社区森林管理等都是影响森林碳汇供给的重要因素（Dixon 等，1994[④]；Klooster 等，2000[⑤]；Miller 等，2012[⑥]；Robinson 等，2013[⑦]）。可见，森林碳汇交易机制以林地所有权为基础。并且，影响森林碳汇供给的诸多因素也是由林权制度改革所决定的。

2. 森林碳汇价值计量与供给意愿

国内学者对我国森林碳储量和碳汇价值进行了广泛的研究。从研究对象看，学者们分别从全国层面和地区层面考察了碳储量问题，如方精云等

①　Kaisa Korhonen-Kurki，Maria Brockhaus，Amy E. Duchelle et al.，"Multiple Levels and Multiple Challenges for Measurement，Reporting and Verification of REDD＋"，*International Journal of the Commons*，Vol. 7，No. 2（2013），pp. 344—366.

②　Cecilia Luttrell，Ida Aju Pradnja Resosudarmo，Efrian Muharrom et al.，"The Political Context of REDD＋ in Indonesia：Constituencies for Change"，*Environmental Science & Policy*，Vol. 35（2014），pp. 67—75.

③　Amy E. Duchelle，Marina Cromberg，Maria Fernanda Gebara et al.，"Linking Forest Tenure Reform，Environmental Compliance，and Incentives：Lessons from REDD＋ Initiatives in the Brazilian Amazon"，*World Development*，Vol. 55（2014），pp. 53—67.

④　R. K. Dixon，Allen M. Solomon，Sanda Brown et al.，"Carbon Pools and Flux of Global Forest Ecosystems"，*Science*，Vol. 263（January 1994），pp. 185—190.

⑤　Daniel Klooster，Omar Masera，"Community Forest Management in Mexico：Carbon Mitigation and Biodiversity Conservation through Rural Development"，*Global Environmental Change*，Vol. 10，No. 4（2000），pp. 259—272.

⑥　Kristell A. Miller，Stephanie A. Snyder，Michael A. Kilgore，"An Assessment of Forest Landowner Interest in Selling Forest Carbon Credits in the Lake States，USA"，*Forest Policy and Economics*，Vol. 25（December 2012），pp. 113—122.

⑦　Brian E. Robinson，Margaret B. Holland & Lisa Naughton-Treves，"Does Secure Land Tenure Save Forests? A Meta-Analysis of the Relationship between Land Tenure and Tropical Deforestation"，*Global Environmental Change*，Vol. 29（November 2014），pp. 281—293.

（2002）[①]、支玲等（2008）[②]、续姗姗（2012）[③]、尹少华等（2013）[④]、张娇娇（2014）[⑤] 分别对全国、三北防护林、黑龙江省、湖南省、吉林省的森林碳储量进行了估计，研究方法包括生物量换算因子法、换算因子法、生物量清单法及蓄积量法等。此外，也有学者从微观层面对碳汇问题进行了研究。如朱臻等（2013）考察了碳汇目标下林农的森林经营的最优决策问题[⑥]，秦建明（2005）从成本收益的角度考察了退耕还林还草的政府补偿问题[⑦]。

森林碳汇供给的意愿及其影响因素也是学者们的研究热点之一。陈丽荣等（2015）利用博弈模型考察了政府碳汇政策与碳汇经营者供给行为之间的博弈关系，他们认为企业碳汇购买的积极性与政府碳汇政策共同影响了森林碳汇供给意愿[⑧]。沈月琴等（2015）利用 CGE 模型进一步研究得出，当碳价格限定在合理区间范围内时，碳补贴和碳税政策对森林碳汇的发展起到积极作用[⑨]。沈月琴等（2013）以南方杉木林为考察对象，认为利率和林木价格对碳汇供给均有负面影响，并对不同立地条件下的杉木林碳汇供给有不同程度的影响[⑩]。Benítez（2004）认为碳补贴、碳吸收率对

---

① 方精云、陈平安、赵淑清、慈龙骏：《中国森林生物量的估算》，《植物生态学报》2002年第 3 期。

② 支玲、许文强、洪家宜、刘燕、李平云：《森林碳汇价值评价——三北防护林体系工程人工林案例》，《林业经济》2008 年第 3 期。

③ 续姗姗：《森林碳汇项目态势分析—以黑龙江省森工国有林区为例》，《生态经济（中文版）》2012 年第 3 期。

④ 尹少华、周文朋：《湖南省森林碳汇估算与评价》，《中南林业科技大学学报》2013 年第 7 期。

⑤ 张娇娇：《森林碳汇视角下吉林省林业产业发展研究》，硕士学位论文，长春理工大学，2015 年。

⑥ 朱臻、沈月琴、吴伟光、徐秀英、曾程：《碳汇目标下农户森林经营最优决策及碳汇供给能力——基于浙江和江西两省调查》，《生态学报》2013 年第 4 期。

⑦ 秦建民：《退耕还林还草经济补偿问题研究》，硕士学位论文，中国农业大学，2004 年。

⑧ 陈丽荣、曹玉昆、朱震锋、韩丽晶：《碳交易市场林业碳汇供给博弈分析》，《林业经济问题》2015 年第 3 期。

⑨ 沈月琴、曾程、王成军、朱臻、冯娜娜：《碳汇补贴和碳税政策对林业经济的影响研究——基于 CGE 的分析》，《自然资源学报》2015 年第 4 期。

⑩ 沈月琴、王枫、张耀启、朱臻、王小玲：《中国南方杉木森林碳汇供给的经济分析》，《林业科学》2013 年第 9 期。

碳汇供给有积极影响[①]。王昭琪（2014）利用调查数据实证分析得出，在森林碳汇项目涉及区，林户是否参加森林碳汇供给的意愿受文化程度、家庭劳动力人数、家庭人均收入、林业收入占家庭收入比例、农户环保意识的影响。而在非项目涉及区，林户是否参加森林碳汇供给的意愿受文化程度、林业收入占家庭收入比例、林地面积、农户环保意识及对碳汇林未来经济预期等因素影响。[②]

基于森林碳汇相关文献回顾，可以判定森林碳汇交易机制建设和林权制度改革之间有着十分紧密的关系：一方面，森林碳汇交易机制建设为林权制度改革的深入开展提供了补偿和激励。而反过来，林权制度改革进程的快慢又影响着森林碳汇交易机制的建立和发展。而目前，我国已逐步开展了森林碳汇交易的试点工作，并且正在积极筹建碳汇交易平台。与此同时，我国集体林权后续改革正在推进。以上所述的这两项森林产业的治理活动在时间上的重叠为二者的协调发展提供了现实基础。不过，由于现有研究多是要么单独地针对森林碳汇交易机制，要么针对林权制度改革问题独立地进行探讨，而能够同时关注二者协调发展的国外文献数量稀少、仅有为数不多的几篇（Cotula，2009；Duchelle，2013；Resosudarmo 等，2014；Duchelle 等，2014），国内主张以森林碳汇机制来完善我国林权制度的文章也屈指可数（崔海兴等，2009；黄萍，2011）。显然，针对我国森林碳汇交易机制建设和集体林权制度改革协调发展的系统研究有待加强。

（三）碳排放问题研究

本书的研究建立在碳市场机制已经建立的前提下，森林碳汇的价值与供需均受制于政府对温室气体排放的强制性和自愿性约束，而碳配额的设定又与碳排放总量息息相关。因此，对碳排放影响因素与数量预测的文献

---

① Pablo Benitez, Ian McCallum, Michael Obersteiner & Yoshiki Yamagata, "Global Supply for Carbon Sequestration: Identifying Least-Cost Afforestation Sites Under Country Risk Consideration", IIASA Interim Report. IIASA, Laxenburg, Austria: IR-04-022.

② 王昭琪：《农户参与林业碳汇意愿及影响因素动态分析——以云南省凤庆县、镇康县为例》，《中国林业经济》2014 年第 5 期。

回顾也是十分必要的。

1. 碳排放预测模型

在碳排放的预测模型上，目前国内外对碳排放总量进行预测的模型主要有灰色 GM 模型、多元线性回归模型、BP 神经网络模型、因素排序模型、马尔科夫预测模型、情景分析模型、IPAT 模型、STIRPAT 模型、非线性回归模型等。其中，国外学者主要采取以下方法进行了预测，Vuuren 等（2009）通过自下而上和自上而下的方法对全球二氧化碳的减排潜力进行了估算[①]。Frame（2005）选取了一个简单的模型对非住宅楼每年的二氧化碳排放量进行了评估[②]。Christodoulakis 等（2000）对希腊考虑到社区影响因素后的二氧化碳排放进行了预测[③]。Marcotullio 等（2010）采用非线性回归分析法对亚太地区公路交通的碳排放进行了预测，认为经济发展与人均碳排放之间存在某种系数关系[④]。Clarker-Sather（2011）等将中国地域划分为东、中、西三个区域，并采用变异系数、基尼系数及泰尔系数对中国二氧化碳的区域排放差异进行了研究[⑤]。国内学者采用的模型与国外学者的不尽相同，赵爱文、李东（2011）通过构建灰色 GM（1，1）模型对我国碳排放进行了短期预测[⑥]。王怡（2012）将环境规制这一影响因素纳入到了 Kaya 公式（原本是通过人口、人均 GDP、单位 GDP 能源消

---

① Detlef P. van Vuuren, Monique Hoogwijk, Terry Barker et al., "Comparison of Top-down and Bottom-Up Estimates of Sectoral and Regional Greenhouse Gas Emission Reduction Potentials", *Energy Policy*, Vol. 37, No. 12 (2009), pp. 5125—5139.

② Ian Frame, "An Introduction to a Simple Modelling Tool to Evaluate the Annual Energy Consumption and Carbon Dioxide Emissions from Non-Domestic Buildings", *Structural Survey*, Vol. 23, No. 1 (2005), pp. 30—41.

③ Nicos M. Christodoulakis, Sarantis C. Kalyvitis, Dimitrios P. Lalas et al., "Forecasting Energy Consumption and Energy Related CO_2 Emission in Greece: An Evaluation of the Consequences of the Community Support Framework II and Natural Gas Penetration", *Energy Economics*, Vol. 22, No. 4 (2000), pp. 395—422.

④ Peter J. Marcotullio, Julian D. Marshall, "Potential Futures for Road Transportation CO_2 Emissions in the Asia Pacific", *Asia Pacific Viewpoint*, Vol. 48, No. 3 (2010), pp. 355—377.

⑤ Afton Clarker-Sather, Jiansheng Qu, Qin Wang, Jingjing Zeng, Yan Li, "Carbon Inequality at the Sub-National Scale: A Case Study of Provincial-level Inequality in CO_2 Emissions in China 1997—2007," *Energy Policy*, Vol. 39, No. 9 (2011), pp. 5420—5428.

⑥ 赵爱文、李东：《中国碳排放灰色预测》，《数学的实践与认识》2012 年第 4 期。

耗量和单位能耗排放量来计算排放量）中，形成了更加完善的人均碳排放量分解计算公式，进而预测了 2010 年至 2020 年间我国人均碳排放量在 13.0—18.1 吨之间[①]。杜强等（2013）构建了碳排放量增长的 Logistic 预测模型。渠慎宁、郭朝先（2010）利用 STIRPAT 模型进行了相关研究，预测了将来一段时间我国碳排放的峰值[②]。杨爽（2012）从全国各省区的碳强度和减排量入手，引入了减排配额分配的非线性规划模型和我国二氧化碳减排的边际成本曲线，运用 LINGO 软件对非线性规划模型进行分析[③]。王磊（2014）通过对天津市建立"经济—能源"投入产出模型，对未来碳排放做出了多情景预测[④]。

2. 碳排放影响因素

近年来，碳排放影响因素问题也成为学者们的研究热点之一。其中国外学者从不同的角度进行了研究。Brant Liddle（2010）认为一些发达国家的碳排放不仅受人口、人均财富以及能源强度三方面的影响，而且能源结构、居民能源消费以及城镇化率也是影响碳排放的重要因素[⑤]。Dinda（2005）在新古典增长模型的基础上分析了经济增长对二氧化碳排放的影响[⑥]。Soytasand Sari（2009）认为土耳其的碳排放导致了能源消耗，但能源消耗并不是碳排放增加的原因[⑦]。O'Neill 等（2010）认为人口年龄结构

① 王怡：《我国碳排放量情景预测研究—基于环境规制视角》，《经济与管理》2012 年第 4 期。

② 杜强、陈乔、杨锐：《基于 Logistic 模型的中国各省碳排放预测》，《长江流域资源与环境》2013 年第 2 期。

③ 杨爽：《基于非线性规划的碳配额金融市场的构建》，硕士学位论文，东北财经大学，2012 年。

④ 王磊：《基于投入产出模型的天津市碳排放预测研究》，《生态经济》2014 年第 1 期。

⑤ Brant Liddle, Sidney Lung, "Age-Structure, Urbanization, and Climate Change in Developed Countries: Revisiting STIRPAT for Disaggregated Population and Consumption-Related Impacts", *Population Environment*, Vol. 31, No. 5 (2010), pp. 317—343.

⑥ Soumyananda Dinda, "A Theoretical Basis for the Environment Kuznets Curve", *Ecological Economics*, Vol. 53, No. 3 (2005), pp. 403—413.

⑦ Ugur Soytas, Ramazan Sari, "Energy Consumption, Economic Growth, and Carbon Emissions: Challenges Faced by an EU Candidate Member", *Ecological Economics*, Vol. 68, No. 6 (2009), pp. 1667—1675.

和城镇化率对碳排放有重要的影响[①]。Krey 等（2012）认为碳排放总量对城镇化率没有很大的影响，但是城镇化进程和经济发展对碳排放有影响[②]。相比之下，国内学者较为一致地认为，经济增长、人口和技术等指标成为了碳排放的关键影响因素。如宋杰鲲（2011）认为，经济增长、人口、技术外加产业结构状况构成了影响碳排放量的关键因素[③]。对于行业结构和能源结构是否影响碳排放及影响程度，学者们持有不同观点。李跃辉、蒋盼（2012）认为产业结构与碳排放量存在长期稳定关系[④]。徐国泉等（2006）认为能源结构对阻碍中国人均碳排放的贡献率呈现出先增后减的现象[⑤]。而郭彩霞等（2012）、蒋金荷（2011）却认为中国碳排放量增加主要是由经济规模引起的，行业结构和能源结构对碳排放量的影响作用较小[⑥⑦]。潘佳佳、李廉水（2011）指出人口、经济增长是导致工业生产中二氧化碳排放量激增的关键因素。除此之外，他们认为能源消费结构、能源强度也构成了影响工业生产中二氧化碳排放量变化的主要成因。而且，在关于地区碳排放量的影响因素的考察和研究中，不同地区的结论也有很大区别[⑧]。李磊、肖光年（2011）通过运用主成分分析方法实证分析得出，三次产业、全社会固定资产投资、社会消费零售总额以及财政支出

---

①　Brian C. O'Neill，Michael Dalton，Regina Fuchs et al.，"Global Demographic Trends and Future Carbon Emissions"，*Proceedings of the National Academy of Sciences of the United States of America*，Vol. 107，No. 41（2010），pp. 17521—17526.

②　Volkey Krey，Brian C. O'Neill，Bas van Ruijven et al，"Urban and Rural Energy Use and Carbon Dioxide Emissions in Asia"，*Energy Economics*，Vol. 34，S3（2012），pp. S272—S283.

③　宋杰鲲：《基于 LMDI 的山东省能源消费碳排放因素分解》，《资源科学》2011 年第 1 期。

④　李跃辉、蒋盼：《中国碳排放量影响因素研究——基于省级面板数据的分析》，《经济问题》2012 年第 4 期。

⑤　徐国泉、刘则渊、姜照华：《中国碳排放的因素分解模型及实证分析》，《中国人口·资源与环境》2006 年第 6 期。

⑥　郭彩霞、邵超峰、鞠美庭：《天津市工业能源消费碳排放量核算及影响因素分解》，《环境科学研究》2012 第 2 期。

⑦　蒋金荷：《中国碳排放量测算及影响因素分析》，《资源科学》2011 年第 4 期。

⑧　潘佳佳、李廉水：《中国工业二氧化碳排放的影响因素分析》，《环境科学与技术》2011 年第 4 期。

均与无锡市碳排放量呈正相关关系①。邵锋祥等（2012）的研究表明，除技术进步对陕西省碳排放量产生正向影响外，其他因素均对陕西省碳排放量产生消极影响②。

　　已有文献对中国碳排放问题进行了细腻的研究，为地区碳排放总量设定问题提供了重要的理论依据和数据支撑。尽管如此，现有研究多是对国家层面的碳排放总量问题进行考察，从实证角度对地区碳排放总量计算的文献相对较少，尤其是并未发现从地方视角去考察其接受碳配额区间的相关文献。此外，已有文献并未给出一致性的分析结论。由于学者们采用了不同的预测模型又考察不同的研究对象，同时选取的数据又处于不同时间区间，造成预测数值和影响因素均存在差异。显然，克服这一问题的方法就是利用不同的模型进行数理分析，把得出的预测数据和已有的历史数据进行比较，最后再选择出所有模型中误差最小的一个进行最终的测算。

　　综合而言，上述研究确认了林业在绿色发展中的核心作用，同时也认可了森林碳汇交易对我国集体林权制度改革及林业发展具有的突出影响，对森林碳汇量的估计更是肯定了我国发展森林碳汇的意义和价值。尽管如此，现有研究并未给出森林碳汇交易与集体林权制度改革之间的理论关系，虽然一些研究也从土地所有权的角度强调了集体林权制度改革对森林碳汇交易机制建立与发展的重要价值，但是多数研究并未深入考察两项政策的协调发展问题。森林碳汇交易机制建设与集体林权制度改革均以造林和护林活动为手段，以发挥森林经营的经济效益实现其生态效益为目标。二者在发展过程中紧密相关。一方面，森林碳汇交易机制是森林固碳效益价值补偿的市场化手段，森林经营者可以通过创造森林碳汇来获取碳汇基金或森林碳汇交易收入，这些资金为林业经营提供了新的收入来源，能够弥补国家财政专项资金的不足，成为林业生产者最直接的资金来源之一。

---

　　① 李磊、肖光年：《基于主成分回归的无锡碳排放量影响因素分析》，《城市发展研究》2011年第 5 期。
　　② 邵锋祥、屈小娥、席瑶：《陕西省碳排放环境库兹涅茨曲线及影响因素——基于 1978—2008 年的实证分析》，《干旱区资源与环境》2012 年第 8 期。

另一方面，森林碳汇交易机制建设仍需林权制度支持。我国新一轮集体林权制度改革是建立森林碳汇交易机制的基础和前提，通过集体林权制度改革提高林业管理水平将成为增加森林碳汇供给的有效手段。因此，本书将在已有研究基础上，对森林碳汇交易机制与集体林权制度改革协调发展问题进行系统的理论和实证研究，进一步深入挖掘二者间协调发展的理论关联、协调途径及具体对策，并以此作为深化林权制度改革及推进森林碳汇交易机制建设的重要依据。

四、研究思路、内容及方法

图引-1　研究思路

(一) 研究思路

本课题按照现状分析—理论分析—经验借鉴—机制设计—具体对策建议的总体思路展开。课题首先分析了中国集体林权制度改革与森林碳汇交易机制建设的现状。其次从理论上探讨森林碳汇交易机制建设与集体林权制度改革发展的理论关联与协调机理，在总结国外林业碳汇发展经验的基础上，提出这两项林业发展机制应遵循政策协调、金融互助、经营管理规划三条路径进行优化发展，在这一过程中，通过实证检验碳汇政策、碳汇金融对林业发展的影响以及集体林权机制设计、林业经营管理模式对碳汇林业发展的影响。再次分别从政策协调、金融互助、经营管理提出了具体的发展思路。最后从总体规划设计方面提出了深化集体林权制度改革和促进森林碳汇交易机制建立与发展的具体对策。

（二）主要内容

我国新一轮集体林权制度改革正在推进，调研分析与文献研究的基本结论是林改的经济效果显著，而生态成效发展相对迟缓，林业金融抑制问题依然显著，林业管理水平有待提高。与此同时，森林碳汇交易也处在试点进程中，而森林碳汇将成为林业发展重要的市场化生态补偿机制，能够为林业发展提供新型的金融工具，能够激励林业生产经营者提高管理水平。但是森林碳汇交易机制仍处于试点过程中，其机制的建立和完善需要集体林权制度改革的推进，同时，集体林权制度改革也需要森林碳汇交易机制的不断发展与完善。而如何从时间上同时推进，并在政策、金融、经营管理层面设计二者协调发展的具体的系统的可操作的政策建议，需要在实践中不断摸索。按照笔者的研究目的和研究脉络，本书相应设计了九个章节，除了前言外，正文可划分为四部分内容：第一部分为现状分析（第一、二章），第二部分为理论分析（第三章），第三部分为国际经验借鉴（第四章），第四部分是全文的对策建议部分（第五至八章），分别从政策、金融、组织层面及辅助措施层面设计了具体的碳汇林业发展路径和对策。

第一部分为集体林权制度改革与森林碳汇交易机制建设的现状分析，具体分为两方面内容。一是分析集体林权制度改革的历程、现状及绩效。笔者首先回顾了集体林权制度改革的发展历程；其次从林权流转、森林资源变化、林权抵押等方面考察集体林权制度改革的基本现状；再次结合国家集体林权制度改革的经济目标、社会目标及生态目标建立林业发展的综合评价指标体系，同时引入相关数据对新一轮集体林权制度改革前后的各项指标进行对比分析；最后建立面板回归模型实证检验新一轮集体林权制度改革的经济效益，并结合绩效评价给出分析结论。在林业发展绩效的实证分析中，构建了包含经济绩效、生态绩效、社会绩效及综合绩效的评价指标体系，数据显示，林改的经济效果优于生态绩效和社会绩效。二是考察我国森林碳汇发展的机制设置、地区实践及储备测算。本书首先简要回顾了国际碳市场的发展历程与基本情况，介绍了CDM机制中的造林再造林项目、REDD及REDD＋等国际森林碳汇交易的机制设计；其次对我国碳交易市场的发展历程进行了简要回顾，其中，重点分析我国CCER机制下的森林碳汇交易的发展情况；再次详细分析了我国五个试点省份开展森林碳汇交易活动的具体机制与实践情况；最后选择蓄积量法对我国森林碳汇储量及其经济价值进行测算。

第二部分考察森林碳汇交易机制建设与集体林权制度改革协调发展的理论关联。笔者以外部性理论、碳市场交易理论及绿色发展理论为基础，强调了森林碳汇建立的必要性、可行性及在可持续发展中的重要性。而后在分析森林碳汇供需影响因素与约束条件的基础上，构建了包含碳汇补贴与碳汇价格的碳汇供给模型，重点在轮伐期模型的基础上考察了林业供给主体进行碳汇供给的经济条件，得出结论是碳汇生态林供给的等额年金要超过其他机会成本所得到的等额年金。为突破局部均衡分析的局限，课题组建立了可计算的一般均衡模型探讨最优森林碳汇补贴问题。最后总结了森林碳汇交易机制建设与集体林权制度改革协调发展的理论关联和具体的关联机制，为后文的研究提供理论支撑。集体林权制度改革是森林碳汇交易机制建立的基础和前提，而森林碳汇交易机制为集体林权制度改革提供了市场化的生态补偿机制。在二者协调发展中应将重点放在政策制定、金融互助、提升林业经营管理水平等方面。

第三部分总结了林业发展的国际经验，本部分延续理论分析部分的研究思路，总结了各国在林业政策、林业金融及林业经营管理层面的经验，具体选取了美国、欧盟、日本和印度。美国、欧盟、日本基本完成了工业化，在经济发展与环境保护之间积累了大量经验，而我们的邻国印度具有发展中国家最发达的金融市场。这些经济体在林业产权确定、生态补偿方案设定、林业税收政策、森林碳汇制度等制度领域，在林业资金筹措、林业金融工具、森林碳汇金融创新等林业金融领域，在森林经营管理模式、林业经营管理方法、森林碳汇经营管理等林业管理领域都积累了独特的经验，学习和借鉴这些经验将有助于我国森林碳汇交易机制建设与集体林权制度改革的协调发展。

第四部分分别从政策兼容性、金融互助、经营管理和辅助措施四个层面对森林碳汇机制与集体林权改革协调发展的路径进规划设计。

在政策协调机制设计方面，笔者首先讨论了现有以林权改革为主导的林业政策与森林碳汇机制建设中的政策安排是否存在协调问题，重点探讨了林权与森林碳汇归属、林业砍伐政策与碳汇林砍伐规定、林业补贴与碳汇林成本之间的差异。其次，在分析政策差异的基础上，利用博弈论方法探讨了政府补贴与林农碳汇供给之间的博弈关系，得出政府补贴在碳汇市场发展的不同阶段所发挥的作用差异较大。尤其是在碳汇市场建立之初，政府补贴的作用尤为重要，而随着碳汇市场的不断发展和完善，林业补贴的数额将会降低，从支持转向引导。最后，笔者提出了在碳汇市场发展的初期、中期和成熟阶段，集体林权政策与碳汇政策之间政策协调发展的具体思路。

在金融互助体系发展方面，笔者首先分析了林业资金总量与结构、林业金融的类型与作用、林业信贷模式等林业金融基本情况，同时指出当前的林业金融发展面临的林业金融抑制和信贷错配等问题尚未解决。其次分析了林业碳汇金融基础产品与衍生产品对完善林业金融体系具有重要的补充作用，碳汇金融产品能够为减缓和解决上述问题提供帮助。再次建立GARCH 模型和 VAR 模型，实证分析林业金融对发展碳汇市场的作用，以及碳汇金融对林业发展的功效，实证分析结果均显示出正向关联。最后依据森林碳汇市场发展的不同阶段，设计了林业金融与碳汇金融之间金融互助发展的具体对策。

在林业经营管理机制设计方面,笔者重点从设定林业经营管理机制的角度探讨森林碳汇交易机制与集体林权制度改革的协调发展问题。笔者首先阐述了林业经营管理的定义与分类;其次从组织结构、准备阶段、造林阶段以及防护阶段对我国林业经营管理现状做简要介绍;再次探讨了各项林业经营管理活动与森林碳汇之间的关系,实证考察了普通林经营管理模式与碳汇林经营管理模式对碳泄漏的影响;最后综合设计了促进森林碳汇交易机制与集体林权改革协调发展的林业经营管理模式。

在辅助措施层面,从解决基本问题等角度提出森林碳汇交易机制建设与集体林权制度改革协调发展的具体对策。笔者首先设定了不同发展阶段二者协调发展需要完成的基本内容;而后阐明各个阶段我国森林碳汇交易机制建设的路径,主要包括加大力度种植碳汇林、建立并规范碳汇交易市场、降低森林碳汇市场的交易成本、加强森林碳汇信息建设等内容;最后是针对三个阶段集体林权改革出现的问题,提出促进森林碳汇交易机制与集体林权改革协调发展的具体对策,包括完善森林资源资产评估制度、加强林权流转市场建设、完善林业服务体系、规范林木采伐限额管理体系等内容。

(三) 研究方法

笔者首先将从方法论的角度出发,理论联系实际地将研究标的的理论性和研究成果的现实指向性有效结合,综合运用归纳总结和逻辑演绎等研究方法构成的方法论体系。具体研究方法包括数理建模、面板回归、GARCH 模型、VAR 模型、脉冲响应函数、数值模拟、专家访谈等。

1. 数理模型

笔者构建了理论模型,证明森林碳汇交易机制与集体林权制度改革二者之间的关联。一是建立森林碳汇供给模型,在考察碳汇供给的影响因素的基础上利用轮伐期模型引入碳汇政策因素利用最优化方法构建了林农的森林碳汇供给模型。碳汇供给模型重点考察林农碳汇供给的基本条件,尤其是政府补贴政策和税收政策在林农碳汇供给中的作用。

2. 博弈模型

通过博弈论方法考察政府碳汇政策实施与林农碳汇供给之间的博弈关

系。笔者采用"完全且完美信息动态博弈模型"对双方的策略和收益问题进行分析，理论分析认为，纳什均衡发生在 $[f_{林(1)}, f_{政(1)}]$ 处，需要政府在以集体林权为主导的林业政策方面向碳汇交易机制倾斜，减免申请验收成本，同时出台交易激励制度，刺激企业购买林业碳汇。如果纳什均衡发生在 $[f_{林(3)}, f_{政(3)}]$ 处，则要求企业购买林业碳汇的积极性非常高，高到即使没有有利于林业碳汇机制的林业政策，林业经营者也能在碳汇供给中获得收益。

3. 面板模型

面板数据计量经济模型是近 20 年来计量经济学理论方法的重要发展之一，具有很强的应用价值。面板数据是指在时间序列上选取多个截面，在这些截面上同时选取各样本的观测值的样本数据。笔者选用面板回归方法验证林权制度改革的经济效果，以解决时间序列数据时间跨度局限问题。通过面板数据回归得到的结果来看，我国新一轮集体林权制度改革已经取得了不错的经济成效，林业投资的成效显著、集体林产权的确定效果较好，但是也有很多的问题需要正确对待与适当解决。

4. GARCH 模型

广义自回归条件异方差模型（GARCH）是波勒斯列夫（T. Bollerslev，1986）在罗伯特·恩格尔（Robert F. Engle，1982）的 ARCH 模型的基础上提出的，该模型适用于高频金融时间序列数据，尤其是收益率波动率的分析和预测。笔者通过建立 GARCH 模型对 EUA 现货价格进行预测分析。具体是根据欧洲能源交易所（EEX）上 EUA 现货资产价格的走势及特点，对其进行描述性统计分析、平稳性检验（包括 ADF、PP、KSPP 检验）以及自相关检验，最后选择并确定了其现货价格的资产定价模型。

5. VAR 模型

经济理论通常并不足以对变量之间的动态联系提供一个严密的说明，而且内生变量既可以出现在方程的左端又可以出现在方程的右端使得估计和推断变得更加复杂。为了解决这些问题而出现了一种用非结构性方法而建立各个变量之间关系的向量自回归模型（VAR 模型）。笔者采用 VAR 模型挖掘我国的林业经济产值、林业贷款、财政税收、林业新增固定资产和林业固定资产投资之间的关系。利用 VAR 建模，要使 VAR 稳定。首先进行 ADF 检验。通过脉冲响应函数可以分析金融支持受到冲击和林业经济发展进程受到冲击之间的相互影响。而后对 VAR 模型下的各个参数作脉冲响应函数分析。

6. 数值模拟

数值模拟方法是用数值方法和计算模拟的手段进行的定量分析方法，目前在环境评估等领域具有广泛的应用。笔者在森林碳汇供给条件和碳渗漏测算角度两次采用了数值模拟方法。在对森林碳汇供给问题的分析中，笔者选用落叶松的材积公式和碳汇公式，带入各类成本和木材价格数据对七种不同立地等级林分进行数值模拟分析。在碳泄露问题中，假定各种木材运输工具、间伐时间、造林种类等数据，对四川省兴文县的集体林股份合作林场在造林项目实施过程中普通林和碳汇林的碳泄漏量进行了数值模拟测算。

7. 专家访谈

专家访谈法能够凝练与修正研究结论，形成科学的结论和有价值的政策建议。笔者根据前文的理论分析、现状分析及实证分析结论，给出集体林权改革与碳汇市场建设与发展的具体建议，在专家指导下不断调整对策建议，以提高政策建议的针对性和可行性。具体而言，首先凝结现状分析、理论分析与实证佐证的研究结论，根据理论与实证的研究结论初步给出针对性意见，其次利用组织会议进行课题讨论的方式制定符合实际的对策，再次通过电话和当面访谈等方式邀请相关专家对课题对策建议内容给出批评意见，并指出修改方向及指导性建议，最后根据专家意见认真修改，并邀请专家对修改后的内容重新审核，直至专家认可后，最终提交研究报告。

五、主要创新与不足

（一）主要创新

本书的创新主要体现在两方面：一是研究视角的创新，即将两项与森林发展相关的机制设计与建设有机结合，建议这两项机制的协调发展。从以往的研究看，现有研究多是单独强调集体林权制度改革的方向是需要建立一个长效的生态补偿机制。而从政府财政的局限看，这一生态补偿应该来源于市场，目前和林业息息相关的碳汇交易市场机制并未被广泛关注。同样，现有对森林碳汇交易机制的研究也多是针对交易机制设计本身，显然忽略林业发展的集体林权制度改革进程这个宏观背景与进程也将是不现实的。而本书认为，集体林权制度改革是森林碳汇交易机制建立的基础和前提，而森林碳汇交易机制建设是推进集体林权后续改革的重要助力，以及保证集体林权生态改革成效的重要工具。因此，二者不应割裂去单独分析，而是从协调发展的视角去考察两项机制的建设及改革过程。

二是将集体林权制度改革与森林碳汇交易机制建设协调机制归纳为三个层面：一是制度层面，包括林业政策补贴、税收、林业砍伐期限与额度规定；二是金融层面，包括基本的林业信贷产品、信贷衍生产品以及以碳汇为基础的林业信贷基础品与衍生品；三是经营管理层面，包括林业的生产经营模式、管理模式等内容。本书从这三项主要协调机制出发，分别给出了促进森林碳汇交易机制建设与集体林权制度改革协调发展的具体方案与对策。

（二）不足之处

本书也存在一些不足之处，主要体现在两方面：

一是无论是集体林权制度改革，还是森林碳汇交易机制建设，都是一项巨大而复杂的林业体制建设工程。在现实发展过程中，两项机制的协调发展也将是复杂多变的，没有一种固定的方式方法和统一的规范能够包揽全部内容。本书所考虑的三项协调机制也仅是笔者认为比较主要的内容，此外，对影响林业发展的其他问题的探讨，也未必能够反映二者协调发展的全部内容。这不仅与笔者及其研究团队学识水平局限有关，也与我国地区间林业发展的不平衡以及农村发展的多样性有关。

二是在碳汇生态林供给条件的模型分析中，笔者尽量选取了影响林农碳汇供给的成本和收益因素。但在林农实际林业生产经营过程中，影响林农种植生态林的因素是多种多样的，需要考虑的因素也是方方面面的，不仅包括这些相关林业经营主体的成本和收益情况，也要考虑他们的心理因素。因此，在模型分析的时候，通过模型假定来限定变量选取有时可能会脱离实际，使得模型的研究结论的说服力不强。这一问题需要通过情境分析等方法来弥补，但是由于研究重心和时间安排等问题，笔者并未针对此问题进行深入探讨。

受笔者研究水平有限、时间不足等多方面因素的局限，还有很多不足之处，在后续的研究中，笔者将不断提高研究水平，减少缺陷与不足。

第一章 集体林权制度改革的历程、现状及绩效

1949 年新中国成立以来，国家对公有林权制度开展了多次改革，促使林业经济及其生产关系不断发生演化。新世纪开始的一次改革始于 2003 年，经历了 5 年时间在对部分省份试点改革进行经验总结的基础上，于 2008 年从全国层面正式开展了新一轮集体林权制度改革。经过 10 多年的变革和积淀，我国林业发展在经济、社会及生态方面取得了一些成绩。相对而言，林权改革的经济成效尤为显著，而其生态成效与社会成效的发展略显缓慢。在集体林权制度改革过程中，还留有一部分较为重要但又有些棘手的问题尚需采取有效对策加以应对。

本章首先对集体林权制度改革发展历史进行了简要回顾，从森林资源变化、林权流转、林权抵押几个重要层面研讨了集体林改的最新情况。接下来，在综合考虑集体林改的经济目标、社会目标及生态目标的基础上建立了林业发展的综合评价指标体系，同时引入相关数据对新一轮集体林权制度改革前后的各项指标进行对比分析。再次，建立面板回归模型实证检验新一轮集体林权制度改革的经济效益。最后，结合绩效评价的分析结论，指出当前集体林改中存在的核心问题和困难。

第一节 集体林权制度改革的历程

集体林改真正意义上始于 20 世纪 80 年代，当时伴随着我国家庭联产承包经营体制在农业相关产业中的逐步确立，这一改革自然而然地成为了农村土地制度改革中的重要一环。自新中国成立以来，我国集体林权制度改革经历了多个阶段。学术界将集体林权制度的变迁历程分为多个不同阶

段，其中具有代表性的有"四阶段论"（陈世清等，2005）[①]、"五阶段论"（刘璨等，2006[②]；徐秀英、吴伟光，2004[③]）、"六阶段论"（黄李焰等，2005[④]）及"八阶段论"（柯水发，温亚利，2005[⑤]）。本书依据林地和林木所有权属性的变化，将采取"五阶段论"划分方法对我国集体林权制度变迁的脉络予以梳理。在"五阶段论"中，可以以改革开放为分界点，前半部分的主要制度变迁思路是"从分到合"，后半部分的主要线索则是"从合到分"。

一、土地改革时期

中华人民共和国成立以前，由于受到上千年的封建统治者和近代侵略中国的资本主义国家破坏与掠夺，我国林业产业备受摧残，林区面积和林木蓄积量都明显降低。虽然中华民国成立后的几任政府进行了一定程度的改革，组建相关机构和出台相关政策与法律来争取恢复相关生产和休养生息。不过，后来的日本侵华又给林业产业造成了较大的损害，致使许多政策未能得到有效落实。在此期间，在中国共产党领导下的一些地区政府积极出台保护林木的政策和规章，推动军民开展了护林、造林工作，例如晋察冀边区的《保护公私林木办法》《森林保护条例》和《奖励植树造林办法》等，但因为受到国家整体政治形势的影响，成果较为有限。在新中国成立之前，中国已是贫林国家，全国森林面积只有 8280 万公顷，宜林荒山 28959 万公顷，森林覆盖率仅为 8.6%[⑥]。中华人民共和国建立之初，

---

① 参见陈世清、王佩娟、郑小贤：《南方集体林区森林资源产权变动管理对策研究》，《林业经济》2005 年第 9 期。

② 参见刘璨、吕金芝、王礼权、林海燕：《集体林产权制度分析——安排、变迁与绩效》，《林业经济》2006 年第 11 期。

③ 参见徐秀英、吴伟光：《南方集体林地产权制度的历史变迁》，《世界林业研究》2004 年第 3 期。

④ 参见黄李焰、陈少平、陈泉生：《论我国森林资源产权制度改革》，《西北林学院学报》2005 年第 2 期。

⑤ 参见柯水发、温利亚：《中国林业产权制度变迁进程、动因及利益关系分析》，《绿色中国》2005 第 20 期。

⑥ 参见张蕾：《半个世纪的奋进——中国林业 50 年发展成就和展望》，《中国林业》1999 第 10 期。

由于国家经济基础极度薄弱，抓经济、搞建设成为当务之急，而国民经济的恢复与重建急需木材等建筑材料，林业生产就有了突出的地位，成为农业生产的重要任务。新中国成立之初，我国就设立了林垦部，下设林政、森林经理、造林、森林利用四个司，各级地方政府也相应建立林业主管机构，全国统一的林业宏观政策管理机构逐渐形成。1950年6月，根据《中华人民共和国土地改革法》，为给社会主义革命和建设创造条件，国家在华东、中南、西南及西北等地广泛地开展土地改革运动，没收地主土地分配给农民。"土地改革"时期，国家规定原来由地主所有的林地、茶庄等一并充公后合理分配到农民手中①，农民不仅可以耕种土地，还有权出让或出租，因此农民事实上已经成为了林地的主人，对林地拥有完整的经营权与收益权。与此同时，河北、山东等多省根据国家土地改革相关指示，配套下发《关于公路两旁植树护林的指示》《护林暂行办法（草案）》《造林奖励暂行条例（草案）》《林木所有证颁发暂行办法》等法律规章，这些文件规定：凡是经过国家确权的国有林、村有林、合作林、私有林等都需要在相关管理部门安排管理下，经由当时经营的林主报请各地市人民政府（国有林报专署），发给森林所有权证。

私有林权是新中国成立后最早制定的林权制度，私有林权制度的优势体现在林权属性明确，林农不仅具有相关土地的所有权和使用权，还同时拥有土地上培育的林木的经营权和获得相关收益的权利。私有林权制度在很大程度上提高了农民在林业生产方面的主动性。但在之后，由于国家很快对林业生产的相关政策做出了调整，国家出台了《关于适当处理林权、明确管理保护责任的指示》和《森林所有权划分办法草案》两个文件。文件一方面使得一些地方政府将林业投资经营者具有林木的所有权，调整为仍由林木原经营者继续进行经营；另一方面，关于林地的确权问题也被暂停和搁置，代之以"继续经营"加以表述，这些调整与改动大大影响了林农植树造林、育林的主动性。与此同时，由于新中国成立初期我国在林业

---

① 《中华人民共和国土地改革法》，见 http：//www. npc. gov. cn/wxzl/wxzl/2000-12/10/content_4246. htm。

生产方面的技术和能力有限，农民面临着生产资料和资金严重短缺问题，而私有林权制度下，林地分割对应形成的是家庭分散经营模式，无法将有限资源投入到大规模的林业生产中去，致使森林生产效率低下。

二、集体化林权发展阶段

从 1953 年第一个五年计划到改革开放前，我国政府高层考虑到国内现实的条件状况和急于实现快速发展的愿望，提出了总路线、"大跃进"、人民公社三大政策，中国公共政策按照内化发展之路进行，导致了极为严峻的经济危机。这时期，我国的农业合作模式步入集体化林权发展阶段。在全国范围内推行的农业合作化运动，主张把私有林权收归集体所有。当时经历了互助组、初级社、高级社和人民公社四个时期的农业集体合作发展阶段，一步步地取消了林地的私有权。伴随农业合作模式的发展演变，林业产权模式与林业资源经营模式发生了根本性变化。事实上，林业产权在我国所经历的集体化发展过程在很大程度上是受国家政府上层政策逐渐推动的过程，同时也是我国森林资源经营方式的发展变迁历程（魏倩，2002）。[①]

（一）互助组时期

虽然广大农民通过土改获得了一定的土地产权，但是由于农民的普遍贫困、生产资料和生产工具严重匮乏，无法开展大规模林业生产。为了更好提高农业生产力水平，我国于 1951 年出台了《中共中央关于农业生产互助合作的决议（草案）》，提倡广大农村基层地区农民以组成互助组的方式开展集体生产活动，通过集体劳动共享生产工具与生产资料。这一合作方式为农村发展大规模农业生产提供了物质基础。依照该草案，以互助组为主要形式的互助合作组织开始发展。三四年之后，大多数农民家庭都成为了互助组成员，约十个家庭为一组，共用资源和工具、共同劳作。

总体来看，在这一阶段中国林权制度的特征是：林地和林木的产权均

---

① 参见魏倩：《中国农村土地产权的结构与演进——制度变迁的分析视角》，《社会科学》2002 年第 7 期。

归农民所有，农民之间通过互助组进行生产上的合作互助，使得以往小农经营模式无法实现的一些生产劳动得以实施，提高了林业的生产力水平（徐秀英，2005）[1]。

（二）农业生产合作社时期

为提高农业的生产效率、完成对我国农业的社会主义改造，国家开展了一系列改革。从 1953 年起，中国政府开始提出经济发展的五年计划，大力开展经济建设，并在全国范围内大力推进农业合作化运动。按照《关于发展农业生产合作社的决议》，积极推动和鼓励农民结成农业合作社，通过结成合作社来统一使用耕牛、大型农具等农业生产资料和工具[2]，不过在土地所有权上依然承认农户的私有权利。1955 年我国出台了《农业生产合作社示范章程（草案）》，在该章程指出，大片林木资产、果园和竹林等由合作社统一进行生产经营，同时合作社支付给社员一定的报酬，林木资源经营的收入依据一定的比例进行分成；对于先前由私人所有的林木，面积较小的仍可由个人所有与自主经营。到 1956 年初，已经基本完成了初级合作社的改建。改革对应的结果是，所有权同使用权、收益权和处置权相独立。

这一阶段我国林业产权发展的主要特征表现为私有产权上出现了所有权跟使用权分离的现象，也就是说，林农依然保留着林木的所有权，但林木的使用权和处置权等则收归到合作社，由国家制定计划并按照计划进行统一管理；同时在收益分配方面，私人权利也受到很大影响。

（三）高级合作社阶段

1955 年，毛泽东做了《关于农业合作化问题》的工作报告。此后，农业生产进入了高级合作社时期。根据《高级农业生产合作社示范章程》，许多农村地区较为彻底地开展了废除土地私有制、实行集体所有制的工作，在农民收入分配上开始实行按劳分配，将土地、林木、耕畜、大型农

---

① 参见徐秀英：《南方集体林区森林可持续经营的林权制度研究》，中国林业出版社 2005 年版。

② 参见文骐、朱志军、许志敏：《足印——新中国成立 60 周年经济发展轨迹（1949—1959）》，《改革》2009 年第 2 期。

具等主要生产资料都无代价地转为合作社集体所有，取消土地分红[①]。到1957年底，中国绝大部分的农村地区的农民都加入了合作社，未加入的不到4%。该阶段林业产权的私有林权制度被完全取消，林业资源的产权几乎全部收归集体所有，只有极少数林农保留了少量的林木产权，也因此保留着集体产权与私有产权同时存在的现象[②]。

（四）人民公社时期

1958年，中共中央出台了《关于把小型的农业合作社适当地合并为大社的意见》和《关于在农村建立人民公社问题的决议》两份文件。受此文件精神的影响，我国广大农村地区又进一步将农业合作社发展成人民公社。这一时期，农村基层地区全部的山林林权与原本属于农民自留的山林资源在林权方面统一纳入人民公社所有权内，对林业资源实行统一的生产经营与管理。由于这一措施的推行，在林权方面统一采用了公有制，农民私有林产权被完全废除。

从1961年到1964年，由于人民公社在生产方面表现出的多方面不足，统一的公有制在很多方面存在的不够完善之处越来越多地体现出来。为更好地发展生产，提高人民的生产生活水平，中共中央通过颁布一系列措施，交还了基层地区农民对自己房屋附近的林木、自留山与自留地的产权（徐秀英、吴伟光，2004）。1966年进入"文革"时期，此类农民对林业资源的产权又被重新收归国家与集体所有。这一阶段我国在林业产权方面表现出的特征为，林地所有权归农村集体所有，人民公社通过集体化统一的管理来组织林业资源的生产开发工作，林业资源的农民私有产权完全被取消并纳入到国家与集体之下。

从1966开始，我国进入了"文革"时期。此时期中国的各阶段、各专业的教育和科研工作均受到较大影响，林业教育与相关研究工作也未幸

① 参见高海：《农地入股合作社的嬗变及其启示》，《华北电力大学学报（社会科学版）》2013年第2期。

② 参见王琢、许浜：《从初级合作社到高级合作社——二论中国农村土地制度变革的六十年》，《技术经济与管理研究》1996年第4期。

免，几乎全部的林业院校和林业职工学校被迫停课和暂停招生，绝大多数的林业科研工作者遭到下放，相关机构和科研工作者先前掌握的观测数据、资料和仪器设备遭到破坏、所剩无几；各级林业管理机构也被划归相应的各级军事管理委员会代为管理，国家对林业部实行军事管制，原有的行政管理机构和生产指挥系统被打乱，工作基本停滞。林业教育教学与相关研究工作受到巨大破坏。[①]

从"人民公社化"运动到 1978 年"文化大革命"结束，我国林业机构由于决策失误遭到严重的破坏。在"文革"即将结束的前后两段时间（分别为 1973—1976 年和 1977—1981 年），我国组织了森林资源资料的两次清查工作。经过对两次清查情况的对比，可以清楚看到"文革"期间实行的一些林业政策给我国森林资源和林业产业造成了巨大的破坏（详细情况见表 1-1），森林面积出现了大幅下降，减少 600 万公顷，森林覆盖率也减少了近一个百分点，降到 12%。全国一百多个林业局中，有接近一半数量的林木更新速度较慢，大大落后于采伐速度，更新欠账 86 万公顷，在集体林区的 356 个林业采育场中更新跟不上采伐的有 111 个，更新欠账 7 万公顷，而且人工更新存活率低，使得林木资源整体上的损失非常严重。

表 1-1　两次全国森林资源清查的情况对比

全国森林资源清查时间	森林面积（亿公顷）	森林蓄积量（亿立方米）	森林覆盖率（%）
第一次（1973—1976）	1.21	85.56	12.70
第二次（1977—1981）	1.15	90.28	12.00

数据来源：中国林业数据库，见 http://data.forestry.gov.cn/lysjk/indexJump.do? url = view/moudle/index。

三、林业三定时期

"文革"结束后，我国开始恢复各项经济工作，农业的一场新革命

[①]　参见戴凡：《新中国林业政策发展历程分析》，硕士学位论文，北京林业大学，2010 年。

——家庭联产承包责任制改革也于 1978 年开始进行，该合作模式一经出现就显示出强有力的影响作用，农民在农业生产方面的积极性被有效激发出来，农业获得了飞速发展（魏倩，2002；徐秀英等，2004）。

1979 年我国出台了《中华人民共和国森林法（试行）》，该法案首次提出国家法律应该确保国家、集体和林农个人对林木的所有权不受侵犯。1981 年 3 月，中共中央、国务院发布了《关于保护森林发展林业若干问题的决定》，推行以"稳定山权林权，划定自留山，确定林业生产责任制"为主要内容的"林业三定"政策。所谓"林业三定"：一是稳定山林林权，对于产权由国家和集体所有的林地与林木，个人拥有使用权的林地与林木，由县级及以上人民政府核准后颁发产权证书，以保障林权的稳定；二是划定自留山，在林地集体所有不变的前提下，社员拥有自留山的使用权以及其上生长的林木的所有权以及部分处置权（允许继承）；三是落实林权生产责任制，即通过"分包到户"的形式划定责任山，对于承包的责任山，农户拥有林地经营权和部分林木所有权，林木收益权在农户和集体之间进行分配。

此后，国家又相继推出了"分股不分山，分利不分林"的股份合作制，荒山使用权可以自由拍卖，承包的林地使用权可以自由流转等政策，加速了林业产业的市场化进程。1985 年初，国家又颁布了《关于进一步活跃农村经济的十项政策》，决定取消集体林区木材统购统销，放开木材市场。不过，由于前期林权制度频繁变更，林农普遍对新政策的长期稳定性不够放心。因此在预期未来政策不稳的情况下，我国南方一些集体林区在林业生产中追求短期收益，乱砍滥伐等问题突出。针对这些新问题和新情况，1987 年 6 月，中共中央、国务院印发《关于加强南方集体林区森林资源管理，坚决制止乱砍滥伐的指示》，要求各地严格执行森林采伐限额制度，同时规定没有承包到户的成片用材林不得再分，木材生产由林业部门统一管理，木材由林业部门统一收购。[①] 此项政策还更加清楚地规定

---

① 参见胡运宏、贺俊杰：《1949 年以来我国林业政策演变初探》，《北京林业大学学报（社会科学版）》2012 年第 3 期。

了"要完善林业生产责任制，整顿木材流通渠道，合理调整林业税收负担"。这些措施正是针对前期南方集体林区林权改革政策失误所进行的调整，并在强化执行年森林采伐限额制度，保护和发展森林资源方面发挥了重要作用。[①]

"林业三定"工作的全面开展，有效调整了农村经济政策，使得多年来林权不稳定、界限不清、责任不明的状态明显改观，极大地调动了农民林业生产的主动性和积极性。"林业三定"在一定程度上推动了林业产业的发展，为林业产业的市场化建设奠定了基础。在"林业三定"时期，林业产权制度的主要特征表现为集体产权与私有产权同时存在。集体拥有完整产权，而个人拥有使用权、处置权及管理权。"林业三定"时期也呈现出一些问题，林业资源产权在划分上按照林地分布与质量划分，造成从生态上属于同一环境的山林资源被人为分割，不利于生态环境的保护与发展；同时产权不完整，从事林业生产的生产主体在林木资源的所有权、收益权方面不够明晰，一旦出现纠纷缺乏有效的立法保护措施。

四、现代林业发展阶段

1992年至2008年既是我国对社会主义市场经济体制的探索和最终定位的时期，也是我国广大农村以生态建设为重点的林权改革明确方向的时期；既是完善林权改革宏观政策时期，也是集体林产权改革渐入佳境、林业体系逐步完整的时期。由于我国在市场经济发展方面的成功推进，在很多领域都逐渐进行了市场机制的配套改革。1995年，中国政府设计和颁布了《林业经济体制改革总体纲要》，规定对基层地区农民开垦的荒地的使用权允许适当进行有偿流转，允许森林资产变现。1998年，我国一些地区遭遇特大洪水，引发国家对环境保护和林业建设的反思，此后关于生态建设在集体林权改革中重要性的议题不断增多。就在这一年，全国人大修订了《中华人民共和国土地管理法》，规定："国有土地和农民集体所有

---

① 参见戴凡：《新中国林业政策发展历程分析》，硕士学位论文，北京林业大学，2010年。

的土地可以给单位或者个人使用"。[①] 1998 年 7 月 1 日起实施的《森林法》明确规定，森林、林木和林地使用权可以依法转让，也可以作为依法作价入股或作为合资、合作造林、经营林木的出资和合作条件。[②] 党的十五大明确了非公有制经济的性质和地位，将其定性为社会主义经济的重要组成部分。十六大则进一步鼓励非公有制经济在农林产业中的成长，为集体林改找到了新方向。1998 年国务院颁布了《关于保护森林资源制止毁林开垦和乱占林地的通知》，针对我国当时很多农村新出现的毁林开垦农田（变林地为耕地）以及随便使用林地改作其他用途的问题，采取严厉措施，坚决制止毁林开垦和乱占林地行为，抢救和保护森林资源。1998 年的《全国生态环境建设规划》和 2000 年的《全国生态环境保护纲要》，则从更高的层面分析了当前中国面临的不利的生态环境形势以及造成环境质量下降的原因，并且清楚地指出了国家生态环境保护的指导思想、基本原则和目标。

2003 年国家颁布的《中共中央、国务院关于加快林业发展的决定》进一步指出要以"明晰产权"为核心、以"分山到户"为内容的集体林权主体改革的试点工作。到这时，我国先行开展的林权制度改革试点工作已经取得成功，并开始向全国推广开来。这个决定阐明了林业领域存在的众多重要问题，并对其按照新时期的要求实行了科学定位，积极促成了对如何开展林业工作的指导思想的历史性转变，确定了林业跨越式发展的战略目标，对林业生产力布局进行了优化重组，并对林业体制、机制和政策做了一些关键性的调整，可以看作是中国林业政策转变的一个重要里程碑。现代林业制度的确立促进了我国林业经济的蓬勃发展。在 1989 年到 2008 年，我国也对森林资源进行了四次清查工作，具体时间如表 1-2 所示。通过对四次清查情况的对比可以明显看出，在此期间我国林业建设情况大有改观，恢复良好。与第四次清查相比，第五次森林面积增加 2500 万公

---

① 《中华人民共和国土地管理法实施条例》，《工程经济》1999 年第 2 期。

② 参见余久华、郑一宁、吴丽芳、王寿：《关于〈森林法〉修订的探讨》，《法治研究》2008 年第 6 期。

顷，森林覆盖率由 13.92％增加到 16.55％，森林蓄积量则净增 11.3 亿立方米，每年平均净增加量为 2.26 亿立方米。到第 7 次普查结束（2008 年）时，森林面积、蓄积量及森林覆盖率再创新高，分别达到 1.95 亿公顷、137.21 亿立方米和 20.36％。显然，经过这一阶段，我国森林数量与林木质量双双获得改善，林业种植的种类结构也更加合理，非公有制林业发展较快，成果突出。

表 1-2　四次全国森林资源清查的情况对比

全国森林资源清查时间	森林面积（亿公顷）	森林蓄积量（亿立方米）	森林覆盖率（％）
第四次（1989—1993）	1.34	101.37	13.92
第五次（1994—1998）	1.59	112.67	16.55
第六次（1999—2003）	1.75	124.56	18.21
第七次（2004—2008）	1.95	137.21	20.36

数据来源：中国林业数据库，见 http：//data.forestry.gov.cn/lysjk/indexJump.do? url = view/moudle/index。

五、集体权改深化阶段

为了进一步明晰产权以促进林业产业发展，党的十七大报告更加清晰地指出，要创新集体林业经营体制机制，依法明晰产权、放活经营、规范流转、减轻税费，进一步解放和发展林业生产力，促进传统林业向现代林业转变。2008 年 7 月，中共中央、国务院发布《关于全面推进集体林权制度改革的意见》。[①] 从这一意见的颁布开始，我国在集体林权制度改革方面进入到了深化阶段，集体林权制度改革范围扩大到全国。2009 年中央"一号文件"再次强调"全面推进集体林权制度改革"，提出"建设现代林业，发展山区林特产品、生态旅游业和碳汇林业"。2010 年中央"一号文件"更加明确提出要"积极推进林业改革，健全林业支持保护体系，

---

① 参见贾治邦：《深化农村改革的重大战略举措——学习〈中共中央、国务院关于全面推进集体林权制度改革的意见〉》，《求是》2008 年第 19 期。

建立现代林业管理制度"。2011年中央"一号文件"将"深化集体林权制度改革，稳定林地家庭承包关系"作为"稳定和完善农村土地政策"的核心部分。2012年8月，在前期改革已经见到成效的基础上，为了更好地巩固集体林权改革成果，同时进一步促进林农民增产增收入，国务院办公厅出台了《关于加快林下经济发展的意见》。2012年9月全国深化集体林权制度改革工作会议暨林下经济现场会召开。2013年，"扩大林权抵押贷款规模，完善林业贷款贴息政策"成为中央"一号文件"的重点部分。2014年十八届三中全会指出，明晰产权、承包到户的主体改革，已经基本上完成。同时应进一步坚持农村土地农民集体所有，坚持家庭承包经营基础性的地位，坚持稳定土地承包关系，进一步放活经营权，落实处置权，确保收益权。2015年，中央出台了《全国森林经营规划（2015—2020年）》，并决定从整体上推进国有林场和国有林区改革，启动林业集体资产股份权能改革试点。2016年中央"一号文件"再次强调完善集体林权制度，鼓励发展家庭林场、股份合作林场。并提出到2020年基本完成土地等集体资源性资产确权登记颁证、经营性资产折股量化到集体经济组织成员，并最终建设完成关于对非经营性资产进行整体经管的机制。

仅在全面改革的第二年，我国确定产权的林地面积已经达到1.01亿平方米，占集体林地总面积的59.33%，其中已承包到户的林地面积达0.662亿平方米，占确权面积的65.6%，获得核发林权证的林地面积达0.77亿平方米，虽然面积不足一亿平方米，却占到已经得到确权的林木面积的75.2%。累计审批和下发林权证4812万簿，涉及农户数量达到4389万户。全国范围内组织成立的林权管理交易服务机构接近500个，集体林权流转面积达到了484万平方米，流转金额达到了191亿元人民币。到2013年底，全国集体林地已确权27.02亿亩，占各地纳入集体林权制度改革面积的99.05%；发证面积26.04亿亩，占已确权林地总面积的96.37%。全国已建立农民林业专项合作组织11.15万个，林权管理服务机构1435个，关于林权流转的相关制度法规和林权保护管理体系也进一步健全和完善。另外，全国林权抵押贷款面积5780.49万亩，贷款金额

792.31 亿元；林下经济产值达 3601.42 亿元。随着改革的不断深化，2014 年底，全国已建立了 15 万家林业合作组织，1600 多个林权服务机构。

更加可喜的是，根据第八次全国森林资源清查结果，在全球森林资源面积整体减少的状况下，我国却取得了森林面积和蓄积量的大幅增长，森林质量明显提高（详见表 1-2 和表 1-3）。第八次森林资源清查较前两次清查的森林面积分别净增 3300 万公顷、1223 万公顷；森林覆盖率分别提高 3.42％和 1.27％；森林蓄积量呈现出稳健增长的态势（详见表 1-2 和表 1-3）。

表 1-3　第八次全国森林资源清查的情况

全国森林资源清查时间	森林面积（亿公顷）	森林蓄积量（亿立方米）	森林覆盖率（％）
第八次（2009—2013）	2.08	151.37	21.63

数据来源：中国林业数据库，见 http://data.forestry.gov.cn/lysjk/indexJump.do? url＝view/moudle/index。

第二节　集体林权制度改革的现状

如前所述，新一轮集体林权制度改革取得了丰硕成果。本节将采用描述统计分析方法，从森林资源、林权流转、农民收入等方面深入考察集体林权制度改革的现状，为后文的理论分析奠定现实基础。

一、森林资源变化情况

考察森林资源变化情况是评价森林环境生态效应的重要工具，它能够反映出森林生态系统的生态完整性与活力。森林资源的内涵较为宽泛，本书主要从以下方面对森林资源的发展情况进行度量：（1）新造林面积，该数据能够反映林地资源的变动情况；（2）森林覆盖率变化率，该指标能够表现森林资源的整体状况，反映生态系统的稳定性；（3）森林蓄积量变化率；（4）森林面积变化率；（5）火灾发生率，表现林业资源的生产管理方面所具备的生态保护观念；（6）林业总产值，变现林业的发展变化情况；（7）林业从业人员收入，反映林业生产经营情况；（8）人工林面积；（9）林业系统在岗职工年末人数。

从样本数据的选取看，本书选择了具有代表意义的七个省份进行分析。选取辽宁省作为东北林区的代表，选取福建省和江西省作为最早开始实施新一轮集体林权制度改革的代表，选取湖南省作为东南林区的代表，选取云南省作为西南林区的代表，选取陕西省和甘肃省作为改革实施较晚、林业产业基础较差的典型样本。所有分析数据均来源于《中国林业统计年鉴》与相关省份的统计年鉴。

（一）新造林面积情况

林改推行后，我国很多农村地区原本由集体所有的林地与林木的使用权与所有权划归到农民个人手中，并通过法律文件明晰了农民对此类资源的产权，通过颁发证明文件来肯定农民对产权拥有与支配的合法性，这有效调动了广大农村基层地区人民群众在发展林业生产、植树造林、养护森林与维护生态环境方面的积极性与主动性，同时有力地推动我国森林资源培育。从造林面积看，2005 年我国造林面积仅为 3 637 677 公顷，到 2007 年达到了 3 907 709 公顷，增幅达到 7.03％，到 2009 年全国造林总面积达 6 262 329 公顷，同比上升 68.37％，到 2014 年全国造林总面积达到 5 549 608 公顷，相比于 2005 年增幅达到 52.57％。从林木类型看，2005 年用材林面积为 607 533 公顷，2014 年为 1 092 351 公顷，近十年间增长了 79.8％；经济林面积 2005 年为 337 816 公顷，截至 2014 年止，达到 1 139 192 公顷，近十年间增长了 237.2％；防护林面积 2005 年为 2678214 公顷，2014 年达到了 3 238 656 公顷，近十年间增长了 20.9％。造林面积从整体上观察呈现明显的涨幅发展趋向。所以，在林改推行后，社会造林的积极性与主动性得到有效提高，从其效果与影响方面观察是积极的、有益的，具有明显作用。

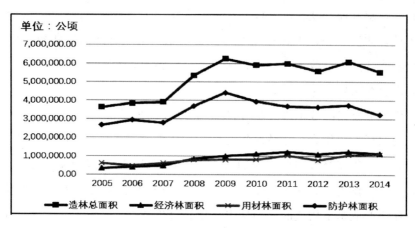

图1-1 2005—2014年主要林种造林面积变化情况

（二）森林覆盖率

我国自实施集体林权制度改革后，在森林资源存量增长上取得了丰硕成果。截至2015年，森林覆盖率、森林蓄积量以及森林面积分别为21.63%、1513729.72亿立方米、20768.73万公顷，较2005年分别增长了18.78%、21.53%、18.74%，详见表1-4所示。

表1-4 林改后的森林资源变化

年份	森林覆盖率（%）	增幅（%）	森林蓄积量（亿立方米）	增幅（%）	森林面积（万公顷）	增幅（%）
2005	18.21		1 245 584.58		17 490.92	
2015	21.63	18.78	1 513 729.72	21.53	20 768.73	18.74

注：数据来源于《中国林业统计年鉴（2005—2015）》。

根据上表可知，我国实施集体林权制度改革对增加森林总量、激发基层地区群众植树造林、培育发展森林资源等方面均具有积极作用，林权改革促使广大基层地区的森林资源得到扩大，森林培育事业得到发展，我国的森林面积、覆盖率、蓄积量与养护水平显著提高。

（三）森林火灾发生率情况

自2008年起，尤其是近年来，全国森林火灾的发生次数呈现出逐年递减的趋势。截至 2015 年，全国共发生森林火灾次数 2936 起，与近 3 年同期均值相比，下降 586 起，降幅达到了 16.7%，其中重大森林火灾 6 起，未发生特重大森林火灾。与 2014 年相比，火灾次数下降 767 起，降幅达 20.7%。这表明林业经营者对森林资源的保护意识逐渐增强，越来越注重森林资源的生态保护功能。火场总面积与受灾森林面积也发生了不同程度的变化，其中，火场总面积 3.31 万公顷，同比降低了 40.23%，受害森林面积 1.29 万公顷，同比降低了 32.29%。

表 1-5 集体林权制度改革后森林火灾情况统计表

年份	森林火灾次数	火场总面积（公顷）	增幅（%）	受灾森林面积（公顷）	增幅（%）
2005	11542	290633	—	73701	—
2006	8170	562304	93.48	408549	453.93
2007	9260	125128	−77.75	29286	−92.83
2008	14144	184495	47.44	52539	79.40
2009	8859	213636	15.80	46156	−12.15
2010	7723	116243	−45.59	45800	−0.77
2011	5550	63416	−45.45	26950	−41.16
2012	3966	43171	−31.92	13948	−48.24
2013	3929	42890	−0.65	13724	−1.61
2014	3703	55340	29.03	19110	39.25
2015	2936	33077	−40.23	12940	−32.29

注：数据来源于 2005—2015 年《中国林业统计年鉴》。

由表 1-5 可以看出，虽然近年来我国的森林火灾发生次数明显减少，但火场面积及受灾的森林面积却呈现出居高不下的态势。这说明尽管林业生产者的森林保护意识有所提高，但由于相关部门的施救措施不到位以及救助时间的滞后性导致森林受灾面积出现反弹。[1]

（四）林业总产值

我国新一轮集体林权制度试点改革始于 2003 年，自 2003 年便开展试

---

① 参见张蕾、黄雪丽：《深化集体林权制度改革的成效、问题与建议》，《西北农林科技大学学报（社会科学版）》2016 年第 7 期。

点改革的省份只有属于南方林区的福建省和江西省，在 2005—2008 年，辽宁省、湖南省、云南省、陕西省、甘肃省等 18 个省份地区响应我国政府关于加快与深化集体林权制度改革的决定，先后参与到集体林改中来，使集体林改的范围进一步扩大。2009 年底全国几乎所有省份和地区均出台了集体林权制度改革的具体实施办法，全国林业总产值于 2009 年开始出现快速增长趋势，当年增幅达到 21.43%，总产值相对于 2008 年增长 1872.99 亿元；而到 2010 年和 2011 年其增幅更是达到了 30.21% 与 34.32%。（参见图 1－2）

从本书考察的典型省份看，七个省份集体林权制度改革的红利也集中于 2010 年与 2011 年释放出来。在 2011 年，辽宁省实现了 31.96% 的增幅，江西省的增幅达到 25.15%，湖南省、云南省、陕西省及甘肃省的增速分别为 25.68%、19.94%、24.72% 和 18.93%，而集体林权制度改革先锋——福建省更是继 2005 年 78.58% 的增幅之后，实现了 52.97% 的增幅，林业总产值达到 2559.39 亿元。2015 年七省林业总产值之和再创新高，达到 15135.01 亿元。

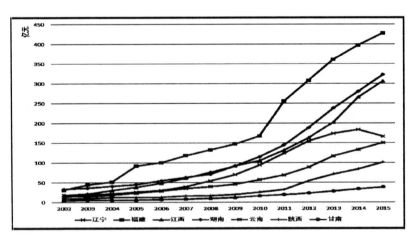

图 1－2　2002—2015 年七省林业总产值

（五）林业从业人员收入

国家颁布实施的《关于全面推进集体林权制度改革的意见》把"资源

增长"和"农民增收"确定为林权改革的两个基本目标。从集体林权制度改革前后林业从业人员劳动报酬的变动情况看，七个试点省份的林业从业人员劳动报酬的变化趋势几乎一致，林改实施前呈现出不规则变化，自2008年实施林改后均呈现出稳步上升的态势。（参见图1-3）

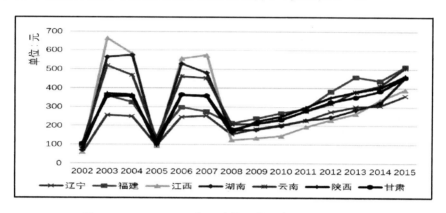

图1-3 2002—2015年七省林业从业人员年人均工资

从图1-3可以看出，截至2015年，与其他六省相比，福建省的林业从业人员平均工资最高，达到51379元。辽宁省、江西省、湖南省、云南省、陕西省及甘肃省的林业从业人员平均工资分别达到35907元、39088元、45598元、50651元、46418元和45556元。由于每个省份的新一轮集体林权制度改革的实施时间差别较大，同时各省份的实施细则相差较多，所以使得各省份的林业从业人员的工资性收入增速差异较大。

（六）人工林面积

近年来，我国各省通过加强集体林管理、扩大新造林以增加林业资源、抓好退耕还林、优化林业结构、恢复森林生态系统应有的各项功能，达到扩大林产品供给的目标，并借此促进林业职工与林农收入稳定增长。同时，通过"分林确权"工作，使得广大林业从业人员获得集体林的使用权、所有权与收益权，实现了"山定权、人定心"的确权目标，激发了林业从业人员的生产积极性，进而超额实现人工造林任务。

同森林面积的变化情况相似，我国人工林面积也呈现出稳定上升的趋势。以江西、湖南和云南省为例，在湖南省和云南省出现了较大的人工林地面积增长，江西省由改革之前的 182.08 万公顷增加到 338.6 万公顷；云南省从 2002 年的 181.84 万公顷直接增加至 2015 年的 414.11 万公顷，实现了成倍的增长；湖南省由改革之前的 339.41 万公顷增加到 474.61 万公顷。（参见图 1-4）

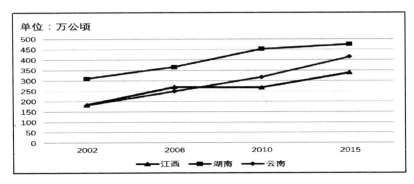

图 1-4　2002—2015 年七省人工林面积

（七）林业在职人数

林业系统内从业人员的数量变化，主要取决于中央政府与地方政府对我国林业产业实施市场化改革的决策。国家政府财政预算所支持的体制内从业人员人数的变动，则取决于中央政府对于这部分劳动力的政策态度。在我国林业产业进行市场化改革的背景下，我国林业系统从业人员数量必然呈现下降趋势，其下降幅度一定与开展市场化改革进程息息相关。

如图 1-5 所示，七个典型省份近十几年来的林业从业人员数量整体上呈减少态势，除了湖南省和江西省在较短的几年内雇佣了大量林业从业人员，其余省份都是把这些劳动力释放到就业市场当中去，由林农个人根据自身的实际情况来决定是投入到外出务工的大潮之中，还是凭借已有生产经验继续投入资本与精力经营已经赋予林权的集体林地。

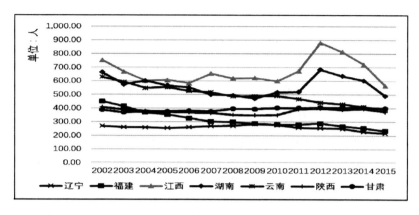

图 1-5　2002—2015 年七省林业系统在岗职工数

二、林权流转情况

现阶段，我国大部分地区的集体林改已经取得成功，基本实现了明晰森林产权和承包到户的计划任务，广大林农不仅拥有了林地承包经营权，而且解决了林业投入不足等问题，尽管如此，仍存在一部分承包农户资金不足、经营管理经验匮乏的问题。而鼓励林地流转是应对上述问题，实现集体林业规模化、标准化、集约化经营的重要手段。因此，林权的合理流转是进一步深化集体林权制度改革的首要任务。

（一）林权流转地区

从林地流转规模看，截至 2014 年，七个考察省份的林权流转情况差异较大。如表 1-6 所示，湖南、福建和辽宁流转相对活跃，林地流转面积分别占林地总面积的 21.44％、17.41％和 12.08％。而江西、甘肃和云南三个省流转规模相对较低，流转林地面积分别占农户林地总面积的 7.25％、5.83％和 3.43％。陕西省流转比例最低，流转林地面积仅占农户林地总面积的 0.5％。林地流转方向及规模与林地的细碎化程度和林业经营的自然条件紧密相关。如湖南省的林地流入比例位居七个样本省首位，达到了 18.83％，流出比例也次于辽宁省，表明林农对林地经营具有较强的积极性。从可以代表规模化程度的块均亩数来看，湖南省的块均亩数仅大于自然条件很差的甘肃省，证明湖南省林地规模化程度较低，不利于林业经营，但其自然条件较好，因此湖南省林农表现出流入林地比例明显高于流出林地的情况。福建省的情况与湖南省类似，一方面林地细碎化程度较高，另一方面悠久的林业经营传统使得林农管理经验丰富，同时自然条件也较为适合发展林业。因此，林农对林地流转的积极性和交易的活跃程度相对较高；而甘肃省的林农林地块均亩数虽然在七个省中最低，林地细碎化程度更高，但由于内陆干旱半干旱的自然条件不利于经营林业，且缺乏这方面的经营传统，因而林农流转的积极性和交易的活跃程度相对较低。

从流入流出方向看，由表1-6可看出，在七个省份中，林地流转主要以流入为主。除辽宁省外，其余各省份的林农流入林地比例均高于或等于流出比例。林农流入林地比例最高的是湖南省，流入面积占到了该省林农家庭林地面积的18.83%。其次是福建（15.80%）。接下来依次是江西（5.66%）、辽宁（4.08%）、甘肃（3.28%）、云南（1.81%）、陕西（0.25%）。相比之下，辽宁省林农林地流出面积的比例明显高于流入面积的比例，这主要是因为在林改前流转出的林地面积比较大，辽宁省内一些村落在林改前就已经将全村林地整体流转出去。从林地流入与流出的块地数来看，辽宁流入林地的块数要比流出林地的块数多25%，这说明随着集体林权改革工作的推进，林农越来越看到经营林业的希望，经营林地的意愿增加。同时也证明通过林地流转以实现林业的规模经营是比较实际的。

表1-6　七省林地流转规模

省份	林地			流入林地				流出林地个大概			
	面积（百亩）	块数	块均亩数	面积（百亩）	比例（%）	块数	块均亩数	面积（百亩）	比例（%）	块数	块均亩数
辽宁	377.03	1390	27.12	15.39	4.08	41	37.55	30.18	8.00	30	100.60
福建	319.40	1324	24.12	50.45	15.80	67	75.30	5.15	1.61	26	19.82
江西	510.45	2303	22.16	28.88	5.66	32	90.25	8.11	1.59	19	42.69
湖南	288.04	1959	14.70	54.23	18.83	33	164.34	7.51	2.61	37	20.29

续表

云南	378.34	1797	21.05	6.84	1.81	7	97.77	6.14	1.62	23	26.69
陕西	855.77	1722	49.70	2.13	0.25	3	71.00	2.16	0.25	5	43.10
甘肃	184.85	1553	11.90	6.06	3.28	2	303.00	4.71	2.55	33	14.29
总计	2913.88	12048	24.19	163.99	5.63	185	88.64	63.96	2.20	173	36.97

数据来源：《2015 年集体林权制度改革监测报告》。

（二）流转林地类型

林农流转林地的主要动机是获得更多经营收益，因此更青睐流入在林业经营上政策限制较少的商品林和经济林，流出则主要是公益林与用材林。七省份的生态公益林比例平均已经达到 53.28%，由于各地对生态公益林的流转有各种不同的限制，因此林农的流入林地多是可以经营的商品林和经济林，流入林地占到了农户经营商品林面积的 10.10%、经济林面积的 9.21%。这说明近年来国家鼓励推动林下经济发展的相关政策确实提高了农户对经济林的经营积极性；用材林的流入情况相对较差，主要是因为用材林回报周期过长，再加上林农的采伐限额申请一直比较困难，所以林农对用材林经营的积极性不高。

在林地的流转过程中，经营限制较多的生态公益林流转的比例要高于商品林 1 倍以上，但是流出的绝对规模较为有限，仅占林农承包公益林面积的 2.89%。由表 1-7 中数据可以看出，林农对林地的经营价值越来越重视，即使暂时没有进行经营的意愿或能力，也愿意作为财产留存。从用途角度来看，林农流转出的用材林面积明显要大于回报期较短的经济林与竹林。

表 1-7 七省不同类型林地的林权流转情况

单位：亩

省份	类型 1				类型 2							
	生态公益林		商品林		用材林		经济林		竹林		其他	
	转入	转出	转入	转出	转入	转出	转入	转出	转入	转出	转入	转出
辽宁	921	2388	619	630	440	1105	179	125	0	0	921	1788
福建	980	0	4065	515	4549	204	263	221	234	65	0	25

续表

江西	60	554	2829	257	1012	534	706	117	1127	160	42	0
湖南	78	326	5345	425	1098	451	4320	27	5	178	0	94
云南	0	544	684	70	673	204	11	410	0	0	0	0
陕西	13	210	200	6	5	120	208	96	0	0	0	0
甘肃	600	471	6	0	0	0	0	0	0	0	606	472
流入总计	2652	4493	13748	1903	7777	2618	5687	996	1366	403	1570	2379
林农总计	155250		136138		151561		61766		28965		49097	
流转比例（%）	1.17	2.89	10.10	1.40	5.13	1.73	9.21	1.61	4.71	1.39	3.20	4.84

数据来源：《2015 年集体林权制度改革监测报告》。

（三）林权流转规模

截至 2014 年年底，全国有 24 个省（自治区、直辖市）成立了县级以上的林权交易服务机构，包括综合服务中心中设立的林权交易机构共 1610 个，森林资源方面的资产评估单位 878 个，成功进行集体林地流转的森林面积达到了 2.28 亿亩，占已经确定林权的森林面积的 8.41%。

辽宁省等 7 个省份累计流转林地面积的情况如图 1-6 所示。从图中可看出，辽宁省累计流转林地面积 2007.51 万亩，占林地总面积的 9.4%。其中，经林权流转服务机构流转 1038.62 万亩，占 51.47%，经过资产评估的面积 513.29 万亩，占 22.57%；经过流转登记的宗地数 48.77 万宗，占 93.61%。与 2013 年相比，林地流转面积增长了 25.13%，流转面积比例提高了 1.89%。通过林权流转服务机构流转的林地面积增长了 4.8%，经资产评估后流转的林地面积增长了 11.08%，流转登记宗地数增长了 1.26 倍。

表 1-8 为各省份具体的林地流转情况。从表 1-8 可以看出，从七省情况来看，辽宁林地流转面积比例最大，达到 22.55%，是七省平均值的 2.4 倍。云南林地流转面积比例最小，仅为 1.83%。从流转出林地的农户比例来看，辽宁比例最大，为 14.66%，陕西比例最小，为 0.14%。

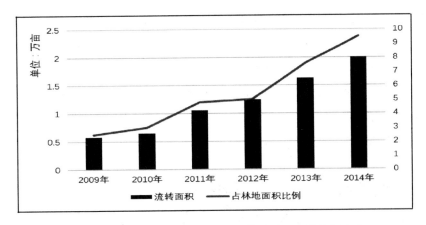

图 1-6　2009—2014 年七省林权流转林地面积及比例变化

表 1-8　七省林地流转情况

省份	辽宁	福建	江西	湖南	云南	陕西	甘肃	合计
流转面积（万亩）	859.99	321.10	259.75	226.46	82.83	158.51	98.87	2007.51
比例（%）	22.55	10.57	9.24	7.91	1.83	6.64	5.13	9.40
转出林地数（万户）	15.07	2.07	4.73	8.17	0.56	0.09	3.73	34.43
比例（%）	14.66	2.37	7.72	6.05	0.58	0.14	5.55	5.63

数据来源：《2015 年集体林权制度改革监测报告》

　　如图 1-6 所示，在 2014 年，样本农户 243 个，流转林地总面积 2.34 万亩；平均流转期限 35.20 年；平均流转价格为 29.05 元/（亩·年），比 2013 年增长 6.19%。林地流转促进了林地的集中经营。样本农户中，家庭经营林地面积 1000 亩及以上的专业大户共有 28 个，比 2013 年增加 2 个，占样本农户数量的 0.8%，经营林地面积占样本农户家庭林地面积的 16.04%，专业大户平均经营林地 1665.33 亩/个，是样本农户平均林地面积的 20 倍。从农户流转林地的途径来看（见图 1-7），通过村集体、村小组统一流转的占比较高，为 42%；其次为其他私下流转形式和老板上门直接卖出形式，分别占 35% 和 14%；而通过林权交易服务中心流转形式和委托流转中介服务组织流转的比例却屈指可数，说明我国林农流转林地的途径比较单一，且以传统的流转形式为主。对于村集体、村小组统一流转形式，55.77%的农户表示不是自愿参加，更有57.88%的农户认为不好。主要原因在于集体统一流转的周期较长而回报较低，没有经过专业机构评估使得林地流转的定价较低，林农担心流转后没有经济来源，同时失去经营自主权。

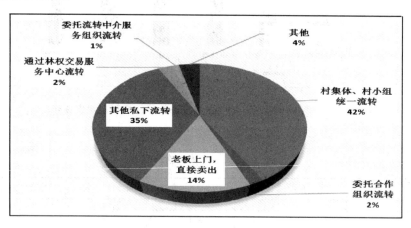

图1-7　样本农户林地流转途径

三、林权抵押贷款情况

继2008年中共中央、国务院出台《关于全面推进集体林权制度改革的意见》后，2009年国家林业局与多部门共同出台了《关于做好集体林权制度改革与林业发展金融服务工作的指导意见》，该政策旨在通过增加信贷支持的方式促进林业发展，并将积极探索建立森林保险体系作为发展林业金融服务的目标和要求。2013年中国银监会和国家林业局共同出台了《关于林权抵押贷款的实施意见》，对林权抵押贷款的抵押对象、抵押周期、抵押用途等多个问题进行了说明。与此同时，福建、江西、浙江等多个省份也陆续出台了相应政策。近年来，全国林权抵押贷款情况取得了明显的成效。

（一）林权抵押面积

2008年至今，我国林权抵押面积呈现出逐年增加的态势。截至2014

年年末,除上海和西藏以外,全国(不含港澳台)有 29 个省(区、市)已确权面积达 1.803 亿公顷,占各地纳入集体林权制度改革面积的 98.97%,在各省市开展的林权抵押贷款工作中,抵押贷款面积达 40.18 万公顷,其中,家庭承包经营 1.175 亿公顷,集体经营 0.36 亿公顷,其他形式经营 0.22 亿公顷。

从各省份的实际情况来看,作为林改先行省份的福建、辽宁、江西的林权抵押贷款业绩突出,林权抵押贷款总面积的具体情况如图 1-8 所示。

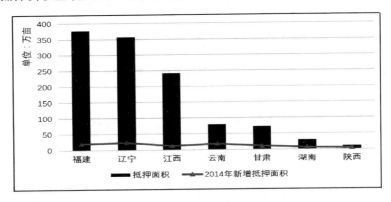

图 1-8 七省抵押林地面积情况

从上图中可看出,截至 2014 年年末,福建省的林权抵押面积最多,其次为辽宁省、江西省,其余四省份的林权抵押面积稍逊一筹,特别是陕西省为 7 省中最少的省份。新增抵押林地面积最大的省份为辽宁省,抵押面积占林地面积比例最大的为陕西省,云南省新增抵押林地面积较为突出。在 2014 年,辽宁省新增抵押林地面积 23.03 万亩,福建新增 19.84 万亩,云南新增 18.26 万亩。

(二)林权抵押贷款

近年来,随着绿色金融的兴起,国家和地方对林业金融发展问题越来越关注。特别是对林权抵押贷款的重视程度逐年增强,林权抵押贷款余额逐年增加。截至 2014 年年底,全国林权抵押贷款金额 1797.06 亿元,增长 54.12%,贷款余额达 803.76 亿元,全国新增涉林贷款 101 亿元。从实践层面看,各地金融机构林权抵押贷款业务发展较为迅速,样本省份的林权抵押贷款金额如图 1-9 所示。

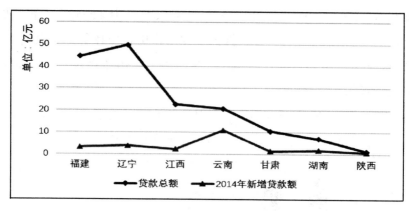

图 1-9　七省林权抵押贷款金额

　　根据上图可知，2014 年年末，福建省和辽宁省林权抵押贷款余额位列前茅，云南省 2014 年新增的林权抵押贷款最多。在福建省和辽宁省的样本县中，2014 年的林权抵押贷款余额均超过 40 亿元。其中，辽宁省接近 50 亿元，云南省超过 10 亿元，占年末贷款余额的 50% 以上，陕西省 2014 年新增林权抵押贷款占林权抵押贷款余额的比例将近 60%。

（三）林业投资总量

　　本书选取年初累计完成投资，作为衡量各省份地区实际利用资金的现实情况。从全国层面看，新一轮集体林权制度改革启动平缓，改革之初的收效甚微。在 2003 年集体林权制度改革开始之初，林业投资相较于前年的增幅有 31.18%，其后几年都是在 10% 的范围内起伏没有较大改观。直到 2006 年，我国的林业投资才实现了加速增长的态势，2007 年至 2009 年均保持 30% 以上增幅，在 2011 年更是出现 124.82% 的增长幅度。近年来，每年的实际完成投资都会远远超过年初或者上一年制定的林业产业投资计划，如 2015 年的计划投资为 3867.43 亿元，而自 2015 年年初累计完成投资为 4290.14 亿元，超出原计划投资 11 个百分点，具体见图 1-10 所示。

　　从地区层面看，在 2003 年开始进行集体林权制度试点改革的省份只

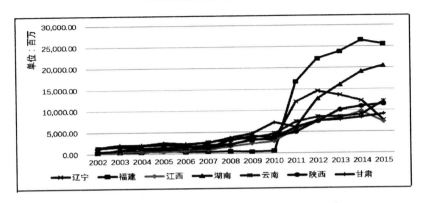

图 1-10 2002—2015 年七省自年初累计完成投资

有福建和江西两省，这些试点省份的林业实际投资数额有限。在 2010 年之后，国家加大对福建省的财政支持力度，国家投资由 2010 年的 2.68 亿元直接增加至 56.53 亿元，同时也提高了对福建省和江西省的生态建设与保护经费。湖南和陕西两省的集体林权制度改革开展相对较晚，具体的实施细节部署较慢，造成了湖南省和陕西省在 2010 年的自年初累计完成投资分别仅为 37.35 亿元和 37.62 亿元。直到 2011 年，除甘肃省外的另外六个省份全部都实现了林业投资的迅猛增长。其中辽宁省 2011 年林业产业投资迅猛增长至 120.14 亿元；而陕西省则持续保持缓和的增长态势，截至 2015 年陕西省的自年初累计完成投资达到 114.41 亿元。

第三节 集体林权制度改革的绩效

为考察新一轮集体林权制度改革对我国林业发展所起到的诸多重要影响，此节在对集体林权改革的具体目标进行分析的基础上，构建林业发展的综合评价指标体系，引入林改前后的各项数据进行对比分析。

一、集体林权制度改革的目标

经过多年努力，目前全国集体林地在森林产权划分、管理权承包到户方面的主体改革目标已基本实现。接下来的集体林权制度改革工作主要关注效率与公平问题，立足实现"森林增长、生态改善、林区增效、农民增收"的总体目标。

（一）市场导向目标

建立市场经济体制是我国推行产权改革的主要目标之一。构建市场经济机制需要打破公有制对个体产权的垄断并赋予个体产权合法地位。市场经济要实现资源的优化配置与自由流通，首先应建立在肯定个体可以拥有产权，可以支配产权的基础上。我国林业产业的发展应当顺应市场经济的发展要求，积极推行林权制度改革，使得林业资源逐步走向市场化发展，充分发挥市场经济优化配置资源的积极作用。市场化资源配置的机制能够得以实现需要三方面的前提条件：一是林业资源的产权可以被清晰界定；二是产权可以有效流转；三是产权能够受到合法的保护。要满足这三方面的要求就需要建立市场经济环境下配套的产权制度，通过合理地规划措施来明确界定集体林权的归属，对产权主体行动和策略集合提供边界，充分调动经营主体的积极性，激发开展植树造林活动的主动性。

（二）收益保障目标

尽管改革开放已经为农村发展开辟了一条道路，不过从我国农村地区的现实情况看，贫困封闭依然是广大农村地区面临的主要问题之一。农民在林业产权制度安排中的权利往往受到自身认知和外部环境的影响和制约。一般而言，因农民在社会生产与生活上处于弱势地位，农民缺乏在农村林地产权界定方面的主观意识，造成经济社会结构对于保障农民的权益所起到的积极作用并未有效发挥出来。因此，集体林权制度改革必须以保护农民的合法权益为前提。在此基础上，随着农村人口外迁的现象越来越突出，农村基层地区当前的生产生活环境相对于城市所存在的差距越拉越大，提高农民收入，保障农村基层地区的农民收益变得越来越重要。尤其是在我国贫困山区，林业属于林农重要甚至是唯一的生计来源。因此，集体林权制度改革的目标既包括维护林农的就业和生计，又要为农村劳动力非农转移提供可操作和可实现的空间。

（三）资源增长目标

为更好地保护生态环境，我国在很多林木产区有意识地限制了对木材开采砍伐的生产作业，将发展林业生产从以开发为主向以种植培育为主、开发利用为辅的方向转变。这样才能更好地保护生态环境，形成林业资源可持续发展的长效机制，使得林木资源的开发利用与生态保护、环境保护结合起来，不至于因过度开发而造成杀鸡取卵式的破坏性发展模式。因此，推行集体林权制度改革的重要目标在于，鼓励林农广泛参与林业资源的保护与再生，将林业资源作为长期资源去经营管理，实现林木产品的长效供应机制与再生利用机制，化解在需求得不到满足情况下对生态造成的危害。

（四）生态安全目标

尽管现阶段我国的森林储备可以在一定程度上满足经济领域短期发展的需要，但是林木资源的再生速度明显跟不上经济建设对林木资源的消耗量。从长期经济发展的角度来看，林木资源的总量如果无法得到有效提高，会出现林木资源越来越匮乏的局面。与此同时，林木资源的发展与再生是一个长期过程，不可能通过资金的投入立即实现林木资源的供给目标，森林跟生态系统属于一个综合性的相互关联的系统，如果任何一环遭到严重破坏，再建设的成本是巨大的，也难以在短期内实现生态上的恢复重建，因而要做好林业资源的长效生产开发，一定要建立在保护生态环境不受破坏的基础之上。这就对我国发展林业生产、加强生态建设提出了新的任务与更高的要求。而推动生态建设的前提是森林资源数量增长及其质量的改善，这需要依托于政府对林业资源生产开发的重视，通过必要措施的实施调动广大基层地区人民群众的主动性。

二、绩效评价方法说明与选取

按照是否存在价值判断，经济学中的分析方法被分为规范分析方法和实证分析方法，对于不包含价值判断的定性分析往往采用实证研究方法。

（一）评价方法简介

目前，针对我国集体林权制度改革绩效的评价方法主要包括：双重倍差（DID）模型、相关分析法、层次分析法、Logistic 回归分析模型、灰色

GM（1，1）预测法以及模糊优选评价等。

1. 双重倍差（DID）模型

双重倍差模型是处理组差分与控制组差分之差，该方法由 Ashenfrlter（1978）引入经济学，而国内最早应用的是周黎安、陈烨（2005）[①]。DID 模型的基本前提是处理组如果未受到政策干预，其时间效应或趋势与控制组一样。张艺鹏等（2014）运用双重倍差模型，基于国有林权制度改革试点林场的调研数据，对比了集体林权制度改革前后承包户与非承包户收入水平和结构的变化。[②] 作者通过构建双重倍差模型，估计了国有林权制度改革对承包户收入影响的效应，实证分析认为，改革政策的实施在统计意义上对承包户的林业收入和农业收入水平没有产生显著影响，对总收入产生了显著的正影响，但主要贡献来自务工收入和工资性收入。另外，林改对农业收入占总收入的比重、纯收入占总收入的比重以及务工收入占总收入的比重都具有显著影响，而对林业收入占总收入比重的影响几乎可以忽略不计。

2. 灰色 GM（1，1）预测法

灰色 GM（1，1）预测法是一种对含有不确定因素的系统进行预测的方法。灰色系统是介于白色系统和黑色系统之间的一种系统。该方法特别适合于解决系统中存在大量未定因素的情况，也就是调查对象中存在部分信息已知，而同时还存在大量信息不明确的情况，系统内各因素间具有不确定的关系。由于林业统计数据较少，不适合传统的统计方法进行趋势预测。因此，灰色理论很适合用来研究"小样本""贫信息"的集体林权制度改革经济绩效问题。陈晓娜（2012）运用灰色 GM（1，1）预测法，基于 2008—2011 年 31 项主要的林业指标数据，得出各项指标 2011—2015 年的预期发展结果，研究认为最新的林权改革梳理了林业生产关系，有效调动了林业生产者耕山育林的热情，林业综合生产效益得到有效提高，有

① 参见周黎安、陈烨：《中国农村税费改革的政策效果：基于双重差分模型的估计》，《经济研究》2005 年第 8 期。

② 参见张艺鹏、姚顺波、郭亚军：《国有林权制度改革对承包户收入的影响——基于 DID 模型的实证研究》，《林业经济》2014 第 9 期。

利于集体林的可持续发展。[①]

3. 层次分析法

层次分析法是一种定性与定量相结合的多目标决策方法，能对主要决策人员的经验判断进行量化，进而帮助相关决策人员更加科学而又切合实际地做出决策判断。杨培涛等（2011）以广西壮族自治区的钦州市钦北区和南宁市武鸣县的农户作为研究对象，运用层次分析方法，从集体林权制度改革所取得的经济功能，建立了9个评价指标进行综合的实证研究。研究结果表明广西集体林权制度改革的经济绩效相当满意，说明广西集体林权制度改革是非常成功有效的。[②]

4. 模糊优选评价法

模糊优选评价法指运用模糊优选理论解决多个目标的决策问题采用的决策方法，与单目标决策方法相对应。张晓梅（2007）采用这一方法，聘请了19名业内专家对林地转让收益、直接和间接林产品收益以及职工年人均收入等指标进行打分，计算出改革前的经济效益值是39.08，集体林权制度改革后则增加到85.50，并得出结论，认为新一轮集体林权制度改革的经济效益较好，改善了从业人员的收入状况，实现了集体林权制度改革的阶段性目标。[③]

5. Logistic 回归分析模型

Logistic 模型能够拟合属性变量之间的函数关系，描述变量之间的相互影响。假设响应变量 Y 是二分变量，令 P＝P（Y＝1），影响 Y 的因素有 k 个 x_1，x_2，…，x_k，则 $\ln\frac{P}{1-P}=g(x_1, x_2)$ 称：为二分数据的逻辑斯蒂回归模型，简称逻辑斯蒂回归模型，其中 k 个因素称为逻辑斯蒂回归模型的协变量。李海权等（2014）在《基于农户视角的北京市集体林权制度改

[①] 参见陈晓娜：《集体林权制度改革效益评价及模式选择研究》，博士学位论文，山东农业大学，2012年。

[②] 参见杨培涛、奉钦亮、覃凡丁：《广西集体林权制度改革绩效综合评价计量分析》，《林业经济》2011年第8期。

[③] 参见张晓梅：《国有林权制度改革的政府职能与政策保障研究》，《林业经济问题》2007年第6期。

革评价及影响因素研究》一文中，运用二项 Logistic 回归模型分析了北京市的农户对改革实施程序、林业收入、整体满意度的评价，运用实地调查所获得的农户样本数据进行了定量分析，最终得出了林农对改革的评价结果和与之相关的影响因素。[①]

（二）评价方法选取

基于集体林权制度的目标定位，对其绩效评价不仅应该关注经济效应，也应测度生态效应和社会效应。因此，采用单一目标评价方法并不恰当，本书将采取层次分析法构建评价指标体系，以此测度林权改革的各项绩效。此外，在 CD 生产函数基础上建立回归模型采用面板数据分析方法对经济绩效进行验证。

1. 评价指标体系构建

构建评价指标体系是林业综合效益评价工作的核心内容。林改后涉及的综合效益指标范围很大，属于多要素、大样本的复杂统计工作。本书首先收集整理了大量相关资料文献及数据，在此基础上组成专家组对指标进行评估，科学确定与选择能够最为有效地反映林业发展效益的指标，据此构建出多层次结构模型。

在构建评价指标体系时，应遵循以下原则：第一是科学性原则。科学的评价方法可以更为细致准确地表现林业效益的各个方面要素，在指标的选择与确定上讲究科学性，可以使得研究工作客观，细致，准确，更为有效地反映林改带来的多方面影响和作用。第二是全面性原则。在指标体系构建时应尽最大可能地、全方位地反映林权改革给林业效益带来的各种影响，通过全面研究使得林改的作用和意义得到充分地探讨和深入地分析。第三是动态性原则。林权改革属于动态长期的发展过程，因此在指标的选取应注意以动态性为原则通过一定阶段内的指标特征的变化来更好地表现林改造成影响的变化情况。第四是可行性原则。指标的选择和确定要具备可操作性与可评价性，易于采集和分析，可以被量化，可以通过一定的判

---

① 参见林海权、王昌海、谢屹、王战楠、温亚利：《基于农户视角的北京市集体林权制度改革评价及影响因素研究》，《林业经济》2014 年第 1 期。

断与分析来衡量指标的有效性与真实性。

2. 面板数据分析

本书运用"面板数据"作为检验此次集体林权制度改革的经济绩效的研究方法。"面板数据"是指在时间序列上选取多个截面，在这些截面上同时选取各样本的观测值的样本数据。面板数据计量经济模型是近 20 年来计量经济学理论方法的重要发展之一，具有很强的应用价值。在分析此轮集体林权制度改革的经济绩效时只利用时间序列数据或横截面数据均不能满足分析目的的需求。如果选择使用横截面数据作为集体林权制度改革的经济绩效的分析方法，就不能分析关于新一轮集体林权制度改革对该经济指标的影响，也就无法达到评价我国新一轮集体林权制度改革的经济绩效的目的；而如果选择时间序列数据来分析新一轮集体林权制度改革的经济绩效，比如集体林权制度改革对林业从业人员收入的改善效果，也就不可能分析集体林权制度改革对我国不同省份地区的影响。并且我国对于林业产业统计数据缺失导致能够用来进行分析的样本容量较小，容易产生模型的估计偏误与模型的设定偏误。因此，本课题组将运用面板数据计量经济学模型，即在不同的年份上选择不同的省份地区的某一项经济指标数据作为样本观测值，无疑能够在确保样本容量充分的基础上，深入研究集体林改的相关政策对我国林业产业宏观整体与各省份地区林业产业的经济效益的影响情况。

三、林改综合效益评价指标体系

（一）确定各项评价指标

综合效益评价要想达到预期目的，评价指标的设定至关重要，在这方面，笔者将专家咨询法、频度分析法结合起来，从数据可得性出发，重点关注我国林业统计年鉴中的有关数据信息及我国不同年度的林业资料数据，将其中可以反映我国林业生产效益的有关数据作为绩效评价预选指标。在此基础上，根据我国林改工作推行情况，参照已有文献并聘请有关专家对这些指标进行深入分析与筛选，最后得出 15 个指标用于本研究，并按照指标相近性将其分为三个层次，具体如表1-9所示。

表1-9　林业综合效益评价指标

综合指标层	分类指标层	具体指标层	单位
林业综合效益（X）	经济效益（X_1）	林业总产值（X_{11}）	亿元
		林副产品产值（X_{12}）	亿元
		生态旅游收益（X_{13}）	亿元
		涉林产业产值（X_{14}）	亿元
	生态效益（X_2）	森林覆盖率（X_{21}）	%
		林业用地面积（X_{22}）	万公顷
		森林火灾发生数（X_{23}）	次
		森林病虫害发生率（X_{24}）	%
	社会效益（X_3）	在岗职工年平均工资（X_{31}）	万元
		林业固定资产投资完成额（X_{32}）	亿元
		在册林业工作人员数量（X_{33}）	万人

（二）评价指标特征值

依据林业综合效益评价指标确定的原则，根据2008—2015年中国林业统计年鉴汇总各项评价指标的特征值。因不同的评价指标在各自的量纲、量级方面存在一定的差异性，所以本书首先把评价指标转换成［0，1］区间的数值。由于林业综合效益在评价指标方面分正向指标与负向指标两类，而林改推行之后大量的评价指标都呈现上升趋势，为了更好地体现指标数据的可比性，本书在研究上采用以下公式：

$$r_{ij} = x_{ij} / \max x_i j \tag{2-1}$$

$$r_{ij} = \min x_{ij} / x_{ij} \tag{2-2}$$

其中，x_{ij}用于反映第j年的第i项评价值的特征值；$\max x_{ij}$用于反映第j年第i项评价值的最大特征值；$\min x_{ij}$用于反映第j年第i项评价值的最小特征值；r_{ij}反映x_{ij}的规格化值，且$r_{ij} \in ［0，1］$。式（2-1）用于越大越优评价指标的规格化，式（2-2）用于越小越优评价指标的规格化。具体结果见表1-10。

表 1-10 具体指标层评价指标的规格化值

年份	X_{11}	X_{12}	X_{13}	X_{14}	X_{21}	X_{22}	X_{23}	X_{24}	X_{31}	X_{32}	X_{33}
2008	0.243	0.315	0.102	0.241	0.842	0.911	1.000	1.000	0.382	0.697	0.775
2009	0.295	0.355	0.143	0.304	0.941	0.979	0.626	0.854	0.433	0.955	0.794
2010	0.384	0.470	0.194	0.385	0.941	0.979	0.546	0.872	0.490	1.097	0.829
2011	0.515	0.575	0.276	0.516	0.941	0.979	0.392	0.963	0.567	0.648	0.975
2012	0.665	0.706	0.521	0.665	0.941	0.979	0.280	0.901	0.675	0.900	0.896
2013	0.797	0.765	0.629	0.819	1.000	1.000	0.278	0.925	0.743	0.972	0.943
2014	0.910	0.900	0.787	0.913	1.000	1.000	0.262	0.817	0.829	0.905	0.935
2015	1.000	1.000	1.000	1.000	1.000	1.000	0.208	0.917	1.000	1.000	1.000

数据来源：2008—2015 年《中国林业统计年鉴》。

（三）评价指标权重确定

科学规划各评价指标的权重是鉴定评价工作准确性与科学性的重要措施。在权重的设定方法上，存在多种不同的方法，其中具有代表性的有专家估测法、模糊逆方程法、熵权法等等。不同的方法之间具有各自的优势与缺陷，如何选择需要结合评价研究的方向与目的进行综合考量。本书按照林业综合效益评价工作开展的特点与实际需要，采用专家估测法对指标进行平均赋权。即将数据进行标准化处理以后，运用专家咨询法分别对三个分类指标层进行平均赋权，即 $X=1/3（X_1+X_2+X_3）$，其中 $X_1=1/4（X_{11}+X_{12}+X_{13}+X_{14}）$，$X_2=1/4（X_{21}+X_{22}+X_{23}+X_{24}）$，$X_3=1/3（X_{31}+X_{32}+X_{33}）$，具体结果见表 1-11 所示。

从表 1-11 中不难看出，林权改革正式实施以来，我国林业综合效益呈现持续上升趋势，这跟林业改革带来的经济效益、生态效益及社会效益的稳步增加有直接关系。近年来我国注重集体林权制度改革的成效，加大对林权改革的支持力度，使得我国集体林权制度改革成效显著。

表 1 - 11　各层评价指标评价结果

年份	X_1	X_2	X_3	X
2008	0.225	0.770	0.618	0.594
2009	0.274	0.781	0.727	0.617
2010	0.358	0.835	0.805	0.666
2011	0.471	0.819	0.730	0.673
2012	0.639	0.775	0.824	0.746
2013	0.753	0.801	0.886	0.813
2014	0.878	0.850	0.890	0.846
2015	1.000	0.938	1.000	0.927

数据来源：2008—2015 年《中国林业统计年鉴》。

（四）林业效益对比分析

从林改前后的综合效益、经济效益、生态效益、社会效益等指标的变动情况不难看出，林改有效促进了中国广大农村地区林业经济效益乃至各类综合效益的增加，但是生态效益和社会效益增长相对迟缓。

1. 经济效益分析

林改推行后，我国主要林业生产地区的经济效益明显提高。从图 1 - 11 中的数据增长趋势看，林改前后的经济效益指数从 2008 年的 0.225 上升至 2015 年的 1.000，年均增长率达到 42.99％，改革拉动了经济的快速增长，与林业相关的各项生产活动逐年递增，为林业生产地区的基层群众的收入提高创造了基本条件。可以确定，林改对于林业经济发展的影响是积极而显著的。

（1）有利于农民增收致富

林改推行后，很多基层地区的林地资源得到了广泛的开发与利用，当地农民获得了增收致富的新途径，尤其是从事林业开发生产的广大农民在收入水平上得到很大提高。在林农增加林业生产的同时，政府适时颁布包括税费减免、补贴支持在内的一系列惠农措施以促进林业生产。在基层地区的林业相关产业得到发展的同时，林木的市场价格有所提高，农民从林业生产开发方面的收入水平持续上升。从推行林改前 2008 年的人均收入

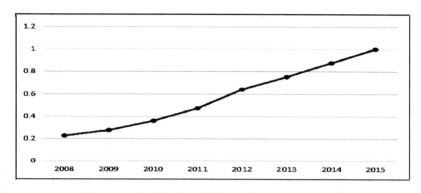

图1-11 历年来林业生产地区的经济效益趋势图

9933.24元，发展到2015年的人均收入21966.19元，林改后的农民收入水平出现显著的提高。

（2）促进了林业生产力的发展

在实行林改政策后，林业生产力获得了飞速发展，林业资源开发的整体格局逐渐形成。在林业资源开发方面的产业规模与发展水平都得到了很大提高，2015年我国林业产值达到了59362.71亿元，较2008年增加了44956.3亿元，年均增长高达39.01%。全社会林副产品产值年增幅达到27.22%；生态旅游收益从2008年的689.64亿元增加到2015年的6758.95亿元，增长了8.8倍；涉林产业产值年均增幅达到39.36%。可见，集体林权制度改革带来的经济效益显著，林业生产力的发展得到了大幅提升。

2. 生态效益分析

林权改革对林业生态效益的影响也是积极的，但相对于经济效益而言，影响不大，增幅较为平缓。通过表1-8可看出，生态效益的指数由2008年的0.770上升到了2015年的0.938，国家在环境保护方面获得综合效益、农民在经济利益上获得现实收入是林改工作获得成功的标志。在农村基层地区开展林改，应当构建让当地生态资源获得再生发展的长效林业资源开发机制，让林业开发与生态保护结合起来，避免竭泽而渔的滥砍滥伐式林业开发模式。要一方面开发林业资源，一方面加强环境保护与生态保护，实现生态与经济发展之间的良性互动，这样才能使得林业资源开发具有长期性和可再生性。

（1）林改促进了林业资源的建设与利用

集体林权制度改革为林业资源的建设与利用提供了良好契机，近年来，随着林改的进一步实施，林业资源的建设力度与利用成效显著提升。截至 2015 年年末，林业用地面积扩大到 31259 万公顷，农民从事林业生产的积极性明显提高；另外，造林面积也表现得十分突出，截至 2015 年，全国完成人工造林面积 436.18 万公顷，同比增长 7.62％；飞播造林面积 12.84 万公顷，其中荒山飞播面积达 12.77 万公顷，分别比去年增长了 17.09％和 18.20％。可见，林改对林业资源的建设与利用起到了积极的作用。

（2）森林资源保护取得新突破

实施林权改革后，森林覆盖率显著提高。截至 2015 年底，达到了 18.21％；此外，森林火灾发生数及森林病虫害发生率均得到了有效控制，分别比 2008 年降低了 79.24％和 8.27％。林业资源的所有权也发生了相应变化，由以往的森林所有权归集体变更为目前的使用权下放到农户个人手中。通过对林业资源的使用权下放，使得广大基层地区人民群众在林业生产方面积极性提高了，对于林业资源的保护意识也得到了加强，由以往的在林业资源维护上"公家的事情与我无关"到现在的"维护林业资源人人有责"，实现了林业资源生产管理方面水平与意识的双向提高。

（3）增强了林农的保护意识

随着林改制度的大力实施和逐步推进，广大基层地区人民群众增强了对环保知识的学习和了解，环保意识得到了普及和加强。林改推行后，森林资源包产到户，农民成为森林资源的所有者、生产建设者及经营管理者，权责利的一体化使得林业经营主体加强了对森林资源的保护与开发。为了追求森林生态资源生产开发的长效性，很多农民在林业资源开发利用上采取循序渐进的原则，秉持养护与开发相结合的林业资源发展观念，在积极进行林业开发的同时，注重对森林生态的保护，加强森林资源的养护再生工作，使得林业资源形成了良好的开发再生循环机制，有效提高了森林的生态效益，更为有效地维护了当地的生态环境。

3. 社会效益分析

林权改革对林业的社会效益增长有一定的影响，根据表 1－11 可看出，林改的社会效益指数由 2008 年的 0.618 增加到了 2015 年的 1.000，年均增幅为 7.73％。

林改的社会效益与其生态效益增长趋势较为接近，相对于林改对经济效益的影响依然存在较大差距。林改对社会效益的影响主要体现在在岗职工年均工资的提高、林业固定资产投资完成额的增长以及在册林业工作人员数量的增加所形成的综合变化，从具体内容来看，各项要素均得到了一定程度的提高，并表现出稳增的态势。一方面，林业在岗职工年平均工资有了显著提高，由 2008 年的 1.59 万元增加到 2015 年的 4.16 万元，增长了 1.6 倍之多。另一方面，林业固定资产投资完成额也有了明显的变化，由 2008 年的 987.24 亿元增加到 2015 年的 1415.4 亿元，表明林权制度改革的实施对林业固定资产的投资有一定的带动作用。这也表明林改的社会效益是一个逐渐深化和显现的过程。

（1）改善林业管理效率，公共服务水平得到提高

实行林权改革以后，在广大农村的基层地区，各种林业生产方面的合作经济组织、农民生产自助组织、社会化服务组织大量出现，使得以往我国林业管理部门在技术与工作上无法实现的很多林业生产管理职能通过民间组织得到了建设与实现，使得我国的林业管理效率得到有效改进，生产水平得到了有效提高。林业部门与农村的基层组织之间进行职能转变，林业部门从具体的基层事务中退出，而将工作主要放在宏观控制与行政管理、公共服务等方面，基层的乡（镇）领导单位将工作重心放在林业生产的协调与服务方面，村级单位把工作重心放在为广大人民群众办实事方面。使得各级政府部门与机构的分工配合程度得到加强，职责更加清晰，林业管理的效率和公共服务水平得到了提高。

（2）民主法制观念加强，基层民主政治环境改善

集体林权制度改革的根本方针在于充分发动群众在林业生产方面的主动性与积极性，通过制度建设与调整更好地保障广大人民群众在林业生产方面的知情权、参与权、决策权及监督权。改革工作充分体现了政府在林业生产与管理上尊重民意、体现民主的指导思想，并属于一次全面地在基层贯彻民主法制教育的工作过程。林权改革较好地改进了基层地区的民主政治环境，加强了党和群众之间的联系，改进了基层的领导干部与群众之间的关系。

4. 综合效益分析

通过表1-11和图1-12中的数据变化趋势能够发现，现阶段代表我国林业综合效益发展的各项指标均表现出不断增长的趋向。林改前到林改后的数据变化显著，林改的综合效益数据从2008年的0.594上升到2015年的0.927，上升率达到了56.06%，广大农村基层地区的林业综合效益平均每年的上升幅度达到了7.01%。集体林权改革对我国基层林业经济的发展推动具有显著的促进作用，经济效益指标从2008年的0.225上升至2015年的1.000，上升率达到了344.44%，不过在生态效益与社会效益的上升方面表现的相对迟缓，生态效益指数从2008年的0.77上升到2015年的0.938，上升率为21.82%，社会效益指数从2008年的0.618上升到2015年的1.000，增长率为61.81%。这与我国实施集体林权制度改革的实际相符合，并与其他学者的研究结论近乎一致。

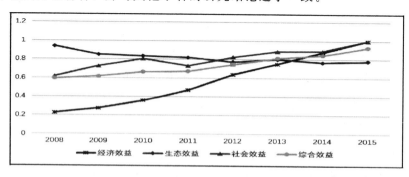

图1-12   林业经济、社会、生态、综合效益发展变化图

林业经济效益、生态效益及社会效益三者的均衡发展问题，是国家在林业改革方面需要深入思考的重要课题。大力提升林改的经济效益可以为农村基层地区农民带来更多收入，拉动地区经济产值的上升。不过如果过度对自然资源进行开发也会造成水土流失、自然资源枯竭、生态环境恶化等一系列问题。与此同时，经济效益与社会效益之间也同样面临均衡发展问题，怎样在林权改革过程中平衡各项改革目标的矛盾冲突，找到一条充分保障各项目标均衡发展的平衡机制，对林业改革能否长远有效、能否保障林业发展的可持续性都具有深远意义。显然，在林改的深化发展过程中，应当从机制与体制上保证经济与生态、经济与社会效益的均衡发展和协调推进，这样才能更好地提升集体林权制度改革的成效，从根本上解决我国基层地区林业开发生产力水平低下、林区经济发展落后、林农收入不理想等问题。

四、林改经济效益实证检验

前文利用层次分析法构建了林权改革绩效评价的指标体系，这一实证分析方法的优点是体系清晰、分析简洁、结论明了，而缺点是无法体现这些指标与林权改革之间的逻辑关系。因此，本书将利用面板数据回归方法检验林权改革与最终成果之间的关联。由于生态效益和社会效益指标的内涵较为宽泛，而前文的分析结论也表明林权改革的生态效益和社会效益是一个平缓的发展过程，使用回归分析将面临缺乏理论基础及回归不显著等问题，因此本书仅对集体林权制度改革的经济效益进行实证检验。

(一) 模型设定

首先借用 CD 生产函数的一般形式：

$$Y = AL^{\alpha}K^{\beta}$$

其中：Y 为生产总值，A 为技术进步，L 为劳动要素投入，K 为林业资本投入，α 和 β 分别代表劳动的贡献率和资本的贡献率。这里引入第三项重要的生产要素——林地的投入量 F，γ 为林地对经济增长的贡献率，对应的林业生产函数调整为：

$$Y = AL^{\alpha}K^{\beta}F^{\gamma}$$

为了降低数据的异方差和平稳性，对上式取对数，得到：

$$\ln Y = \ln A + \alpha \ln L + \beta \ln K + \gamma \ln F$$

为了考察林权改革的影响，引入集体林权制度改革实施与否的代理变量 T，λ 为林权改革 T 对林业经济增长的贡献率。λ 取值可以为任意常数，当 λ 等于零，意味林权改革对林业经济增长没有影响。取值为正，代表是积极影响，反之是消极影响。我们得到最终的林业生产函数如下：

$$\ln Y = \ln A + \alpha \ln L + \beta \ln K + \gamma \ln F + \lambda T$$

（二）数据说明

对于变量 Y 的数据选择，本书选取样本省份的林业总产值来计量；L 选取样本省份的林业系统在岗职工年末人数；K 选取自年初林业累计完成投资额。林业投资是影响和推动林业发展函数变化的主要变量，自年初累计完成投资额是反映林业投资的一个非常重要的指标，比年计划投资更加有现实意义；F 数据选取森林面积作为林业产业领域的生产要素林地投入量。以上变量的数据均来源于《中国林业统计年鉴》，时间跨度从 2002 年到 2015 年，仍然以前文 7 个省份为考察对象。

对于变量 T 的选择，我国集体林权制度改革从 2003 年的《中共中央国务院关于加快林业发展的决定》开始实施，辽宁、福建、江西等林业大省紧随中央的步调开展了集体林权制度改革的试点实践工作。其后 2008 年的中央 10 号文件——《中共中央国务院关于全面推进集体林权制度改革的意见》更是推动我国集体林权制度改革进入了全面深化的阶段。而以 2003 年作为起始年份，开始实施并颁布省一级文件来布局和开展新一轮集体林权制度改革的省份地区数量呈现出缓步增长。福建省于 2003 年发布了《关于深化集体林权制度改革的意见》（闽委发〔2006〕9 号）和《福建省林产品加工业发展导则》实施部署集体林权制度改革工作。2005 年辽宁省开展了以"明晰产权、放活经营、规范流转"为主要内容的集体林权制度改革工作。2007 年以湖南省为代表的五个省份开始实施集体林权制度改革。2008 年更是有甘肃省等 10 个省级行政区开始试点集体林权制度改革。

表 1-12 七省新一轮集体林权制度改革实施年份

省份	辽宁	福建	江西	湖南	云南	陕西	甘肃
实施年份	2005	2003	2003	2007	2006	2007	2008

在此需要特殊说明的是，因为集体林权制度改革是否实施不能作为一个数值来观测，于是本书设定其为虚拟变量。假设新一轮集体林权制度改革实施与否为虚拟变量，其数值如下：

$$\begin{cases} 未实施：T=0 \\ 已实施：T=1 \end{cases}$$

表 1-13 2002—2015 年七省的 T 值设定

年份	2002	2003	2004	2005	2006	2007	2008
辽宁	0	0	0	1	1	1	1
福建	0	1	1	1	1	1	1
江西	0	1	1	1	1	1	1
湖南	0	0	0	0	0	1	1
云南	0	0	0	0	1	1	1
陕西	0	0	0	0	0	1	1
甘肃	0	0	0	0	0	0	1
年份	2009	2010	2011	2012	2013	2014	2015
辽宁	1	1	1	1	1	1	1
福建	1	1	1	1	1	1	1
江西	1	1	1	1	1	1	1
湖南	1	1	1	1	1	1	1
云南	1	1	1	1	1	1	1
陕西	1	1	1	1	1	1	1
甘肃	1	1	1	1	1	1	1

关于参数 α、β、γ 和 λ 数值关系的假定。如前文所述,由集体林权制度改革前后数据的对比可得出,集体林权制度改革的经济效果显著。很显然,林权制度改革过程中林业产值的快速增长应该是林业投资增长、林业劳动力投入增长、林业土地资源增加,以及由集体林权制度改革所释放出来的经济活力等因素协同作用的结果。因此,本书假定各项要素的贡献率均为正。此外,通过考察我国各省份的林业总产值,能够进一步获知新一轮集体林权制度改革是否达到了调整和完善林业产业的结构,并进一步激发林业产业活力的目的。而林业总产值能直接反映林产工业品的产值情况,尤其是在林业市场化程度越来越高的经济环境下,持续增长的林业总产值才能说明我国新一轮的集体林权制度改革是成功的,或者至少是有成效的。

(三) 回归分析

对待面板数据回归应该科学地判别模型中应该包括或不包括个体或时间效应,如何选择模型的解释变量,设定何种面板数据的回归估计模型,是否应该对原模型进行适当的调整。因此,本书通过以下步骤完成模型的估计回归:

1. 单位根检验

协整分析的过程中,要先检验时间序列数据平稳性,通过 ADF 检验方法实现。这个检验法就是利用单位根检测法,对时间序列数据进行判断,以便了解其是否具备平稳性,也就是 OLS 回归方程:

$$\Delta y_t = (\rho - 1)\, y_{t-1} + \sum_{j=1}^{p} \lambda_j \Delta y_{t-j} + \varepsilon_t$$

在以上式子里,t 就指时间趋势项,p 表示滞后阶数,其按照 AIC 准则进行选择,ε_t 为残差序列,检验 y_t 中出现单位根的零假设相当于原假设 $\rho = 0$。如果 ρ 比 0 小,那么原来所提出的有单位根的假设就不成立。每个单位根临界值由 Eviews8.0 提供。表 1-14 为面板数据平稳性检验的结果,根据表中的 P 值可看出,Y、L、K、F 都是一阶 I (1) 单整,这与协整分析基础要求相一致。

表 1-14 ADF 单位根检验结果

水平变量	检验类型 (c, t, p)	ADF 统计值	P 值	检验结果
lnY	0, 0, 0	3.60183	0.9974	不平稳
lnL	0, 0, 0	16.5172	0.2828	不平稳
lnK	0, 0, 0	11.2993	0.6624	不平稳
lnF	0, 0, 0	6.34976	0.9569	不平稳
DlnY	0, 0, 1	49.0826	0.0000	平稳
DlnL	0, 0, 1	43.6906	0.0001	平稳
DlnK	0, 0, 1	30.2472	0.0071	平稳
DlnF	0, 0, 1	29.4070	0.0001	平稳

注：D 为一阶差分，c 为截距项，t 为时间趋势，p 为滞后阶数。

2. 协整检验

采用 EG 两步法进行协整检验，如果回归模型的残差平稳，则说明各变量之间存在长期稳定的均衡关系。按照 AIC 最小标准，则滞后期 p＝1 所对应的单位根检验结果具体参见表 1-15 所示。

表 1-15 残差的平稳性检验

变量	检验类型（c, t, p）	ADF 检验值	P 值
e_t	(0, 0, 1)	-2.801803	0.0100

注：c 为截距项，t 为时间趋势，p 为滞后阶数。

根据上表中的数据来看，在进行了残差平稳性检验之后，ADF 统计量的 P 值为 0.0100，这反映出残差序列是平稳的，所以协整方程就不是伪回归结果，也解释为 Y 与 L、K、F 具有线性关系。

3. 面板模型的选择

首先设定原假设 H0：对于不同横截面模型截距项相同，即建立混合估计模型；备择假设 H1：对于不同横截面模型的截距项不同，即建立时刻固定效应模型。接下来我们通过 Eviews8.0 软件运用 Hausman 检验方法进行面板模型的选取。具体结果见表 1-16 所示。

表 1 - 16   Hausman 检验结果

Test Summary	Chi-Sq. Statistic	Chi-Sq. df.	Prob.
Cross-section random	36.599690	4	0.0000

表 1 - 16 的结果显示，P 值小于 0.05，说明拒绝原假设，接受备选假设，即应建立固定效应模型。

4. 面板回归结果

依据以上结论建立个体固定效应模型，经过 Eviews8.0 计算得到以下结果：

$$\ln Y = 12.71669 - 1.516701\ln L + 0.344597\ln K + 2.017136\ln F + 0.273112T$$

$$\quad\quad (2.667369)\quad (-3.899145)\quad (8.219143)\quad (5.312974)\quad (1.756323)$$

$$R^2 = 0.88 \quad\quad F = 62.89824$$

通过拟合优度检验，其中 $R^2 = 0.88$，说明该模型在 88% 的程度上解释样本变动，拟合效果较好。然后，通过 t 检验发现，各变量对被解释变量均存在显著的线性关系。

5. 实证结论分析

根据以上面板数据回归分析的结果来看，我国新一轮集体林权制度改革已经取得了不错的经济成效。林业投资、土地的投入及集体林产权改革对林业总产值的经济效果均是正向且显著的，仅有劳动投入的影响是负向的。

（1）林业投资的经济效果正向显著

从面板回归模型可知，林业投资的系数为正，说明林业投资变动率对总产值变动率是有正向影响的，既林业投资的增长促进了林业总产值的增加。从林业实际到位资金来看，近年来，尤其是集体林权改革以来，林业实际利用资金总额持续增长，带动了林业总产值的持续增长。从林业投资结构看，在 2015 年，全国对于林业产业的投资总额达到 4290.14 亿元，投向生态建设与保护的资金达到 1947.97 亿元，投向工业原料林的投资达到了127.31亿元。其中对林下经济与花卉生产的资金投入分别达到201.32亿元与102.85亿元。相对而言,林下经济作物与花卉的生产周期较短,均为一年至五年不等,能够在短期内帮助林业从业人员实现林业所有权的经济价值。需要强调的是,我国林业产业科技进步长期高度依赖国家财政投入,而我国林业领域的科技投入极少,导致林业产业科技附加值极低,从而严重阻碍了我国林业产业发展进程。

（2）劳动力投入的经济效果不佳

从总产值的回归模型可知,劳动力投入的变动率对于总产值变动率的影响系数为负值,这是不符合经济学的一般常识的。在普遍情况下,加大劳动力的投入是应该对某产业的总产值存在促进作用。但是在新一轮集体林权制度改革的过程中,除了甘肃省的劳动力投入量出现增加的情况之外,其他六个省份均呈现稳步下降的态势,查阅数据发现,全国其他省份地区均呈现劳动力投入量减少的趋势。本书认为近期的劳动力投入变动率的上升确实是会削弱我国林业总产值。出现这种现象的原因:第一,我国此轮的集体林权制度改革重点是对集体林产权相关制度的改革,是对林业产业乃至全国任何第一产业、第二产业及第三产业的结构调整,并非像以前盲目地增加生产资料的投入,而是重在创造一个更加高效的投入产出系统;第二,我国的林业产业的科技投入极少,因此关于林业产业的科技教育的投入更少,2013年的全国人均科技教育投资仅为711.77元,而拥有全国最多林业系统从业人员的内蒙古自治区,其人均科技教育投资更是仅有63.64元,导致我国林业系统从业人员的劳动力素质长期都是处于极低的状态,仍然采取落后的经营方式;第三,我国林业系统内从业人员的工作条件和居住环境一般较差,导致劳动力产出效率较低;第四,也是最重要的一个原因,我国长期采取的集体林权制度束缚林业从业人员的手脚,削弱了林业从业人员们生产的积极性,导致劳动投入变动率的系数呈现负值的情况出现。

（3）集体林权制度改革的经济效果显著

回归模型显示,集体林权制度改革实施对林业总产值变动率的影响起到了积极作用，集体林权制度改革的实施有效推动了林业总产值变动率的提升。在各地区的集体林权制度的主体改革开始之后，林业经营者获取了对林地、林木等固定资产的经营权和使用权，释放了更多的发展潜力，有效实现了我国林业产业的快速增长。与此同时，各个省份地区根据自身的情况快速跟进并开展了法规建设等一系列配套机制的建设工作，全面激发我国林业从业人员生产的积极性。尽管如此，由于后期配套机制的缺失，包括林业产业监管制度的不健全、森林资源流转体系的缺失、林业政策法规的相对滞后、林业税费管理制度的混乱、森林资源资产评估机构的缺乏、林业保险体系的缺失与林业融资体制建设薄弱等问题，已经阻碍了我国林业产业的后续发展，因此集体林权制度后续改革正在快速地补充跟进和积极地贯彻实施。

（4）林地投入的经济效果显著

从面板模型回归结果可知，林地投入对我国林业总产值的影响也是显著且正向的，即林地投入的增加促进了林业总产值的提高。林地是林业的载体，是林业最重要的生产要素，林地投入总量的增加能够显著增加林木种植面积，带动林下经济的发展。集体林权制度改革以来，集体林地通过确权和流转，成为真正可流通的生产要素，林农和种林大户获得了林地使用的权利，将资金、技术、人力等生产要素与林地相结合，创造出更加广阔的林业产业经济，促进了林业总产值的迅速提升。此外，需要强调的是，最新一轮集体林权制度改革仍然存在一些产权不清的遗留问题，包括一些荒山和废弃林地需要重新划定权责，提升林地投入总量，推动林业经济持续健康发展。

第二章 森林碳汇交易机制设置、
地区实践及储量测算

被称为"地球之肺"的森林通过光合作用将二氧化碳转化为氧气，一方面为地球系统提供充足的氧气；另一方面，将二氧化碳固化在林木中，进而降低了空气中的二氧化碳含量。森林净吸收的二氧化碳被称为森林碳汇。当前，全球前五大森林区的植被净初级生产力（NPP，net primary production）水平为每年739亿吨，这为降低碳排放缓解全球气候变暖做出了巨大贡献。随着林地面积和森林蓄积量的增长，森林碳汇的生态功效正在提升。同时，国际上更加重视森林的生态功能，尤其是森林碳汇的作用，将其纳入到国际碳市场之中而形成森林碳汇交易市场。近年来，在绿色发展理念的指引下，我国对森林碳汇生态功能的重视程度逐渐提升。一方面不断丰富和完善森林碳汇领域的法规，加强森林碳汇市场交易机制的建设，另一方面国内林业大省也积极开展森林碳汇方面的生产与实践。

本章重点考察我国森林碳汇的机制建设与具体实践情况。主要内容分为四部分：首先简要介绍了CDM造林再造林项目、REDD及REDD＋等国际森林碳汇交易机制；其次简要分析我国碳市场发展历程，重点分析我国森林碳汇交易发展情况；再次具体分析我国各个试点省份开展森林碳汇交易活动的具体情况；最后选择蓄积量法测算了我国森林碳汇储量及其经济价值。

第一节 国际碳市场与森林碳汇交易机制简介

随着国际社会对全球气候变暖问题的日益关注，减少温室气体的排放成为世界各地亟待解决的首要任务。森林通过光合作用吸收二氧化碳而放出氧气，这种固碳方式被认为是现阶段应对气候变化的最佳途径之一。目前，国际碳市场针对这一特点已建立起相应的森林碳汇交易机制。下面将以碳市场的运行机制为背景对国际上主要的森林碳汇交易机制设置，包括CDM造林再造林项目、REDD及REDD＋运行机制展开探讨。

一、国际碳市场基本情况

（一）国际碳交易发展历程

进入 20 世纪 70 年代后，全世界出现的异常天气（包括"厄尔尼诺"和"拉尼娜"现象），有范围广、灾情重、时间长等特点。因此联合国政府间气候变化专门委员会（IPCC）组织全世界数百名专家从 1990 开始，先后五次发布气候变化评估报告，研究证实由二氧化碳等气体造成的温室效应在过去一百年里导致全球平均地表气温上升 0.3℃—0.6℃；因人为活动而排放的包括甲烷、二氧化碳和氧化亚氮等在内的温室气体是造成近半个世纪气候变化的主要原因。与此同时，专家预测全球平均气温到 2100 年将升高 1.8℃—4.0℃，而各国国内生产总值会随着气温的升高而相应降低，具体表现为气温每升高 2.5℃就可能会使各国国内生产总值下降 0.5％—2％，而大多数发展中国家的损失会远超过这一比例。众所周知，全球变暖不仅会造成冰川融化、海平面上升，而且会引发生态系统的退化与紊乱，导致自然灾害频发。长此以往，全球气候变化必然将触及国家农业与粮食安全、能源安全、水资源安全、公共卫生安全和生态安全，最终威胁人类的生存之根和发展之源。

针对全球气候变化这一世界难题，联合国政府间气候变化专门委员会通过艰难谈判，在 1997 年 12 月于日本京都组织全球 100 多个国家签订了《联合国气候变化框架公约的京都议定书》（以下简称《京都议定书》），把二氧化碳排放权作为一种商品，把市场机制作为解决以二氧化碳为代表的温室气体减排问题的新路径，用于规范国际碳市场交易的机制——碳交易机制应运而生。碳交易机制为应对全球气候变化和温室气体排放问题打开了新的思路和途径。1997 年签署的《京都议定书》采取了差异性原则，单方面规定发达国家第一承诺期比 1990 年减排 5％的量化指标，发展中国家不做强制性减排要求。2005 年 2 月 16 日，《京都议定书》正式生效。这是人类历史上首次以法规的形式限制温室气体排放。

表 2-1 国际碳市场协议及规定

时间	协议	规定
1992	《联合国气候变化框架公约》	确立了发达国家与发展中国家共同但有区别的责任原则
1997	《京都议定书》	单方面规定发达国家第一承诺期比 1990 年减排 5％的量化指标
2007	《巴厘路线图》	确定就加强《联合国气候变化框架公约》和《京都议定书》的实施双轨展开谈判
2009	《哥本哈根协议》	为下阶段谈判提供政治基础
2011	《德班平台谈判》	建立 2020 年后所有主要排放国的全球减排框架强化各国减排行动
2015	《巴黎协定》	历史上首个关于气候变化的全球性协定

（二）国际碳市场机制设置

为了促进各国完成温室气体减排目标，《京都议定书》允许采取以下四种减排制度：一是"联合履行"制度（JI），将欧盟内部部分国家视为统一整体，利用"集团方式"对不同国家进行相应的消减或增加的交易；二是"清洁发展机制"（CDM），即实行"绿色开发机制"，督促发达国家与发展中国家通过建立减排项目方式实行减排配额的转让与抵消，该交易方法能够从总量上降低温室气体排放量；三是"国际排放贸易"制度（IET），某些较难完成排放量消减任务的发达国家，可以通过"排放权交易"从超额完成任务的发达国家购买超出的额度；四是在计算温室气体排放量时采用"净排放量"，即国家实际排放量去掉本国森林所吸收二氧化碳的数量的减排方法。以上四种减排方式的核心在于发达国家可在本国以外的地区取得减排的抵消额，从而以较低的成本实现减排目标。为了履行国际上的减排任务，谋求人类与自然的和谐发展，各签约国积极行动，或者在国家层面，或是在地区层面上建立了大量的碳排放交易制度。当前国际上主要的碳排放交易制度见表2-2所示。

表2-2　目前全球主要的碳排放权交易制度

京都议定书：分配配额单位（AAU）
京都议定书-清洁发展机制（CDM）：核证减排量（CER）
京都议定书-联合履约机制（JI）：减排量单位（ERU）
欧盟碳排放权交易体系（EU-ETS）：欧盟碳排放配额（EUA）
加州总量控制交易计划：加州碳配额（CCA）
美国区域温室气体减排计划：区域温室气体减排量（RGGI）
英国排放交易体系（UK ETS）
日本自愿排放交易体系（JV ETS）
美国芝加哥气候交易体系（CCX）
澳大利亚新南威尔士州温室气体减排计划（NSWGGAS）
新西兰排放权交易体系——新西兰排放单位（NZU）
国际自愿减排市场——自愿减排量（VER）
中国自愿减排体系——中国核证自愿减排量（CCER）
中国碳交易试点——深圳碳排放配额（SZA）；上海碳排放配额（SHEA）；北京碳排放配额（BEA）；

根据不同的机制设置，碳市场被分成不同的类型，按照是否强制减排划分，可以分为强制性减排市场和自愿减排市场。强制性减排市场以欧盟碳排放权交易体系为代表，欧盟碳排放权交易体系是目前比较成熟碳交易制度，已经形成一套全面和完善的交易规则。自愿减排市场以发展中国家居多，它们不属于《京都议定书》附件Ⅰ中的国家，没有强制性减排要求，但为了降低排放，自行规定配额的碳市场。

表2-3　国际碳市场分类

京都市场			非京都市场	
JI	ET	CDM	强制性市场	自愿市场
ERUs相关产品	AAUs 的现货远期和期权交易	CERs	（以 EU-ETS 为例）EUAs现货及其远期和期权交易	（以美国为例）自行规定的配额和 VERs 相关产品

在《京都议定书》框架下，各签约国制定了碳交易的相关制度，开展温室气体减排工作。全球碳市场框架及交易结构图如图2-1所示。

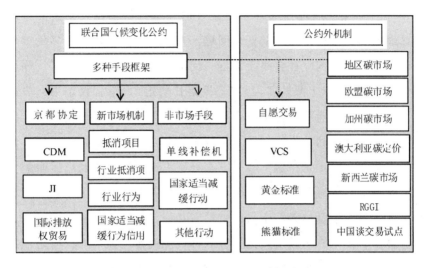

图2-1　碳市场框架及交易结构图

二、国际森林碳汇交易机制与碳汇项目

森林通过光合作用会吸收大量的二氧化碳，而这些二氧化碳被森林植物固定在土壤或植被中，从而减少大气中二氧化碳的浓度，这被称为森林碳汇。通过森林吸收二氧化碳的方式减排不仅简单易行，而且投入少、成本低，因此国际气候组织对森林碳汇日益重视。在2009年哥本哈根气候会议结束之后，欧美国家抓住森林碳汇这一可行性高、成本低的新型减排方式，快速增加森林的覆盖面积，以此作为未来五十年减缓气候变暖的重要途径。目前，针对全球气候变化这一世界难题，部分国际组织和国家将目光投向森林碳汇，极大地促进了森林碳汇交易的迅速发展。森林碳汇交易一方面能够促进企业节能减排，促使他们降低能耗，减少二氧化碳的排放从而达到保护环境以及物种多样性的目的；另一方面，企业将会通过购买森林碳汇所产生的减排量在交易中心来实行交易或者履约，这一行为将会促进森林碳汇的开发，通过植树造林扩大生态收益。

（一）国际森林碳汇交易机制简介

为更好地解决全球气候变暖问题，国际社会积极建设森林碳汇交易机制。1979 年，第一届世界气候大会在日内瓦正式召开，大会表明了国际社会已经密切关注到全球气候变化问题。在此之后各国进行了多轮艰难而激烈的谈判，最后国际社会终于对这一问题达成共识，并产生了《联合国气候变化框架公约》《德里宣言》《马拉喀什协定》《京都议定书》等政治公约。众所周知，能源消耗量决定国家经济的可持续发展程度，因此国际社会上不同国家和利益集团都极力争取本国利益。对于履约问题展开激烈而尖锐的斗争，而正是在这个背景下森林碳汇交易发展机制应运而生。

交易主体、交易客体与交易平台组成森林碳汇交易市场主体。森林碳汇交易主体主要指森林碳汇交易的供给者和需求者。森林碳汇的供给者包括国有林场、集体林场以及其他拥有森林资源的单位和个人；而超额排放的企业，自愿进行减排的机构、企业或个人则是森林碳汇的需求者。森林碳汇交易的客体则是森林碳汇的商品化。必须明确森林碳汇产权，同时对森林碳汇量进行精准及时地监测与测量，进而制定出其与二氧化碳排放量之间科学有效的转换标准，在此过程中必须保证其额外性和持续性，促使其发展成为可交易产品。森林碳汇交易平台需要清晰严格的交易程序和规则作为后台支撑，为森林碳汇交易的市场主体参与交易保驾护航；除此之外，森林碳汇交易的信息交流平台还应及时传递交易信息，以便市场参与者及时、高效地了解交易信息，达到降低供需双方信息搜寻成本的效果。

森林碳汇交易的运行机制是指通过森林碳汇交易的各要素相互影响和制约以实现特定的资源配置的过程，如图 2—2 所示，供求机制、竞争机制、风险机制、价格机制和融资机制构成国际森林碳汇交易机制。供求机制是交易的基础，供求机制与市场行为主体密切联系，供求机制的变动直接影响到供求双方的市场行为。作为交易核心的价格机制则发挥着信息反馈的职能。与此同时，价格机制还是市场重要的引导机制，它影响森林碳汇供给者和需求者的决策，并在森林碳汇资源的配置方面发挥着不可忽视的作用。风险机制是指森林碳汇市场活动同盈利、亏损、破产之间的相互联系和作用机制，是市场交易顺利运行的保障。风险机制以盈利的诱力和破产的压力作用于企业，以督促企业改良技术、加强管理、用心经营以及最终增强企业活力为目的。竞争机制是森林碳汇供给者、需求者为实现经济利益的最大化而形成的竞争关系。融资机制是交易的动力来源，它是指借助多种渠道融资进行森林碳汇市场交易的过程。在上述五种市场机制的交互影响下，资源被充分有效利用，森林碳汇市场实现均衡状态。总而言之，建立森林碳汇交易运行机制的基础是森林碳汇交易双方为谋求利益最大化而产生的交易平台，在充分考虑风险因素并拓宽融资渠道的基础上以供给量与价格为手段，科学调控森林碳汇的供求情况，最终达到森林碳汇资源利用率的最大化。

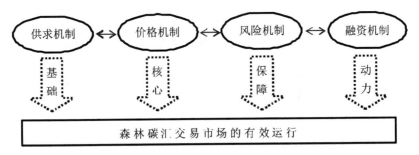

图 2-2 森林碳汇交易运行机制

森林碳汇供给和需求的消长关系能间接影响森林碳汇的交易价格，供求机制保障价格机制调节作用的正常发挥。反之，价格又在一定程度上会影响森林碳汇的供给量和需求量。通过对风险进行防范、预警和规避，降低交易市场发生风险的概率，创建健康有序的交易市场和运行环境。融资机制则会拓宽融资渠道，创造融资机会，不断吸纳新的发展力量，促进森林碳汇交易的发展。这四种机制相互联系、相互制约、相互促进，共同促进森林碳汇交易机制健康有序的运行。

（二）国际协议中的森林碳汇项目

造林、再造林、森林管理、植被恢复、农地管理、牧地管理等项目是指能够通过土地利用、土地利用变化和林业项目活动增加陆地碳贮量的项目，这些项目被称为碳汇项目。碳市场的内部机制设计主要服务于碳配额交易。除了碳配额这类基本的市场交易产品外，国际上还有两类与林业发展紧密相关的交易产品。一种是 CDM 造林再造林项目，另一类是 REDD 机制和 REDD＋机制。REDD 机制是指对发展中国家因减少森林砍伐和退化而达到的减排量给予相应的补偿，而 REDD＋机制则是指对发展中国家在森林保护和森林可持续经营过程中增加的碳储量给予相应的补偿。

1. CDM 造林再造林项目

《马拉喀什协定》明确指出，目前只有造林活动与再造林活动可以作为林业碳汇项目，并且规定其碳汇总量要低于附件 I 缔约方基准年温室气体排放量 1％的五倍。作为《京都议定书》框架下发达国家和发展中国家之间在林业内建立的唯一合作机制，CDM 林业碳汇项目是通过森林固碳作用来抵消减少排放二氧化碳量的任务，进而对森林生态效益价值给予相应的补偿。

造林定义广泛，具体定义多达 80 余种。一般来说，造林是指在较长时间内未有森林的土地上人工营造森林的活动。少数国家会同时基于土地覆盖和土地利用的变化来定义造林，而联合国粮农组织、联合国生物多样性公约和大部分国家基于土地覆盖的变化来定义造林。大部分国家未指明过去"不曾有森林"的具体时间阈值，而也有一些定义则明确标注了过去"不曾有森林"的具体时间阈值为 30—100 年，《马拉喀什协定》关于土地利用、土地利用变化及森林的决议附录部分对造林的定义表述为：通过栽植、播种或人工促进天然下种的方式进行的造林行为。再造林是指在近期内不曾有或曾有过森林的土地上对土地进行森林恢复的活动。对于造林的定义，联合国气候变化框架公约则认为对过去曾是森林但被人为转为无林地的土地进行人工植树、播种或人工促进天然下种，将其转化为有林地的直接人为活动便是造林。

允许发展中国家与发达国家之间自由进行项目级的减排量抵消额的转让与获取是 CDM 造林再造林项目的核心。CDM 造林再造林项目允许发达国家向发展中国家输送资金和技术，协助发展中国家通过开展造林再造林项目得以减排并从项目中获得相应利益。在此过程中，发达国家缔约方必须取得 CDM 排放减量权证，并严格遵守《京都议定书》第三条下的规则，履行相关义务和承诺。基于项目的配额交易的 CDM 造林再造林项目的指标减排量由其具体的减排目标决定，而随着项目的完成会产生相应的信用额度，因而其减排量必须经过核证。在《京都议定书》下，CDM 造林再造林项目的设定具有严格的模式和程序，这类项目每年可用于抵消的减排量不能超过各国基年排放量的 1%。

2. REDD 与 REDD＋机制

政府间气候变化专门委员会（IPCC）预测，因砍伐森林和森林退化而产生的碳排放已经跃升为全球气候变暖的第二主因，其排放量约占全球碳排放总量的五分之一。因此，前文提及的国际减排机制之一的清洁发展机制（CDM）中的造林再造林项目、REDD 机制、REDD＋机制被纳入《京都议定书》，进而为发展中国家林业发展与林业保护提供了新的思路和方法。

本质上，REDD、REDD＋与 CDM 造林再造林项目同属于碳汇林，是一种基于对森林的固碳和减排作用与成效进行经济补偿的机制。但就森林参与气候变化的机理而言，CDM 造林再造林属于一种"增汇"活动，而REDD、REDD＋是一种"减排"活动。两者的协调发展对减缓温室气体排放具有促进作用。REDD、REDD＋对森林碳汇活动的内涵进一步延伸，国家可以通过 CDM 造林再造林活动使森林参与气候变化。与此同时，发展中国家还可以通过减少森林砍伐面积，并采取可持续发展措施经营森林，减少温室气体的产生和排放。各国可以灵活选择植树造林或阻止毁林等方式降低二氧化碳的排放量。下图是对在 REDD、REDD＋及 CDM 机制下的林业参与温室气体减排活动的总结。

表 2-4 林业减排活动

减排途径	减排对象	减排机制	森林管理途径
减少二氧化碳排放	减少毁林	REDD	减少现有森林产生的排放
增加二氧化碳存储	减少森林退化	REDD+	森林保护；可持续性经营获得
	增加新的森林	CDM	造林与再造林活动

资料来源：郜婷婷：《REDD机制参与碳交易的理论研究及路径设计》，博士学位论文，东北林业大学，2014年。

从表 2-4 可看出，REDD、REDD＋以及 CDM 三种减排机制分别通过不同的森林管理途径实现温室气体的减排，他们之间通过森林管理进而相互影响，相互作用，特别是在增加二氧化碳存储方面，REDD＋面对的减排对象主要是森林退化的减少，CDM 针对的是增加新的森林，二者的最终目的均是通过改善生态环境、提高森林蓄积量，进而实现"减排"和"增汇"目标，最终减缓温室气体排放。

第二节 我国森林碳汇机制简介

由于《京都议定书》里规定附件 I 国家可以通过向发展中国家购买 CDM 配额的方式来抵免本国企业的气体减排量，而发达国家提供的资金与技术则可以帮助发展中国家发展本国经济。在国际碳市场机制建立之后，我国积极参与 CDM 项目，同时建立与完善本国的碳市场机制。

一、我国森林碳汇发展概况

随着对减排问题的高度关注，国际社会制定了一系列公约来限制温室气体的排放，特别是 1997 年签订的《京都议定书》，在其清洁发展机制中提出了有关土地利用变化、农业和林业等方面活动的碳汇。与此同时，中国调动各方面资源和力量，积极参与林业碳汇项目规则的国际谈判，加大开展中国林业碳汇项目的可行性研究力度，同时投入大量资金和科技在国内开展林业碳汇试点活动。

我国自 1998 设立国家气候变化对策协调小组以来，不断加强对温室气体排放问题的关注。推行碳排放权交易制度是党的十八大和十八届三中全会确定的重大改革事项。对此，近年来我国展开一系列卓有成效的探索实践，包括推进低碳发展试点示范、深化碳排放权交易试点、起草碳排放权交易管理条例、启动制定相关配套细则等等，特别是 2014 年由国家发改委组织起草的《碳排放权交易管理暂行办法》，明确了全国碳市场建立的主要思路和管理体系。同时，国家层面正在抓紧制定国家碳市场体系建设方案，以及《碳排放权交易管理办法》《碳排放权交易管理条例》等规章，不断完善碳排放交易市场的法律规范和制度基础。

目前我国碳交易制度建设还很滞后，我国的森林碳汇交易机制尚未统一，森林碳汇市场还在不断完善中。其主要依据是 2012 年的《温室气体自愿减排交易管理暂行办法》及 2015 年的《碳排放权交易管理暂行办法》。由于我国森林碳汇交易才刚刚起步，因此国内暂时还未形成健全统一的森林碳汇市场。而国内森林碳汇交易正是在国际减排机制的大力推行和促进之下逐渐运行起来的，到目前为止，我国森林碳汇交易的发展分别经历了准备阶段和试点实施阶段。

在森林碳汇的实施阶段，国家林业局碳汇管理办公室加强了与科研部门、非政府组织的联系和合作，派出专业人员对森林碳汇展开研究工作：组织技术人员对与林业碳汇项目相关的选点、监测、基线方法学、核实、认证等众多问题进行深入探究和钻研；加大市场调研力度，结合国际碳市场状况深入分析林业碳汇的市场份额与未来发展趋势；促进项目与国家政策进行有机结合，根据林业碳汇项目的实施现状，探索借助市场机制推进林业发展的政策机制；尝试将全球气候变化与生物多样性保护同国内造林项目结合起来，探索新型循环生态发展模式；对国内造林再造林碳汇项目优先区域进行测评，创建并完善立地选择的基本程序。

表 2-5 我国碳汇交易机制建设历程

时间	事件
1998 年	成立国家气候变化对策协调组织
2003 年	由国家林业局组织领导,建立碳汇管理办公室,主要组织制定林业碳汇项目的国家规则、管理办法、技术标准和相关政策等
2005 年	国家林业局召开碳汇管理工作领导小组会议,提出将森林碳汇作为林业发展的新式投融资渠道,利用市场机制对森林生态效益价值进行相应补偿
2006 年	8 月,中国基金及其管理中心在四部委的联合请示下正式成立,为支持我国气候变化工作,财政部特地设立了基金筹备组
2007 年	3 月,"中国清洁发展机制基金(CDM 基金)"在财政部牵头、七部委联合运作的情况下正式运营
2010 年	7 月,中国绿色碳汇基金会经国务院批准注册成立,这是中国第一家以增汇减排、应对气候变化为目的的全国性公募基金会
2011 年	3 月,国家"十二五"规划提出"建设并不断完善温室气体排放和节能减排统计监测制度,加强对气候变化的研究与监测,加快低碳技术研发速度,稳中求进逐步建成碳排放交易市场"。10 月,国家发改委决定在全国启动碳排放交易试点,确定北京、天津、上海、重庆、深圳、广东、湖北等 7 个省市为碳排放交易试点,并将森林碳汇项目纳入其中
2012 年	6 月,国家发改委发布《温室气体自愿减排交易管理暂行办法》,该文件对中国核证自愿减排量创建相应的管理规则。11 月,党的十八大报告明确提出"积极开展节能量、碳排放权、排污权、水权交易试点"
2014 年	5 月,国务院发布《2014—2015 年节能减排低碳发展行动方案》,该方案提出创建碳排放权、节能量和排污权交易制度;同时要加快推进碳排放权交易试点与推广,逐步建设健康有序的全国碳排放交易市场。9 月,国家发改委发布《国家应对气候变化规划(2014—2020 年)》,再次重申要求加快建立"全国碳排放交易市场"。12 月,《中国碳排放权交易管理暂行办法》颁布,在国家层面上已经形成了碳排放权交易的制度约束
2015 年	中国发布《强化应对气候变化行动——中国国家自主贡献》,并于 6 月正式向联合国气候变化框架公约秘书处提交。9 月,在《中美元首气候变化联合声明》中,中国明确表示全国碳排放交易体系将于 2017 年正式启动。中共中央国务院印发的《生态文明体制改革总体方案》第四十二条要求:推行用能权和碳排放权交易制度
2016 年	1 月,国家发改委正式发布《关于切实做好全国碳排放交易市场启动重点工作的通知》,积极带动国家上下联动,发挥国家、地方和企业各方面的力量,协力推动全国碳排放权交易市场建设,确保全国碳排放权交易于 2017 年顺利启动,并实行碳排放权交易制度。10 月,国务院公布的《"十三五"控制温室气体排放工作方案》明确要求:在全国范围内建立并完善碳排放权交易制度。与此同时,出台《碳排放权交易管理条例》及有关实施细则,各部门根据职能和分工的不同,制定相关配套管理办法,不断完善碳排放权交易法律法规体系

二、我国森林碳汇交易机制

2012 年 6 月,《温室气体自愿减排交易管理暂行办法》由国家发改委正式印发。参与自愿减排的减排量需要进行备案，这些经过国家主管部门在自愿减排交易登记簿进行登记备案后的减排量被称为"核证自愿减排量（CCER）"。核证自愿减排量获准在经备案的交易机构内进行合法交易。

（一）CCER 交易机制简介

截至 2016 年底，全国共有 9 个交易机构完成备案准许开展 CCER 交易业务，包括 7 个试点省市的碳排放权交易所，以及四川联合环境交易所和福建海峡股权交易中心，后两者分别于 2016 年 5 月和 7 月获国家主管部门批准。CCER 先于碳排放配额实现了全国性交易，可在各试点碳市场中流通，是形成全国统一碳市场的纽带，目前大多数试点将 CCER 作为碳排放配额的抵消标的，规定 1 吨 CCER 等于 1 吨碳排放配额。但是考虑到 CCER 交易对配额交易市场的冲击和地方对 CCER 清洁项目的扶持，各试点碳市场对 CCER 用于配额抵消设立了限制条件。各试点 CCER 的抵消比例为 1%—10%，其中深圳、广东、天津、湖北抵消比例较高为 10%，上海将 CCER 抵消比例从 5% 调至 1%，防止 CCER 大量涌入碳市场，打压碳价。

截至 2016 年底，7 个试点地区 CCER 和配额抵消比例都是一致的，即 1 吨 CCER 可抵消 1 吨二氧化碳排放量，即 1 吨碳排放配额。但 CCER 使用比例和年份限制各有侧重，具体如表 2-6 所示。

表 2-6 CCER 使用情况一览

试点地区	CCER 使用比例	抵消 CCER 年份限制	其他
北京	重点排放单位可以用经过审定的碳减排量抵消其部分碳排放量，使用比例不得高于当年排放配额数量的 5%	2013 年 1 月 1 日后实际产生的减排量	重点排放单位可使用的经审定的碳减排量包括核证自愿减排量、节能项目碳减排量、林业碳汇项目碳减排量
天津	抵消量不得超出其当年实际碳排放量的 10%	2013 年 1 月 1 日后实际产生的减排量	无
上海	使用比例最高不得超过该年度通过分配取得的配额量的 5%	2013 年 1 月 1 日后实际产生的减排量	无
广东	不得超过本企业上年度实际碳排放量的 10%	无	无

续表

深圳	最高抵消比例不高于管控单位年度碳排放量的10%	无	无
湖北	抵消比例不超过该企业年度碳排放初始配额的10%	已备案减排量无限制；未备案减排量有效计入期为2013年1月1日至2015年5月31日	国家发改委备案项目产生。其中，已备案减排量100%可用于抵消；未备案减排量按不高于项目有效计入期（2013年1月1日至2015年5月31日）内减排量60%的比例用于抵消
重庆	2015年前，每个履约期国家核证自愿减排量使用数量不得超过审定排放量的8%	2010年12月31日后投入运行（碳汇项目不受此限）	无

资料来源：环维易为中国碳市场数据库。

（二）CCER 林业碳汇项目

CCER森林碳汇项目的实施一方面可以丰富碳市场交易品种，拓宽履约渠道，促进社会广泛参与减排等；另一方面可以适当降低重点排放单位的履约成本，拓展发展空间。CCER林业碳汇项目的申报及开发流程如图2-3所示。

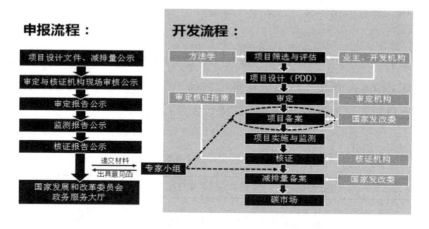

图 2-3 CCER 森林碳汇申报及开发流程图

截至2016年6月，已公示的CCER森林碳汇项目达到65个，其中造林项目约占2/3，达43个，主要集中在内蒙古、广东、云南和黑龙江；森林经营碳汇项目约占30%，达到21个，主要集中在吉林、黑龙江和内蒙古；竹子造林和竹林经营项目各占1个。具体情况如表2-7所示。

表 2 - 7　CCER 林业碳汇项目情况

项目类别	项目总数	项目规模 （公顷）		项目年减排（吨二 氧化碳当量/公顷）		单位面积年减排量 （吨二氧化碳当量/公顷）		
		最大值	最小值	最大值	最小值	最大值	最小值	均值
造林	44	151 049	156	607 971	548	23.11	3.02	7.69
竹子造林	1	701		6556				9.35
森林经营	20	576 006	1426	583 790	8322	9.21	0.11	2.12
竹子经营	1	1426						5.83

资料来源：中国林业碳汇网。

　　根据表 2 - 7 可看出，在已公示的 CCER 林业造林项目中，森林经营项目的规模大于造林项目规模；但就项目年减排量和单位面积年减排量而言，造林项目却远高于森林经营项目。由此说明，造林项目对温室气体的减排效果更加显著。

　　就 CCER 碳汇造林项目而言，根据第八次森林资源清查结果显示，我国目前的适宜造林土地面积约 5000 万公顷。具体分布情况如图 2 - 4 所示。

图 2 - 4　全国宜林地面积分布情况

数据来源：全国第八次森林资源清查报告。

　　就 CCER 碳汇造林项目而言，全国人工乔木中、幼林总面积约 3380 万公顷（见图 2 - 5），其中广西、广东、湖南、四川、江西、福建等是速生丰产林集中的地区。内蒙古、黑龙江等地区开展森林经营碳汇项目空间较大。

　　2017 年 1 月福建林业碳汇项目成功上线并完成首批交易，在启动仪

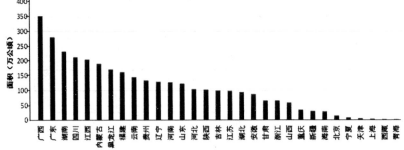

图 2-5　全国人工乔木中、幼龄总面积分布情况

数据来源：全国第八次森林资源清查报告。

式当天即挂牌成交 26.1 万吨，金额高达 488.1 万元。同时，德化县林业局、顺昌县国有林场率先拿到了产品上线证书，两家业主单位意向转让 21.7 万吨碳汇量。德化首批参与林业碳汇项目开发的森林资源面积 6.46 万亩，分布在石龙溪采育场、大张溪林场、南埕林果场等 12 个县办公司和林场经营较好的 780 个小班，项目的计入期为 20 年。预计在计入期内，将产生减排量 22.8 万吨二氧化碳当量，可增加收入 550 多万元。

第三节　我国试点地区的森林碳汇交易机制

森林碳汇是一种间接减排的有效途径，在碳市场中占有重要地位。森林碳汇项目的实施能够提升森林经营水平、改善生态环境，同时，可以实现为人们提供休闲娱乐场所的社会效益，有利于实现我国林业持续发展的长远战略。但目前我国的森林碳汇市场还未全面建立，森林碳汇交易也仅在试点省市中进行。本节仅选取开展森林碳汇交易的 5 个试点省市进行分析。

一、北京市森林碳汇交易机制

（一）森林碳汇抵消规定

北京市自 2013 年启动碳排放交易试点后，北京市发改委随之发布了

《关于开展碳排放权交易试点工作的通知》，其中明确提出市内重点排放单位超过排放限额规定时，可购买相等或低于本单位一个年度内排放配额总量5％的核证自愿减排量来抵消超出的部分。核证自愿减排量的一种重要来源就包括森林碳汇项目产生的森林碳汇，同时，森林碳汇项目兼备其他类项目所无法实现的生态效益和社会效益，因此，森林碳汇在北京市碳排放权交易体系中占有重要地位，被率先纳入到补充抵消机制中来。林业碳汇抵消按照1:1的比例规则，即经审核批准后的1吨二氧化碳当量，可用于抵消1吨企业超额二氧化碳排放量。林业碳汇项目产生的减排量被视为北京市碳排放抵消机制中的重要类型之一，这对巩固森林碳汇在北京市节能减碳进程中的地位与作用、推进森林碳汇交易体系的持续有效发展具有不可忽视的意义。

（二）森林碳汇交易体系

2009年北京市成立了林业碳汇工作办公室，标志着我国首个专门管理林业碳汇相关活动的政府机构诞生，北京市环境交易所是林业碳汇的交易平台，为交易提供了场所。顺义、房山的两个碳汇造林项目产生的核证减排量就在此进行交易，开启了我国林业碳汇交易的新起点。在北京市发改委的部署和监督下，首个林业碳汇项目综合管理平台的开发工作顺利完成，在此基础上，北京市林业碳汇项目审定核证、林业碳汇量计量监测的第三方机构已有数家；同时北京碳汇基金可以更深入地支持森林碳汇工作的开展。我国预计在2017年启动全国性的碳排放交易体系，届时森林碳汇的地位将更为突出，当前趋于完善的森林碳汇交易体系也将为日后建立的交易市场提供借鉴。

（三）森林碳汇交易管理体系

北京市近年来一直积极探索森林碳汇交易的有效机制，北京市森林碳汇交易的管理机构主要包括以下几个部门：国家发改委负责森林碳汇交易环节的多个部分，主要包括森林碳汇项目初期的审核、备案，到最后碳汇量签发等工作；国家林业局的职责是森林碳汇项目开发和林业碳汇交易的推进；北京市发改委属于综合管理部门，对项目及交易活动进行协调和监督；北京市园林绿化局涉及森林碳汇项目的申请、实施、减排量交易等工作的进行；北京市环境交易所是当前森林碳汇交易的主要场所。2010年北京市成立了林业碳汇办公室，是全国第一个专门规划森林碳汇项目、制定碳汇计量标准、宣传个人在林业碳汇购买中的重要性等相关活动的行政机构。2014年，为提升森林碳汇交易的便捷性，加强碳汇交易管理工作，北京市建立了森林碳汇交易与管理平台，这标志着北京市森林碳汇交易初步具备网格信息化基础，碳汇交易的服务领域不断拓展。

二、深圳市森林碳汇交易机制

（一）森林碳汇抵消规定

深圳市自2013年启动碳排放交易试点后，深圳市发改委随之发布了《深圳市碳排放权交易管理暂行办法》，其中明确提出市内重点排放单位超过排放限额规定时，可购买相等或低于本单位一个年度内排放配额总量5%的核证自愿减排量来抵消超出的部分。核证自愿减排量的一种重要来源就包括森林碳汇项目产生的森林碳汇，同时，森林碳汇项目兼备其他类项目所无法实现的生态效益和社会效益，因此，森林碳汇在深圳市碳排放权交易体系中占有重要地位，被率先纳入到补充抵消机制中来。

（二）森林碳汇交易体系

深圳排放权交易所成立于2010年9月30日，借助国家首批建立的碳交易试点城市的有利条件，深圳排放权交易所已成为南方省市重要的排放试点之一。为保证交易所的长远发展，2012年4月，交易所增加资金投入，注册资金从初建市场时的1500万元增加到3亿元，增加后的资金量是最初投入量的20倍，注册资金额度远超国内其他碳排放权交易所，深圳排放权交易所成为国内注册资本金额最高的交易所。2013年6月18日，深圳排放权交易所领先于我国其他6个碳交易试点，率先展开碳排放权交易，意味着开启了以碳排放权交易市场化来推动减排的专业化道路。深圳碳排放权交易体系涵盖了当地的635家工业企业和197栋大型公共建筑，其中包括以发电行业为代表的能源业，以及水供给行业、制造业等。

2014 年，碳减排行业逐步扩大，公共交通业也被纳入到了深圳碳排放权交易体系中。

（三）森林碳汇交易管理体系

深圳市城管局作为林业发展的主管部门，在深圳市碳排放权交易试点的构建工作中发挥了重要作用，为推动森林碳汇交易的发展，积极参与了我国森林碳汇的计量与监测试点工作。森林碳汇归属于 CCER（核证自愿减排量）之中，在国家发改委自愿减排认证中心认证、签发，全国 CCER 电子信息平台建立之后，才具备森林碳汇交易的基础条件。自深圳碳排放权交易试点运行以来，深圳市发改委碳交办及深圳排放权交易所，一直对将森林碳汇交易纳入到碳交易体系高度重视，但当时的硬性条件不足，尚不能满足林业碳汇交易条件。2014 年 3 月 27 日对于森林碳汇交易而言是有突破性的一天，中国自愿减排交易信息平台上面公布了两个森林碳汇项目的备案信息，标志着 CCER 项目的注册自此正式开始。深圳碳排放权交易包括两种类型，分别是碳排放权配额交易和核证减排量交易。深圳排放权交易所鼓励并支持单位和个人积极参与到交易市场中来。到目前为止，从理论角度来看，深圳排放权交易所已初步具备了交易森林碳汇的基本条件。

三、广东省森林碳汇交易机制

（一）森林碳汇交易体系

近几年来，广东省在提高森林碳汇方面投入了大量人力物力。2011年，广东翠峰园林绿化有限公司在广东省碳汇基金的帮助下，以造林项目业主的身份，筹备资金在广东省落后偏僻的地区开展植树造林项目，此项目造林面积可观，达 13000 亩。该造林项目计入期为 2011—2030 年，经过第三方的审查核算，在 20 年间，这 13000 亩造林面积预计产生 34.73 万吨二氧化碳当量，年减排量为 1.736 万吨二氧化碳当量。在 2013 年 11 月 29 日，广东长隆碳汇造林项目按有关规定向国家发改委进行了申报，经过国家发改委的严格审查，广东长隆碳汇造林项目在国家发改委成功获准登记注册。"中国自愿减排交易信息平台"已公示了该项目的设计文件。广东长隆碳汇造林项目于 2014 年 6 月 27 日通过了国家发改委备案审核会，标志着我国第一例获得国家发改委审定的 CCER 林业碳汇项目就此诞生。广东长隆碳汇造林项目申报成功，表明广东省的森林碳汇交易迈出了重要一步。

（二）森林碳汇抵消机制

《广东省碳排放管理试行办法》中列入了森林碳汇，意味着森林碳汇是广东省碳排放权管理中的重要组成部分，说明广东省已经拥有了森林碳汇交易的基础。

广东省规定，对于排放量受限的企业，CCER 的利用可以不超过当年发放排放标准的 10%，这 10% 中包含利用森林碳汇抵消实际碳排放量。目前的几个森林碳汇交易试点中，10% 是最高标准。这一标准的制定，奠定了广东省开展森林碳汇交易、拓宽森林碳汇交易体系的基础。森林碳汇交易与传统意义上的商品交易相比，更加具有创新性。森林碳汇交易的创新性表现在以下三点：第一，有机结合了排放企业的利益与森林经营、生态保护；第二，把碳汇造林领域的资金投入与企业减排状况联系了起来；第三，激励二氧化碳排放量高的企业投入资金发展碳汇林，激励人们通过义务植树、碳交易等方式向碳汇林业建设中投入资金。广东省森林碳汇抵消机制的制定，不仅展示了广东省森林碳汇的发展特色，还意味着广东省在森林碳汇交易政策机制的突破和尝试方面走在了全国前列。

（三）森林碳汇交易管理体系

越来越多的省份开始注重和加强对森林碳汇的管理，毫无疑问的是，广东省对森林碳汇的管理成效排在全国前列。广东省于 2013 年 12 月 19 日正式展开碳排放权交易。为了使碳排放权交易更加顺畅方便，广东省颁布了一系列文件，如：《广东省碳排放管理试行办法》《广东省发展改革委关于碳排放配额管理的实施细则》《广东省发展改革委关于企业碳排放信息报告与核查的实施细则》等，在颁布这些文件的基础上，广东省继续完善相关的交易制度和管理体系。拥有优秀的森林碳汇计量检测单位是广东省对森林碳汇管理的基础，广东省通过森林碳汇计量检测单位对本省的森林碳汇进行计量、监测与核查，并将得出的本省森林碳汇有关数据向国家发展改革委登记备案。

四、湖北省森林碳汇交易机制

（一）森林碳汇交易体系

湖北省森林资源丰富，对实现碳减排有着巨大的自然优势。近年来，湖北省加大力度挖掘其丰富的森林资源，重视森林碳汇交易的实施。2015年6月，湖北省通山县竹子造林碳汇项目在湖北省林业厅、湖北碳排放权交易中心及中国绿色碳汇基金会的支持下，成功在"中国自愿减排交易信息平台网"公示。该项目计划将连续三年在湖北省通山县实施竹子碳汇造林1.05万亩，在20年的项目计入期内，预计产生13.11万吨二氧化碳当量的减排量。2016年10月，华碳联盟投资管理有限公司湖北总站在湖北省发改委培训中心正式成立，并正式启动林业碳汇项目，这标志着湖北省森林碳汇交易体系的建立已初具雏形。

（二）森林碳汇抵消规定

森林碳汇被列入到《湖北省碳排放管理暂行办法》中，成为湖北省碳排放权管理机制之中的重要部分，说明湖北省已经拥有了森林碳汇交易的基础。对于那些排放量受限的企业，湖北省允许他们使用少于当年发放排放配额10%的CCER，其中包括使用森林碳汇来抵消实际生产过程中的碳排放量。已备案减排量100%可用于抵消，未备案减排量按不高于项目有效计入期（2013年1月1日—2015年5月31日）内减排量60%用于抵消，但在下一年的4月20日前，这类项目需要获得国家发改委备案。这为湖北省开展森林碳汇交易、拓宽森林碳汇交易体系奠定了一定的制度基础。

（三）森林碳汇监测体系

早在2008年，湖北省就开展了碳汇造林。中国石油公司耗资300万在武汉市江夏区种植了6000亩碳汇林，并计量与监测了这6000亩碳汇林产生的碳汇量，国家林业局经过核查发现，6000 亩碳汇林的指标都合格。江夏区这 6000 亩碳汇林目前生长情况良好，已经初具碳汇功能，为全省碳汇造林的开展起到了模范作用。

在计量与监测森林碳汇方面，湖北省一直走在全国前列。湖北省林业科学研究院获得了国家林业局颁发的林业碳汇计量与监测证书，这表明湖北省已具有独立开展林业碳汇计量及监测的资格。通山竹林项目是湖北省首例森林碳汇项目，也是我国第一个竹林碳汇项目，此项目预计 20 年间减排 13.11 万吨二氧化碳当量，于 2015 年 6 月 18 日在中国自愿减排交易信息平台网公示。

五、重庆市森林碳汇交易机制

（一）森林碳汇交易量

重庆市重工业的发展对我国经济建设意义重大，重庆市重工业发展不景气，势必影响我国经济建设。由于钢铁、化工等行业会排放大量二氧化碳，所以那些拥有钢铁、化工等行业的城市的二氧化碳的排放量肯定比没有钢铁、化工等行业的城市多，拥有钢铁、化工等行业数量多、规模大的城市的二氧化碳的排放量肯定比钢铁、化工等行业数量少、规模小的城市多。重庆市是能够支撑全国钢铁、化工等行业的城市，拥有许多钢铁厂、化工厂，所以二氧化碳排放量比较高，根据数据可知，目前重庆市每年要排放高达 1.6 亿吨二氧化碳。当前，由于重庆市经济正在高速发展，加上产业发展的需要，重庆市的二氧化碳排放总量不断快速增长，这不符合国际上及国家倡导的减碳、节能、环保的要求。在 2014 年 6 月 19 日，重庆市正式启动碳排放权交易市场，碳排放权交易市场开展的第一天，重庆市成交的二氧化碳当量就达 14.5 万吨，交易价值为 445.75 万元。为了更好地实现加强生态环境建设、保护生态系统的目标，重庆市采取了一系列措施，如加快退耕还林的速度、加快天然林资源保护进程、对石漠化进行治理等。国家林业重点工程和森林工程项目的开展实施，对增加重庆市的森林面积，提升重庆市的森林蓄积量意义重大。

(二) 森林碳汇交易体系

为了实现森林碳汇经济价值,重庆市通过开展林业碳汇交易试点,探究如何更好地在碳交易市场中纳入森林碳汇。林业碳汇交易试点的开展,对创新林业发展方式、找寻林业发展新途径、优化林业资源及林业可持续发展具有重要意义。重庆市为了更好、更快地实现森林生态效益市场化,投入了大量精力。森林生态效益的市场化,不仅可以增加当地林农的收入,还可以提高森林的生态效益。为了便于开展森林碳汇工作,更好地管理林业碳汇项目的准入,根据实际情况,重庆市制定了符合本市现状的林业碳汇项目准入办法。此外,重庆市还制定了《重庆市森林碳汇计量与管理办法》,明确表述了在重庆市行政范围内开展森林碳汇项目时进行的森林碳汇计量与监测相关活动。这项办法的颁布,说明重庆市已经建成了森林碳汇计量与监测制度。在中国华能集团的帮助下,重庆市于 2011 年 9 月投入资金 888 万元实施了巫山碳汇造林试点项目,造林面积达 2377.3 亩。

(三) 森林碳汇监测体系

重庆市是国家林业局支持下的森林碳汇计量与监测试点城市。重庆市通过积极参与学习全国性的森林碳汇计量监测体系建设经验,不断完善本市林业碳汇计量监测体系,来达到促进本市森林碳汇计量监测工作更好开展的目的。从 2012 年开始,重庆市林科院初步计量与监测了市区所辖范围内的森林碳储量和碳汇量,并将计量与监测结果记录了下来,从而产生了碳汇基础数据库。森林碳汇计量监测体系的建设,为重庆森林碳汇进入碳交易市场环节提供了重要的科技支撑。

第四节 我国森林碳汇项目的实践

近十余年来,我国政府为了实现森林可持续经营的目标,加大了植树造林的力度,对焚毁的树林予以重植。此外,为了降低来源于森林的碳排放量,我国政府采取了许多措施,包括制定相关规定,以便合理控制树木

的采伐、避免森林火灾的发生与防止森林遭遇病虫害。截至目前，我国的
碳汇造林项目无论是从总体来看还是从区域而言均取得了一些阶段性
进展。

一、试点省市森林碳汇项目的实践

（一）北京市碳汇造林项目

1. 项目活动概述

我国于 2011 年将北京等 7 省市列为首批碳排放权交易试点省市，意
味着碳排放权交易工作在我国正式启动。为了促进北京市林业碳汇事业的
快速健康发展，为北京市林业碳汇交易市场提供具备"可测量、可报告、
可核查"要求的高质量碳汇信用产品，推进碳汇造林项目碳汇信用的市场
化进程，北京世纪天诚土地开发有限公司组织进行了北京市房山区石楼镇
碳汇造林项目的开发。

本项目位于北京市房山区石楼镇双柳树、双孝、坨头、支楼、梨园
店、夏村、二站、吉羊、大次洛、杨驸马庄（北庄）、襄附马庄（南庄）
等 11 个村，造林面积共计 16532.6 亩，主要栽植油松、华山松、白皮松、
白蜡、洋槐、国槐、栾树、旱柳、垂柳、银杏、山杏等乔木树种，金银
木、木槿等灌木树种。项目预计在 20 年计入期（即 2013 年 3 月 1 日至
2033 年 2 月 28 日）内，产生 151254 吨二氧化碳当量的减排量，年均减
排量为 7562 吨二氧化碳当量。

2. 项目采用的技术规程

为了利于工作的开展，本项目实施过程中主要采用以下办法规定：
《温室气体自愿减排交易管理暂行办法》（国家发展与改革委员会，发改气
候［2012］1668 号）；《碳汇造林技术规定（试行）》（国家林业局，办造
字［2010］84 号）；《碳汇造林检查验收办法（试行）》（国家林业局，办
造字［2010］84 号）；《造林作业设计规程》（LY/T1607-2003）；《森林抚
育规程》（GB/T 15781-2009）等。

3. 造林模式及种苗规格选型

（1）树种选择

根据当地实际的气候与土地环境，选择种植适宜的易养活的树木，这是树种选择最基本的条件。此外，还应尽量选择美观的，易于管理的，具有顽强生命力的树种。比如油松、白蜡、洋槐、国槐、栾树、旱柳、垂柳、银杏、毛白杨、元宝枫、馒头柳、紫叶李、西府海棠、碧桃、山杏、山桃等。

（2）造林模式

造林过程中要合理搭配树种，为了实现"三季有花、四季常春"的造林目的，可以采取以下措施：第一，快速生长和缓慢生长的树种混合种植；第二，常绿树与落叶树搭配种植；第三，乔木树种和灌木树种结合种植；第四，在某些特定地区，加大观花、观叶、观果植物的种植数目。

在施工期间以人工为主，机械为辅，对造林地进行土壤翻垦。土壤翻垦时，要根据该处实际的土地与环境情况采取恰当的方式整地，常用的整地方法有全面、带状和块状整地，施工过程中要注意整地的深度不能少于35厘米。经过土壤平整、翻垦后，根据造林规划和苗木规格挖树坑，栽植穴通常有两种规格：0.8米×0.8米×0.7米和1米×1米×1米，要注意分开堆放表土、心土，并把栽植穴里面的石块和树根清理干净，株行距为4米×3米。

4. 项目土地权属和核证减排量的权属

此次造林项目所涉及的地块所有权属村集体所有，土地权属清晰，不存在争议问题。项目产生的核证减排量归项目业主"北京世纪天诚土地开发有限公司"所有。

5. 项目碳汇量预估

此次项目活动边界内各碳库碳储量的变化之和，减去项目新增排放量，即为本项目的碳汇量。项目边界内所选碳库第 t 年时的碳储量变化量计算方法如下：

$$\Delta C_{A,t} = \Delta C_{P,t} \qquad\qquad (2.1)$$

式中，$\Delta C_{A,t}$ 为第 t 年时的项目碳汇量，$\Delta C_{P,t}$ 为第 t 年时项目边界内所选碳库的碳储量变化量；由此计算得出造林树种在整个项目期内碳储量变化情况，即为预估项目碳汇量，结果如表 2-8 所示。

由表 2-8 可以看出，本项目活动的日期自 2013 年 3 月 1 日起至 2033 年 2 月 28 日止，项目运行期为 20 年。在项目计入期内，项目产生的碳汇量呈现逐年递增的趋势。本项目在计入期的 20 年内共产生碳汇量 1688279.07 吨二氧化碳当量，此项目的实施将对北京市的温室气体减排起到促进作用。

（6）项目产生的效益

随着项目的开展，势必将不同程度地影响北京市的经济、社会及生态环境。其所产生的经济效益不仅表现在推动北京市林业产业的发展，满足国民经济和社会可持续发展对林产品的需求，而且还体现在农业产业的结构调整，壮大地方林业经济，增加林业收入，更能够形成产业发展与生态建设互相促进、资源优势充分发挥的生态产业新格局，有利于促进林业可持续发展；社会效益表现在加强社会的凝聚力，碳汇造林项目的整个流程比较复杂，农户或社区个体通常难以顺利完成，特别是当木材和非木材产品生产周期远长于传统农产品时，必须通过分工合作以克服各种技术障碍。拟议造林项目将在企业、个人、社区、林业部门之间形成紧密互动关系，最终形成社会和生产服务的网络；生态效益体现在保护生物多样性方面，森林面积的增加有助于加强对受威胁物种的保护。在项目计入期内，不进行大量采伐，比传统经营方式更有助于保护当地生物多样性和生态系统完整性。

表 2-8　北京市碳汇造林项目预估的碳汇量

单位：吨二氧化碳当量

年份	林木生物质碳储量	林木生物质碳储量年变化量	林木生物质碳储量年变化量累计
2013.3.1 前	14019.86		
2013.3.1—2013.12.31	17512.50	3492.64	3492.64
2014.1.1—2014.12.31	21639.85	4127.35	7619.99
2015.1.1—2015.12.31	26443.16	4803.31	12423.30

续表

2016.1.1—2016.12.31	31943.92	5500.76	17924.06
2017.1.1—2017.12.31	38137.14	6193.22	24117.28
2018.1.1—2018.12.31	44563.14	6426.00	30543.28
2019.1.1—2019.12.31	51585.17	7022.03	37565.31
2020.1.1—2020.12.31	59120.54	7535.37	45100.68
2021.1.1—2021.12.31	67075.81	7955.27	53055.95
2022.1.1—2022.12.31	75357.42	8281.61	61337.56
2023.1.1—2023.12.31	83880.84	8523.42	69860.98
2024.1.1—2024.12.31	92576.77	8695.93	78556.91
2025.1.1—2025.12.31	101393.88	8817.11	87374.02
2026.1.1—2026.12.31	110298.81	8904.93	96278.95
2027.1.1—2027.12.31	119274.01	8975.20	105254.15
2028.1.1—2028.12.31	128314.68	9040.67	114294.82
2029.1.1—2029.12.31	137399.68	9085.00	123379.82
2030.1.1—2030.12.31	146590.52	9190.84	132570.66
2031.1.1—2031.12.31	155876.79	9286.27	141856.93
2032.1.1—2033.2.28	165274.58	9397.79	151254.72

(二) 湖北省碳汇造林项目

1. 项目活动目的

湖北省碳汇造林活动主要以咸宁市崇阳县碳汇造林项目为主，其利用森林强大的碳汇功能，通过大力开展植树造林，提高森林碳汇量，降低大气中二氧化碳总含量，达到减缓气候变暖的目的。本项目响应湖北省绿满荆楚造林绿化政策，及国家林业局关于推进林业碳汇交易工作的指导意见，按照《碳汇造林技术规定（试行）》规定进行碳汇造林。本项目拟在崇阳县的12个乡镇、1个国有林场及1个林管局组织开展碳汇造林活动，以增加当地森林覆盖率。本项目所在地地类为宜林荒山荒地或无林地，在未开展碳汇造林项目的情景下，本项目所在地将维持原来的荒山荒地或无林地的情景，此为本项目的基准线情景。

2. 项目活动概述

项目拟从 2014 年至 2017 年在崇阳县林业局所辖的 12 个乡镇集体林地及下属 1 个林场、1 个林管局的部分连续地块开展碳汇造林活动，造林树种主要是杉木、阔叶树（马褂木、酸枣、枫香等），所有树种均为本土物种，无外来入侵物种或转基因物种，项目总造林面积约 83078.8 亩，详见表 2-9。本项目不仅可以增加造林效益，同时还利于保护森林生物多样性，改善当地的自然环境和景观。此外，项目也可以推动当地经济发展，提高居民收入。通过相应的技术和措施，本项目预计在 30 年内使二氧化碳的排放量减少 2194168 吨，年均减少 73138 吨二氧化碳当量。

表 2-9　崇阳县碳汇造林情况

序号	乡镇	造林项目类型	造林面积（亩）			
			2014 年	2015 年	2016 年	2017 年
1	肖岭乡	1：造林补贴	1132	296	311.8	298.3
2	沙坪镇		249	/	106.3	667.5
3	石城镇		1785	/	1296	2826.4
4	天城镇		405	707.2	403.2	553.8
5	桂花泉镇		542	962.8	98.3	427.8
6	白霓镇		4329	175.1	142.8	3997.3
7	路口镇		2000	34	874.3	6157
8	港口乡	2：长防林	2737	1010.1	1108.7	5371.8
9	金塘镇		1807	427.7	338.1	6304.3
10	高枧乡		1048	1342.7	630	2093.9
11	青山镇		533	602.4	2431.4	2108.1
12	铜钟乡		244	453.8	352.4	698.1
13	古市林场		356	/	6918.1	2884.4
14	桂花林管局		4750	/	2138.6	3611.3
合计			21917	6011.8	17150	38000
总计			83078.8			

3. 项目采用的技术和措施

（1）项目采用的技术规程

为保证项目的顺利实施，本项目参考的规定及办法如下：《温室气体自愿减排交易管理暂行办法》（国家发展与改革委员会，发改气候〔2012〕1668号）；《碳汇造林技术规定（试行）》（国家林业局，办造字〔2010〕84号）；《营造林总体设计规程》（GB/T15782-2009）；《造林项目碳汇计量与监测指南》；《造林技术规程》（GB/T15776-2006）等。

（2）造林模式

根据立地类型和经营目的，按照生态优先，适地适树的原则划分造林模式。本碳汇造林项目共划分6类造林模式。具体见表2-10所示。

表2-10 项目的造林模式

年份	树种	造林方式	株行距	初植密度（株/亩）	整地规格（厘米×厘米×厘米）
2014年	白蜡、檫木、竹柳、栾木、枫香、马褂木、樟树、梓树、石楠、马尾松、水杉、酸枣、喜树、香椿	纯林	2米×3米	111	60×60×50
	杉木、柏木	纯林	2米×2米	167	50×50×40
	桂花、银杏、杨树、泡桐	纯林	3米×3米	74	60×60×50
2015年	杉木	纯林	2米×2米	167	50×50×40
	檫木、酸枣	纯林	2米×3米	111	60×60×50
2016年	樟树、檫木、马褂木、银杏、法桐、枫香、酸枣、喜树、苦楝、水杉、栾木、香椿	纯林	2米×3米	111	50×50×40
	马尾松、柏木	纯林	2米×1.5米	222	50×50×40
	杉木	纯林	2米×2米	167	50×50×40
	泡桐、意杨	纯林	4米×4米	42	50×50×40
2017年	杉木	纯林	2米×2米	167	50×50×40
	泡桐	纯林	3米×3米	74	50×50×40
	马褂木、梧桐、枫香、喜树、水杉、香椿	纯林	2米×3米	111	50×50×40

资料来源：《中国林业温室气体自愿减排项目设计文件》，中国清洁能源发展机制网。

（3）种源及育苗

良种壮苗是保证造林成功的基础，因此，本碳汇造林项目所选用树苗均为符合国家标准的Ⅰ、Ⅱ级优质壮苗，并且Ⅰ级苗使用率超过90％。本项目造林种苗，由县林业局统一组织有林木种苗生产经营许可证、林木种苗生产许可证的单位进行调配。苗木检查验收完成后，县林业局发布合格苗木的数量、质量、三证一签、地点、价格等信息，由各造林户自行到育苗单位及育苗地点订购，运输到造林栽植地点，完成栽植任务，并承担全部责任。不足的苗木由县林业局种苗站统一调拨供应。

4. 项目土地权属和核证减排量的权属

此项目造林林地属崇阳县林业局下属国有林场如湖北省国有崇阳县古市林场和乡镇集体所有，管理权和使用权归国有崇阳县古市林场和崇阳县所辖区乡镇集体所有。由于这些土地都是法定林业用地，权属清晰，项目地块亦不存在土地权属的争议。项目产生的减排量归湖北省国有崇阳县古市林场和崇阳县所辖乡镇集体所有。

本项目种植的林木最终收益归林地所有权者所有。具体利益由林场和乡镇集体按股权或每户人口分配给农民。本项目产生的核证减排量归项目业主所有。

5. 项目预估的碳汇量

项目碳汇量，等于本项目活动边界内各碳库中碳储量变化之和，减去项目边界内产生的温室气体排放的增加量。本项目进行过程中，均不考虑项目边界内灌木、枯死木、枯落物、土壤有机碳、收获的木产品等碳储量的变化，故基线碳汇量均为0。本项目所产生的减排量，等于项目碳汇量。计算公式如下：

$$\Delta C_{N,t} = \Delta C_{A,t} \tag{2.2}$$

式中，$\Delta C_{N,t}$＝第 t 年时的项目减排量（吨二氧化碳当量）

$\Delta C_{A,t}$＝第 t 年时的项目碳汇量（吨二氧化碳当量）

t＝1，2，3，t 项目活动开始后的年数（年）

项目减排量的计算见表2-11所示。

表 2-11 湖北省碳汇造林项目预估的碳汇量

单位：吨二氧化碳当量

年度	项目活动计入时间	基线碳汇量	项目碳汇量	项目年碳汇量	项目碳汇量累计
2014	第 1 年	0	714	714	714
2015	第 2 年	0	2842	2842	3556
2016	第 3 年	0	6944	6944	10500
2017	第 4 年	0	13094	13094	23594
2018	第 5 年	0	21024	21024	44618
2019	第 6 年	0	30276	30276	74894
2020	第 7 年	0	40346	40346	115240
2021	第 8 年	0	50766	50766	166006
2022	第 9 年	0	61146	61146	227152
2023	第 10 年	0	71185	71185	198337
2024	第 11 年	0	80672	80672	379009
2025	第 12 年	0	89468	89468	468477
2026	第 13 年	0	97494	97494	565971
2027	第 14 年	0	104718	104718	670689
2028	第 15 年	0	111143	111143	781832
2029	第 16 年	0	91611	91611	873443
2030	第 17 年	0	95425	95425	968868
2031	第 18 年	0	98730	98730	1067598
2032	第 19 年	0	101567	101567	1169165
2033	第 20 年	0	103982	103982	1273147
2034	第 21 年	0	106017	106017	1379164
2035	第 22 年	0	107712	107712	1486876
2036	第 23 年	0	109106	109106	1595982
2037	第 24 年	0	110231	110231	1706213
2038	第 25 年	0	111119	111119	1817332
2039	第 26 年	0	70844	70844	1888176
2040	第 27 年	0	73261	73261	1961437
2041	第 28 年	0	75524	75524	2036961
2042	第 29 年	0	77630	77630	2114591

续表

2043	第30年	0	79577	79577	2194168
合计	—	0	2194168	2194168	—
计入期年数	30				
年均碳汇量				73138	

由表2-11可看出，项目的运行期为2014年至2043年，项目的计入期为30年，在此期间，项目的碳汇量分别在第16年和第26年出现骤降，其余年份均呈现出逐年递增的趋势，说明森林的碳汇量随着树木林龄的增长而有所波动，并且在树木成长到中期及成熟期时，其产生的森林碳汇量达到峰值。

6. 项目产生的效益

实施本项目，最终将带来经济效益、社会效益及生态效益。在经济效益方面，实施本项目有利于加快发展湖北省的林业产业，从而使林农收入提高。碳汇造林和森林抚育都属于劳动密集型作业，造林和森林抚育活动可提供给当地居民就业机会，解决了当地富余劳动力就业的问题，从而提高当地群众的生活质量。就社会效益而言，本项目的实施，不仅有利于向爱护森林、合理开发利用森林的目标转变，还促使了许多以森林为主题的特色产业的诞生，为当地原先单靠采伐林木作为经济来源的林农提供了短期的其他经济收入，给予了林农致富的机遇，提高了林农的生活水平，改善了林农的精神状态。以森林为主题的特色产业的诞生，可以促进服务业、旅游业、商业的发展，从而能够为地区提供许多就业岗位，增加地区收入，促进地区的繁荣稳定。就生态效益而言，本项目选用乡土树种营造的森林将有助于生物多样性保护，森林面积的增加有助于加强对受威胁物种的保护。因此本项目将有助于保护当地生物多样性和生态系统完整性；另外，本项目在经营活动过程中的营林措施为不炼山、不全垦，土壤扰动面积低于10%，除小范围清除杂草，不破坏原有的灌木。故林地土壤及水土保持功能不会因本项目的实施而受到破坏，还会因为种植更多数量和种类的林木促进林下土壤养分循环及水土保持。

（三）广东省碳汇造林项目

1. 项目活动概述

森林的一个重要功能就是碳汇，为了增加碳汇，减缓气候变化的速度，就必须加大力度植树造林、保护林木、恢复森林植被。为积极配合我国应对气候变化的号召，广东省韶关市翁源县于2005年至2014年组织实施碳汇造林活动，造林规模共计181488亩，其中2005年造林112316亩，2008年造林49385亩，2011年造林10154亩，2014年造林9633亩，2009年造林6581亩。造林树种主要为马尾松、杉木和阔叶树等。实施该项目的目的，除了增加森林的碳汇、保护生物的多样性、改善当地生态环境和自然景观，还包括提高当地收入。此造林项目于2005年3月9日开始，计入期为2005年3月9日—2025年3月8日。在第一个20年计入期内，预计产生3442903吨二氧化碳当量减排量，年均减排约172145吨二氧化碳当量。

2. 项目采用的技术和规程

为了使项目更顺利地开展，采用以下技术标准或规程：《碳汇造林技术规定（试行）》（国家林业局，办造字［2010］84号）；《国家森林资源连续清查技术规定》（林资发［2004］25号）；《造林技术规程》（GB/T15776-2006）；《生态公益林建设技术规程》（GB/T18337.3）；《森林抚育规程》（GB/T15781-2009）等。

3. 项目的造林模式及树种选择

（1）造林模式

结合翁源县碳汇造林项目实施区域造林地立地条件以及造林经验，主要选用马尾松、杉木和阔叶树等，包括纯林和混交林，其中马尾松、杉木纯林按平均每亩196株进行植苗，阔叶混交林、松阔混交林、杉阔混交林和松杉混交林按平均每亩107株进行植苗。

（2）种源及育苗

苗木选用一年生无病虫害的一级壮苗。选取的必须是拥有生产经营许可证、植物检疫证书、质量检验合格证和种源地标签的苗木。为了减少长距离搬运苗木导致的碳泄漏发生，碳汇造林优先选择就地育苗或就近调苗。

4. 项目土地权属和核证减排量的权属

拟议造林项目林地所有权属集体和个人所有，林地使用权以及森林及林木使用权归项目实施机构广州市广碳碳排放开发投资有限公司所有。造林前土地均未达到有林地标准且为宜林荒山荒地。这些土地都是法定林业用地，权属清晰，项目地块亦不存在土地权属的争议。核证减排量所属权由广州市广碳碳排放开发投资有限公司持有。

5. 项目预估碳汇量

项目情景下，均不考虑项目边界内灌木、枯死木、枯落物、土壤有机碳等碳储量的变化，基线碳汇量均为0；又由于项目边界内火灾发生情况通常不能预测，火灾造成的项目边界内温室气体排放也不考虑，即温室气体排放量为0。只考虑项目边界内林木生物质碳储量的变化。第 t 年时，项目边界内所选碳库碳储量变化量的计算方法如公式 2.1 所示，计算得出在整个项目期内碳储量变化情况，即为项目预估碳汇量，结果如表 2-12 所示。

表 2-12　广东省碳汇造林项目预估的碳汇量

单位：吨二氧化碳当量

年份	项目碳汇量	项目累计碳汇量
2005.3.9—2006.3.8	—	—
2006.3.9—2007.3.8	—	—
2007.3.9—2008.3.8	5586	5586
2008.3.9—2009.3.8	16148	21734
2009.3.9—2010.3.8	27015	48749
2010.3.9—2011.3.8	47939	96688
2011.3.9—2012.3.8	80713	177401
2012.3.9—2013.3.8	107001	284402
2013.3.9—2014.3.8	137364	421766
2014.3.9—2015.3.8	176497	598263
2015.3.9—2016.3.8	200850	799113

续表

2016.3.9—2017.3.8	232174	1031287
2017.3.9—2018.3.8	255178	1286465
2018.3.9—2019.3.8	274417	1560882
2019.3.9—2020.3.8	297498	1858380
2020.3.9—2021.3.8	306456	2164836
2021.3.9—2022.3.8	312271	2477107
2022.3.9—2023.3.8	324456	2801563
2023.3.9—2024.3.8	321913	3123476
2024.3.9—2025.3.8	319427	3442903
合计	3442903	—

由表 2-12 可看出，本项目的计入期间为 2005 年 3 月 9 日至 2025 年 3 月 8 日，计入期为 20 年，在此期间项目产生的碳汇量大体呈现出先增后减的趋势，在林木生长到第 22 年时，产生的碳汇量达到最大值，为 324456 吨二氧化碳当量，此后产生的碳汇量随着林龄的增加而逐年递减，说明林木在中龄林时期产生的碳汇量比幼林时期显著增多。

6. 项目产生的效益

实施此项目，将不同程度地影响广东省的经济效益、社会和生态环境。在经济效益方面，本项目能够为社会带来大量短期工作岗位，比如从事种植、除草、抚育等工作。为了增加项目的收益，为广东省经济的发展出一份力，该项目还计划在计入期内创造长期工作岗位。此次造林项目需要的劳动力将大部分来自当地或周边农户；另外项目的实施直接为社会提供具有一定使用价值的木材产量、经济林产品等。社会效益体现在生态保护意识得以提升，随着项目的开展，当地组织相关碳汇造林会议及培训宣讲会，增强人们对林区造林和生态保护的意识；通过培训学习，有利于提升当地林业生产者的森林管护水平。生态效益表现在生态系统的完整性方面，本项目主要选用乡土树种营造森林，森林面积的增加有助于加强对受威胁物种的保护。至少 20 年不采伐林木的经营方式较传统经营方式更多地保留了项目区内林木的种类和数量，有助于更好地保护当地生物多样性和生态系统完整性。

二、非试点省市森林碳汇项目的实践

(一) 福建省碳汇造林项目

1. 项目活动概述

森林具有碳汇功能，植树造林、科学经营森林、保护和恢复森林植被，是增汇减排、减缓气候变化的重要途径。为积极响应我国林业应对气候变化的号召，福建省龙岩市永定县[①]于 2005 年至 2013 年组织实施碳汇造林，造林规模共计 52927 亩，其中 2005 年造林 20847 亩，2006 年造林 8408 亩，2008 年造林 4623 亩，2013 年造林 19049 亩。造林树种主要为马尾松、杉木、湿地松、乌桕和黄连木。该项目具有发挥造林增汇效益、保护森林生物多样性、改善当地生态环境和自然景观、增加群众收入等多重效益。此次造林项目计入期为 2005 年 3 月 8 日—2025 年 3 月 7 日。在 20 年计入期内，预计共产生 703765 吨二氧化碳当量温室气体减排量，年均减排量约为 35188 吨二氧化碳当量。

该项目对于推进当地林业应对气候变化具有重要意义，具体体现在：第一，通过造林活动吸收和固定二氧化碳，产生可测量、可报告、可核查的温室气体排放减排量，发挥碳汇造林项目的试验和示范作用；第二，增强项目区森林生态系统的碳汇功能，加快森林恢复进程，控制水土流失，保护生物多样性，减缓全球气候变暖趋势；第三，保护当地生态环境，促进地方经济社会的可持续发展。

2. 项目采用的技术和规程

为了保证项目的顺利实施，采用以下技术标准或规程：《温室气体自愿减排交易管理暂行办法》（国家发展与改革委员会，发改气候〔2012〕1668 号）；《碳汇造林技术规定（试行）》（国家林业局，办造字〔2010〕84 号）；《碳汇造林检查验收办法（试行）》（国家林业局，办造字〔2010〕84 号）；《国家森林资源连续清查技术规定》（林资发〔2004〕25

---

① 2014 年 12 月 13 日，撤销永定县，设立龙岩市永定区。

号);《森林资源规划设计调查技术规程》(GB/T26424-2010);《造林技术规程》(GB/T15776-2006);《造林作业设计规程》(LY/T1607-2003);《生态公益林建设技术规程》(GB/T18337.3);《森林抚育规程》(GB/T15781-2009)等。

3. 项目的造林模式及树种选择

(1) 造林模式

结合福建省永定县福碳碳汇造林项目实施区域造林地立地条件以及造林经验,主要选用马尾松、湿地松、杉木、乌桕和黄连木。马尾松纯林按平均每亩150株进行植苗,湿地松纯林按平均每亩120株进行植苗,杉木纯林按平均每亩150株和167株进行植苗,乌桕纯林按平均每亩90株进行植苗,黄连木纯林按平均每亩120株进行植苗,马尾松杉木混交林按平均每亩120株进行植苗,乌桕杉木混交林按平均每亩120株进行植苗,马尾松黄连木混交林按平均每亩120株进行植苗。

(2) 种源及育苗

苗木选用一年生无病虫害的一级壮苗。所有苗木必须具备生产经营许可证、植物检疫证书、质量检验合格证和种源地标签,禁止使用无证、来源不清、带病虫害的不合格苗上山造林。碳汇造林优先采用就地育苗或就近调苗,减少长距离运苗等活动造成的碳泄漏。

4. 项目土地权属和核证减排量的权属

此次造林项目林地所有权属国有、集体和个人所有,林地使用权以及森林及林木使用权归项目实施机构广州市广碳碳排放开发投资有限公司所有。造林前土地均未达到有林地标准且为宜林荒山荒地。这些土地都是法定林业用地,权属清晰,项目地块亦不存在土地权属的争议。核证减排量所属权由龙岩市永定区国碳碳汇开发有限公司和广州市国碳资产管理有限公司所有。

5. 项目预估碳汇量

根据项目造林作业设计确定项目各碳层在计入期内单位面积保留株数。由单木材积生长方程和碳储量计量模型,可计算得到项目边界内各造林树种在计入期内逐年的林木生物质碳储量及林木碳储量的年变化量。对于项目事前估计，由于无法预测项目边界内火灾发生的情况，因此不考虑森林火灾造成的项目边界内温室气体排放，故只考虑项目边界内林木生物质碳储量的变化。第 t 年时，项目边界内所选碳库碳储量变化量的计算方法如下：

$$\Delta C_{P,t} = \Delta C_{T,t} \tag{2-3}$$

式中：

$\Delta C_{P,t}$ 为第 t 年时，项目边界内所选碳库的碳储量变化量；

$\Delta C_{T,t}$ 为第 t 年时，项目边界内林木生物量碳储量的变化量；

计算得出在整个项目期内碳储量变化情况，即为项目预估碳汇量，结果见表 2-13 所示。

表 2-13　福建省碳汇造林项目预估的碳汇量

单位：吨二氧化碳当量

年份	项目碳汇量	项目累计碳汇量
2005.3.8—2006.3.7	—	—
2006.3.8—2007.3.7	—	—
2007.3.8—2008.3.7	1861	1861
2008.3.8—2009.3.7	3840	5701
2009.3.8—2010.3.7	6943	12644
2010.3.8—2011.3.7	11465	24109
2011.3.8—2012.3.7	18416	42525
2012.3.8—2013.3.7	23458	65983
2013.3.8—2014.3.7	28813	94796
2014.3.8—2015.3.7	34376	129172
2015.3.8—2016.3.7	39531	168703
2016.3.8—2017.3.7	44770	213473
2017.3.8—2018.3.7	49013	262486
2018.3.8—2019.3.7	53177	315663
2019.3.8—2020.3.7	58691	374354

续表

2020.3.8—2021.3.7	60922	435276
2021.3.8—2022.3.7	63897	499173
2022.3.8—2023.3.7	66569	565742
2023.3.8—2024.3.7	68379	634121
2024.3.8—2025.3.7	69644	703765
合计	703765	—

由表 2-13 可看出，本项目的计入期间为 2005 年 3 月 8 日起至 2025 年 3 月 7 日止，计入期为 20 年，在此期间项目产生的碳汇量大体呈现出逐年递增的趋势，并在项目的结束期即林木生长到中龄林时产生最大的碳汇量为 69644 吨二氧化碳当量。此外，项目在计入期内累计产生碳汇量为 703765 吨二氧化碳当量，这在一定程度上有助于改善福建省的生态环境。

6. 项目产生的效益

此项目的实施对福建省的经济、社会和生态环境均产生了不同程度的影响。经济效益一方面表现为增加了林农的收入，拓宽了村民的就业途径，获得了全部木材、薪柴和林副产品收益；另一方面项目的实施对农业产业的结构调整也有促进作用，有利于壮大地方林业经济，最终形成产业发展与生态建设相互促进的新格局。社会效益表现为提高了对森林多重效益和碳汇的认识，该项目带来了森林具有多重效益、能产生碳汇等新理念，丰富了传统生态效益的内容；另一方面增加了地区凝聚力、提高了林农的生产经营技能，项目通过当地林业局结合生产季节和工序对林农进行系统培训，使他们掌握项目种苗选择、整地、栽植、抚育和森林病虫害综合治理技术和技能。生态效益一方面表现在增强了生物多样性和生态系统完整性，本项目采用本土树种进行植被恢复将有助于生物多样性的保护，促进野生动物的繁育，改善其生存环境；另一方面，项目的实施对于水土流失的控制、区域环境的改善也起到一定的作用。通过本项目的实施，不仅能提高该地区的森林覆盖率，还能够使土地退化状况得到缓解，从而有效控制该地区严重的水土流失状况；另外，新增的森林植被不仅可以涵养水源、保持水土，还能改善当地的生态环境，缓解和减少滑坡、干旱和山洪等自然灾害。

（二）黑龙江省碳汇造林项目

1. 项目活动概述

黑龙江省是中国森林资源最丰富的省份之一。黑龙江省域内森林是欧亚大陆北方森林带的重要组成部分，黑龙江省北部为寒温带针叶林地带性植被，东南部为温带湿润针阔叶混交林地带性植被，西部是温带草原区域。巨大的森林面积和森林蓄积决定了黑龙江森林碳汇在全国森林碳汇作用中的重要地位。松岭林业局碳汇造林项目旨在对松岭林业局下辖的绿水林场、古源林场、那源林场、壮志林场、新天林场和大扬气林场进行荒山荒地人工植苗造林及人工直播造林。本项目所在的松岭林业局隶属于黑龙江省大兴安岭地区松岭区，位于大兴安岭林区东南部，大兴安岭主脉伊勒呼里山南麓。本项目实施之前，辖区尚存的荒山荒地和岩石裸露地上的植被在自然状态下恢复极为困难，给林区生态平衡造成隐患。这不仅对当地的生态环境产生了极为不利的影响，同时严重地影响了森林的碳汇功能，对气候变化造成不利的影响。通过本项目的实施，在荒山荒地和岩石裸露地上进行造林，维护生态平衡，增强林区的可持续生产能力；增加当地群众收入；增加森林面积和森林蓄积量，增强森林碳汇能力。

通过本项目的实施，在 20 年的计入期中（2006 年 5 月 1 日—2026 年 4 月 30 日），共可以增加碳汇 216705 吨二氧化碳当量，年均增加碳汇 10835 吨二氧化碳当量。

2. 项目采用的技术和规程

为了保证项目的顺利实施，采用以下技术标准或规程：《温室气体自愿减排交易管理暂行办法》（发改气候［2012］1668 号）；《碳汇造林项目方法学》（AR-CM-001-V01）；《碳汇造林技术规程》（LY/T 2252-2014）；《碳汇造林检查验收办法（试行）》（国家林业局，办造字［2010］84 号）；《大兴安岭林业集团公司天然林资源保护工程二期实施方案》；《森林资源规划设计调查技术规程》（GB/T 26424-2010）；《造林技术规程》

（GB/T15776-2006）；《生态公益林建设规划设计通则》（GB/T18337.2-2001）；《生态公益林建设技术规程》（GB/T18337.3-2001）；《造林作业设计规程》（LY/T1607-2003）；《森林抚育规程》（GB/T15781-2009）等。

3. 项目的造林模式及树种选择

本项目计划在荒山荒地上植苗造林2155.14公顷，采用人工植苗的方式，选择生产潜力大、生物量值高、经济价格显著的乡土树种兴安落叶松实施。造林设计密度为2000—2500株/公顷，株行距为2.0米×2.0米。

4. 项目土地权属和核证减排量的权属

本项目林地所有权属项目业主暨申请本项目备案的企业法人，林地使用权与林上收益归该单位所有。这些土地都是法定林业用地，权属清晰，项目地块亦不存在土地权属的争议。本项目产生的核证碳汇量归项目业主暨申请本项目备案的企业法人所有。

5. 项目预估碳汇量

造林碳汇项目活动的减排量等于项目碳汇量减去基线碳汇量，再减去泄漏量，本项目中不考虑农业活动的转移、燃油工具的化石燃料燃烧、施用肥料导致的温室气体排放等，故本项目的碳泄漏视为0。此外本项目在荒山荒地上进行补种撒播等造林活动，基于项目业主提供的调查报告，在本项目实施前，本项目涉及的地块上的林木数量为零。因而，本项目的基线碳汇量为零。即：

$$\Delta C_{N,t} = \Delta C_{A,t} \qquad\qquad (2-4)$$

式中：$\Delta C_{N,t}$＝第t年时的项目减排量（吨二氧化碳当量）

$\Delta C_{A,t}$＝第t年时的项目碳汇量（吨二氧化碳当量）

t＝1，2，3，…t项目活动开始后的年数（年）

表2-14 黑龙江省碳汇造林项目预估的碳汇量

单位：吨二氧化碳当量

年份	项目碳汇量	减排量
2006.5.1—2006.12.31	86	86

续表

2007.1.1—2007.12.31	1765	1765
2008.1.1—2008.12.31	304	304
2009.1.1—2009.12.31	5523	5523
2010.1.1—2010.12.31	10634	10634
2011.1.1—2011.12.31	6760	6760
2012.1.1—2012.12.31	5769	5769
2013.1.1—2013.12.31	4993	4993
2014.1.1—2014.12.31	5687	5687
2015.1.1—2015.12.31	6584	6584
2016.1.1—2016.12.31	7620	7620
2017.1.1—2017.12.31	8817	8817
2018.1.1—2018.12.31	10197	10197
2019.1.1—2019.12.31	11787	11787
2020.1.1—2020.12.31	13616	13616
2021.1.1—2021.12.31	15715	15715
2022.1.1—2022.12.31	18119	18119
2023.1.1—2023.12.31	20864	20864
2024.1.1—2024.12.31	23986	23986
2025.1.1—2025.12.31	27521	27521
2026.1.1—2026.4.30	9493	9493
合计	215842	215842
计入期内年均值	10835	10835

由表 2-14 可看出，本项目的计入期间为 2006 年 5 月 1 日至 2026 年 4 月 30 日，计入期为 20 年。在此期间项目产生的碳汇量总体上表现出逐年递增的趋势，在林木生长到第 19 年时，即生长到成熟林时，产生的碳汇量达到最大值，为 27521 吨二氧化碳当量，此外，在项目的计入期内，林木产生的碳汇量的平均值为 10835 吨二氧化碳当量。此项目的实施在一定程度上缓解了温室气体的排放，进而改善了当地的生态环境。

7. 项目产生的效益

本项目的实施旨在通过多种造林方式，对黑龙江省大兴安岭地区的经济、社会和生态环境产生一定的促进作用。在经济效益方面，本项目的实施提高了当地居民的收入水平，大兴安岭地区城镇居民人均可支配收入仅为 18941 元，远低于全国平均水平和黑龙江省平均水平，林区还存在着社会保障不完善的问题。本项目的实施，可以直接为当地创造工作岗位，并持续地产生碳收益，补充造林活动的资金缺口，此外，丰富的森林形态有利于增加森林副产品的产出，从而增加林场职工的收入。在社会效益方面，本项目的实施增加了当地的森林面积和森林蓄积量，增强了森林碳汇能力，提高了森林生长质量，提高了森林生物量和碳储量。经过未来持续的努力，本项目将显著增加大兴安岭地区森林碳汇能力，有助于降低大气中的二氧化碳的浓度。在生态效益方面，大兴安岭是我国重点国有林区，是国家生态安全重要保障区，每年仅制氧纳碳、涵养水源、滞尘和杀菌等生态服务价值就达 1940 亿元。森林面积蓄积的增加能减少地表径流量、降低径流速度，使得地表水和地下水资源不断增加，林地土壤的蓄水量的增加对缓解全区域河流洪涝灾害及改进水资源有效补给起到不可忽视的作用。

(三) 四川省碳汇造林项目

1. 项目活动概述

2004 年，在全球著名的财富 500 强企业 3M 公司的资助下，保护国际、大自然保护协会和国家林业局以保护生物多样性、改善人类生存环境为宗旨，在中国西南山地启动了森林多重性效益项目。项目旨在通过天然植被的恢复，探索国际二氧化碳排放权交易市场的融资机制，实现森林生态系统的多重服务功能。运用气候、社区与生物多样性标准开发和示范碳汇项目，在缓解全球气候变化的同时，保护关键生态保护区域，并努力提高当地社区生计，推动我国林业持续、快速、协调、健康发展。

该项目位于全球生物多样性热点地区之一的中国西南山地，规划在四川省的理县、茂县、北川县、青川县、平武县 5 个县的 21 个乡镇 28 个村实施人工造林 2251.8 公顷。项目建成后，在 20 年计入期内预计可实现减排量 460603 吨二氧化碳当量，年均 23030 吨。此项目的实施和运行最终达到以下目的：第一，能够恢复具有多重效益的森林植被，增强从大气中吸收二氧化碳的能力，减缓气候变化；第二，提高森林水土保持能力，改善区域生态环境；第三，提高保护区周边森林生态系统的连通性，促进生物多样性保护；第四，增加当地村民收入，缓解贫困压力。

2. 项目采用的技术和规程

为了保证项目的顺利实施，采用以下技术标准或规程：《国家造林技术规程》（GB/T 15776）；《国家生态公益林建设标准》（GB/T 18337.1）；《造林作业设计规程》（LY/T 1607-2003）；《水土保持综合治理技术规范》（GB/T 16453.1-16453.6）；《森林抚育规程》（GB/T 15781）；《林木种子质量分级》（GB 7908）；《主要造林树种苗木质量分级》（GB 6000）；《育苗技术规程》（GB/T 6001）；《容器育苗技术》（LY 1000）等。

3. 项目的造林模式及树种选择

项目所用的苗木均为就地育苗，育苗所需种子采自当地相似立地条件的母树或者当地采种基地。所有种子均要通过认证、质量检验并拥有合格标签。每一批种子均要有质量证书以说明其种子来源和质量等级。种苗的质量认证依据国标进行（GB 6000-1999），所有种苗至少达到该质量标准 I 级和标准 II 级。

侧柏、岷江柏、油松、马尾松和落叶松将采用营养袋育苗，此种育苗技术是将含有 20% 有机土的土壤装在塑料袋（直径 5 厘米、长度 15 厘米）内进行育苗。这一技术保证了种植初期的生长条件，因此会提高存活率并有利于早期生长。部分岷江柏将采用大苗移植；麻栎将采用点播方式，即用麻栎种子直接播种造林；四川杨采用扦插苗。

4. 项目土地权属和核证减排量的权属

此项目造林林地属四川省大渡河市的林场和乡镇集体所有，管理权和使用权归大渡河造林局所在辖区乡镇集体所有。这些土地都是法定林业用地，权属清晰，项目地块亦不存在土地权属的争议。项目产生的减排量归四川省大渡河县镇林场和乡镇集体所有。

5. 项目预估碳汇量

造林碳汇项目活动的减排量等于项目碳汇量减去基线碳汇量，再减去泄漏量，根据公式（2.4）可得本项目产生的预估碳汇量，如表 2 - 15 所示。

由表 2 - 15 可看出，本项目的计入期间为 2007 年至 2026 年，计入期为 20 年，在此期间项目产生的碳汇量呈现出先增后减的趋势，在林木生长到 2017 年，即林木生长到中龄林阶段，产生的碳汇量达到最大值，为 50263 吨二氧化碳当量，之后，随着林龄的逐年递增产生的碳汇量呈现出逐年递减的趋势。项目在实施阶段共产生碳汇量 600506 吨二氧化碳当量，这在一定程度上能够缓解四川省大渡河市的温室气体排放，进而改善当地的生态环境。

表 2 - 15　四川省碳汇造林项目预估的碳汇量

单位：吨二氧化碳当量

年份	基线碳汇量	项目碳汇量	项目碳汇量累计
2007	0	1496	1496
2008	0	6155	7651
2009	0	14174	21825
2010	0	21529	43354
2011	0	27627	70981
2012	0	32847	103828
2013	0	37341	141169
2014	0	41227	182396
2015	0	44613	227009
2016	0	47599	274608
2017	0	50263	324871
2018	0	30225	355096
2019	0	28956	384052
2020	0	43874	427926

续表

2021	0	45856	473782
2022	0	18838	492620
2023	0	17895	510515
2024	0	13367	523882
2025	0	38603	562485
2026	0	38021	600506
合计		600506	—

6. 项目产生的效益

本项目主要带来以下几方面的效益：第一，经济效益。社区村民通过参与项目实施中的造林和后续管护，既可以获得劳务收入，又可以获得碳汇和木材收益；此外，本项目还为当地或周边农户创造了 110.5 万个短期工作机会，这些工作机会来源于栽植、抚育和间伐等项目活动，项目在计入期内还创造了数十个长期工作机会。第二，社会效益。项目通过参与式方法让干部、技术人员走进社区、贴近群众，充分听取社区村民的意见；运用参与式工具让社区村民广泛参与项目的规划和决策，从而增强了村民的自信心和参与意识；此外，项目通过社区会议、技术培训、集中施工等形式将分散生产经营的农户组织在一起交流和互相学习，从而增强了社区的凝聚力。第三，生态效益。本项目采用本土树种进行植被恢复将有助于生物多样性保护，不仅能为野生动物提供廊道地带，促进野生动物的繁育，而且还能增加受威胁物种的栖息地面积，改善其生存环境；与此同时，项目也为当地社区创造了收入来源，这将有助于减少当地社区在保护区内进行的偷猎、薪柴采集、非法砍伐和非木材林产品采集等活动，从而降低对生物多样性的威胁。

第五节　我国森林碳汇量及碳汇经济价值的测算

有学者对中国森林碳吸收情况进行精确计算后发现，中国森林为大气碳净吸收汇。全国第八次森林资源清查发现目前我国森林覆盖率为21.63％。本节将根据森林覆盖率指标间接测算出近年来我国的森林碳汇总量及其价值，并得出我国森林碳汇总量增长潜力巨大的结论。

一、森林碳汇量测算

（一）模型选择

因为相邻两时期森林碳储量的变化量就是森林碳汇量，所以，要想计算森林碳汇量，就必须把相邻两个时期森林碳储量计算出来。碳储量可通过多种方法计算，目前常用的有：涡旋相关法、生物量清单法、生物量法、涡度协方差法、蓄积量法以及林业局技术标准等等。但是，使用生物量清单法、生物量法以及林业局技术标准等计算碳储量的时候，因为不仅需要获得像树木各器官平均含碳量、森林植被碳密度以及土壤含碳量等相关的详细数据，而且实施过程非常困难，除此之外，还要通过相当复杂的计算才能够得出结果。涡旋相关法和涡度协方差法应用难度较大。利用蓄积量法计算碳储量的方法得到很多学者认同，利用该方法计算碳储量的数据方便取得，计算简单。目前为止森林碳储量计算仍然没能探讨出统一的方式方法，这也就导致各种计算碳储量的方法基本上都要确定相关的系数，偏差也就自然存在，因此只能大致的进行估算。但考虑到大多数的数据获取的方式方法和难易程度的适用性，因此本书计算我国森林碳储量，采用的是蓄积量法。

现在常用的计算方法为：

林木碳储量＝森林蓄积量×生物量扩大系数×容积密度×含碳率。

其表达式为：

$$C_f = V_f \times \delta \times \rho \times \gamma \tag{2-5}$$

林下植物碳储量＝0.195×林木碳储量 $\tag{2-6}$

林地碳储量＝1.244×林木碳储量 $\tag{2-7}$

森林碳储量C＝林木碳储量＋林下植物碳储量＋林地碳储量 $\tag{2-8}$

联立（3.5）（3.6）（3.7）（3.8）得到：

森林碳储量 $C_t = V_f \times \delta \times \rho \times \gamma + 0.195 \, (V_f \times \delta \times \rho \times \gamma) + 1.244 \, (V_f \times \delta \times \rho \times \gamma)$

$$(2-9)$$

上式中，V_f 为森林蓄积量；δ 为生物量扩大系数；ρ 为容积密度；γ 代表含碳率。

由此，森林碳汇量 $\triangle C_t = C_t - C_{t-1}$ $\quad\quad\quad (2-10)$

（二）数据说明

本书根据公式 2-5 和 2-10，以及历年的森林蓄积量来测算我国近年来的森林碳储量，在此基础上估算森林碳汇量。

本书在进行森林碳汇量测算时，使用的是第六至八次全国森林资源清查资料和《中国林业统计年鉴》统计数据。由于每隔五年进行一次全国森林资源清查，所以为了获取每年的森林碳储量的相关数据，就要通过相邻年份的森林碳储量的变化来计算出森林碳汇量，而且为了使得实际情况的分析利用更加便捷，本书假设每个森林资源的清查期，森林碳储量以相同增长速度变动。

（三）结果分析

根据公式 2-9 和 2-10 以及所选取的变量数据，可得 2002—2015 年的森林碳储量，进一步算出森林碳汇量，具体结果如表 2-16 所示。

表 2-16　全国历年来森林碳储量

年份	C_f（万立方米）	C_t（万吨）
2002	573501.6667	1398770.565
2003	593688.9254	1448007.289
2004	591652.6755	1443040.876
2005	603663.2248	1472334.605
2006	615917.5883	1502222.998
2007	628420.7153	1532718.125
2008	641177.6558	1563832.303
2009	651738.171	1589589.399
2010	668553.0158	1630600.806

续表

2011	685801.6836	1672670.306
2012	703495.3671	1715825.2
2013	719021.617	1753693.724
2014	735487.212	1793853.31
2015	752329.869	1834932.551

数据来源：第六至八次全国森林资源清查资料和《中国林业统计年鉴》。

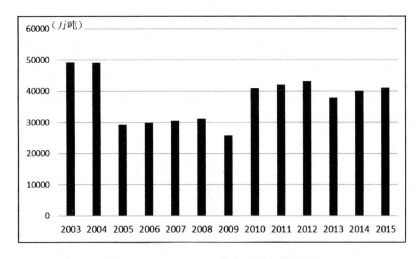

图 2-6　2003—2015 年全国森林碳汇量

根据表 2-16 可看出，我国森林碳储量随着森林蓄积量的逐年增长而呈现出稳步增加的趋势，这为森林碳汇交易提供了有利的前提条件，从而助推森林碳汇交易进程。截至 2015 年末，全国森林碳储量达到 183.49 亿吨，较 2002 年增长了 31.18%，由此看出，近十余年来我国加强了对林业生产的保护力度，国家越来越重视森林在吸碳释氧方面所独具的强大功能，这不仅可以改善恶劣的生态环境，促进生物多样性的保护，而且有益于提高林农的经济收入，改善其生活质量。

由图 2-6 可知，2003—2004 年的年均森林固碳量基本保持在 4.9 亿吨左右；2005—2009 年的年均森林固碳量有所下降，基本维持在 2.9 亿吨左右，这与我国经济的高速发展，注重由重工业带动经济发展而忽视林业的发展不无关系。从实施新一轮的集体林权制度改革后的第二年开始，我国的森林碳储量大体呈现出逐年增长的趋势，截至 2015 年，森林碳储量达到 4.1 亿吨，与林改初期的 2008 年相比，增长了 32.03%，增长幅度不可谓不大。由此可看出，国家于 2008 年提出的用生态经济思想去谋划林业产业，效果已经显现，森林固碳量呈现出逐年递增的趋势。

二、森林碳汇经济价值测算

由于森林碳汇交易才发展不久，正处于初始阶段，森林碳汇交易需求严重不足，所以直到现在，还没有一个统一的交易价格。按照近年来几笔已成交的森林碳汇交易及交易中的价格标准，本书建立了一个森林碳汇交易价格表，如表 3 - 16 所示。

表 2 - 17　森林碳汇交易价格

时间	价格	说明
2012 年	大于 10 美元/吨（58.13 元/吨）	国家发改委审核 CDM 项目的条件
2013 年 1 月	大于 5 欧元/吨（38.31 元/吨）	国际投资或投机商的森林碳汇交易止损点
2013 年 6 月	30 元/吨	全国最大国有林区首笔森林碳汇交易
2013 年 6 月	60 元/吨	云南省第一笔森林碳汇交易
2014 年 10 月	30 元/吨	国内首例农户森林经营碳汇交易
2015 年 6 月	36 元/吨	北京市顺义区碳汇造林一期项目成交
2016 年 1 月	32 元/吨	北京市森林碳汇交易

数据来源：相关文献整理而得

由表 2 - 17 的数据可知，2011 年至 2016 年我国的这八项森林碳汇交易的价格在 30—60 元/吨。但张颖等人研究认为：我国森林碳汇交易的最优价格在 10.11—15.17 美元/吨，按 2017 年第二季度人民币兑美元平均汇率 6.8831 计算，我国森林碳汇最优价格为 69.59—104.42 元/吨。参照这一最优价格标准，本书在计算我国森林碳汇经济价值时分别按 30 元/

吨、60 元/吨、90 元/吨、200 元/吨的价格进行测算。（见表 2 - 18）

表 2 - 18 2003—2015 年我国森林碳汇经济价值

时间	森林碳汇量（万吨）	森林碳汇经济价值（万元）			
		单价=30 元/吨	单价=60 元/吨	单价=90 元/吨	单价=200 元/吨
2003 年	49236.72	1 477 101.61	2 954 203.2	4 431 304.8	9 847 344
2004 年	49 166.41	1 474 992.30	2 949 984.6	4 424 976.9	9 833 282
2005 年	29 293.73	878 811.89	1 757 623.79	2 636 435.68	5 858 745.96
2006 年	29 888.39	896 651.77	1 793 303.55	2 689 955.32	5 977 678.5
2007 年	30 495.13	914 853.81	1 829 707.61	2 744 561.42	6 099 025.37
2008 年	31 114.18	933 425.34	1 866 850.68	2 800 276.01	6 222 835.59
2009 年	25 757.10	772 712.89	1 545 425.79	2 318 138.68	5 151 419.3
2010 年	41 011.41	1 230 342.20	2 460 684.39	3 691 026.59	8 202 281.3
2011 年	42 069.50	1 262 085.02	2 524 170.05	3 786 255.07	8 413 900.16
2012 年	43 154.89	1 294 646.82	2 589 293.63	3 883 940.45	8 630 978.78
2013 年	37 868.52	1 136 055.71	2 272 111.42	3 408 167.13	7 573 704.72
2014 年	40 159.59	1 204 787.59	2 409 575.18	3 614 362.77	8 031 917.26
2015 年	41 079.24	1232377.22	2 464 754.45	3 697 131.67	8 215 848.16

根据表 2 - 18 可看出，我国的森林碳汇经济价值基本上呈现出在波动中缓慢上升的趋势，分别以价格 30 元/吨、60 元/吨、90 元/吨和 200 元/吨计算，我国 2015 年的森林碳汇价值分别约为 123.24 亿元、246.48 亿元、369.71 亿元和 821.58 亿元，分别占 2015 年林业投资中自筹资金的 7.56％、15.13％、22.69％和 50.43％。虽然目前森林碳汇交易还处于初步阶段，但毫无疑问的是，随着碳市场的不断发展，越来越多的行业都将加大对森林碳汇的需求。为了取得更多的发展林木产业的投资，达到缓解国家对林业投资的巨大资金预算压力的目的，提高森林碳汇交易价格、增加森林碳汇交易收益在当前显得尤为迫切。

第三章 集体林权改革与森林碳汇
建设协调发展的理论分析

集体林权制度改革与森林碳汇交易机制建设均以扩大森林面积和保护森林生态为手段,以充分发挥森林的经济效应与生态效益为目标。两项政策在发展过程中紧密相关。森林碳汇交易机制是推进集体林权改革的重要动力,集体林权改革是森林碳汇交易机制建立的基础和前提。在森林碳汇交易机制建设与集体林权制度改革协同发展过程中,需要明确森林碳汇机制设计与集体林权制度改革设计之间的基本理论关联,厘清共同影响因素,挖掘相互关联机制,以此作为林业政策制定和调整的理论依据。

本章首先回顾了与本课题相关的基础理论,重点包括外部性理论、碳市场理论及绿色发展理论,借助这些基础理论,强调了森林碳汇建立的必要性、可行性及在可持续发展中的重要性;而后考察了森林碳汇的需求和供给的影响因素和制约条件,重点在轮伐期模型的基础上考察了林业供给主体进行碳汇供给的经济条件,在此基础上建立可计算一般均衡模型测算政府的最优碳汇补贴额;最后深入挖掘了集体林权制度改革与森林碳汇交易机制建设之间的协调发展的理论价值与关联机制。集体林权制度改革是森林碳汇交易机制建立的基础和前提,而森林碳汇交易机制为集体林权制度改革提供了市场化的生态补偿机制。在二者协调发展中应将重点放在政策制定、金融互助、提升经营管理水平等层面。

第一节　基础理论

一、外部性理论

外部性理论是解析环境治理问题的基础理论之一，众多经济学家对外部性概念进行了阐述，主要可分为两类：一类如萨缪尔森（Paul A. Samuelson）从外部性产生主体进行了解析，"外部性是指那些生产或消费对其他团体强征了不可补偿的成本或给予了无需补偿的收益的情形。"[①] 但是另外一类定义，则主要关注的是外部性接受的主体，例如兰德尔（Randall）认为"当一个行动的某些效益或成本不在决策者的考虑范围内的时候所产生的一些低效率现象；也就是某些效益被给予，或某些成本被强加给没有参加这一决策的人"。[②] 两类定义本质一致，仅是考察主体不同而已。综合上述两类定义，笔者认为，外部性是经济主体间经济行为与收益之间的不对等的情况，如经济主体 A 的经济行为与经济主体 B 的经济收益之间具有正向或者负向的影响，但这一影响却没有通过市场交易得以平衡，致使二者的收益受到影响。以林木种植为例，种树的经济主体获取到的仅是树木的砍伐收益和经济收益，而十年树木得到的综合影响是多样的，如净化空气、加固土壤、防风、维持生物多样化等等，这些影响会对另一些经济主体带来显著的正效益，如人们可以去森林呼吸新鲜空气，而林业种植者并未因此得到任何经济补偿，这种外部性为正的外部性。以工业企业为例，工业企业利用各种能源进行工业生产过程中产生了大量的二氧化碳等温室气体，这些温室气体对人类生活产生了巨大的不利影响，工业企业并未对自己的排放支付任何费用，这类外部性为负的外部性。

外部性的存在是导致市场失灵与效率低下的重要原因之一。由于外部

[①]　参见蒋舟：《外部性理论研究现状评述》，《决策与信息（中旬刊）》2013 年第 5 期。

[②]　参见胡元聪：《基于经济学视野中的外部性及其解决方法分析》，《现代法学》2007 年第11 期。

性影响，导致边际私人成本和边际社会成本之间以及边际私人收益和边际社会收益之间，都将会发生不同程度的偏离，致使私人供给总量与社会需求总量之间并不一致，市场配置失效。边际私人成本与边际私人收益是指个别经济主体增加一单位生产要素所需要增加的成本和可获取的收益。边际社会成本和边际社会收益是指从社会总体看平均增加一单位生产要素所产生的成本及可获取的收益。一般而言，在无外部性问题影响时，边际私人成本与收益，与其对应的边际社会成本与收益之间完全相等；当存在正的外部性时，这样就会导致外部性产生主体的边际私人成本将会超过边际社会成本，与此同时，边际私人收益也将会小于边际社会收益，私人供给量将会减少，以至于不能满足社会总需求量。相反，存在负外部性，会使得外部性产生主体的边际私人成本比边际社会成本更低，同样的边际私人收益也将会超过边际社会收益，私人供给量将会增加，以至于超过社会总需求量。显然，外部性的存在将导致市场无法正常发挥其资源配置的功能，社会总供给量与总需求量严重失衡。大量经济学家对治理外部性问题进行了深入的研究，目前主要治理方案被分为以下三类：

（一）庇古税方案

由庇古（Arthur Cecil Pigou）教授提出的庇古税方案是解决外部性的重要方案之一。庇古师承马歇尔（Alfred Marshall），在马歇尔外部经济的思想基础上，庇古提出了以庇古税解决外部不经济问题。庇古教授认为，当私人活动对他人产生了负的外部性时，造成边际私人成本过低，社会总供给旺盛，应当用对私人征税的方式来抵消边际社会成本与边际私人成本之差，使得私人供给成本上升，供给量下降，直至社会供给总量等于社会总需求量。相反，当私人经济活动对他人产生了正的外部效应时，边际私人成本过高，私人产品供给意愿下降，使得社会总供给无法满足总需求，而此时政府需要采取补贴政策，以弥补边际私人收益低于边际社会收益的部分，进而调动私人供给意愿，增加社会总供给，以满足社会总需求。按照庇古税的解决方案，森林种植者应该得到政府补贴，以弥补其边际私人收益低于边际社会收益的部分；而工业排放企业应该缴纳碳排放税，以提高其边际私人成本并使之等于边际社会成本。

（二）一体化方案

企业合并方案，即一体化方案，主要是通过将产生外部效应的企业与受外部效应影响的企业进行合并，这样原本属于两个企业或者多个企业之间的外部问题统一到同一个企业内部，双方企业的边际社会成本相加之和成为同一企业的内部成本，进而抵消了单一企业边际成本偏离边际社会成本的问题，纠正社会总需求与总供给失衡问题。一体化方案对于解决外部影响数量较小且一体化成本较低的外部性问题具有一定的作用，但现实中，外部效应作用的对象不是一两个企业，如河流污染问题影响的是整个河流下游的企业，将所有企业一体化的实际可操作性不强。同样在企业一体化过程中的交易成本如果导致一体化后的企业边际成本高于边际社会成本，此时一体化行为将不被实施。

（三）市场化方案

科斯（Ronald H. Coase）教授提出的市场化方案，即所谓科斯定理。科斯教授在反驳庇古方案的过程中形成了著名的科斯定理。针对庇古理论，科斯教授提出了以下质疑：首先是外部效应的影响往往不是单向的，很多是双向的，而即使是单向影响，也涉及影响的时效性问题；其次是在交易费用为零的前提下，当产权清晰时，市场交易和自由协商能够达到资源的合理配置，无需政府实施庇古税方案；再次在交易费用不为零时，当政府干预的成本过高，庇古税方案也不是解决外部化的最佳方案。在科斯定理产生之前，庇古教授的政府干预方案一直占据外部性理论的支配地位。而作为自由市场经济的支持者，科斯教授明确了产权和交易费用对国家经济运行的影响及作用，有力解析了市场失灵与政府干预之间的关系，市场失灵并不是政府干预的前提，而政府干预也不是解决市场失灵的唯一方案。尽管科斯定理也存在一些局限，如在市场化发展程度不高的发展中国家，科斯定理并不能完全适用。不能忽略自由协商的交易费用问题，而在法治不健全、信用不完善的国家进行自由协商的交易费用将超过边际社会成本。作为自由协商的前提是产权可以界定，但如环境污染在内的很多外部性情况都存在很难界定产权或者界定成本过高问题。尽管如此，凭借其成果的理论价值与实践意义，科斯当之无愧地成为制度经济学的奠基人。

二、碳排放权交易理论

碳市场理论是科斯定理在实践中的具体应用。目前，大气中的温室气体浓度已经到了至少近80万年来史无前例的高位水平，二氧化碳浓度逐年增强，根据世界气象组织（WMO）全球大气监视网（GAW）计划观测结果的最新分析表明，2014年全球范围内二氧化碳平均百万分比浓度达到新高，约为397.7ppm，该值为工业化前水平的143%。过去的十几年间，二氧化碳的浓度增长速度最快，2013至2014年大气中二氧化碳的增量与过去10年的平均值接近。

碳排放权交易制度，源于1997年由全球100多个国家签署的《京都议定书》。在《京都议定书》中，明确规定了附件Ⅰ中的发达国家的强制性减排任务与附件Ⅱ中发展中国家的自愿性减排责任，为了帮助缔约国履约，《京都议定书》中规定了排放贸易、联合履约和清洁发展机制三种履约机制，其中，排放贸易是在发达国家之间进行的合作机制，交易的主要对象来自于《京都议定书》中所分配的减排指标；联合履约所针对的是发达国家共同实施的减排或碳汇项目，产生的减排量由双方共同承担；清洁发展机制针对的是发展中国家通过接受发达国家提供的资金技术而实施的减排项目，最终将获得的碳信用额度抵消投资方的减排量，另外，这类项目的实施对于发展中国家的可持续发展具有促进作用。通过以上三种机制的灵活使用，对于那些减排边际成本低的国家通过市场与减排成本高的国家进行减排量的交易，最终达到各国的减排成本相等。通过这种方式，《京都议定书》中附件Ⅰ的国家不仅可以在国内进行温室气体的减排活动，还可以通过购买国外的碳排放权达到温室气体减排的目标，这样碳排放权就具有了"商品化"的特性，因此，通过碳排放权买卖，达到市场资源的优化配置，这样碳市场应运而生。

碳排放权交易这一体系的核心要素包括：配额总量；覆盖范围；分配制度；排放量的监测、报告与核查（MRV）；注册登记系统；交易系统；遵约机制（信息披露机制、市场监管和调节）等八大要素，除《碳排放权交易管理暂行办法》的相关规定，如碳排放权交易管理的实施国家和省两级管理制度外，其主要制度设计内容包括：

（一）总量设定

碳排放总量是国家或地区政府在考虑到经济发展的需要以及环境容量的基础上为碳排放权交易体系所覆盖的所有管制对象确定在未来某一年或某几年的碳排放总量。而碳配额总量是国家分配给地区的碳配额额度的具体数值，一般情况下，地区的碳配额总量应该等于地区碳排放总量乘以一个贡献系数。目前，碳排放总量控制目标可以分为绝对总量控制目标和相对总量控制目标。所谓绝对总量控制目标是以历史上某年碳排放总量为基准设置减排目标，规定未来年份的碳排放总量；而相对总量控制目标指设置未来年份的相对指标相对于基准年份相对指标下降比例的方式来确定未来年份排放总量目标。控制目标是设定碳排放总量的前提，一般由监管主体设定。

（二）配额分配

配额分配制度是指在总量确定的情况下，配额如何在控排主体之间进行分配。在碳市场中，配额被人为赋予价值，进而使得配额分配制度直接影响到指标和成本在控排对象、消费者和其他主体之间的分配，影响到排放交易体系的效率。配额分配方法：一是祖父法：既根据企业历史排放数量和历史强度数据分配免费配额；二是基准法：根据行业统一的强度值进行免费配额分配；三是拍卖法进行分配。

（三）交易制度

交易制度是碳排放权制度体系的关键一环，类似于期货交易制度，其构成也至少应该包括：登记和注册单元、实际交易单元和结算单元三个系统，它们既可以是三个独立的单位，亦可以结合在一起，共用一个多功能的平台。登记和注册单元重点登记控制排放企业的配额申报及记录账户内额度使用情况，交易单元的职能主要是起到类似期货经纪人的职责和作用，辅助减排配额在不同已开立账户控排企业之间进行流转交易，结算单元是整个交易系统的最后结算环节，到期完成合约标的的交割与账户结余的清算。依据国家发改委《温室气体自愿减排交易管理暂行办法》规定：交易单位必须通过它们各自所属的省级行政单位的发展与改革委员会下属相关单位向国家国务院发展与改革委员会等主管单位提交申请进行备案，经备案的交易机构的交易系统最终获准和国家登记系统连通，最终使系统完成实时记录和监控减排量变更状况的任务。

（四）MRV 制度

MRV 制度在碳排放权制度体系中重点是要解决排控企业所排放气体的测量与报告问题，该制度一般包括对控排对象所设计安装的节能减排设施的工作情况进行监测追踪的安排、实际排放量和履行合约情况进行记录的报告制度，最后还应该包括对前期报告情况进行核查的核证制度，三种制度分别实现监测、报告和核证的作用，最终使整个体系实现了平稳和切实有效的运行状态。MRV 制度一是监测与报告：依据《国家发展改革委办公厅关于印发首批 10 个行业企业温室气体排放核算方法与报告指南（试行）的通知》（发改办气候〔2013〕2526 号）等相关文件进行企业温室气体排放的监测与报告（现已发布 24 个行业）。二是排放数据报送系统：按《国家发改委关于组织开展重点企（事）业单位温室气体排放报告工作的通知》（发改气候〔2014〕63 号）各省建立排放数据统计报送系统。三是核查体系：包括国家、地方对第三方核查机构的资质管理、第三方核查机构的工作指南。

（五）柔性制度

在不影响排放交易体系目标实现的前提下而设计的灵活履约机制。该机制能够通过设计灵活的履约机制来大幅度降低控排企业的履约成本，从而加强控排企业自主履约的动力和能力，同时还能够排放交易体系覆盖区域与行业竞争力、安全性等，最终达到加强其在区域经济中的深层影响的目的。

（六）惩罚制度

该项制度是指对控排企业履约情况不佳、无法达到减排目标的时候，要对其实行严格的惩罚。任何体系都离不开严格的奖惩制度，只有对不积极履约的行为进行严格、明确、及时的处理，才能确保交易制度体系的切实高效的发挥作用。具体来看，在进行惩罚时，视情节严重情况可以分别采取补偿和罚款两种处理方式。补偿主要是针对那些不能提交足够的碳排放配额或者是碳抵消信用配额的管制企业，要求其在次年度补齐相关额度，或者是从其账户中直接扣减；罚款则主要是针对较严重地拒绝提交足额配额或碳抵消信用额度的控排企业采取的快速处理手段，按照事先设定的罚款标准向违约控排企业强制征收根据空排量计算出来的罚款费用。

（七）碳汇产品

前文介绍了碳市场的内部机制设计，这些机制设计主要服务于碳配额交易。除了碳配额这类基本的市场交易产品外，还有两类与林业发展紧密相关的交易产品。一种是造林再造林项目、发展中国家通过减少森林砍伐和退化从而实现的减排给予补偿的 REDD 机制，以及对发展中国家在森林保护、森林可持续经营以增加碳储量方面的活动给予补偿的 REDD＋机制。根据政府间气候变化专门委员会（IPCC）预计，每年因砍伐和森林退化而造成的碳排放相当于全球碳排放总量的 20％，成为全球变暖的第二大主因。因此，前文提及的国际减排机制之一的清洁发展机制（CDM）中的，允许造林再造林项目、REDD 机制、REDD＋机制被纳入《京都议定书》，进而为发展中国家林业发展与林业保护提供了新的思路和方法。

另一项是中国核证的减排量（CCER），按照《温室气体自愿减排交易管理暂行办法》，控排企业的自动减排量必须经由我国相关主管部门在国家自愿减排交易登记簿上通过申请完成登记备案手续，备案后确定下来的这一减排数量就叫做"核证自愿减排量"，通常只有这些减排量可以放在交易机构中进行交易。CCER 经联合国等国际组织认可，可以在国外市场销售即成为 CER。CCER 既可以自愿购买用于非履约企业自愿减排任务，也可以用于履约企业购买来抵消其超额排放，但 CCER 一般限定为碳配额总量的 5%—10%，特殊情况下甚至仅有 1%。在 CCER 中，造林等森林碳汇项目占据了主要份额。碳排放权交易框架图如下所示：

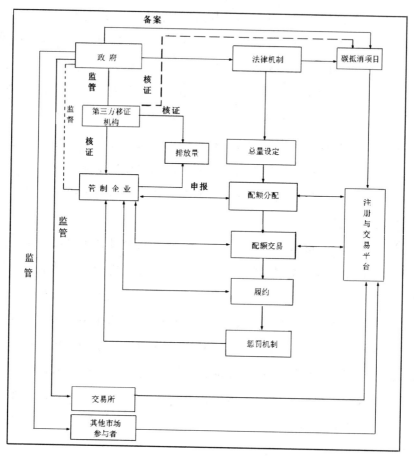

图 3-1　碳排放权交易框架图

三、绿色发展理念

绿色发展是坚持节约资源和加强生态环境保护的新型发展模式。在中国共产党的第十八届五中全会上，由习近平总书记提出了"创新、协调、绿色、开放、共享"的五大发展理念，这些理念将作为指导"十三五"及我国中长期经济发展的主导方向。其中，绿色发展问题已经被总书记多次提及，包括"绿水青山与金山银山"的生态保护与经济发展之间的关系论；"市场与政府双管齐下"的绿色发展方案论；"生态红线"的绿色发展极限论；"'一带一路'国际绿色合作"的开放发展论等。这些理念构成了习总书记的绿色发展理论体系，并引发了学术界、企业界及其他社会团体的广泛关注。绿色发展理论体系庞大，意义深远，深层解析绿色发展理念将关系到国家、民族乃至全人类的未来。

（一）绿色指标体系

建立绿色指标体系是保证绿色发展的基本依据。绿色发展的目标是扩大生产经营消费过程中的能源利用效率，降低污染排放，实现人与自然的和谐发展。在绿色发展的所有领域及不同阶段，都需要设定绿色发展的目标，并进行绿色发展水平的测度。这就需要一个完善的绿色指标体系，该体系包含从总量出发的绿色 GDP 指标；从行业出发的绿色工业、农业及服务业指标；从污染物出发的废气、废水、废渣等排放指标；从资源出发的用水、耗电、用能等数量和效率指标；从生产、消费等领域测度的如碳足迹等绿色足迹指标。这些指标将被纳入到官员行政考核、企业信息纰漏、产品消费安全等生产生活的方方面面。

（二）绿色治理体系

绿色发展需要绿色政策、绿色金融与市场体系的综合治理。绿色发展既要面对公共产品领域的市场失灵继而采用政府的绿色法规政策进行约束和引导，又要针对产权明晰、政策成本过高或效率低的，进而采用市场的价格机制和收入转移等功能去化解。在绿色市场体系建立之初，政府的绿色法规政策限制与引导是绿色发展的关键，包括政府的绿色采购、官员的绿色考核与追责、企业绿色生产的税收优惠与生产者追责、绿色贸易的关税减免，尤其是对用能权、碳排放等市场交易机制的制度设计，这些将成为绿色发展的核心内容。在绿色市场体系初步建立、绿色金融工具逐渐开发、市场机制在绿色发展中发挥基本作用时，政府的绿色政策支持力度应逐渐下调，在绿色发展中的作用逐渐降低；当绿色市场体系发展完善，市场体系能够合理配置绿色资源并主导绿色发展时，政府的市场建设者任务基本完成，可以大幅降低或者取消绿色优惠政策，主要承担市场的监管职能。

（三）绿色关联体系

绿色发展需要涵盖人类活动的方方面面。绿色发展不仅包括绿色生产、绿色消费，也要囊括绿色贸易和绿色投资。绿色生产是绿色发展的核心，尤其是绿色工业是决定能源消耗数量、类型与效率的重要因素；绿色消费从最终使用者的角度影响绿色生产，倒逼绿色工业发展；绿色生产与绿色消费共同决定绿色贸易数量，绿色贸易从地域的角度决定高污染产业的区域转移，影响本地区的最终生产和消费总量；绿色投资将为绿色发展提供资金支持，绿色投资决定绿色行业资本集聚数量，影响企业选址和生产经营决策。

（四）绿色产业体系

绿色发展是协调发展需要绿色产业体系的配合。当前我国绿色产业发展的核心就是绿色工业，而绿色服务业是绿色发展的方向，绿色农业为绿色工业提供原材料，在绿色发展中占有重要地位。按照里昂涅夫（Wassily W. Leortief）的产业关联理论和库兹涅茨（Simon Smith Kuznets）的产业发展理论，各个产业之间存在着密切关联，并在经济发展的不同阶段呈现不同规律。而绿色发展不仅是人类爱护自然促进和谐发展的选择，同时也是尊重和依据自然规律和经济发展规律选择人类可持续发展方案的体现。因此，绿色发展必须能够适应产业结构变化和发展的规律，最终促成农业、工业和服务业三次产业在各自实现绿色生产的同时达到三次产业之间的协调发展。

（五）绿色合作体系

绿色发展是开放型发展需要国际绿色合作。国家有界，而污染无界。封闭性的污染治理和生态保护无法实现，真正的绿色发展是开放性的国际绿色合作。绿色发展并不是以邻为壑的自身环境保护，而是需要国际统一的绿色标准和规则制定，建立统一的国际绿色市场体系，促进国际绿色要素的自由流通，包括绿色技术合作与转移、绿色金融合作、各种绿色金融工具创新、双边多边及国际绿色金融市场的建立。国际绿色合作以各国间的各类金融合作方案、贸易区建设、各国发展战略的对接为突破口，尤其是"一带一路"倡议、长吉图发展都将是开展绿色国际合作的绝佳机会。

（六）绿色发展观念

绿色发展的核心是提高人类绿色发展观念。绿色发展虽然采取一些经济类、政策类的强制性的规则、工具和手段，但能够实现绿色发展的真正动力仍然是增强绿色发展的观念。打破唯 GDP 论的经济发展理念，打破生态环境保护与经济发展之间的先发展后治理的发展理念，打破绿色发展不能带来经济增长的发展理念，还要秉持着"绿色发展就是金山银山的发展，绿色发展能够带来金山银山"和"宁要绿水青山，不要金山银山"的绿色发展理念。只有提高社会各行各业绿色发展的觉悟，促使绿色发展理念深入人心，才能切实促进各行各业的绿色发展。

（七）绿色发展命脉

植树造林是绿色发展的命脉。树木是人类发展的命脉，从习近平总书记的生命共同体理念中可见一斑，"山水林田湖是一个生命共同体，人的命脉在田，田的命脉在水，水的命脉在山，山的命脉在土，土的命脉在树。"[①] 通过"一带一路"倡议，以及"上海合作组织"和 RCEP 等区域合作组织的相关机制，加强与其他国家的植树造林合作以及环境保护等工作。起重工，植树造林不仅能够实现天蓝、水净、地绿的愿望，而且对我国的东、中、西部各地环境改善至关重要的措施，对老百姓而言，也是最具有普惠性质的民生工程。因此，在今后较长一段时间，要动员全国各地的力量，想尽办法创造条件、鼓励全员共同参与植树造林的相关活动，而且要更加努力积极地建设环境优美的新中国，最后让建设"大美中国"成为全国人民的自觉行动，并且坚持不懈的长期开展下去。2015 年 11 月，习近平在法国巴黎参加全球气候变化巴黎大会时做了关键发言，他在发言中承诺："中国在'国家自主贡献'中提出将于 2030 年左右使二氧化碳排放达到峰值并争取尽早实现，2030 年单位国内生产总值二氧化碳排放比

---

① 学习中国：《习近平：建设绿色家园是人类的共同梦想》，2016 年 4 月 7 日，见 http：// politics. people. com. cn/n1/2016/0407/c1001-28258626. html。

2005 年下降 60%—65%，非化石能源占一次能源消费比重达到 20% 左右，森林蓄积量比 2005 年增加 45 亿立方米左右。"①

综合上述分析，集体林权制度改革与森林碳汇交易机制两项政策设计均是以外部性理论和科斯定理作为理论依据进行构建的，外部性理论解释了生态资源的浪费与污染问题，尤其是生态林的种植和保护问题。而科斯定理不仅为森林碳汇交易产品的设计与存在提供了理论支撑，同时也为开展集体林权制度改革提供了基本依据。碳排放权交易理论是森林碳汇交易机制的设定基础，没有碳排放权交易机制，就没有碳汇产品。此外，随着绿色发展理念的提出和不断丰富，绿色发展理论体系逐渐形成，绿色发展理论将从中国实际和解决路径等角度指明森林碳汇交易机制建设与集体林权制度改革协调发展的方向和途径。

第二节 森林碳汇的供给与需求

一、森林碳汇供给分析

（一）森林碳汇供给影响因素

按照古典经济学假设，影响商品供给的因素主要包括商品自身的价格、生产成本、生产技术水平、可替代商品的价格以及生产者对该商品价格变化的预期。一般而言，商品供给与商品自身价格之间呈现正向关系，商品价格越高，供给越多；商品价格越低，供给越少。商品供给与生产成本成反向关系，生产成本越低，企业获得利润越高，商品供给越多。商品供给与生产技术水平呈正向关系，该商品的生产技术水平提高有利于增加商品供给。商品供给与可替代商品的价格呈正向关系，可替代商品的价格越高，该商品供给增多。此外，生产者对产品价格上升的预期会增加商品供给，反之亦然。根据以上分析，笔者构建了森林碳汇的供给函数：

---

① 习近平：《携手构建合作共赢、公平合理的气候变化治理机制》，《人民日报》2015 年 12 月 1 日。

$$Q_s = f\ (p_{CO_2}、S、P_{T_1}、P_{T_2},\ pe;\ C_{生产}、C_{管理};\ r)$$

其中，p_{CO_2} 是碳汇商品自身的价格。按照以上分析，影响森林碳汇供给的首要因素是碳汇商品自身的价格 p_{CO_2}，当碳汇价格 p_{CO_2} 提高时，森林碳汇的供给将会增加，反之亦然。国际碳市场建立之初，森林碳汇主要是用于抵免欧盟国家强制减排企业超额的碳配额需求，我国森林碳汇商品的价格主要受欧盟碳配额价格的影响。随着 2012 年以来欧盟取消 CDM 项目对欧盟碳配额的抵免作用，我国森林碳汇价格主要受本国碳配额产品价格影响，徘徊在 30—50 元之间。S 是政府对碳汇供给者的补贴，它将作为影响碳汇供给者收入的重要因素进入碳汇供给模型，当 S 为零时，证明政府未向碳汇供给者提供补贴。S 数额增长将增加碳汇供给者的收入，因此 S 是碳汇供给的正向影响因素。在碳汇供给函数中，P_{T_1} 和 P_{T_2} 代表林木在时间 T_1 和 T_2 的砍伐价格，T_1 和 T_2 分别是林木未进行碳汇供给和进行碳汇供给的砍伐时间，一般情况下 $T_1 < T_2$，P_{T_1} 成为碳汇供给的替代品价格，P_{T_2} 是碳汇供给者的额外收入。pe 是森林碳汇供给者对碳汇价格的预期，预期碳汇价格下降，将增加供给，反之将减少碳汇供给。这一因素主要取决于碳汇市场发展程度，尤其是发改委对超额排放企业的监管水平。

上述因素是碳汇供给者的收入影响因素，而 $C_{造林}$、$C_{管理}$ 是森林碳汇项目的造林成本和管理成本，二者都是碳汇供给的负向因素，在现实中，碳汇生产过程中还存在一些社会成本包括碳汇注册过程中产生的各类成本。目前森林碳汇项目仅仅处于试点过程中，主要碳汇供给者多是在香港等地咨询公司的协助下开展森林碳汇项目，自身对森林碳汇项目并不熟悉，导致当前的森林碳汇项目的管理成本较高，尤其是在集体林权改革尚未完成的前提下，森林碳汇项目往往会受到林农和集体纷争的影响，造成项目管理难度加大。同样，由于森林碳汇项目实施时间长、风险大，而提供项目资金的金融机构较少，相对庞大的森林碳汇项目资金需求而言，现有金融机构信贷和国际碳汇基金支持仍然不足。此外，r 是利率，它不仅是碳汇的融资成本之一，同时也影响森林碳汇供给者的成本和收入的贴现值。

（二）森林碳汇供给条件

近年来，随着碳汇交易市场的逐渐兴起，碳汇生态林供给逐渐增加。

与此同时，地方政府也在积极实施碳汇扶持政策以激励碳汇生态林供给。本部分将通过等额年金法考察森林碳汇的微观供给主体——林业经营者进行碳汇生态林供给的经济条件。为了简化分析，笔者首先对林农的森林碳汇供给行为进行一定的约束和设定，而后在该假定下建立理论模型并展开分析。

1. 模型假设

本书的碳汇生态林供给模型是建立在以下假设之上的：

一是关于商品林和碳汇生态林的假定和说明。商品林是以发挥经济效益为主的森林，主要用途是提供木材及其他林产品，在符合国家法规条件的前提下商品林经营主体可以随时砍伐出售，经济林属于商品林范畴。虽然商品林也具有少数碳汇价值，但一般情况下商品林的砍伐期限较短，碳汇价值较小。而碳汇林是所签订的森林碳汇项目中所种植的林木，其种植期限需要满足碳汇项目规定时间，不能在碳汇项目未到期之前砍伐，本书同时假定未经碳汇项目签约的林木不支付碳汇补贴，也无法获取碳汇收入。相比之下，碳汇林的种植期限较长，碳汇价值较大，生态价值明显，而且森林碳汇能够带来生物多样性和气候适应的协同效益。因此本书也将碳汇林称为碳汇生态林。

二是林农业经营者的收入来源假定。本书假定林业经营者（包括林农和相关经营人员）只在商品林与碳汇生态林这两种典型种植类别中做出选择。商品林的收入仅来源于商品林的砍伐，而碳汇林的收入包括碳汇林到期后的砍伐收入（碳汇项目到期后的碳汇林允许砍伐，此时的碳汇林便成为了商品林，但一般情况下砍伐收入的现值将有所降低）、碳汇供给收入和政府碳汇补贴收入。现实中，除以上收入外，林业经营者还可以取得不同的林下收入，林下活动种类繁多且不是影响模型的重要因素。森林碳汇收入也包括造林、森林管理、减少毁林等方面的收入，而本书的碳汇收入包括两种情况：无林地上的碳汇收入和已有林地上的碳汇收入。

三是木材价格和成本不变假设。本书假设木材价格和砍伐成本不随时间而改变，现实中木材价格受木材市场供给需求的影响，同时随着林木的不断生长，木材质量会发生变化，即使忽略供求因素，每单位的木材价格也出现变化。同时，林木的管理成本也会随时间延长而发生改变。基于简化模型的想法，本书假定二者不随时间而变化。

四是碳汇价格与需求假设。现实中，碳汇价格由碳汇市场供需所决定，碳汇需求受国家政策、能源价格和技术条件的影响。本书假定相对于森林碳汇的供给而言，森林碳汇的需求是无限的，既森林碳汇的供给都会被碳汇市场所吸收，并且林业经营者的碳汇供给价格不随碳汇供给量的增加而改变。

五是流动性假设。假定林业经营者在碳汇生态林和商品林的选择中仅考虑经济收益，并不考虑经济收益获取的时间。现实中林业经营者是更在意短期收益的，如果林业经营者不受到政策约束，会优先选取短期内即可获得收入的林业经营活动，如种植经济作物或商品林，而不会去选择经营期限较长获取收益较慢的碳汇生态林种植。当然，金融工具的创新将改变碳汇收益的流动性。

2. 轮伐期模型

本书将在林农利润函数的基础上从成本收益视角分别对商品林和碳汇生态林进行比较分析，考察在满足什么样的情况下，林农会放弃见效快的商品林，去选择种植碳汇生态林，成为森林碳汇的供给者。

首先考察商品林的成本收益问题。林农在经营商品林时获得的直接经济效益来源于木材生产的经济效益。本书引入 Hartman 单期轮伐期作业模型（Fisherian model），假设林地的机会成本为零，则这时林农经营商品林的利润现值为：

$$R = (P-C_1) Q(T_1) e^{-rT_1} - C_2 \tag{3-1}$$

其中，R 为商品林利润现值，P 为林木价格，C_1 为木材采伐成本，T_1 为林龄，$Q(T_1)$ 表示在林龄为 T_1 时林木生产量，C_2 为造林成本。从砍伐期的角度，为使 R 达到最大，对方程（1）求关于 T_1 的一阶导数，并令其导数为零，可得到：

$$(P-C_1) Q(T_1) = r(P-C_1) Q(T_1) \qquad 即：\frac{Q'(T_1)}{Q(T_1)} \tag{3-2}$$

上式表明，当木材材积生产率等于折现率时，木材生产的效益最大。如果折现率越大，则要求在木材材积增长较快时采伐，这时森林轮伐期将缩短。

其次对碳汇生态林的成本收益进行考察。本书在 Hartman 轮伐期模型的基础上，将政府碳汇补贴和碳汇收入考虑在内，可得到碳汇林的利润净现值如下：

$$R = [(P-C_1) \cdot Q(T_2) e^{-rT_2} - C_2] + [\sum_{t=T_1}^{T_2} S \cdot Q_{CO_2} e^{-n} + \sum_{t=T_1}^{T_2} P_{CO_2} \cdot$$
$$Q_{CO_2}(t) e^{-n} - C_3] \tag{3-3}$$

其中，R 为考虑碳汇价值后的利润现值；P、C_1 同上；S 为每吨碳汇量的政府补贴，当 S=0 时，意味政府并未给予碳汇补贴；P_{CO_2} 为碳汇价格，$Q_{CO_2}(T)$ 为林龄为 T 时的碳汇量；C_2 为造林成本，C_3 为碳汇林的管理成本。

同样可以从砍伐期的角度，通过求方程（3）关于 T_2 的一阶导数，同样令该导数为零，得到最优轮伐期满足的条件如下：

$$\frac{(P-C_1) Q'(T_2) + S \cdot Q'_{CO_2}(T_2) + P_{CO_2} \cdot Q'_{CO_2}(T_2)}{(P-C_1) Q(T_2) + S \cdot Q_{CO_2}(T_2) + P_{CO_2} \cdot Q_{CO_2}(T_2)} = r \tag{3-4}$$

由上式可看出，在不受国家政策约束下，同时在不考虑成本随林龄变化的情况下，折现率等于碳汇林总收益增长率，在保持折现率不变的前提下，可以通过提高碳汇收入增长率和政府碳汇补贴率之和将使得最佳砍伐期延长。因为随着砍伐期延长，$T_2 > T_1$，而木材砍伐收入的增长率将出现下降，为保持式（3-4）的平衡，碳汇收入增长率和政府碳汇补贴率之和需要弥补木材砍伐收入下降的幅度。当然，以上分析是在不考虑制度约束的基础上林农自由选择的结果。

除了上式（3-4）的条件约束外，碳汇生态林供给还要满足经济收益目标，即在同一衡量口径下，预期的碳汇林收入总和将超过商品林的收入总和。

当 $T_2/T_1 = n$（n 为整数）时，林农种植碳汇林的经济条件需要符合同期的碳汇林收入贴现值大于 n 期商品林收入贴现值之和：

$$[(P-C_1) \cdot Q(T_2) e^{-rT_2} - C_2] +$$

$$[\sum_{t=T_1}^{T_2} S \cdot Q_{CO_2} e^{-n} + \sum_{t=T_1}^{T_2} P_{CO_2} \cdot Q_{CO_2}(t) e^{-n} - C_3] > [(P-C_1) \cdot Q(T_1)$$

$$e^{-rT_1} - C_2] + \sum_{\lambda=1}^{n-1} [(P-C_1) \cdot Q(T_1) - C_2] e^{-r\lambda T_1} \quad (3-5)$$

进一步整理得：

$$[\sum_{t=T_1}^{T_2} S \cdot Q_{CO_2} e^{-n} + \sum_{t=T_1}^{T_2} P_{CO_2} \cdot Q_{CO_2}(t) e^{-n} - C_3] - [(P-C_1) \cdot Q$$

$$(T_1) e^{-rT_1} - (P-C_1) \cdot Q(T_2) e^{-rT_2}] > \sum_{\lambda=1}^{n-1} [(P-C_1) \cdot Q(T_1) -$$

$$C_2] e^{-r\lambda T_1} \quad (3-6)$$

由公式（3-6）可知，忽略流动性偏好问题，仅从经济收益的角度考察，林农选择碳汇林种植，不仅需要满足碳汇收入超过由于砍伐期延长造成的经济收入下降的幅度，而且还要大于剩余的 $n-1$ 期种植经济林收益值的折现值之和。

当 $T_2/T_1 \neq n$（n 为整数）时，公式（3-5）和公式（3-6）将失去价值，因为非整期商品林收入无法通过贴现值的方法去比较。此时可以利用等额年金法，该方法对 T_2/T_1 等于整数时也适用。等额年金法是将租金总和折算成各期均相等的年金方法。我们采用租金先付等额年金法，具体公式为：

$$V_0 = V_\gamma \cdot \frac{\gamma (1+\gamma)^{n-1}}{(1+\gamma)^n - 1} \quad (3-7)$$

在（3-7）式中，V_γ 为租金之和，也可理解为所有现金流贴现值之和，V_0 为均等的单期年金，γ 为按年复合的利率，与前文公式中的 r 可以通过 $e^r = 1 + \gamma$ 相互折算，利用公式（3-7）可以得到商品林和碳汇生态林的等额年金分别为：

$$V_{商} = [(P-C_1) Q(T_1) e^{-rT_1} - C_2] \frac{\gamma (1+\gamma)^{n-1}}{(1+\gamma)^n - 1} \quad (3-8)$$

$$V_{生} = \{[(P-C_1) \cdot Q(T_2) e^{-rT_2} - C_2] + [\sum_{t=T_1}^{T_2} S \cdot Q_{CO_2} e^{-n} +$$

$$\sum_{t=T_1}^{T_2} P_{CO_2} \cdot Q_{CO_2}(t) e^{-n} - C_3]\} \frac{\gamma (1+\gamma)^{T_2-1}}{(1+\gamma)^{T_2} - 1} \quad (3-9)$$

通过以上分析可知，当 $T_2/T_1 \neq n$ 时，林农选择碳汇生态林种植的条件是碳汇生态林的等额年金 $V_生$ 要大于商品林的等额年金 $V_商$。

3. 数值模拟

为了实际考察林农对商品林和生态林的选择问题，我们将以落叶松为例，引入落叶松的材积公式和碳汇公式，带入具体数值进行模拟分析。

首先对碳汇计算公式进行说明。计算林木森林碳储量的方法包括生物量异速生长方程法、生物量扩展因子法、涡度相关法等，本书根据国家林业局公布的《造林项目碳汇计量与监测指南》，采用生物量扩展因子法计算林分单株林木的地上生物量和地下生物量碳库中的碳储量，为了计算简便，我们将忽略基线碳储量变化及渗漏问题。

森林碳储量 $C=$ 地上生物量碳库中的碳储量＋地下生物量碳库中的碳储量

其中，地上生物量碳库中的碳储量 $C_{j1} = V_j \cdot BEF_j \cdot WD_j \cdot CF_j \cdot 44/12$

地下生物量碳库中的碳储量 $C_{j2} = V_j \cdot BEF_j \cdot WD_j \cdot CF_j \cdot R_j \cdot 44/12$

其中，V_j 为 j 树种的单株材积（平方米/株）；BEF_j 为将 j 树种的树干生物量转换到地上生物量的生物量扩展因子；WD_j 为 j 树种的木材密度（吨/平方米）；CF_j 为 j 树种的平均含碳率；R_j 为 j 树种的生物量根茎比（这一比值表示树木的地下生物部分除以树木的地上生物部分的数值）；44/12 是二氧化碳与碳元素的分子量之比。

碳汇公式中的所有参数都可以在《造林项目碳汇计量与监测指南》中找到对应数值，这里只需要对 V_j 进行详细说明，V_j 是通过模拟林木生长体积得到的林木的材积率公式。本书以落叶松为例，利用王战等 (1990)[①] 模拟出的落叶松单株材积公式：$Logv = 0.8202\log(D^2H)$ —

---

①　参见王战、张颂云等：《日本落叶松新栽培变种》，《植物研究》1985 年第 7 期。

3.6363（D为林分平均胸径，H为林分平均树高）和姜文南等（1984）[1]估算的不同立地等级林分的平均树高和平均胸径计算出落叶松的平均材积。同时参照一些地区的生态林保护条例规定，落叶松商品林的皆伐周期为40年，而落叶松生态林的皆伐周期为60年。此时林分落叶松商品林和生态林的单株材积估算结果如表3-1所示。

表3-1 不同立地等级林分40年和60年平均材积

单位：平方米/株

年限\立地	I	II	III	IV	V	VI	VII
商品林（40年）	0.995	0.893	0.789	0.69	0.584	0.487	0.394
生态林（60年）	1.202	1.086	0.958	0.845	0.72	0.604	0.504

表3-1给出了由高到低七类不同立地条件下林分落叶松的单株材积估算结果，将其带入前文的森林碳储量计算公式。落叶松碳储量的系数值将从《造林项目碳汇计量与监测指南》中得到。温带地区落叶松树种的树干生物量转换到地上生物量的生物扩展因子 BEF_j 为1.4；落叶松树种的木材密度 WD_j 为0.49吨/立方米；IPCC对所有树种的碳含量均值 CF_j 为0.47；落叶松树种的生物量根茎比 R_j 为0.28。由此我们可以测算出不同立地条件下林分单株落叶松一个皆伐期的碳储量。

表3-2 不同立地等级下林分单株落叶松40年和60年碳储量

单位：吨/株

年限\立地	I	II	III	IV	V	VI	VII
40年碳储量	1.506	1.352	1.194	1.044	0.884	0.738	0.596
60年碳储量	1.819	1.643	1.45	1.28	1.09	0.914	0.763
碳汇量	0.312	0.291	0.256	0.235	0.206	0.176	0.167

表3-2是七种不同立地条件下林分单株落叶松在40年和60年皆伐

---

[1] 参见姜文南、张铁砚、耿山：《长白落叶松坑木林林分密度控制图编制的研究》，《林业科技通讯》1981年第6期。

期时产生的碳储量，本书将分别考察新建林地和已有林地的碳汇收益问题，利用单株落叶松 60 年皆伐期的碳储量代替生态林吸收碳汇总量。利用单株落叶松 60 年皆伐期的碳储量与 40 年皆伐期的碳储量之差作为由商品林延长为生态林而增加的碳汇量。查阅相关文献资料，得到落叶松的收入和采伐成本，落叶松单株木材价格为 180—470 元/立方米，落叶松商品林采伐成本为 75 元/平方米，造林成本为 3.5 元/株，银行利率为 4.8%，假设管理成本忽略不计。[①] 利用公式（3-7）和公式（3-8），我们可以模拟出林农分别种植 1 个轮伐期的落叶松商品林和碳汇林的等额年金。

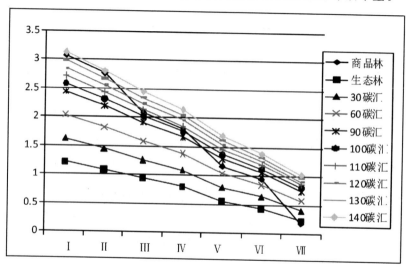

图 3-2　不同立地条件下商品林和新建碳汇林的等额年金比较

图 3-2 是不同立地条件下商品林和新建碳汇林的等额年金。从总体趋势看，等额年金数额因立地条件的不同而呈现正向关系，立地条件相对较好的落叶松等额年金的数额较高。相对而言，在条件较好的前六种立地条件下，无碳汇收入生态林的等额年金远远低于商品林的等额年金，而在第Ⅶ类也就是条件最差的立地条件下，即使没有碳汇收入，生态林的等额

---

① 参见朱磊：《长白落叶松人工林动态林价评估及营林投资效益分析》，硕士学位论文，东北林业大学，2005 年。

年金也超过了商品林的等额年金，原因是在最差立地条件下，40年的落叶松尚未成材，而60年落叶松生长成材，二者木材价格相差较大。这同时说明，在最差立地条件下，政府无需给予补贴，也会满足碳汇林供给条件。在碳汇价格在30—60元/吨时，情况并没有好转。当碳汇价格为90元/吨时，第Ⅴ类和第Ⅵ类立地条件下碳汇生态林的等额年金会超过商品林的等额年金。这说明在第Ⅴ类和第Ⅵ类立地条件下，当碳汇金额达到90元/吨时，无需提供碳汇补贴提高林农收入，林农会自主种植碳汇生态林而放弃种植商品林。在碳汇价格为110元/吨时，在第Ⅲ类和第Ⅳ类立地条件下碳汇生态林的等额年金会超过商品林的等额年金。在碳汇价格为140元/吨时，在第Ⅰ类和第Ⅱ类立地条件下碳汇生态林的等额年金会超过商品林的等额年金。这同样说明，在第Ⅲ类和第Ⅳ类立地条件下碳汇价格高于110元/吨时，在第Ⅰ类和第Ⅱ类立地条件下碳汇价格高于140元/吨时，政府无需向碳汇生态林供给者提供补贴。

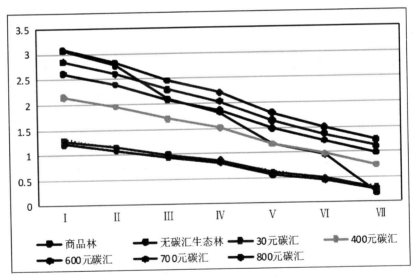

图3-3 不同立地条件下商品林和已有碳汇林的等额年金比较

图3-3是不同立地条件下商品林和已有碳汇林的等额年金。总体趋势与图3-2相似，但是只有在碳汇价格为400元/吨时，第Ⅴ类和第Ⅵ类

立地条件下的碳汇生态林的等额年金会超过商品林的等额年金。在碳汇价格为600元/吨时，在第Ⅲ类和第Ⅳ类立地条件下碳汇生态林的等额年金会超过商品林的等额年金。在碳汇价格为800元/吨时，在第Ⅰ类和第Ⅱ类立地条件下碳汇生态林的等额年金会超过商品林的等额年金。与图3—2的数据对比，不难发现，与新建林地相比，通过森林管理而增加碳汇等方法的代价是高昂的。同时也说明碳汇项目应该选择在较差的立地条件下进行。

为考察碳汇生态林供给问题，本书选用了已有文献的数据，这些数据并非当前数据，具有一定时滞，同时一些条件的假设与现实也存在差距，但这些并不影响本书的结论：林业经营者从事碳汇林供给的理论前提是，在无政府制度约束的前提下，碳汇收益的增长率能够弥补因砍伐期延长而损失的商品林收入增长率。在现实中，即使面临政府约束，碳汇供给模型也需要满足种植碳汇生态林的等额年金大于种植商品林的等额年金。在碳汇市场机制建立之初，碳汇需求不高，碳汇价格低迷且不能满足碳汇供给条件的情况下，缺少政府的政策干预，碳汇生态林供给目标难以实现。

（三）最优碳汇补贴

前文考察了森林碳汇供给条件，本部分将利用静态一般均衡分析去考察政府的最优碳汇补贴额。

1. 模型设定与数据来源

计算碳价格的变化引起宏观经济上的价格和产出的变化程度时，可计算一般均衡模型是一个比较好的选择。对标准静态可计算一般均衡模型——LHR模型做一些简单修改即可完成本次研究任务。

在设定模型之前，需要建立起碳价格与部门价格产出之间的经济关系。在主流的经济学研究中，碳排放量不会进入到生产或价格函数中。因而其经济关系应是在满足某种条件下建立起来的关系。在本研究中，利用静态经济下生产技术固定、减排技术固定和碳汇技术固定的特殊条件，假设单位产值的碳排放量固定，森林部门要素单位投入量的碳汇量固定。在本研究中将其视为两个常数。以上述两个常数为中介，可在碳价格与产值和价格之间建立起经济关系。

森林部门根据森林固碳量进行碳汇补贴。为了激励对森林部门的生产投入，碳汇补贴对劳动和资本要素投入进行补贴。对 LHR 模型的要素投入方程中加入碳汇补贴 CSubsidy，得到含有补贴的方程：

$$PVA_a QVA_a = (1 - CSubsidy_a) [(1 + tval) WL QLD_a + (1 + tvak) WK QKD_a] \qquad (3-10)$$

所需补贴金额总额为

$$CSubsidyTax = \sum_a CSubsidy_a [(1 + tval) WL QLD_a + (1 + tvak) WK QKD_a] \qquad (3-11)$$

碳汇补贴预算将作为政府预算的一部分，专款专用，不允许有预算盈余或赤字。该项资金需要用环境税的方式向从事生产的各部门进行征收。模型中的各部门生产方程中加入环境税一项：

$$PA_a QA_a = PVA_a QVAa + PINTAa QINTAa + CSubsidyTax \qquad (3-12)$$

对 LHR 模型进行上述修改后，输入数据和参数，便可以运行模型，输出碳价格的影响，确定最优价格水平。

LHR 模型的输入数据为社会核算矩阵。这里将社会核算矩阵的生产部门分成三个部门：森林部门、除林业之外的农业部门和非农其他部门；政府的税收分成四个部分：劳动增值税、资本增值税、关税和其他税收，其他详细情形见附表 1。投入产出表采用世界投入产出数据库（World Input-Output Database，WIOD）发布的数据通过计算获得。其他数据来源于国家统计公布数据。

LHR 模型使用外部指定的贸易和生产函数参数。其他学者的研究中给出了这些参数值。Armington 弹性数据来自王磊（2013）[①] 的计算结果，CET 弹性数据来自 Zhai 等（2005），中间投入与要素投入替代弹性数据来

---

① 参见王磊：《对外贸易对中国经济增长影响的实证分析——基于 1997—2007 年中国进口非竞争性投入产出表的分析》，《山西财经大学学报》2013 年第 1 期。

自曾程（2014）[①]，林农产业资本与劳动投入的替代弹性数据来自尹朝静等（2014）[②]，其他产业数据来自陆菁等（2016）[③]。具体数值见表3-3。

表3-3 生产函数、CET函数和Armington条件函数的弹性

贸易	林产品	农产品	其他产品
Armington弹性（国内销售和进口）	2.5	3	1.9
CET弹性（国内销售和出口）	3.6	3.6	4.6
生产	森林部门	农业部门	其他部门
第一层次生产函数弹性（中间投入与要素投入）	2	2	2
第二层次生产函数弹性（资本与劳动投入）	1.85	1.85	1.636

碳汇补贴在模型中以碳补贴率的形式出现。计算后的值如表3-4。

表3-4 森林部门亿元增加值碳补贴率 (CSubsidy)

行业	年固碳量（万吨/亿元）	50元/吨	100元/吨	200元/吨	400元/吨
林业	21.1446	0.10575	0.2115	0.423	0.846

数据来源：林业年固碳量来自第八次全国森林资源清查（2009—2013年）。

2. 模拟运算及结果

为了考察碳汇补贴对森林部门的经营和森林碳汇的影响，选取了差额为50元的等差关系从0元到400元的价格序列进行模拟运算，结果如附表2和附表3。在附表中列出了三个部分的碳价格模拟运算结果：对森林部门的影响，对非农其他部门的影响和对GDP的影响。表格中的基准为碳价格水平为0元/吨的情形，即真实经济情形。

附表2的结果显示，随着碳汇补贴碳价格的提高，所需碳税金额在不

① 参见曾程、沈月琴：《基于林业部分的中国宏观社会核算矩阵构建》，《北京林业大学学报（社会科学版）》2014年第6期。

② 参见尹朝静、范丽霞、李谷成：《要素替代弹性与中国农业增长》，《华南农业大学学报（社会版）》2014年第5期。

③ 参见陆菁、刘毅群：《要素替代弹性、资本扩张与中国工业行业要素报酬份额变动》，《世界经济》2016年第3期。

断的提高，在碳汇补贴碳价格为 200 元/吨时，其总额已经超过了 1200 亿元。税收是经济中带来无效率的部分，会对总体经济造成负面影响。然而，随着碳汇补贴碳价格的提高，名义 GDP 一直在增加，而且呈加速上涨趋势。出现这样的现象可能与非农其他部门产出价格水平加速上涨有关。在碳汇碳价格水平从 50 元/吨到 250 元/吨的区间内，价格水平上涨程度较少，从 0.972 上涨到了 0.981，上涨了 1 个百分点；从 300 元/吨到 400 元/吨的范围内，价格水平从 0.981 上涨到了 1.001，上涨了 2 个百分点。而该部门的产出一直处于下降趋势。

与直觉不同，碳汇补贴有抬高森林产品价格，降低森林部门产品产出的作用。由于碳汇补贴直接作用于要素投入，森林部门的要素投入价格水平处于下降趋势，从 50 元/吨的补贴价格时的 0.896 下降到了 400 元/吨时的 0.155，下降了近 74 个百分点。而要素投入水平则从 1919.625 增加到了 4770.135，增长了 1.48 倍。大量的要素投入使得森林碳汇量直线上升。如无碳汇补贴时，森林碳汇蓄积量为 3.44 亿吨，当碳汇补贴碳价格设置为 150 元/吨时，森林碳汇蓄积量为 5.15 亿吨。

如果将政策目标定为保持总体经济稳定的状况下增加森林碳汇，那么在制定碳汇补贴碳价格时需要一个合适的价格水平。经过研究，我们认为 150 元/吨的碳汇补贴价格是合理的。在这一价格水平下，森林部门的要素投入价格水平下降了 7.64%，要素投入量增加了 49.81%。对 GDP 的影响比较小，只有 0.34%。

3. 结论分析

对碳汇补贴和碳税的碳价格制定单一的价格水平会陷入一个两难的境地。较低的碳价格水平对碳汇的激励作用非常微弱，而较高的碳价格水平对其他非农产业部门的生产活动造成严重的负面影响。如果碳价格每吨涨 50 元，非农产业部门受到的冲击将是价格水平会增加 1.03%，产出会下降 1.16%，这对国民经济是一个很大的冲击。

分别设置碳汇补贴碳价格和碳税碳价格的效果是良好的。从模拟运算的效果评价，该价格组合的政策工具的使用可以达到激励碳汇增加和减少碳排放的目的。同时，施行政策工具的副作用非常小，非农其他部门的价格水平上涨 0.2%，产出水平下降 0.3813%。根据模拟运算结果，最优碳价格应设置为碳税碳价格为 20 元/吨，碳汇补贴碳价格为 150 元/吨。

二、森林碳汇需求分析

（一）森林碳汇需求的影响因素

古典经济学将影响一般商品需求的因素主要归结为消费者的收入、消费者的偏好、相关商品的价格、消费者对价格的预期等，此外，政府政策、市场结构也是影响商品需求的重要因素。这些因素中，消费者的收入增加、消费者的偏好提高、消费者对价格上升的预期都会增加对一般商品的需求。同样可以按照一般商品的需求函数来构建森林碳汇的需求函数，具体如下：

$$Q_d = f\ (p_{CO_2},\ p_{配额},\ f_{罚款},\ Q,\ pe)$$

在碳汇需求函数中，p_{CO_2} 是碳汇商品价格，Q_d 是 p_{CO_2} 的减函数。pe 为碳汇商品预期价格，Q_d 是 pe 的增函数，碳汇价格上升，将降低碳汇需求，预期价格上升，将增加碳汇需求，反之亦然。f 是对超额排放企业罚没收入，它相当于碳汇产品的替代品价格。碳汇需求 Q_d 是 f 的增函数，碳汇需求随 f 上升而增加，随 f 下降而减少。根据前文对碳市场的理论分析，在中国碳市场发展实践中，对森林碳汇需求主要来源于两方面：一是国际碳汇市场的 CDM 项目，另一个是自愿减排的 CCER 项目，由于 2012 年欧盟第二期碳市场发展方案中已经停止了欧盟企业通过获取 CDM 中的碳配额来抵免自身减排的配额约束，因此。现有中国碳市场获得的 CDM 项目已经不再对本国碳配额需求产生重要影响。国内对林业碳汇的需求主要来源于 CCER 项目，这些需求者主要分为三类：第一类是需要通过购买 CCER 抵免超额排放的受约束企业；第二类是碳市场中的投机者；第三是没有减排约束的自愿减排的企业、机构或个人。这些碳汇需求者的收入、偏好、预期是森林碳汇的正向影响因素。而森林碳汇的替代产品如草原碳汇等的价格增长也会引发森林碳汇需求的上升。在上述需求者中，第一类需求者是森林碳汇产品的需求主体，因此政府对碳汇总量占排放总量比重的设定将是森林碳汇产品需求的主要决定因素。

（二）森林碳汇需求条件分析

1. 约束条件分析

按照国家发改委规定，首先由国家根据地区发展现状自上而下制定地区碳排放总量，再由地方结合本区域实际情况分配给具体企业，一般情况下，分配的碳配额一般低于企业以往的实际碳排放量。因此，一些企业可以通过改良生产设备或采取减排技术等手段降低实际碳排放使自己当年的实际碳排放满足碳配额的约束。未满足碳配额约束条件的企业，或者接受罚款，或者通过购买其他企业碳配额，以及通过 CCER 的碳汇需求等方法来抵免本企业的超额碳排放。

从以上分析不难得出，如果未履约企业选择购买 CCER 项目所产生的碳汇来抵免本企业的超额碳排放的话，首先需要每单位碳汇价格 P_{CO_2} 必须不超过执法机构对每单位超额碳排放的罚款额，即 $P_{CO_2} < f$，如前文所述，f 为超出配额约束的罚款。否则从成本的角度考虑，企业仅仅会接受罚款，而不采取购买碳汇的方式履约。尽管满足上一条件，由于信息不对称等问题，也会存在企业采取接受罚款方式为自己的超额碳排放买单。同样，碳汇 P_{CO_2} 的数额与碳配额交易价格之间也存在着密切关联。

根据前文分析，森林碳汇需求的产生不仅需要满足 $P_{CO_2} < f$ 罚款这一条件，同时其总量也要满足强制履约企业所分配的碳配额总量和 CCER 碳汇量以及接受罚没的碳排放应该等于受约束企业的实际碳排放总量。具体公式如下：

碳配额总量＋CCER 碳汇量＋罚没的碳排放量＝实际排放量

将上式简单变形得到：

CCER 碳汇量＝实际排放量－碳配额总量－罚没的碳排放量

森林碳汇需求主要产生于 CCER 碳汇量，因此，森林碳汇量一定不高于实际排放量与碳配额分配总量之差。

森林碳汇量≤实际排放量－碳配额总量

如前文所述，作为森林碳汇量的主要来源——CCER 受制于国家政策约束，2017，中国碳市场将正式建立，对于 CCER 占配额总量的比重尚未有明文规定，按照 2011 年开始的国内试点地区的一般规定，CCER 往往占配额总量的 5%—10%，我们这里假定即将成立的国内统一碳市场规定 CCER 占配额总量的比重为 m，因此，森林碳汇量≤m·配额总量。

2. 数值模拟分析

（1）现实中，在碳市场建立之初，国家碳配额分配总量一定低于实际排放量。从理论的角度分析，国家分配的碳配额总量应该能够满足国家所作出的减排承诺。因此，如果按照国家"十二五"期间的减排目标，单位国内生产总值二氧化碳排放相比 2010 年降低 17%。

$$(1-x)^5 = 1-17\%,$$
$$x = 1-83\%^{1/5}$$
$$x = 3.658\%$$

按照我国的"十二五"发展规划，每年我国单位国内生产总值二氧化碳排放需要降低前一年的 3.658%。

（2）如果把我国到 2020 年单位国内生产总值中二氧化碳排放比率比 2005 年下降 40%—50% 设定为约束性指标，将其纳入到我国国民经济与社会发展的中长期发展规划当中，进而设定与之相配套的国内统计、监测和考核的相关办法。

$$(1-x)^{15} = 1-40\%$$
$$x = 3.348\%$$
$$(1-x)^{15} = 1-45\%$$
$$x = 3.907\%$$

按照这一承诺，"十二五"期间，每年我国单位国内生产总值二氧化碳排放需要降低前一年的 3.348%—3.907%。

（3）在 2015 年 11 月召开的巴黎气候大会上，中国国家主席习近平发表了一篇题为《携手构建合作共赢、公平合理的气候变化治理机制》的重要讲话，并且向与会国家承诺我国将大力开展节能减排，让二氧化碳的排放量能够在 2030 年前后达到峰值，并且会实现逐渐下降。[①] 另外，在 2030 年单位国内生产总值二氧化碳排放比率将会比 2005 年实现大幅度的下降，下降比率力争达到 60%—65%。

$$(1-x)^{25}=1-60\%$$
$$x=3.599\%$$
$$(1-x)^{25}=1-65\%$$
$$x=4.112\%$$

按照巴黎气候大会的承诺，"十三五"期间，每年我国单位国内生产总值二氧化碳排放需要降低前一年的 3.599%—4.112%。

（4）现实要求，在碳市场的试点省市，一般允许碳配额总量的 5%—10% 通过碳汇交易进行抵免，虽然即将建立的全国碳市场尚未明文规定，但一般情况下，碳汇总量也不能超过碳配额总量的 10%。

森林碳汇量≤碳配额总量的 10%

综合以上分析，森林碳汇的价格与数量需要同时满足以下条件：

森林碳汇价格 P_{CO_2}≤罚款额 f，森林碳汇量≤min（实际排放量－碳配额总量，碳配额总量的 10%）

表 3-5 不同方案下的森林碳汇需求约束

类别	"十二五"	"十三五"	巴黎气候大会承诺
实际排放量－碳配额总量	实际排放的 3.658%	实际排放的 3.348% 实际排放的 3.907%	实际排放的 3.599% 实际排放的 4.112%
碳配额总量的 10%	（1－3.658%）×10%	（1－3.348%）×10% （1－3.907%）×10%	（1－3.599%）×10% （1－4.112%）×10%
森林碳汇需求总量约束	3.658%	3.348% 3.907%	3.599% 4.112%

第三节 集体林权改革和森林碳汇建设协调发展的理论关联

目前集体林权改革是我国林业改革的重中之重，是实现我国林业可持

[①] 习近平：《携手构建合作共赢、公平合理的气候变化治理机制》，《人民日报》2015 年 12 月 1 日。

续发展的前提与手段，也是建设森林碳汇交易机制的基本前提。森林碳汇机制建设将对林业制度、金融和经营管理模式产生一定的影响，对深化集体林权制度改革提供助力。二者发展原则的一致性构成了协调发展的理论基础。同时任何一项林业机制建设均对对方具有正向的促进作用，证明二者的协调发展具有较高理论价值。

一、集体林权改革与森林碳汇建设协调发展的依据

在深化我国集体林权制度改革之时必须遵循坚持林农利益为本、经济社会生态目标彼此兼顾、不违背既有改革措施的基本原则。而上述原则也是进行森林碳汇机制建设必须遵循的依据。

（1）坚持林农利益为本原则

以人为本，一直是我国政府的执政之本。而集体林权改革的根本目的便在于拓宽林农的增收渠道，使其根本利益得到应有保障。一切林改措施的制定、实施都应该以这条根本原则为行动准绳。产权改革并非云淡风轻，它是牵一发而动全身的要事。如果政策规划不力，将直接损害林农的经济利益，使得"服务林农"的口号成为一句空谈。林农如何借助政策，享受到种植带来的真正实惠，实现"让利于民"，生活水平得以提高，将是政策制定当局工作中的头等大事。同样，森林碳汇交易机制在建设过程中仍然需要以增加林农利益为基本前提，通过碳汇交易机制转移支付给林业生产经营者碳汇收入，政府配以碳汇补贴，改变林农传统的生产经营决策，进而保证森林碳汇的有效供给，促进森林碳汇交易机制的建设和发展，才能真正建立起长效的生态补偿机制。因此，坚持林农利益为本是森林碳汇交易机制建设与集体林权制度改革这两项林业建设必须遵循的首要原则。

（2）经济社会生态兼顾原则

经济目标、社会发展目标与生态建设目标的协调统一，对于林业而言意义重大。作为一项公共属性、环保属性与经济属性合一的特殊产业，集体林权改革措施的制定需要兼顾经济、社会与生态各个层面。人与自然的

生态关系，人与人的社会关系，社会与自然的协调关系，需要和谐共容。有时，生态建设目标会因林地的公益属性，降低林农的参与意愿；有时，退耕还林的社会发展要求亦会直接损害林农的经济利益。如何在这三者中寻求一种平衡，需要各方努力。林业的可持续性发展，离不开生态建设与经济目标的支撑。只有统筹规划，在更高的层面协调资源，实现优化配置，才能实现"林农增收、林业发展、林区和谐、生态良好"的目标。林业碳汇交易机制建设是碳市场体系建设的一部分，碳市场交易机制建立的主要目标便是通过市场经济手段去控制碳排放，这里首先体现的是经济与生态的协调发展问题。森林碳汇交易机制是通过森林种植和管理提供森林碳汇供给来抵补企业的碳排放，经济价值与生态价值也是紧密相连的，不能独立发展。在森林碳汇机制建设过程中，涉及各个林业组织机构与林业生产者之间复杂的社会关系，只有协调好这些社会关系，才能真正实现经济与生态的协调发展。而反过来，只有处理好经济利益的分配问题，才能有效调节好村民与集体间的社会关系。显然，只有坚持经济目标、社会发展目标与生态建设目标的彼此兼顾才能实现集体林权制度改革和森林碳汇机制建设。

（3）不违背既有林改措施原则

林业改革自我国改革开放后，便开始在全国陆续推进。在这长达四十年的时间里，林业可谓获得了长足发展。林农、政府、林业企业也在林业改革的过程中进一步深化了对集体林权制度的思考。过去的改革措施在实施推行期间，也难免存在与预期目标相背离，政策与实际相脱钩的情况。因此，决策部门正在不断地省自查，反思之前改革措施中的不足与纰漏，从而推进新一轮林权改革的完善与落实。归根结底，林权改革的深化，不仅需要让林农、林企平稳地接纳新一轮的改革意见，更需要新的改革措施不违背既有条款。切不可大面积颠覆过去章程，进而诱发新一轮隐患。森林碳汇交易机制建设虽然已经开展了一段时间，但对于广大林业经营管理者仍是新生事物，很多人对于森林碳汇交易机制的规则制定与发展趋势尚不了解，多是借助一些国际或者香港公司的帮助来实施。现有森林碳汇机制的设计与实施也是以当前已经开展的集体林权制度为基础，森林碳汇项目的申请和建立也都是在既有林业政策允许的条件下开展的，虽然我国的集体林权制度改革几经调整，但都是在符合生产力与生产关系的基础上，在总结中国特色社会主义实践经验的基础上进行的。对于已经符合当前条件和确认正确的林权改革成果是森林碳汇交易机制不能违背的。当然，随着林业经济的发展变化，适度调整一些林业政策或许也是允许的。但短期来看，不违背既有林业改革措施是继续深化集体林权制度改革和建立森林碳汇交易机制必须遵循的原则。

目前我国的集体林权制度相关的后续改革以及正在筹建的森林碳汇交易机制都是在遵循同一原则的条件下实施的。虽然最终目标上稍有差异，但在实施过程中，所遵循原则的一致性将两项林业机制进行不断的融合和互相交叉作用，因此森林碳汇交易机制也将会成为深化林权改革的重要方法，而林权改革也将推动森林碳汇交易机制建设。在我国林业发展中，两项林业机制的协调发展成为不可回避的重要课题。

二、集体林权改革与森林碳汇建设协调发展的理论价值

集体林权制度的开展不仅为森林碳汇机制的建设提供了坚实的依据和基础，而且能够促进森林碳汇市场的繁荣与发展。与此同时，森林碳汇交易机制建设将促进集体林权制度的发展与完善，丰富碳汇补偿制度。

(一) 林改促进森林碳汇机制发展

首先，林权制度的改革具有很强的制度根基性，它的成功会为接下来的森林碳汇交易改革奠定坚实的条件基础。虽然森林碳汇能够给广大林业生产经营者带来收益，但是由于其具有较强的"外部性"，在更多时候会被整个社会在不付出太多代价的情况下无偿利用，特别是在相关产权不够明晰的时候。在当今时代世界范围内重视气候变化和环境保护的背景之下，森林碳汇实质上正在逐渐发展为一种主要的、不可忽视的、而且能够用于买卖的生态资源。由此可见，接下来急需解决的问题便是关于怎样界

定和明确森林碳汇的归属权的问题，它是建立健全森林碳汇交易机制中的重要环节。而进一步分析不难发现，欲实现森林碳汇归属权的明晰和落实也就自然而然地牵涉到集体林权改革的问题。而从以往的经验来看，在旧有的体制下，森林碳汇的买卖很不容易达成交易，更不容易起到应有的配置功能。所以一般而言，"明晰产权"的改革不仅会成为森林碳汇交易机制可靠的制度基础而且有利于该机制的建立和发展，因而从具体实践层面上看林权改革必然是首先要进行的步骤。当这第一步的改革明晰了林业产权以后，接下来就能够更为顺利地划分森林碳汇交易所带来的收益的归属，进而就会真正起到激发森林碳汇创造者的生产经营热情的目的和作用，最终实现加快建立健全碳汇市场交易机制的根本目标。

集体林权改革的不断深化将促进森林碳汇的供应量。目前，中国的森林植被的面积接近两亿公顷。在近几年的努力下，森林覆盖率也有所改善，超过了 20%。这与人为的保护息息相关，人工林面积已经占到了总数的 1/3，世界第一。同时，从全球来看，我国森林面积占全世界森林总面积 4.5%，森林蓄积占全世界的 3.2%，而单位面积蓄积量为 76.48 立方米，低于美国的 136.46 立方米，也低于全球各国目前 99.85 立方米的平均值。通过以上分析不难看出，中国森林生态状况不容乐观，这种较为落后的不良状况十分不利于我国森林植被生态功能和作用的发挥，更不利于森林碳汇资源的增加。要想扩大森林碳汇的供应量，一方面是加强植树造林和森林防护，提高森林面积；另一方面就是通过提高种植和养护技术不断提高树种质量，进而提高森林蓄积能力和稳固性。以上目标的实现无疑有赖于集体林改的顺利开展及其经营权、所有权等相关权责在生产经营者中的落实。只有所有权和经营权清晰明确，才能真正克服制度改革的瓶颈约束，为林业碳汇资源的有效配置建立坚实的产权基础。

（二）森林碳汇机制将推动林权改革

前面分析了集体林改对森林碳汇交易所带来的影响和作用。那么相反的，林权改革也依赖于森林碳汇交易相关机制的健全与完善。过去，因为中国各个地区，特别是东中西部经济发展水平差距较大、城市化进程各异，导致不同地区林权改革的进展情况存在较大差异，尤其体现在市场化程度不同上。因此也导致目前我国各地林权流转方式也各具特点，各不相同，较为常见的方式包括：转让承包、联合经营、租赁、抵押、竞标拍卖、互换等，在这些方式中最为典型的方式为承包方式与租赁方式，这两种较为传统的方式已经很不适应时代的发展需要。而森林碳汇交易机制的诞生恰逢其时，它一方面有利于林业生产者和经营者的林业资源产权运营意识的增强，还有利于促进其朝着市场化的发展方向，并且也有利于集体林权市场的约束性的加强；另一方面，也带动了抵押、拍卖等各种林业产权流转方式的全面发展。与此同时，森林碳汇交易机制的建立和发挥作用也必然会促使土地流转价格发生更加积极合理的变化，最终使得林权流转机制变得更加规范和有序。具体来看，表现在以下一些方面：

首先，碳汇交易机制可以极大地促进林权改革的实施进程，成为促进其实施的最主要动力。林改初期，我国为了体现公平合理，同时兼顾效率和收入稳定，对林农推行了承包责任制，但这只是完成了初始任务。在此之后，接下来要做的是借助市场的力量逐步"搞活经营权、落实处置权"，最终能够实现保障林农们的"收益权"。要达到这一重点目标，根本上要依靠制度创新来推动林农运用更为有效的配置林业资源的生产经营方式与更为科学的管理模式，逐一解决林权改革过程中会发生的各类影响林业生产质量和效益提高的问题。而建立健全森林碳汇交易机制成为了这些问题解决的关键动力源泉。因为它的建立与完善十分有利于促进林业经营的规模化，使林业生产早日实现规模经济。这也暴露了前期改革中存在的一个逆生产效率提升的问题：小林户的分散经营模式不利于实现规模经济，由于一家一户的生产成本太高，更不利于新技术的学习应用，同时无法形成合力建设其他有关的基础设施，这也就导致基础设施以及公共服务的投入稍显不足。例如，就我国林区的道路而言，其平均密度仅 4.8 米/公顷，这一数据还不到发达国家的 1/5。如同 Olschewski 等（2005）[①]、Edwards 等（2012）[②] 及 Besten 等（2014）[③] 的观点，森林碳汇交易使造林成为可供选择的土地利用方式，导致土地的重新规划并减少滥砍滥伐等违法行为。建立健全森林碳汇交易机制，借助好该机制一是能够更好地盘活林业资产，解决林业生产经营资金缺乏的问题，同时有利于筹集修路、建设电力、电信以及供水等相关基础设施的资金，同时也为以后能够长期开展更大规模的森林经济提供强有力的保障。二是搭建森林碳汇交易平台，健全与完善森林碳汇的相关机制，如风险保障等，将更好地推动林业生产经营者的联合经营，实现互利互惠，最终促使林业生产与经营迈向规模化，实现更加有效的资源优化配置和规模经济。

其次，碳汇交易机制能够增强林农的盈利能力，进一步健全林业经营收益和相关补偿制度。我们已经明确，建立健全与林业发展相关的各项辅助机制是现在集体林改中必须先行解决的问题。值得关注的是，建立与完善森林碳汇交易机制不仅十分有利于促进生态补偿、投融资等相关的起辅助作用的机制的形成和发挥作用，而且能够最终加快集体林改的进展速度。举例来说，在森林碳汇交易机制中明确规定，拥有一定碳排放限额的控排企业可以在该市场借助购买和使用森林碳汇的办法抵消自身实际发生的碳排放。受碳排放约束的企业在其实际碳排放超出标准的状况下，一般有三种选择方式：一是强化本身的要求，也就是加大本身对企业节能减排的资金和管理的投入，最终可以通过企业自身的减排达到规定的目标；二是借助碳抵消机制的方法，即购买经主管部门核准的那些，具有特定类型

---

① Roland Olschewski，Pablo C. Benítez，"Secondary Forests as Temporary Carbon Sinks? The Economic Impact of Accounting Methods on Reforestation Projects in the Tropics"，*Ecological Economics*，Vol. 55，No. 3（2005），pp. 380—394.

② David P. Edwards，Lian Pin Koh & William F. Laurance，"Indonesia's REDD+ Pact：Saving Imperilled Forests or Business as Usual?"，*Biological Conservation*，Vol. 151，No. 1（2012），pp. 41—44.

③ Jan Willem den Besten，Bas Arts & Patrick Verkooijen，"The Evolution of REDD+：An Analysis of Discursive-Institutional Dynamics"，*Environmental Science & Policy*，Vol. 35（2014），pp. 40—48.

减排项目产生的碳汇规模，以此来抵消自己的实际碳排放量；三则是通过碳汇交易市场，购买其他的企业富余的碳排放配额。通过这几种方式，使得森林碳汇买卖收入转变成林农增加日常经营所需资金的专门渠道。也就是通过要求温室气体排放者对空气质量的改善者或者减排者支付一定的补偿金的制度，很好地化解了环境保护中存在的外部性问题，使得林业生产经营者获得了所需的生态补偿。如同 Besten 等（2014）①所言，森林碳汇项目不仅对减缓气候变化具有重要功效，同时作者也指出森林碳汇项目具有重要的收入转移功能，有助于农村贫困人口收入的提高。另一方面，因为林业生态功能近年来越来越受到国际社会的认可，许多国家已经共同签署了一些共识性很强的协定，如《马拉喀什协定》《波恩政治协议》《巴黎协定》等。如前两个协定就规定，资金实力较为充裕的发达国家应该积极支援资金不足的落后国家，例如发达国家还可以通过与发展中国家的合作开展林业碳汇项目，这样不仅更够解决其自身造成的温室气体排放量超标的问题，还能较为积极的支持经济落后国家。这种做法的实质是林业生态可以在各国之间借助市场交易获得收入的新时期的到来。

最后，建立与完善森林碳汇交易机制还能够有效促进为林业生产经营提供各种中介服务的相关机构的健全与完善。近年来，随着林权改革的逐步深入开展，我国各地区关于林业产权流转市场化运行的各类中介机构纷纷产生，相关服务体系也初步建成并发挥作用。但是，相关管理制度不够完备，以及实际工作中的操作流程也依然还不够规范。目前，在我国多数地区依然缺少健全的森林资源资产评估服务机构和林业经营的经济仲裁机构。从长期来看，这些中介机构的辅助作用是巨大的，它们的不健全必然会影响到林权流转市场的发展。如果这些机构不完善和不能有效发挥作用，就可能会出现一些有关林业经营的问题。而随着森林碳汇交易机制的健全和发展，最终将要求促进各种林业经营中介服务机构的诞生和发挥作

---

① Jan Willem den Besten，Bas Arts & Patrick Verkooijen，"The Evolution of REDD+：An Analysis of Discursive-Institutional Dynamics"，*Environmental Science & Policy*，Vol. 35（2014），pp. 40—48.

用，这些问题也将迎刃而解。

三、集体林权改革与森林碳汇建设的关联机制

前文对森林碳汇供求问题进行了探讨，得出了影响森林碳汇供给的因素与具体约束条件。集体林权制度改革与森林碳汇交易机制建设将通过影响上述因素与条件而产生关联，对林业方面的政策法规安排、金融配置及经营管理能够影响林业经营的成本及收益。

从政策层面看，在集体林权制度的后续改革过程中，包括林权规划、林地流转、砍伐时间、林业税收和补贴等林业政策层面的规划与调整将影响碳汇生态林供给价格和数量，同时对森林碳汇制度的设计也将影响集体林权制度改革的生态成效。从金融层面看，原有林业金融安排是碳汇林供给的重要资金来源，而森林碳汇基本产品与衍生金融工具能够缓解林业金融抑制、解决信贷错配问题，为林业发展带来新的生机。从林业经营管理看，集体林权改革中的林业经营、伐区管理等经营管理方式对森林碳汇的管理成本有重要影响，而森林碳汇项目的实施客观上要求森林经营管理模式的调整。因此，集体林权制度改革与森林碳汇交易机制建设之间将通过政策法规安排、金融配置及经营管理这三项机制相互影响。

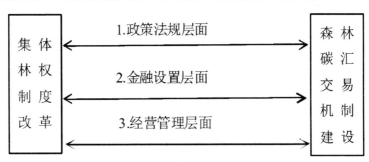

图 3-4　集体林权制度改革与森林碳汇交易机制建设的关联机制

(一) 政策法规机制

在倡导低碳经济推行绿色发展的背景下，由于森林在吸收和存储二氧化碳、控制全球气候变暖方面的重要功效，造林护林方面的政策机制建设

显得尤为重要。政策因素是对林业经营影响最大的因素。在集体林权制度改革过程中，重新设定了集体林的经营权、流转权属性，进而影响了林业经营的成本和收益。同时，对砍伐数量、时限及指标分配的规定也将影响林业生产的收益函数，政府对林业的价格规制、税收和补贴政策设定都以硬约束形式对林业生产经营活动产生影响。除了上述硬约束外，政府还通过技术指导、经营指导、差额补贴、宣传等模式对林农生产经营进行影响。如王昭琪（2014）[1] 利用调查数据实证分析得出的结论，在森林碳汇项目涉及区，林户是否参加森林碳汇供给的意愿受文化程度、家庭劳动力人数，家庭人均收入，林业收入占家庭收入比例、农户环保意识的影响。而在非项目涉及区，林户是否参加森林碳汇供给的意愿受文化程度、林业收入占家庭收入比例、林地面积、农户环保意识及对碳汇林未来经济预期。显然，政府通过宣传等软约束模式也会改变农户环保意识，进而影响林农的生产经营决策。

如前文所述，上述政策法规因素将共同进入碳汇生态林选择模型之中，并联合各项碳汇政策共同发挥影响。这与沈月琴等（2015）的研究成果相一致，沈月琴等利用 CGE 模型研究得出，当碳价格限定在合理区间范围内时，碳补贴和碳税政策对森林碳汇的发展起到积极作用[2]。同样，陈丽荣等（2015）进一步考察了政府碳汇政策与碳汇经营者供给行为之间的关系，他们认为企业碳汇购买的积极性与政府碳汇政策共同影响森林碳汇供给意愿[3]。尤其是结合前文对碳汇供给模拟分析的结论，政府是碳汇市场的创造者和培育者，各项制度设计在碳汇市场发展中发挥着核心作用。在碳汇市场发展初期，政府作为碳汇市场的培育者和管理者，通过采取碳汇补贴等手段调整林业经营者预期，扩大碳汇供给以支持碳汇市场发

---

①　参见王昭琪：《农户参与林业碳汇意愿及影响因素动态分析——以云南省凤庆县、镇康县为例》，《中国林业经济》2014 年第 5 期。

②　参见沈月琴、曾程、王成军、朱臻、冯娜娜：《碳汇补贴和碳税政策对林业经济的影响研究——基于 CGE 的分析》，《自然资源学报》2015 年第 4 期。

③　参见陈丽荣、曹玉昆、朱震锋、韩丽晶：《碳交易市场林业碳汇供给博弈分析》，《林业经济问题》2015 年第 3 期。

展。而随着碳汇市场逐渐完善，碳汇需求不断增长，碳汇价格不断上涨，当碳汇价格能够满足碳汇供给条件时，碳汇市场培育成形，政府将调整碳汇补贴政策，重点以碳汇市场的管理者身份保障碳汇市场的安全运行。显然，集体林权制度改革与森林碳汇交易机制建设进程中的制度设定，将互相影响，而制度方面的协调就显得十分必要，在下文将重点考察集体林权制度与森林碳汇制度之间的兼容性。包括集体林权制度所设定的林业所有权和林地流转后的经营权是否与碳汇林的收益归属相一致，林木砍伐指标设定、间伐时限设定与碳汇林砍伐时限是否有制度方面的区别，正常林木的补贴与碳汇林的补贴之间是否有制度冲突，林木价格与碳汇的价格机制之间的政府限价是否影响碳汇生态林的选择。

（二）金融互助机制

与其他行业一样，林业信贷金融支持是林业发展的重要资金除了自有资金、政府补贴、民间信贷以外的括金融机构的贷款。信贷资金对林业发展有着尤为特殊的意义。政府的资金来源在林业资金来源中一直占有较高比重，也致使政府财政压力过大，而相对于有限的自有资金外，金融机构的信贷资金支持显得弥足珍贵。对林业发展而言，金融机构的信贷支持不仅具备着资金支持的普通含义，还具备着杠杆效应、期限匹配等特殊功能。与种植其他经济作物相比，林木的生产经营周期较长，获取收益的滞后性导致林农资金的流动性较差，尤其是生态林的轮伐期更长，在生态林轮伐之前，林农需要大量的生活消费资金，可用于种植生态林的资金严重不足，即使获得森林碳汇收益和政府碳汇补贴的支持也难以满足林农对资金的流动性需求。林业信贷是支持林业发展的基本手段。

集体林权制度改革实际上是打开了林业信贷的窗口，林木所有权和林地经营权的确定丰富了林木信贷抵押品的种类，为扩大林业信贷提供了基本的抵押物和渠道。集体林权制度改革的首要任务是确权，为集体林户发放经营许可证，给予其林地经营权，允许其将林权流转，同时也将经营权所在地的林木所有权赋予林农，这样林农在缺少资金时，可以将林地经营权或者林木价值作为抵押，获取银行贷款，进而盘活了林木资产的流动性，为林业发展注入了金融机构的信贷资金。尽管如此，当前的林业信贷并未从根本上解决生态林资金短缺与流动性不足问题。主要原因在于以下两点：一是林业信贷支持力度小。受林业抵押评估难、市场流转难及贷款保险难等因素的影响，目前提供林业信贷的金融机构较少，现有林业信贷工具单一，林业信贷资金严重不足，尤其是与农业信贷相比较，林业信贷工具急需创新。二是林业信贷存在期限错配问题。目前林业信贷期限往往是1—3年，相对于林农能够获取的林木砍伐收益而言，短期信贷资金无法满足林农持久的流动性需求。

森林碳汇领域的林业金融创新为解决上述问题提供了思路和途径，为进一步推进集体林权制度改革提供资金支持。如同蓝虹等（2013）的研究，森林碳汇交易能够化解农村金融排斥，引导资金回流农村①。森林碳汇金融工具不仅能够提供林业金融创新，同时也能够为创新和完善林业金融体系贡献力量。具体而言：一方面，碳汇金融工具的创新可以增加林业信贷支持，缓解期限错配问题，提高金融机构规避风险的能力。首先森林碳汇储蓄产品、森林碳汇债券、森林碳汇基金等基础性金融产品，通过创新林业信贷品种的开发，能够提高对生态林的金融支持；其次将这些包括碳汇信贷在内的林业贷款打包成证券化产品，创造林业收益抵押贷款证券化产品，可以延长林业信贷的金融链条，分散金融机构信贷风险，通过放宽信贷产品的时间期限，满足林农的流动性需求；最后，森林碳汇远期、期货、期权类产品的创建，森林碳汇信用结构性产品和互换产品的引入，将使金融机构拥有可对冲的信用风险规避工具。此外，森林碳汇领域的金融创新能够延长成本支付时间以降低其贴现值，该手段成立的前提是碳汇林信贷支持利率小于等于碳汇供给模型中的贴现率。在满足这一前提下，碳汇林金融创新也可有效提高碳汇林供给收益的贴现值。

（三）经营管理机制

林业经营管理机制既包括合作委托造林小组、家庭合作林场、林业种

---

① 参见蓝虹、朱迎、穆争社：《论化解农村金融排斥的创新模式——林业碳汇交易引导资金回流农村的实证分析》，《经济理论与经济管理》2013年第4期。

植专业合作社以及股份合作林场在内的林业管理组织模式，也包括林业经营过程中的造林、抚育、管护、采伐、利用、林地管理、森林采伐管理、森林防火、病虫鼠害防治、种苗管理、造林绿化等方面内容。显然，林业经营管理模式对造林成本收益具有重要影响。集体林权改革将会改变传统的林业管理模式。目前我国在集体林权制度改革以及林地流转制度的激励作用下，广大的林业经营主体势必会从集体逐步向独立林户过渡。依据已有的研究来看，南方的大部分集体林区，广大林户已经成为林业经营主体，而且由于这种林业经营主体的改变，随之而来的便是林业管理模式的改变，即由集体的那种统一管理模式转向林业个人管理模式。现在改革后的林业生产经营模式不但能够实现经营权和收益权的相互统一，而且在林业管理上也将实现以林户独立管理为主的联合管理，以委托管理为辅的管理模式，综合看来，这一管理模式不但有利于促进林户管理效率的提高，还有利于林业碳汇供给的增加。森林管理的效率是决定碳汇供给的一项重要的因素，其他影响碳汇供给的因素还有碳汇的价格和利率等。除此之外，森林管理效率也将决定碳汇供给的成本，进而对碳汇供给决策产生影响，甚至是影响碳汇交易体系的建设和发展。综上所述，集体林权改革主要是通过森林管理模式的改变，从而提高森林管理的效率，刺激森林碳汇的供给，最终会促进碳汇林业的建设和发展[1]。

Peskett 等（2011）的研究认为，森林碳汇交易能够改善林业监管模式。育林种类、间伐与主伐时间、施肥量、燃油机器的使用、森林火灾都将影响森林碳汇的供给总量[2]。在森林碳汇实施过程中，提高森林经营管理模式，减少由经营管理造成的碳渗漏，可以保证项目的顺利进行。森林碳汇市场产生的碳汇如果想要进入市场，那么就必须持有森林碳汇市场管理机构所许可的那些第三方认证机构所认证并且出具的合格证明，这也将

---

① 参见张伟伟、高锦杰、费腾等：《森林碳汇交易机制建设与集体林权制度改革的协调发展》，《当代经济研究》2016 年第 9 期。

② Leo Peskett, Kate Schreckenberg & Jessica Brown："Institutional Approaches for Carbon Financing in the Forest Sector：Learning Lessons for REDD＋ from Forest Carbon Projects in Uganda"，*Environmental Science & Policy*，Vol. 14，No. 2 (2011)，pp. 216—229.

为碳汇项目实施过程中的林业经营管理形成监督。此外，从经营模式看，森林碳汇项目的实施，客观上要求林地面积达到一定要求，这将推动村落间的林业生产经营合作，推动跨区域的林业管理合作。这将改变碳汇供给的边际成本，进而调整林农生产经营预期，影响碳汇生态林供给行为。

综上，集体林权制度改革与森林碳汇交易机制两者之间存在着十分密切的关系。森林碳汇交易机制建设的基础及前提是集体林权制度改革，而集体林权制度改革深化的重要支撑是森林碳汇交易机制的建设。这两项林业安排将通过制度、金融和经营管理三项机制相互关联。

第四章 林业发展的国际经验借鉴

当今世界，大多数国家将森林产权分为私有林和公有林，私有林的面积大于公有林，并且在林业经济中起着不可或缺的作用。在保持林地原有权属的基础上，各国对森林的支持优惠政策以及补贴的力度也在不断加大和发展。这些国家之所以能够在林权私有的情况下有力控制和管理较分散的林主的经营，是因为政府给个人和私营林主设置了科学严格的法律法规以及行为框架。发达国家经历了工业化发展阶段，在处理林业与经济建设、生态保护方面积累了大量的经验教训。其中，美国治理酸雨计划的市场化手段构成了国际碳市场的雏形；欧盟最先建立起完备的碳市场体系，并将林业与碳市场体系有机结合；日本在林业管理与环境保护方面也积累了大量经验。此外，作为发展中国家的印度也拥有发达的林业金融市场。这些国家都在森林发展上积累了独特的经验。

本章主要是考察林业发展的国际经验，重点选取了美国、欧盟、日本和印度四个经济体，按照第四章的思路，本章将各经济体的经验按照政策、金融与经营管理三个层面，考察这些经济体在林业发展上的独特经验。

第一节 美国林业发展的政策、金融及管理经验

美国的国土面积约为 937 万平方公里，森林覆盖率达到 33%，私有林为主体，占比约为 2/3，公有林近 1/3。美国是较早重视环境治理的发达国家之一，当前国际碳市场的雏形就是参照美国酸雨治理方案进行设计的，但在全球环境治理的问题上，美国并没有担当起与其国际地位相匹配

的职责，本国发展至上及总统的来回更迭使其对世界环境治理的承诺往往胎死腹中。美国虽然作为《京都议定书》的初始缔约国之一，但是于2001年3月，却出乎意料地单方面退出了，原因是新上任的总统认为"减少温室气体排放将会影响美国经济的发展"以及"发展中国家也应该承担减排义务"。在2014年，时任美国总统奥巴马在中美联合声明中承诺：美国将计划在2025年实现26%—28%的减排目标，并且将努力在2005年基础上减排至28%左右。如出一辙，2017年新任美国总统特普朗又宣布退出《巴黎协定》。尽管如此，作为联邦制国家，美国虽然未在全国层面履行国际承诺，但在州级政府层面依然积极参与全球环境治理，包括区域温室气体减排计划和加州碳市场，都具有较好的借鉴意义。美国在林业政策、金融及管理层面所积累的丰富经验，尤为值得学习和反思。

一、林业政策层面

（一）森林产权制度

美国的林业产权制度对美国林权的权责归属做了明确规定，其林业产权主要有两种：公有林和私有林。首先，公有林指美国各级政府拥有所有权并直接进行管理的林地，公有林按照权属又分为国有林和州有林，其中国有林指美国林业局拥有所有权的林地；州有林指那些如州政府、内政部土地管理局、能源部以及县政府等部门拥有所有权的林地。另外，美国全部的公有林都遵循一条原则——"拥有者管理、投资者受益"。公有林主要目的是承担社会责任和生态责任，不以商业经营和经济效益为目标，其亏损部分由政府财政补贴。

私有林指私人（个体或企业）拥有所有权的林地，私有林地主要用于商业，政府还会对那些私有林因提供的生态和社会效益而受到的损失提供补偿。美国的私有林提供了国内几乎百分之百的木材。私有林主既是植树造林的主体，又是木材生产的主体。私有林主所拥有的林地属于私有财产，受到法律的保护，而且私有林在经营林地方面奉行自主管理、自负盈亏的原则。另外，私有林会依据法律规定向政府纳税，政府也会通过财政、金融等手段扶持私有林的发展，引导私有林主规范地管理森林。

（二）生态补偿制度

美国是一个联邦制国家，联邦政府和各州都具有独立的立法权，致使森林生态补偿方面的法律法规较为复杂。

1. 退耕还林保护计划

1985年农业法案中确立的"土地退耕还林保护计划"是森林生态补偿最基本的法律制度，是广大林农自愿参加的一种私有林生态保护项目。它的主要内容是由政府提供耕地补助资金购买森林的生态效益，对退耕还林的耕地的造林机会成本的损失进行补偿，即对于那些因为开展生态保护而退耕还林的土地以成本分摊法进行补偿，补偿比重大约占农民造林所需成本的50%—70%。但是美国各州补偿标准并不完全相同，它们主要根据环境评价体系来确定补偿费用，在1985年、1990年和1996年的农业法案中都确定了各自的标准。另外，广大农场主在决定参加计划后，需要同农业部签订一份期限一般在10—15年的退耕还林的合同，并且规定在合同期满后，其签订双方将会参照计划执行的情况和优劣等级来决定是否续签。

2. 超级基金法制度

美国分别在1980年和1986年颁布了《超级基金法》和《超级基金修正及再授权法》，该法律规定，对排放到环境中的有害物质划分责任、对责任划分完毕的有害物质进行清偿核算。为了保证补偿费用都能得到及时解决，美国通过设立超级信托基金来对高污染废弃地进行治理。联邦政府立法授权给当地的环保局局长，他们可以颁布行政命令，并指定任何可能对公众健康、福利和环境等造成"实质性危害"的物质。另外规定，涉事当事人不管有无过错，都应当连带承担全部治污义务。如果发生当事人暂时没有经济能力来及时治污的情况，该法规允许在法定的情形下先由超级基金垫付治污费用，而后可以通过诉讼等形式向最终的责任方追索费用。

3. 森林生态保险制度与市场化补偿机制

在2014年美国的农业法案实施以前，以政府补贴为主的"政府主导模式"是美国一直以来的森林生态补偿模式，而在 2014 年以后，除了取消农业的直接补贴，还同时引入了森林生态保险制度和森林市场化保护这两种机制。2014 年的农业法案所确立的这种森林生态补偿主要采取市场化运作机制，该机制不仅调整了美国退耕还林计划的上限面积而且还允许该国所有企业参与森林生态补偿的项目。2014 年以后，美国这种森林生态补偿的市场化程度逐渐提高，具体表现在除去农业法案中所确定的土地退耕还林计划外，美国还允许其他形式服务于森林生态补偿，例如森林碳汇交易、森林旅游以及森林狩猎等。

（三）林业税收政策

美国联邦政府和各个州都规定，对和森林相关的收益征收各种形式的税费都必须依据法律，其中与林业相关的主要税种有以下三类：

1. 所得税

美国税法规定：（1）公民砍伐自己的林木，无论出售或自用，都有享受长期资本所得的资格，但公民必须持有或者曾经持有过一个即将采伐的契约；（2）公民拥有林木 1 年以上，且具备该林木的经济权益，即可将出售林木的收入作为长期的资本收益。长期资本收益额的计算方法是：用林木采伐前公民应纳税年的第一天的木材的市场价格减去调整后的耗减基数也就是资本投资，所得的差值等于长期资本所得。美国规定对年净收益超过 2.5 万美元的所有企业都征收所得税，税率则根据收入进行分级，通常都是使用累进税率，该所得税税率的公式为：实际所得税税率＝（州所得税＋联邦所得税）÷税前收益×100％。

2. 财产税

财产税是对不动产和动产征收的税种。林地和立木均作为不动产，两者都适于征收森林财产税，其征收依据是：根据土地和立木价值征收，即树木无论是否达到采伐年龄，所有者都需要每年进行纳税；课税基础是森林的财产价值，即根据森林财产的估价进行森林财产估值，估值后进行相应的纳税。但是以财产的市场价作为评估价值的时候，由于市场是不断变化的，这也就导致最终的森林财产价值随市场价格的变化而变化。由于森林面积一般比较大，再加上树木也处于不断生长过程中，所以准确掌握初始估价，并根据树木的年生长量、自然枯损量、采伐量等因素来进行价值评估，这成为税收工作最难的部分。为了确保课税基础的准确性，美国有关部门会对其价值进行逐年调整。

3. 森林采伐税

按照规定，除了太平洋沿岸的少数地区之外，美国的林木采伐都在次生林中进行，因此次生林也是采伐税的主要征收对象。森林采伐税征税的主要目的有两点：一对资源开采征税可以有效阻止森林资源的过度消耗、不合理利用等情况；二对资源开采征税可以获得更多的资金，进而可以加大对森林经营的资金投入。美国的采伐税规定：当森林的所有者采伐林木是为了供自己的家庭使用的时候可以免税。美国对于各个州的纳税人也有不同规定，有的州规定林木的采伐者是纳税人；有的州规定木材的加工者或者运输者是纳税人；还有的州规定森林的培育者是纳税人。

（四）森林碳汇制度

美国已经成立了多家二氧化碳排放的交易机构，其中芝加哥气候交易所、区域温室气体排放倡议所、加州气候行动登记所是美国目前从事森林碳汇信用交易的主要机构。这些交易机构规定，当林主经营某项碳汇项目时，必须经由美国森林碳汇认证机构的认证方可开始项目，而向有关部门申请上市交易的话还需要获得由政府颁发的碳汇信用项目注册登记证或者是森林碳汇交易许可证。

我们以加利福尼亚州为例，在 2006 年加州通过了《全球变暖解决方案法》，该法案制定了一个开放的总量控制和交易方案，该方案总共包括了整个州大约 5/6 的温室气体排放量。能源委员会、加州空气资源委员会（CARB）、加州气候行动注册处等对加州碳市场负责任，其中空气资源委员会是其主要的负责机构。美国加州规定对所有的限排实体设立排放的上限，总体排放上限会随着时间的推移而逐渐降低。对于那些合格的实体，会同时颁发碳汇交易许可证；而对于超过排放量的那些不合格的实体企业则要求他们交出排放配额，或者通过购买碳补偿信用单位的配额来抵消。

但是，这些不合格的企业仅能够利用"碳补偿"额度来抵消大约 8% 的减排要求，因为如果用碳补偿的方式进行减排工作，那么可以获得比购买碳排放配额更加低的成本，加州规定的碳排放配额的交易价格大约是每吨16 美元，碳补偿额度的价格大约是每吨 12 美元。

加利福尼亚州的气候行动森林碳汇项目主要包括：造林、改善森林管理项目以及避免毁林项目。加州规定所有的森林项目的开发不仅要根据最新的市场需要，还要满足该州空气储存委员会的承诺，即到未来 25 年计入期的抵消额度要经得起未来一百年的监测、核查，这是迄今为止森林碳汇标准所规定的最长的监测期。如若空气储存委员会对当前实行的方案进行更新或者修改，那么相关的在未来 25 年的计入期内的森林碳汇项目协议也要及时申请更新。为了刺激森林碳汇交易市场更加活跃，加州出台了相应的政策：为了鼓励林主积极参与销售碳信用的有关活动，对于那些主动参与森林碳汇项目的广大林业主，实行减免财产税政策；为了让二氧化碳排放企业更加积极地获取碳信用，政府实行强制性分配排放指标原则；为了能不断完善碳汇交易平台，政府和市场合力完成彼此的责任，其中政府负责监督和制定相关管理和规则，而市场则会依据排放权价格的制定以及碳汇买卖等一些具体交易，进一步推动森林碳汇的发展。

二、林业金融层面

保证林业投资力度，是促进林业发展的重要保障。美国对林业的资金投入具有量多、面广的特点，特别是在中小家庭农场和小私有林主的林业生产经营和管理方面。

（一）林业专项贷款

美国各州的中小家庭一般都拥有森林，这些小私有林主的经济实力往往比较薄弱，因此基本无法从一些私人银行得到贷款，进而影响了其林业的生产和经营活动，不仅降低了美国家庭收入，而且也不利于私有林的发展。美国联邦政府为了缓解这种状况，因此实施了专项贷款。该贷款由美国的农业部下属的农民家政管理局负责，主要有两方面的优点：贷款利率低，其利率一般在 6% 左右浮动，整体上都会低于私人银行的商业性贷款；贷款期限长，该项贷款的期限一般都较长，如一般生产性贷款期限为 7 年以下，紧急贷款和灾害贷款的期限长达 20 年之久。

(二) 奖励造林资金

美国对于私有林的发展非常重视，拨专款用于一些全国性和区域性的林业建设项目，并且在美国财务局的主持下，为了鼓励非工业企业私有林的经营和发展，实行专门的奖励和补助机制。例如，在 20 个世纪 70 年代，国会批准了用于非工业企业私有林的造林、更新的"奖励造林项目"，它是美国规模较大的项目。这种"奖励造林项目"由私有林业主自愿申请参加，并且国家支付项目所需费用的 65% 左右，以此作为对私有林主的奖励，此项目开展以来，非工业企业所拥有的私有林面积不断扩大，美国的造林总面积也在逐年上升。

(三) 林业基金

美国公有林的最主要融资制度就是林业基金制度，该基金制度主要包括：造林信托基金和造林补助基金。其中，造林信托基金的资金主要是来自美国木材及其相关产品进口税；而造林补助基金的主要资金来源是联邦政府和州政府财政预算。美国对林业资金的支持主要有两种，对于公有林来说，政府主要采取直接介入的方式为林业提供资金；对于私有林，联邦政府则主要采取政府间接介入的方式，如通过税收补贴等其他间接方式为林业提供资金。另外为了分散森林的投资风险，激励国内私人部门的相关保险机构为林业提供保险，联邦政府会为这些私人机构提供业务补贴。

(四) 林业碳汇金融

美国在全球碳汇交易市场中的表现十分活跃，创造了大量的林业碳汇金融产品。(1) 森林碳汇期货产品能够为森林碳汇交易的双方提供套期保值，并且能最大限度减少碳汇价格的风险；(2) 森林碳汇保险通过开设自然灾害、虫灾、政治政策以及远期风险等保险品种，不仅能够促进该国林业保险的发展，而且可以为森林碳汇提供保障；(3) 设置森林碳汇互助基金，其目的主要是分散森林碳汇的提供者个人的政治政策风险以及土地价格风险，通过互助的形式来分散碳汇风险，既利于风险的把控也有助于免去大家的后顾之忧，提高积极性；（4）实行证券化的森林碳汇市场交易模式，可以让市场制度和规则更加清晰化和标准化，不仅能够提高森林碳汇交易商品的流动性，减少很多不确定性，还能最大限度节约交易成本，从而达到降低风险的目的。

以芝加哥气候交易所（CCX）为例，芝加哥气候期货交易组织（CCFE）是芝加哥气候交易组织的全资子公司，作为美国产品期货交易委员会（CFTC）专属合作平台，不仅提供规范的温室气体排放量配额，而且提供多种环保商品类的期货合约。在 CCFE 进行交易的与林业碳汇有关的金融商品种类繁多，主要包括碳金融工具期货 CFI、清洁能源指数期货 ECO、经核证的二氧化碳减排期货和期权、欧洲碳金融期货 ECFI。最具代表性的林业品种是芝加哥商业交易所（CME）的木材期货，而且在 1969 年，芝加哥期货交易所推出了全球首个林产品期货合约，即 CME 木材期货合约，现如今，该合约逐步得到完善，已经发展成为任意长度的木材期货合约，极大促进了林业金融工具的发展。

三、林业经营管理层面

（一）林场认证管理

林场体系认证（ATFS）是美国森林基金（AFF）领导下，由美国农业部所支持的认证体系。ATFS 通过教育、管理、培训和推广等活动，一方面可以强化对森林的保育工作，另一方面还可以帮助林地的所有者提高林地生产率，维护林农的利益，继而实现森林的可持续经营。为了把私有林纳入到集约经营的阵营中，农业部制定了"林业鼓励计划"以及"农业保持计划"，用来对私有林的经营和发展进行指引。鉴于广大私有林主在林业技术方面的困难，政府联合实施了"合作森林防火""合作森林经营"以及"森林病虫害管理"等计划。由此看来，国家支持和认可的森林认证过程再加上联邦政府的扶持计划使得森林认证，能够在较小规模的林主中广泛推广和应用。

（二）林业技术管理

1. 育苗技术

广泛采用计算机进行种子园的生产和管理是美国育苗技术的一大特色，种子园在种苗生产中采用机械化水平较高的经营方式，园内的整地、采种、灌溉以及加工等程序都实行机械化管理，就连苗圃里的整地、截顶、灌溉、切根、起苗、包装以及贮藏等步骤都会有专门的机械进行处理。美国的林业种子园都是集中大型管理的，而且该国在林苗管理方面实行补偿，主要措施包括：实行林苗计划管理，不进行成本的核算；增加种子园的资金投入等。另外，种苗生产和管理的资金来源是多方面的，按照森林权属划分主要有三种：一是国有林，主要由联邦林务局负责种苗的管理和生产；二是州有林，其种子园的营建由州内自行解决；三是私有林，其中大企业的私有林靠大企业自己内部解决，而美国的小企业私有林则会依照市场供需由就近的联邦、州林务局等机构提供技术资助。

2. 造林技术

美国在林木的营造和管理中本着"高效益、低成本"的原则来对造林方式和营林措施进行选择。为了保护并增加土壤有机质，更为了不破坏 A 层的土壤，以便提高森林的土壤肥力，美国主要是通过烧掉采伐迹地的剩余物来整地。另外，在林木种植期间，因为林木的根部竞争比较激烈，这种情况势必会影响森林的面积产量和林分质量，所以一般都会在特定的温度、湿度以及风速等条件下进行及时的林木抚育。美国在林木抚育时期主要实行计划烧除的方式，具体方法为，在规定抚育的林区内，通过大火燃烧将尽可能所有的杂草、不良树木以及非该区域种植的林木铲除，并且还会整理燃烧后的林木，使其在更加舒适的环境中成长成材。

3. 高新技术

美国政府采用全球定位技术和遥感技术来对森林进行更加科学的管理，采用地面和航空调查相结合的方式是目前美国国家森林资源宏观监测的主要手段，其核心就是全球定位系统，该系统能够对森林资源进行定期的监测，它主要包括地面控制、空间以及用户共三个部分。遥感技术是美国又一高新技术，它不仅能够及时处理森林火灾，在林业数据监测等方面也有着独特的技术优势，当前美国大概拥有 450 万个遥感样地，这样对每个样地可以进行超过 100 项因子测量和分析，能够进一步提高森林灾害的监测和防治，大大提高了工作效率。

（三）森林碳汇管理

1. 森林碳汇造林管理

美国有关法律规定，参与碳信用交易森林的土地的所有者必须经营造林方案、生产长存木材制品方案以及森林可持续管理方案等 3 种森林碳汇项目中的其中一项，因此，在林业管理方面，明确经营的森林碳汇项目是极其重要的。植树造林项目是美国广大林业主经营最多的森林碳汇项目，对于造林方案还有其特殊的规定，如造林所需的土地须是过去 50 年以来的无林土地或者荒地；在合同存续期间，除非土地所有者在树木稀疏之前就选择了可持续的管理森林的模式，否则不管树木的稀疏程度如何，都是可以砍伐的。

2. 森林碳汇可持续管理

在合同期内，包括已经被第三方认证为可持续管理的现有的林地，碳储量的增长必须超过树木稀疏、砍伐或者死亡导致的碳移除等因素所导致的碳减少的情况，也就是林业主最后赚得的碳信用额度＝可持续管理的森林创造的碳信用额－（林地流转或森林灾害造成的碳移除＋生产长存木制品的碳信用额）。其中生产长存木材制品方案是比较特殊的，在此方案下，碳信用额是基于对该木材制品使用的预期一百年后的碳汇来计算的，也就是说长存产品是指那些用于住宅建筑或家具的松木或硬木锯材，这种长存产品就比用于纸张或托盘的纸浆的木材获得的碳信用额多。

3. 林业主森林碳信用管理

在树木的成长时期，凡是参与碳信用交易的林主都能够销售或者赚取碳信用，碳信用是由吨等值计量的一种碳汇市场用语，通过计算机的模型，可以把碳汇转换为碳交易的重量。美国大部分的落叶林地区的森林每年每英亩碳汇大概都超过 2 吨，林地的土壤肥力、林木的树种等都会影响森林碳汇测算，进而影响可销售和赚取的碳汇量。

四、美国林业发展的经验启示

(一) 清晰的林权制度和多项扶持政策

美国不仅林业产权制度清晰，而且在经营上职责明确，使得各方的权益和职责都得到充分的考虑，清晰的林业产权也保证了森林碳汇的权益归属。奉行"私有林为主、公有林稳定"的原则，使经济效益、社会效益、生态效益三者得以兼顾，并且各种效益都可以在最大化中保持相对平衡，为以后实现林业可持续发展打下了坚实的基础。

为刺激私有林主森林管理的积极性，美国制定了许多扶持政策。这些扶持政策的政策稳定性比较强，且扶持的幅度较大。在贷款扶持政策上，利率较低（5%—6.5%），年限较长（1—7年）；在税收减免上，在私有的土地上造林，其费用可以在当年纳税时扣除，扣除限额为1万美元；在"退耕还林"政策中，对于强制退耕还林的土地，政府实行为期五年的补助，即每公顷林地补助111美元；在林业奖励项目上，政府奖励资金对造林费用的补贴一般在50%左右，最高幅度可达65%，每位林主每年可以获得最高1万美元的补助；为了水土保持，鼓励私有林的伐后更新等工作，还无偿向林主提供40%的更新费用。

(二) 完善的交易平台和丰富的碳汇产品

美国已经在地区层面上构建或正在构建多元化的交易系统，并形成了多层次但主要以强制为主的林业碳汇金融平台；这种多元化的交易平台涉及交易双方、金融投资者以及第三方注册单位，另外还有核证单位和监管单位，包括独立认证和监测机构、相关代理机构、独立的资产评估机构以及独立审计机构等各种类型的中介服务组织；所有机构各司其职不但确保了市场的有序性，而且有利于森林碳汇融资平台的发展。

在碳汇产品创新上，美国碳汇市场拥有项目减排量现货、期货及期权交易的各种碳交易商品，而且形成了多元化并以融资为主的林业碳汇金融商品。这些林业碳汇金融产品不仅为林业发展提供了资金支持，同时也为林业碳汇交易主体提供了规避风险的金融工具。

（三）规范化、法制化及现代化林业管理

美国政府的林业管理具有规范化、法制化的特点，例如美国 ATFS 认证，其认证的标准主要参照的是美国联邦政府以及各州相关管理部门所提供的法律法规，再加上相关政策。就目前看来美国该标准的实行不但能够为符合标准的林场提供认证担保服务，从而使他们获得更多的政策资助、贷款补贴、保险等相关支持，还能够为他们提供各种林业技术的支持。

通过该认证的技术和资金帮助，美国各地有很多的餐厅和家庭都愿意购买当地小林主生产的果蔬等绿色林下作物，这些额外收入成为经营森林的可持续经济来源，因此减少了通过采伐树木的方式获得经济收入的行为，也就是说不必非要砍树，就能够获得相应的生活来源。而另一方面，一些权威机构如 ATFS 可以给更加生态和天然的私有林主的林产品提供担保。这样一来，不仅增加了林农的经济收入，又能保护森林资源，发展林业。此外，美国积极采取现代化技术加强林业管理，有效地提高了林业生产效率。

第二节 欧盟林业发展的政策、金融及管理经验

在林业发展方面，欧盟吸取了其农业发展的经验教训，为防止政府财政负担加重，欧盟成员国一直以来没有朝着制定共同的林业政策的方向而努力，各成员国的林业部门都是按照各自相应的市场规则来管理。当前，各成员国的林业状况和经营管理方法仍存在很大的差别，各成员国采用国家财政补贴、低息贷款、税收优惠和技术支持等政策工具来支持林业的发展。虽然欧盟在林业政策方面没有统一的方案，但是欧盟有统一的森林碳汇交易市场。欧盟在环境治理方面处于领先地位。无论是《京都协议书》还是《巴黎协定》，欧盟都积极参与协议的签订。欧洲碳市场也建立了世界上最完备的碳市场，其对控制本地区乃至全球的温室气体排放都发挥着重要作用。无论是欧盟各成员国的林业政策，还是欧盟碳排放交易体系，

都有很好的借鉴意义。

一、林业政策层面

（一）森林产权制度

在林权制度上，德法两国均将森林分为私有林、公有林和国有林三种，并明确规定了森林的产权归属（参见表 4-1）。其中，德国森林法中的规定比较严格，为了鼓励私有林主，并充分保障其权益，不受任何干扰，德国规定：在不改变林地用途并且能够保证林地的及时更新的相关前提下，私有林主有权自主经营森林。除此之外，德国对私有林的经营管理不仅会给予适当的补助，还会提供无偿的技术指导。德国为了提高私有林的经营水平，进一步鼓励小型私有林主向联合体方向发展，还会雇用一些专业人员来更加科学的进行森林管理工作，甚至部分州还积极推进林业管理部门进行私有林管理的托管工作。[1]

在英国，个人及家庭所有的森林算入家庭不动产。所有者不同，管理目标也不同。家庭森林主要是为了个人的休闲；林场和公司所有的森林主要是为了木材的生产；慈善机构的森林则是用于保护森林资源和游览休憩，由于顺应环保理念，其占比更是呈现出不断增加的趋势。

表 4-1　欧盟部分成员国的森林构成与归属

国家	国有林		公有林		私有林	
	比重	归属	比重	归属	比重	归属
法国	10.2%	国家森林局	16.2%	市镇	73.6%	个人和集团
德国	老州 30.4% 新州 42.3%	联邦所有林（联邦政府）州所有林（州政府所有，州林业管理机构经营）	老州 24% 新州 8.6%	社会团体和政府机构	老州 45.5% 新州 49.1%	私人和集团

---

[1]　参见张志达、李世东：《德国生态林业的经营思想、主要措施及其启示》，《林业经济》，1999 年第 2 期。

续表

英国	共有林的80%	政府所有，林业委员会管理	1/3	政府所有，林业委员会管理	2/3	个人和集体机构
瑞典	5%	国家所有，由瑞典联邦林务局经营管理	8%	教堂等社会团体	87%	个人和林业公司
挪威	10%	国家政府所有	6%	州和团体	84%	个人和私人公司
比利时			35%	社会团体和政府，由国家农业部林业局管理	65%	个人和集团

（二）森林税收政策

由于林业资源、经济发展水平等方面的差异，欧盟各成员国的林业税收制度无法达成统一。在欧盟各国中，比利时与林业相关的税收只有两种，分别是森林遗产税和林业所得税，法国、德国、挪威和丹麦针对林业的税种分类较多。（参见表4-2、4-3和4-4）周转税是丹麦特有的林业税种，主要针对从事林木产品经营和服务的企业征收20%的税，若周转额小于1万丹麦克朗，可给予免税。挪威的林业税种与德国相似，主要包括所得税、遗产税和财产税，挪威的林业税费制度较为特殊，不由政府，而是地方征收，主要通过挪威森林信托基金进行征税。国家设有林主协会，主要负责木材的出售以及将收入转入国家林务局。林主通过将出售木材所得收入的5%—25%（平均12%）存入基金来免交部分所得税额。林主收入转入基金部分的存款期限为1.5年，基金中的存款可授林主用于林业经营的各项资金。若林主想要提取基金中的资金用于林业作业以外的项目，需要补交税款。以5万克朗为分界线，提取5万克朗以下时，65%的款额需要补纳税款，提取5万克朗以上时，则需要补交95%的税款。[1] 由此可见，该基金的运行管理都非常规范，而且林主可以自由使用存入基金的款项，十分灵活，有效地保证了国家的税收政策稳定发展。

---

[1]　参见王丽冰：《基于国际比较视角的林业税费研究》，《绿色财会》2012年第1期。

表 4-2 法国主要的林业税种

税种	税收基准	税率	备注
地籍所得税	土地产量收入	收入的 80%	每六年计算一次税款
所得税		给予幼林所得税减税优惠，具体为：杨树头 10 年；针叶树头 20 年；阔叶树头 30 年减税	所得税和地籍相结合一起征税
土地税		由地方政府确定	林龄小于 30 的幼林可以减税，但不含天然更新
财产税	土壤质量	税率为 1.1%	森林是唯一的生活收入来源者免税
遗产税	土壤价值计算提出设定数值	一般为 25%	继承人承诺经营森林，便可享受部分遗产税扣减。在土壤价值定为零的情况，该税可缓征 30 年

数据来源：王丽冰：《基于国际比较视角的林业税费研究》，《绿色财会》2012 年第 1 期。

表 4-3 德国主要的林业税种

税种	税收基准	税率	备注
所得税	林地面积和其他收入来源	平均税率是为 30%	发生火灾、虫灾等自然灾害而被抢救性采伐时，可依法减免部分税额
土地税	森林的标准价值	一定税率	土地税按照税收基准和一定税率相乘得出纳税金额
财产税	个人财产	个人财产大于 7 万马克，每年纳税的税率为 0.5%，若有少量的其他不动产，那么税率为 0.4%	林地属于家庭的不动产范畴
遗产税			其实际税额很低，所以一般情况可忽略不计

资料来源：王丽冰：《基于国际比较视角的林业税费研究》，《绿色财会》2012 年第 1 期。

表 4-4 比利时的主要森林税种

税种	税收标准	备注
林业所得税	全国实行统一的税率为 1.25%	省级和社区级分别设立有 3%—20% 以及 5%—50% 的税率，平均税率为 35%
森林遗产税	林区标准价值的 10%	有森林稳定的工作计划而且保证森林面貌在 30 年之内保持不变，税率基准可以降为市场价值的 25%，但是需要进行分期减免

数据来源：王丽冰：《基于国际比较视角的林业税费研究》，《绿色财会》2012 年第 1 期。

（三）采伐与更新政策

欧盟大部分国家的森林法对森林的采伐方式和更新造林都有明确的规定。尤其是从 1990 年开始，越来越多的欧盟国家开始重视生态环境，加强对生物多样性的保护，纷纷修订森林法，明确森林砍伐的条件与要求（参见表 4-5）。

表 4-5　欧盟部分国家森林采伐与更新政策规定

国别	皆伐	其他采伐	备注
法国	森林法和地区条例都没有对森林的皆伐面积进行限定	一般来说，不论是天然更新还是人工种植，采伐迹地都应按规定在 5 年内进行更新	法律条例对于森林转为他用的限制和采伐迹地更新有较严格的规定
德国	巴登-符腾堡州森林法（1995-8-31）规定皆伐在 1 公顷以上的必须得到许可，许可有效期为 3 年，3 年以内有造林义务　莱茵兰-法尔茨州森林法（2000-11-30）规定不得对 0.5 公顷以上（同龄纯林 2 公顷以上）的森林进行皆伐	两州都禁止利用 50 年生以下的针叶树，对于阔叶树的禁止皆伐，巴登-符腾堡州规定为 70 年生以下，莱茵兰-法尔茨州规定为 80 年生以下	联邦森林法规定，采伐后再造林（包括天然更新）和森林永续经营是所有林主应尽的义务
芬兰		土地所有者在主伐开始 5 年内或结束后 3 年内有义务对林地进行再造林；森林的管理和利用必须为保护生态环境而为生物提供栖息地	1996 年修改的森林法规定，为有利于保留木的生长必须进行间伐或为营造新林分必须进行更新采伐（主伐）
奥地利	禁止皆伐 60 年生以下未成熟林木，2 公顷以上面积的森林禁止皆伐	主伐后必须在规定期限内进行更新造林，禁止放置不管	因山岳地带较多，所以对采伐特别严格
瑞典		依树种不同，禁止采伐 45—100 年生的树木；采伐结束后 3 年内要求义务进行再造林	森林法规定必须保护森林的生物多样性

资料来源：中国林科院：《部分发达国家森林法对采伐的主要规定》，2010 年 8 月 20 日，见 http://www.jsforestry.gov.cn/art/2010/8/20/art_323_62218.html。

（四）碳市场交易制度

为了应对气候变化和有效减少工业温室气体排放，欧盟建立了相应的排放交易体系。欧盟的碳市场通过直接交易市场和交易所两个场所进行碳排放权的交易。欧盟碳排放交易体系主要采用"总量管制和交易"（cap and trade）规则，该规则的前提是对温室气体排放总量进行限制，并且通过买卖行政许可的方式进行排放交易。在欧盟碳排放交易体系下，欧盟成员国的政府必须同意经由 EU ETS 所制定的国家排放上限，而且规定在此上限内，各国的公司和企业为了确保整体排放量能够保持在特定的额度内，除了分配到的排放量之外，还能够出售或购买额外的额度。另外，如果公司有剩余的配额则可以通过保留排放量的方法来供未来使用，也可以出售给其他的公司或企业，而超额排放的公司将会受到处罚。

欧盟委员会规定，在交易体系试运营期间，企业超出限额部分的二氧化碳排放量按 40 欧元/吨进行处罚，在正式运营期间，罚款额更是提升至 100 欧元/吨，并且为了严厉惩罚超额企业，还要从企业次年的排放许可权中扣除今年超额部分。可见，欧盟排放交易体系是为了激发私人企业避免受罚，以最大限度降低成本进行节能减排而建立起的一种激励机制。欧盟试图通过这种经济市场化机制，来确保《京都议定书》的履行，把温室气体的排放限制在预期水平上。

近年来，场外市场逐渐向场内转移，交易所的作用也在不断增大，而且目前国际上也已经有多个碳排放权交易市场。首先就英国而言，该国在 2002 年 4 月便建立了世界上首个碳排放权交易市场，主要包括英国排放配额贸易团体（ETG）以及英国碳排放贸易计划。随后，欧盟碳排放贸易计划成为全球首个温室气体排放配额交易市场，并且在该交易体系下，碳交易所如雨后春笋般兴起，例如 Nordpool、EEX、EXAA 等。最后经过不断地发展，全球还涌现出很多碳交易所，目前占全球碳交易市场主导地位的仍然是欧盟的碳交易所。[①]

2017 年，为了履行《巴黎协定》的相关义务，欧洲议会批准并且通过了欧洲碳交易市场限制温室气体排放的若干计划，包括增加所谓"线性减缩因素"，从 2021 年起每年减少"碳信用"额度（即碳排放额度）2.2%（根据目前的规定，每年减少 1.74%）。另外，还将持续审查有关因素，最早到 2024 年，将"碳信用"额度年削减比例提高到 2.4%。欧

---

① 参见焦敏娟：《境外碳排放交易市场的发展运行机制》，《期货日报》2015 年 3 月 24 日。

洲议会还希望将排放市场稳定储备翻番，以吸收市场上过剩的排放额度。一旦启动，在最初 4 年，每年可吸收高达 24％的过剩额度。欧盟还将通过拍卖排放交易配额所得支持设立两个基金。一个现代化基金将帮助低收入成员国升级能源系统；一个创新基金将对可再生能源、碳捕获和存储以及低碳创新项目提供资金支持。欧洲议会还建议设立过渡基金，支持受脱碳经济影响的过渡性工作技能培养和劳动力再分配。

二、林业金融层面

（一）林业基金

法国于 1946 年便设立了国民林业基金，该基金的运作资金主要来源于收取林业产品进口从价税、林业基金贷款的本息收入再加上林地挪用的垦复费。法国这种国民林业基金的总额约为每年 4 亿多法郎，在这其中国家林业税收约占 75％，而林业基金贷款本息收入以及垦复费共占资金总额的 25％。法国林业基金主要用于造林补助和林业低息贷款，其中就贷款而言，工程合同贷款的年利率为 0.5％，贷款期限一般是 30 年；而林道建设和森林采伐等贷款的利率则一般是在 2.5％—3％之间。①

英国早在 1919 年就建立了林业基金，目的是确保林业长期规划的有效实施，保证林业投资有稳定的来源。英国林业基金主要来源于国有林产品的收入、林地租金的收入、议会拨款及捐助金等；基金主要用于鼓励林主购买国有林，扩大私有林范围，并以此提高社会公众对森林生态的环保意识。

瑞典从 20 世纪 20 年代起便建立起针对私有林的造林补助基金制度。该基金主要是对该国荒地造林进行直接补助，最高的补助额为造林成本的50％之多；另外对于瑞典西北部和北部地区私有森林的更新也会提供直接的补助，最高补助额分别达到造林成本的 50％和 30％。瑞典基金的资金主要来源于财政预算、发放低息长期贷款收益还有对个人造林及民间团体

---

① 中国林业网，见 http：//www.forestry.gov.cn/portal/main/map/sjly/France/web/fran - ce03.html。

所实行的林业减免优惠的部分资金，而且除了上述用途外，该基金还会用于造林者制定森林经营计划支出、林业委员会向造林者提供苗木补助以及森林所有者和经营者林业技术培训支出等。

(二) 赤道原则

赤道原则由荷兰银行、西德意志银行、巴克莱银行等世界主要金融机构按照国际金融公司的社会责任方针和世界银行的政策和环境保护指南建立，得到多数金融机构的承认，无形中要求金融机构在综合评估投资项目时，要包含该项目所产生的社会环境影响，这成为国际金融机构共同默认遵守的行业标准和准则。欧盟商行利用金融杠杆等金融工具，不断进行金融创新，对信贷业务进行风险评估，这样不仅能够促进低碳项目在环境保护方面的作用，而且对于社会和谐方面也能够发挥更加积极的影响。另外，世界上越来越多的国家都开始支持低碳经济的赤道原则，增加对金融机构实施低碳项目的融资支持，秉承环境友好原则，减少或者拒绝对高排放、高污染企业的融资贷款。

绿色信贷是欧盟国家森林发展的重要资金来源。绿色信贷产品一般包括有：项目融资、汽车贷款、绿色信用卡、房屋净值贷款以及住房抵押贷款等。目前欧盟实施绿色信贷的代表性银行和产品如表4-6所示。

表4-6 欧盟实施绿色信贷的代表银行和产品

银行	产品	内容
爱尔兰银行	"转废为能项目"融资贷款	企业如果同当地政府签订废物处理合同，并且承诺会支持合同范围内的废物处理，那么就给予25年贷款的支持
荷兰银行	气候信用卡	根据气候信用卡的各项消费来计算用户二氧化碳的排放量，并且以此来购买相应的减排量
英国巴克莱银行	巴克莱呼吸信用卡	持卡用户购买绿色产品和相关服务，可以提供折扣或者是较低的贷款利率，并将此卡利润的50%用于世界范围内的碳减排项目
英国联合金融服务社	生态家庭贷款	为全部房屋购买交易提供免费的家用能源评估和二氧化碳抵消服务

资料来源：相关文献整理而得。

(三) 碳汇金融

为了推动低碳经济的发展，开发碳产品的融资渠道，欧盟建立了碳基金。碳基金能够支持能源的高效利用，不仅有效降低温室气体的排放，而且还极大支持和激励了低碳技术的研发，从而进一步使得国内各方面的林业碳汇资源得到更加优化的配置，同时也促进了低碳经济在全球范围内的发展。另外，欧盟各成员国在其政府的促进下设立了多项国别碳基金，其中主要有荷兰欧洲碳基金、荷兰清洁发展机制基金、西班牙碳基金以及丹麦碳基金等。这种碳基金都是采取市场化的运作模式，并且有着和独立企业相类似的营运模式，即政府只是给予碳基金在资金和技术等方面的投资，而对于公司的日常经费开支、员工的薪资和福利以及公司投资项目等都不进行干预，国家主要目的是通过设立碳基金，进而加大生态经济、节能减排领域的投资，为实现低碳经济的发展目标奠定良好的基础。

表 4-7　各国碳基金一览表

基金发起方	基金名称
世界银行和国际基金组织	荷兰清洁发展机制基金（NCDMF）
世界银行和国际基金组织	荷兰欧洲碳基金（NECF）
世界银行和意大利政府	意大利碳基金（ICF）
英国政府	英国碳基金
丹麦政府和私人部门	丹麦碳基金（DCF）
西班牙政府	西班牙碳基金（SCF）
德国复兴银行	德国碳基金

欧盟推出的以碳配额为主的碳市场交易机制——欧盟排放交易体系（EU ETS）最受注目，该机制的制度设计和平台管理在国际碳市场领域处于领先地位，为欧盟的碳汇交易构筑了多条融资渠道，包括碳汇交易市场、股票市场和公共部门资金。2005 年，欧盟构建了国际上第一家国际碳排放权交易平台，成员国和非成员国均可以进入该平台交易，以该平台为基础建立了八个交易中心，分别是欧洲气候交易所（ECX）、欧洲能源交易所（EEX）、伦敦能源经纪协会（LEBA）、荷兰 Climex 交易所、北欧电力交易所（Nordpool）、意大利电力交易所（IPEX）、奥地利能源交易所

（EXAA）、法国巴黎 Bluenext 碳交易平台等。交易产品分为两大类：EUA 类产品和 CER 类产品。最初的产品交易方式包括现货、远期和期货、互换和期权交易产品。目前，欧盟的碳排放交易制度已形成了覆盖场内和场外、现货和衍生品等方面在内的一种多层次市场及产品体系，这也得益于其多年的运行和改进，使得其市场化程度不断加深，市场体系不断健全。

欧盟发展的多个二氧化碳排放交易平台带动了碳汇金融产业的发展。加入欧盟碳排放计划的行业从最初的能源、冶炼、钢铁、水泥、陶瓷、玻璃与造纸等行业，扩大到航空业及硝酸制造业，进一步扩大到石油化工及铝工业等行业，免费发放的配额从 95％下降到 90％，再到最后全部转为拍卖获得。林业碳汇金融产品创新层出不穷，为森林碳汇提供了广阔的发展空间。

此外，欧盟各国的商业银行为了响应全球气候变化和国家相关政策，不断拓展业务范围，尤其是近年来，对低碳市场开发、理财产品和信用卡业务创新方面的作用日益突出，其中德意志银行建立了德银气候保护基金和德银 DWS 环境气候变化基金，荷兰合作银行发行了低碳信用卡。

三、林业经营管理层面

（一）森林经营管理

在瑞典，林业经营的收益一般都不是私有林主的主要生活来源，而且瑞典绝大多数私有林主拥有的林地较小，其经营面积一般不超过 50 公顷，于是一大批提供林业经营的综合性服务的林主协会组织应运而生，这些服务专业、规范的林主协会为森林可持续发展提供了有力的支持。林主入会时无需单独缴纳入会费，只是在森林经营活动过程中，私有林主会将采伐的木材出售给协会或者交由协会代为销售，以销售收入的 2％左右上交协会作为会费。另外，协会通过林主的委托开展森林经营活动，代表会员开展相关谈判和协调等工作，并为会员提供相关林业培训和推广所需技术。

法国对私有林实行单一经营计划，并由全国各地的地区林产主中心负责经营管理。管理的主要内容包括：林地概述、林主经营目的、采伐方式、林地清查及更新造林等。该计划的实施期限最少为 10 年，最长为 30 年。由地区林产主中心负责监督管理，其中主要是对林地采伐量进行监察，另外，为了不破坏生态环境，保证林木稳定生长，要求采伐速率不得高于正常生长速率。

（二）林业技术管理

1. 法国种苗培育

法国对林木良种的培育十分重视，为良种选育、遗传改良等研究工作专门建立了林木种子研究室。目前法国主要通过容器进行良种培育，并且在播种、施肥以及营养基质填充方面已经实现全面机械化，形成规模经济，在降低育苗成本的同时，最大限度提高劳动生产效率。育苗所用的容器分为单体容器和组合容器两种。单体容器呈直筒状，底孔大，侧面筒壁宽且深，容积为 400 立方厘米，组合容器由六至九个容器组合而成，一般用于小苗培育。法国所用的容器对苗木根系向下生长十分有利，是很理想的容器。20 年前，法国选取经人工挑选的优良林种在 90％的林地采用直接播种的方式造林，现在植苗造林已占一半以上。所用的种子主要来源于通过杂交、嫁接等农业方法改良的良种以及人工控制授粉的优质林种。

2. 瑞典林业的相关技术

在容器育苗技术上，瑞典十分重视林木种苗培育，从树种的采集、加工、检验到播种育苗等各个相关步骤都十分重视，目前已经拥有自己的一套较为完整的种植技术。瑞典很早就开始营建自己的林木种子园，如今瑞典造林所使用的树种一半以上都是来自种子园，瑞典采用容器育苗技术后，全国林木生长量由原来每公顷的 3.0 立方米提高到 3.6 立方米。容器育苗使用的容器主要是无底的硬质塑料和纸质容器两种，其中硬塑容器可多次反复利用，而纸质容器则只能使用 1 次，瑞典的容器育苗从装土、播种到覆土这些步骤，几乎全部都实行机械化，这样每班次仅需 4 人就能够达到 40 万穴的播种量。①"容器育苗"是瑞典主要的育苗技术，通过这种

---

① 中国林业网，见 http：//sweden. forestry. gov. cn/article/1108/1115/1140/2013-06/ 20130621-071117. html。

育苗技术，不仅能提高苗木的产量、降低育苗成本、节约劳动力，还能大限度的缩短育苗期。

在造林技术上，瑞典多以"植苗造林"为主，因其气候、地理、树种等因素的影响，导致在幼期成长阶段的树木普遍生长得较为缓慢，所以瑞典在采用初值大密度栽种的方法播种之后，要等待树木生长 30 年之后再进行首次间伐，而后会依据情况再进行两到三次的间伐。通过这种造林方法，不仅能提高土壤的质量，保持林地的生物多样性，还能增加林地的经济产出。瑞典在山地造林主要采用脚踏式植苗器，每人每天可植苗 2000 株，使用栽植机在平缓坡地，每天每台可植苗 1.8 万株左右。瑞典在造林方面讲究一种适地适树的原则，例如：坡下较湿润、肥沃的区域，一般可以进行全面深翻整地的方法，种植挪威云杉比较多；坡上自然条件与坡下比较差，所以一般采用块状整地的方法来植树，种植的主要是欧洲赤松；坡中这块区域则采用块状或者是带状的方式进行整地，种植的树种以欧洲赤松和挪威云杉居多。

在采伐技术方面，现今瑞典已经全部实现自动化作业，主要使用采运联合机等许多现代化、大型化的机械设备，来实现森林采伐机械作业的高速、高效和高质的三高标准。许多国家和地区在林木进入主伐阶段的时候，往往对大面积的林地进行皆伐，这种采伐方式会造成水土流失等一系列不利的因素。因此，现如今这种大面积皆伐已经不被提倡了，取而代之的是小面积带状采伐。目前，瑞典森林的经营管理水平不断提高，通过更加科学的采伐方式，瑞典采伐迹地的森林已经由人工林逐步向天然林更新转变，带状采伐迹地基本上都已经是天然林更新，整体面积已经超过 60％，未来还有上涨的趋势。[1]

3. 德国的生态造林

德国的造林奉行的一贯原则是生态造林，该国的造林主要包括：受灾害地造林、皆伐林地造林、农用地的首次造林，其生态造林的管理包括两

---

[1] 国家林业局赴芬兰、瑞典林业经营管理考察团：《芬兰、瑞典林业经营管理考察报告》，《绿色中国》2005 年第 7 期。

方面：第一方面是造林初期措施：首先为了营造良好的成林条件和形成演替地，德国会提前进行树木下种工作，并预留出堆木场地和湿地；其次为了植被的多样化，主要采取在林缘补植野果、杂木等一些稀有树种；最后为了能够吸引鸟类和保护生态多样性，该国还会专门种植一些果树、灌木浆果等树种。第二方面是造林期间护林措施：（1）调整混交林木的生长量，并且保证 3—5 年抚育一次；（2）对部分软质林木给予保护；（3）去除溪流和泉水旁边的树木，但是保留适宜的辅助树种；（4）运用生态知识进行林道的开发，林道在建设的同时也建水塘，用于防火和为鸟兽提供湿地生存环境。①

（三）森林碳汇管理

1. 碳交易分权化管理模式

欧盟成员国在政策制度、产业结构、经济发展水平等方面都存在着明显差异，因此无法效仿美国二氧化碳排放交易体系中的集中决策管理模式，进行分权处理是实现总体减排计划的最佳方法。欧盟排放交易体系的分权化管理思想体现在对排放总量的设置、分配以及交易登记的方方面面，具体如下：首先在排放量的确定方面，欧盟主要是根据《京都协议书》的减排目标，再加上成员国提出的最优排放量，再通过欧盟委员会审批并且汇总形成欧盟的排放总量，一切步骤都是严谨的，不会预先单方面确定排放量；然后在各国内部排放权分配方面，各成员国一般都会遵守一致的原则，并且能依据本国的具体国情，自主地决定排放权的分配比例；最后，在成员国交易方面，他们都有责任对排放权的交易进行确认，并且在实施的过程中监督实际排放总量。由此，欧盟排放交易体系基本上就是一种遵守统一准则和程序的多个独立交易体系的共同体。这种既分散又集中的监管模式，成为了当前世界排放交易体系中的行为典范。

2. 森林碳信用管理

2008 年至 2012 年间，欧盟碳交易市场日趋活跃，碳排放管理成为欧洲金融服务业中发展最为迅速的业务之一。随着市场的不断成熟，二氧化

---

①　中国林业网，见 http://www.forestry.gov.cn/portal/main/map/sjly/sjly57.html。

碳排放权商品属性也不断加强，使得私募基金、投资银行、对冲基金以及证券公司等一些金融机构和个人投资者都在源源不断地竞相加入碳交易，促使碳交易迅速融合到金融业中。而后，随着交易的频繁进行，将碳交易产品纳入信用评级就逐渐显示出了必要性。"碳评级机构"（Carbon Rating Agency）于 2008 年 6 月 25 日，在伦敦证券交易所正式启动，它是全球第一家独立的碳减排信用评级机构。该机构为联合履行市场、参加清洁发展机制（CDM）以及自愿参与的企业项目提供详细的信用评级服务，而且其内容涉及项目框架、参与方和项目本身情况以及实施环境等方面。

四、欧盟林业发展的经验启示

（一）清晰的林业产权和完善的法律条例

虽然欧盟在林业产权制度上没有采取统一的管理模式，但是各成员国都将森林所有制分为公有林和私有林，有些国家还包括国有林。森林所有权和经营权相分离是大多数成员国都愿意采取的政策，森林不由政府部门直接经营管理，而是将国有林和公有林交由国家森林局负责，私有林交由全国各地的地区林产主或林主协会经营。林权主体清晰，避免了森林碳汇权益纷争。瑞典的森林法给予私有林合法的权益和保护，对乱砍滥伐问题也制定了一些法律条例，使得林业得以壮大发展。法国对森林转为他用的限制和采伐迹地更新都有较为严格的规定。德国颁布的《联邦保护和发展森林法》确立了森林多效益永续利用的原则。芬兰的森林法规定，为有利于保留林木的生长必须进行间伐或为营造新林必须进行更新采伐。英国提出的《可再生能源战略草案》和《森林和气候变化指南—咨询草案》对应对气候变化的规划进行了调整。各国通过建立完善的政策法规，发展低碳经济之路，为森林碳汇交易提供了法律依据。

除此之外，欧盟各国还通过一些扶持政策激励林业的发展。英国、法国、瑞典都建立了林业基金来进行造林补助和林业低息贷款。法国对林业税收给予了林业土地税、个人所得税、财产转移税等税费减免优惠。英国通过林地补助金政策机制对新林地的营造或自然恢复活动以及现有林地的管理和规划进行补贴。

（二）碳汇交易平台与金融机构协同发展

欧盟碳汇交易平台与金融机构协同发展，形成良性互动。欧盟林业碳汇融资平台因其自身的不断成熟和完善，让碳排放管理控制成为欧盟金融服务产业发展非常迅速的项目，还吸引了如对冲基金、证券公司、私募基金和个体投资者。金融机构的积极参与促使碳市场交易范围日益扩大，碳汇金融产品流动性不断增强。共盈模式不仅使得欧盟交易平台位居全球首位，也赋予了欧盟金融业发展的全新活力。

欧盟商业银行不断地对碳汇进行金融创新，环境责任保险和绿色信贷等相关政策也在不断地得到落实和完善，另外，有效地优化了各方面的林业碳汇资源配置，从而进一步提高能源的使用效率，促进相关政策的制定。各银行支持低碳经济发展赤道原则，发行低碳信用卡，推出了各种低碳理财产品，银行用户可以通过购买可再生能源项目的减排指标来抵消各项消费所产生的二氧化碳排放量。欧盟设立的碳基金通过政府投资、市场化运作的模式，鼓励低碳技术的研发，以此达到能源高效利用和温室气体排放有效降低的目的，促进了低碳经济的国际化发展。

（三）采用多效益综合林业管理模式

欧盟成员国通过森林可持续管理、多效益综合管理和分权化管理努力实现森林生态服务价值，从而对源自于森林生态服务价值外部性内部化的森林生态补偿有了宏观上的行动指南，进而也为发挥森林的多功能性作用，实现自然资源保护、生物多样性和栖息地保育以及人类生活质量改善等目标起到了关键性的作用。[①]

各国为实现经济效益、生态效益和社会效益最大化制定的多效益森林经营管理模式有效促进了森林碳汇交易机制的发展。此外，科学技术无论是在育苗技术、林木种植、适龄树木采伐还是森林监测方面，都发挥着重要的作用。欧盟成员国对林业技术的管理有效地促进了林业发展。另外，

---

① 陈曦、李姜黎：《欧盟森林生态补偿制度对我国的启示》，《山东省农业管理干部学院学报》2012年第1期。

林业碳汇交易的分权化管理主要以遵守统一原则为基础，这不仅能够根据自身情况，自主决定排放量分配比例，还有利于用统一的标准来管理和发展林业。

第三节 日本林业发展的政策、金融及管理经验

日本国土面积为 37.78 万平方公里，森林覆盖率高达 68％。在 25 万公顷的森林面积中，国有林林地面积占 31％，公有林占 11％，私有林高达 58％。由于日本独特的地理位置，如果失去森林植被的保护，水土流失、泥石流、雪崩等严重的自然灾害将会频繁发生。因此，大力发展林业，加强对森林的保护成为日本尤为重视的问题。20 世纪 50—60 年代大规模人工造林实现国土全面绿化，为森林资源的增长奠定了坚实的基础。通过长期的积累与发展，日本不断完善本国林业经营管理，成为世界林业发达国家，为世界其他国家林业提供了良好的示范作用。除此之外，日本也是《京都议定书》的缔约国，也在国内建立起本国的碳市场体系。

一、林业政策层面

（1）林业税收政策

在日本现行税制中，税收以所得税为主，税种税目有 60 余种，日本针对林业征收的税种高达 15 种，并分为以下三类：一是与林业相关的基本税种，包括国税、地税、居民税、固定资产税；二是针对林业经营征收的税种，包括山林所得税、营业所得税、法人所得税、营业税、不动产购置税；三是针对林业转让和继承征收的税种，包括转让所得税、赠与税、继承税、登记许可税、轻油交易税。在日本，考虑到林业的公益性和特殊性，对林业的税收采取一定的优惠政策，一是减少税基：在计算纳税金额时，不仅从收入总额中扣除成本，而且还可以扣除一定数额予以免征，从而使税基降低，减少税负。例如，在计算山林所得税应纳税额时，除了扣除必要成本与自然灾害损失，对按照森林施业计划经营森林者还可扣除相

当于立木收入 20％的金额，对每个纳税人均可扣除 50 万日元的免征额，使税基减少，从而使缴纳的山林所得税减少；计算转让所得税时，由于国家需要而征用的可扣除 5000 万日元；计算法人所得时，可扣除造林第一年 30％的造林成本。二是免征：日本对涉及国家利益和国土等方面税收实行免征政策，例如购买山林者使用国家收购其山林的全额补偿金购买其他山林时，可予以免征个人所得税；法人从事国家公共事业时可免征法人所得税；遗产继承人捐赠给国家、地方团体的全部或部分遗产免交遗产税等。三是减征：日本对几乎所有的林业方面税收都采取了不同的减征政策，尤其对山林所得税和遗产税的减征幅度最大。为了增加林业收入，日本对山林所得单独征税，选用的林业所得税率为所得山林收入的 1/5，这样可以降低计征税率，山林所得乘以这一低档税率后再乘以 5 便得到了山林所得的应纳税额。该计算方法在很大程度上减轻了税负。四是延期纳税：在林业遗产税方面，日本也给予了大力优惠，如普通遗产税税率为 6.6％，而对林业遗产税税率最低达到 3.6％，此外，日本延长了林业遗产税的征收时间，最多延长到 20 年征收。（参见表 4-8）

表 4-8　日本林业遗产税的还款期限与优惠税率

情况分类	税额种类	还款期限	优惠税率
不动产价值占课税遗产总价值的比重＜50％	立木价值超过课税遗产总价值 30％的部分相对应的税额	延期 5 年分期等额交纳	5.4％
	防护林等保护区内土地价值相对应的税额	延期 5 年分期等额交纳	4.8％
	超过课税遗产总价值 30％的森林施业计划区内的立木价值相对应的税额	延期 5 年分期等额交纳	3.6％
不动产价值占课税遗产总价值的比重＞50％	防护林等保护区内土地价值相对应的税额	15 年内分期等额交纳	4.8％
	与森林施业计划区内超过课税遗产总价值 30％的立木相对应的税额	20 年内分期等额或不等额交纳	3.6％

（二）森林生态补偿

日本是亚洲地区最早开始实施森林生态补偿制度的国家，因此其法律体系极其发达，不仅有《林业基本法》和《森林法》两项基本法规，同时还实施了多项单行法，如 1971 年的《林业种苗法》、1977 年的《森林合作社法》、1985 年的《自然公园保护法》等。《林业基本法》和《森林法》提出了建立森林生态补偿制度，生态补偿范围主要体现在：国土保持，防止水土流失，涵养水源，防止土砂坍塌，防止飞尘以及防止风、潮、水、旱和雾灾、雪灾等。日本的林业补助金制度是一项根据《森林法》制定的长期制度，其在林业方面给予的补助涉及各个方面，例如发展森林组合、造林、防护林建设、林业普及与指导；为防止林业经营时出现事故，对森林病虫害防治、森林火灾预防、防止山地灾害等方面实行补助。除此之外，对森林国营保险、土壤改良、优良种苗供应等方面也会进行补助。补助金的来源及占比均有明确规定：国家承担所有林业普及、指导费用及在防护林因木材生产限制所造成的损失；大多数补助金都是由国家与政府来共同承担的，如编制和实施地区森林计划、防护林事务等费用都由两者共同承担，其承担比例为国家补助占 1/2，地方政府补助占 1/2；在保安设施区域内因设施建设和管理所造成的损失由国家补助 70%，地方补助30%；国家和地方政府也对造林费进行补助，但对不同等级的森林给予不同程度的补助，对一般地造林补助 40%，而贫瘠地与水源地造林补助 60%。

二、林业金融层面

(一) 林业专用贷款

日本为了扶持和发展林业，建立了林业专用贷款制度，贷款一般为低息甚至无息贷款。日本林业贷款资金来源广泛，主要有林业信用基金、农林渔业金融公库、林业改善资金、木材生产和流通结构合理化资金五种资金来源。根据资金来源不同，日本的林业专用资金贷款制度可以分为五类：(1) 向建造森林、修建林道、改善林业结构等林业工作提供长期低息贷款，此款项由农林渔业金融公库发放，金额大约是每年 600 亿元，其贷款利率为 3.5%，但是偿还期长达 35 年；(2) 为确保林业劳动力、防止劳动事故、改善林业经营等林业改善工作提供中期无息贷款，由都道府县每年发放 75—100 亿日元；(3) 为促进木材生产、木材供应稳定所需设备与周转资金等提供低息贷款，每年贷款额高达 1000 亿日元；（4）经营业主向民间金融机构贷款时，由设立的林业信用基金制度对其提供担保；（5）对林业就业者的培训和就业提供无息贷款制度，改变经济低迷、林业不景气、劳动力不足等现象。在这五种贷款制度中，其中贷款利率最低的是农林渔业金融公库的资金，它的偿还期长达 35 年之久，是目前偿还期最长的贷款，其贷款利率在 3.5% 左右。

（二）林业经济补偿

日本通过投资、补助金、税收减免、碳汇抵免等手段对林业进行经济补偿。首先，按照森林产权归属划分，日本森林分为国有林和民有林，民有林又分为公有林和私有林。日本为鼓励林业发展，会对经营林主进行相应的经济补偿。国有林全部由国家投资发展，而对于民有林，国家将对其投资 30%—50%，余下部分将由造林者自筹投资，林业所得收益将由国家与造林者按一定比例分配。其次，日本对造林、森林生态、森林组合提供林业补助金，补助金根据土地的等级有所差别，一般土地补助 40%，贫瘠土地和水源地 68%，更贫瘠的土地和急需开发的林地能高达 90%。补偿资金由中央政府承担 2/3，地方政府支付 1/3。再次，日本政府从税基构成、减免征和延期纳税三方面对林业给予政策扶持。最后，为实现《京都议定书》的减排目标，政府不实施强制性命令手段，是以提供补贴的方式鼓励企业自愿参与国内温室气体排放权交易，为扶持林业实现碳汇生态功能，政府鼓励企业参与国内温室气体排放权交易，对其提供补贴以实现《京都协议书》的目标。日本林业经营者协会于 2009 年制定林业碳汇认证制度，该制度根据森林吸收二氧化碳的多少与生物多样性保护等级进行认证，经核准后由第三方机构提供认证证书，该证书可用于碳抵消。

三、林业经营管理层面

（一）森林组合管理

日本森林分为国有林、私有林与公有林，政府制定森林组合制度对私有林进行管理，通过森林组合与私有林主紧密联系，帮助其解决发展林业时出现的问题，进而推动私有林的发展。日本在 1907 年创立了森林组合制度，1951 年颁布的《森林法》对该制度进行了完善和规范。主要包括森林组合和生产森林组合两类。其中森林组合以提供服务为目的，山林归组员个人所有；生产森林组合由组合直接经营，组员若想加入组合只能进行实物出资，加入组合后，组员同组合共同受益。由于森林组合会对林主提供行政及技术方面指导，大多数林主都会选择加入该组合。森林组合系统由三部分构成：全国森林组合联合会（全森联）是最高领导机构，负责向主管部门提供政策建议等工作；都道府县森林组合联合会（县森联）则主要是配合全森联对森林组合进行行政指导；森林组合系统中最基层的组织便是森林组合。它们之间的关系为，地区所有者作为森林组合发展组员的对象，森林组合是县森联发展会员的对象，而全国 47 个县森联则为全森联的会员。

（二）林业分类管理经营

近年来，资源的减少、林业采伐量的递减以及债务的不断增加使日本林业陷入困境。为使林业恢复活力，日本政府根据《国有林事业改善计划》，按照森林职能将国有林分为四类：国有保安林、自由保护林、游憩林及木材生产林，按照此分类对国有林进行管理。国土保安林占地约 143 万公顷，主要作用是防止山地灾害、防止环境恶化等，为满足森林施业要求，还需要在该森林所在地设置治山措施；自然保护林占地约 140.6 万公顷，主要作用为保护珍稀动植物和维持生态系统，根据森林施业要求来看，应根据自然演替来保护及管理森林；游憩林占地约 63.5 万公顷，主要作用是提供森林游憩、自然观察，根据森林施业要求设置游憩利用设施；木材生产林占地约 413.4 万公顷，主要作用为进行木材生产，根据森林施业要求，必须根据自然条件及市场需求来提供丰富木材。

（三）近自然经营管理模式

在日本，山地林分和城乡绿化均采用近自然的森林经营管理模式，即不进行人为干扰、使森林在自然状态下生长，使其能够自然更新演替的管理模式。对于日本的山地林分，采取块状混交方式。块状混交就是指两种或两种以上乔木所组成的森林各自呈现出块状的混交方式。采取近自然的块状混交造林方式，能够使植物充分利用地上与地下空间，合理利用自然光照和土壤肥力，提高森林的生产潜力，林木更新与抚育都发挥自然的作用，形成生态功能稳定的林分。城乡绿化也采用近自然的森林经营管理模式，能够形成稳定的生态系统。

（四）森林抚育间伐管理

日本作为世界林业发达国家，人工林资源已达到一定规模，但采伐利用量却并不大，较低的采伐利用量将影响森林实现合理经营、再造林等管理问题，因此，推进森林间伐工作是十分必要的。日本政府出台《森林应对气候变化 10 年对策》以解决大多数人工林进入间伐期、森林抚育欠账多等问题。2005 年开始，对人工林实施《间伐等推进 3 年对策》，成立全国间伐推进协会，组织推进全国间伐活动，并实施长伐期作业、培育大径材林分和混交林、恢复林下植被等活动推进森林间伐。

四、日本林业发展的经验启示

（一）严格的森林计划

日本政府明确政策目标，为了使森林能够实现可持续发展而制定了完善且严格的森林计划。目前日本的森林·林业计划体系包括 6 个层次：第一，2006 年 9 月修订的全国森林·林业基本计划，该计划从国家角度出发，确定了林业综合政策的目标和方向，是一项长期的林业计划；第二，2006 年 9 月通过的由农林水产省制定的全国森林计划，为期 15 年，明确了国家森林培育及保护的目标；第三，针对民有林而制定的地域森林计划，该计划确立了森林的相关措施和政策，是一项由都道府县制定的为期 10 年的计划；第四，针对国有林的国有林地域森林计划，该计划确立了国有林的相关发展方向和措施，是一项 10 年计划；第五，针对民有林的而制定的市町村森林计划，提出了计划实施的保障措施，是一项由市町村制定的 10 年计划；第六，森林所有者制定的为期 5 年的森林失业计划。

（二）金融倾斜与政府间接介入

林业发展对日本有着特殊意义，通过林业金融倾斜促进了林业发展。

国家投资、补助金、专用资金贷款、提供无息或低息贷款，为林主克服了在金融机构贷款困难或贷款金额较少、利率较高等不利因素，减轻了经营林主的资金压力，鼓励更多人加入林业经营。日本林业融资以市场为基础，由政府间接介入主导，在融资制度体系基础上吸纳私人部门的资金。其特点如下：第一，通过市场解决林业及森林碳汇的资金不足。尤其是在森林碳汇市场建设初期，需要大量初始投资，而投资来源大多为政府投入，存在政府全面干预导致市场失灵等问题。弥补森林碳汇资金不足的关键就是要探索以市场机制为主或市场与政府干预的理想结合点。第二，各级政府提供必要的政策支持为融资渠道的畅通提供了有力保障。为构建以市场为基础的林业碳汇融资制度，各级政府对其进行资金与政策支持，主要包括：各级政府明确宣布森林碳汇建设阶段性与总体目标，其中地方政府对投资进行财务激励，中央政府将增加对其公共支持，例如减免税收、实施补贴等措施，以提高私人部门对林业碳汇的兴趣，消除森林碳汇融资障碍。

（三）规范的林业管理

日本林业管理的特点在于其规范性，通过森林组合管理促进了林业生产关系发展，通过分类经营确保生态效益优先，通过近自然的森林管理模式和抚育间伐措施保证森林系统平衡发展。森林组合管理将私有林主密切联系，不仅为组员提供经营森林的技术指导，还为其办理森林相关业务，如代管森林，代办林业器械、药剂、肥料等采购业务，开展森林抚育间伐、木材加工与销售业务，提供木材加工机械与场地，办理林业专用贷款手续等业务。日本的分类经营管理将四种森林按照国土保安林、自然保护林、游憩林和木材生产林顺序进行配置，确立了国土保护林最为优先的地位，表明林业以人民生命财产和生活优先，体现了国有林与木材生产林相比，生态效益与社会效益更优。此外，日本采取近自然的森林管理模式，使林业在自然状态下稳定发展，达到林业可持续发展状态。与此同时，为解决日本长期以来采伐利用量较低问题，政府采取抚育间伐措施，提高采伐利用量，促进森林经营和再造林等工作的顺利开展。

第四节　印度林业发展的政策、金融及管理经验

印度位于亚洲南部，全国森林面积约为 7829 万公顷，森林覆盖率约为 23.81%，印度几乎所有的森林都属于政府，只有较少的一部分林地归私人所有。印度森林分布不均，大多分布在东北部、中部、喜马拉雅山和安达曼尼科巴群岛等地区。印度的森林资源一直呈现逐年上涨的态势。印度于 2002 年 8 月签订了《京都议定书》，并创设了包括碳汇在内各种产品和服务的全新市场，虽然目前收效甚微，但是印度作为发展中国家全球 CDM 市场中发挥着举足轻重作用。印度成为在中国之后的第二交易国，占全球比重约 21.78%，值得关注的是，目前全球有大概 25% 的减排合作项目来自印度。

一、森林政策层面

（一）森林产权制度

《印度森林法》是一部制定长达近 90 年的森林法案，如此完臻的立法技术及其适应能力是当今世界各国在森林法制发面难以媲美的，该法案的经典之处在于其明晰详实的关于林权制度方面的安排，以及该国对森林资源所提供的全面的保护措施。印度的森林划分为四类：政府所有的保留林、非政府所有林、保护林、乡村林。具体为：（1）政府所有的保留林：指的主要是政府或政府享有森林资产所有权的林地，再加上政府享有的那些全部或部分林副产品所有权的林地。印度各邦的政府主要通过发布公告的方法对林地进行管理。保留林的制度规划是四种林地类型中最为精细、严格的，现约 41600 万公顷的森林被印度政府划为保留林，目前这些保留林主要用途是保护生物的多样性。（2）印度的非政府所有林：指由私人组织或者是私人拥有森林所有权的林地。在森林资源中，印度政府有关部门对私有林权的限制做出了严格的规定，因为森林资源的生态价值不仅对于经济和生态有重要价值，而且对社会公益的保护也是举足轻重的，因此对

私有林有一些限定，如：a. 那些对森林造成损害或有损害或是威胁森林的行为，政府有权限制；b. 若当事人违反相关禁止规定，在不侵犯当事人的林地收益权的情况下，将对该块土地强行实施保留林制度。（3）保护林：指那些除去印度政府所有的保留林，剩下的一些林地和荒地，对于这些林地印度政府一般拥有其林地以及其部分或全部林产品的所有权和财产权。印度保护林的划分和设置，主要为了该国生态脆弱的一些地区的水土保持和流域保护等。另外，该类型的林地有一大特点即公权和私权同时存在，政府有权宣布整块林地为保护林的同时，私人的也有得到维护其利益的权利。（4）印度的乡村林：又叫特殊的保留林，指印度邦政府授权给一些村社组织，委托他们管理的林地。印度的邦政府不但可以根据该国不同地区的实际情况来授予村社组织，同时还能够在授予后因各种原因而撤回，因此印度的乡村林的设置权一般都牢牢地掌握在政府的手里，尽管如此，乡村林与保留林的严格限制不同，该中类型的林地的限制就相对宽松很多。[①] 印度针对不同类型的林地给予因地制宜的政策和保护措施，这样一来，不但可以使得印度森林治理更加高效和合理，还能使其森林资源得到更加有力的保护和发展。

（二）森林补偿制度

印度为了促进林业发展和壮大，政府便制定了一系列的林业补偿制度，主要包括：（1）直接补贴：印度政府为了鼓励无地或少地的林农和少数民族村庄在周围退化的林地和公有荒地上植树造林，所以该国林业局分发给每个林户大约 1.5 公顷土地进行造林活动，另外林业局会每月支付固定的工资，用来补贴刚分到土地的林农，这样一来林农不仅每月都可以获得工资，最后林木到了砍伐期后，林农还可将获得林木收获后的纯利润的 1/5；（2）间接补贴：除了直接补贴之外，印度在森林管理中，政府给予本地人采集非木材林产品的权力以及对适龄林木的间伐权利，而且林农还对林木的收获伐享有大约 1/4 的份额。另外印度为了鼓励种植薪炭林和经济树种，政府直接进行资金投资，实施了如"乡村薪炭材人工工程"和

---

① 杨梅：《印度林权制度探析》，《经营管理者》2010 年第 8 期。

"援助小农户和贫困农民"等社会林业项目,印度对林业发展制订了许多补贴制度,其目的都是为了能够更好更快的发展林业,达到经济效益和生态效益的双赢。

(三) PAT 机制

印度碳汇的发展远远领先于世界其他的发展中国家,并且为了进一步稳定和发展本国碳汇交易,印度于 2009 年提出了一种以市场为基础,高能源效率的 PAT 机制,该机制总共分为三个部分:第一部分,确定并设定减排目标;第二部分,具体实行减排工作;第三部分,通过碳信用进行市场交易。具体为:第一部分:确定并设定减排目标,此部分政府有关部门会监督并督促所有参与碳汇减排的企业,通过能源强度的指标确定能源消耗目标,其目标一般以三年为主。第二部分:具体实行减排工作,这部分主要是在 PAT 机制下鼓励参与者根据其目标,针对能源排放的强度进行减排。第三部分:通过碳信用进行市场交易,此部分为 PAT 机制的最后一部分,参与者在三年的有效期限内,获得印度官方的能源效率部门所授权的审计,也就是完成能源目标的参与者,会得到能源许可证进行碳汇交易。对于没有完成能源目标的参与者则必须通过购买许可证的形式方可进行交易。

二、林业金融层面

(一) 林业专项贷款

由于森林发展的长期性,面临收益难、风险大等不利因素,所以极少有金融机构会为林业主提供贷款,但是林业的发展又需要资金周转。以前,印度的林业计划所需资金主要国家农业与农村发展银行提供贷款资金,但是林业主成千上万,仅仅依靠国家农业与农村发展银行显得有些力不从心。为了解决林业融资难得问题,印度实行林业专项贷款,该贷款主要在林区和林户的造林模式中,具体内容是:(1)印度林业局每年会给每个林户 250 卢比的无息贷款,并且规定该贷款还款期限为林木采伐期结束为止;(2)林农植树造林当年以及前三年的森林管理费全部由林业局负责垫付,当林户获得林木收益之后再偿还林业局负责垫付的管护费用。

(二)利用外资

印度如今从一个森林破坏严重的国家慢慢成长为植被不断增加的国家,有一个重要的原因是,印度这个国家非常重视外资的引进,再通过引进的外资来支持本国林业的发展。印度通过外资的投入,一方面可以解决该国林业融资的难题,让财政更多的应用到森林发展的其他方面;另一方面通过引进外资,还可以同时引进外国的先进的林地修复技术和林业管理技术,所以重视和利用外资来保护和发展森林是一条双赢的道路和方法。在印度的林业发展的过程中得到很多国外的资金投入,如:英国海外发展署、国际开发署、世界银行等机构都对其提供了大量资助。

(三)森林碳汇资金

印度混合商品交易所(Multi Commodity Exchange,MCX)是印度的科技产品期货交易所,由印度金融技术公司在 2003 年创办。它是碳信用交易的现货商品及期货交易平台。由于印度现存的和潜在的碳信用量庞大,印度成为国际碳汇信用市场上的重要参与者,印度碳汇交易所的碳汇产品定价对国际市场有重要影响。印度混合商品交易所(MCX)目前不仅已经通过了 ISO 9001:2000 质量管理认证,而且还通过了 ISO 27001:2005 信息安全管理系统以及 ISO 14001:2004 环境管理系统的认证。另外,还与多家交易所建立了战略合作关系,如东京商品交易所、纽约商品交易所和伦敦金属交易所。MCX 的 CER 期货和远期合约交易量位列全球第三。印度国家商品及衍生品交易所(National Commodity & Derivatives Exchange Limited,NCDEL)是由国家级机构、大型银行、保险公司和国家股票交易所出资组建的、由印度远期平台委员会监管的专业商品交易所。NCDEX 发布 EUA 期货与 5 种 CER 期货。

印度本国的 CER 交易量逐渐增加,两大碳汇交易所的交易量也逐步扩大,为印度碳汇交易提供了充足的碳汇资金供给,印度逐渐成为交易二氧化碳排放权规模最大的地区,为此,印度成立了 CDM 机制研发监管部门,制定激励、协调和开发共享机制,以支持碳汇经营公司和中介组织服务部门能够更好的参与 CDM 项目的制定和运作,使印度森林碳汇清洁方案取得了较高的经济效益。

三、森林管理层面

(一)自上而下垂直管理模式

印度实行从中央到地方垂直的管理模式,林政官员由中央政府任命,林业工作人员的经费也全部纳入中央财政预算。根据印度的宪法规定,印度的森林由中央政府和各邦政府共同管理,但是因为印度是一个联邦制的国家,各邦有其自己的独立性,因此对于森林的管理有其自己的特殊性。森林部是印度林业最高的行政机构,主要职责是森林管理、环境评估、野生动物保护以及公害预防等;印度的一级行政区域共分为 28 个邦、6 个联邦属地及 1 个首都辖区,各邦政府一般都设有林业局来管理森林,林业局的名称、组织结构以及业务等情况各邦不尽不同,但是一般是由占联邦议会多数的执政党议员作为负责人负责行政工作,各邦政府一般都设立了自己的森林林业局,来依据自己地区的地域背景和自然环境的特点开展森林的保护和发展工作。印度的森林有其特殊性,那就是几乎所有森林都归国家所有,从实践上来看,通过这种从中央到地方垂直的管理,不但能够更加有效地提高印度上下级与林业相关部门的约束力,另外对于印度森林资源的管理和行政执法能力也都有不同程度的促进作用,这样能够进一步促进印度林业的发展壮大。

(二)林木培育者合作社联盟

印度的私人营林造林开展得如火如荼,一些林业合作社业应运而生,其中林木培育者合作社联盟是其发展最好的合作社,他们通过和国内、国际赞助机构的合作,对符合特定要求的荒地造林的人员给予大约 1.5 万美元的造林补助。印度于 1986 年,成立了林木培育者合作社联(NTGCG),它既不属于政府机构,又不属于私人企业和公司,它的主要任务是:组织林农进行植树造林。目前印度有以下几个邦设置了林木培育者合作社联盟机构,有古吉拉特邦、拉贾斯坦邦、奥里萨邦、卡纳塔克邦、中央邦等,仅仅用了十年的时间，该国家的林木培育者合作社联盟就在6个邦中，组织了400个左右的合作社，吸引接纳了大约3.5万名社员；印度通过这种合作社联盟鼓励广大农民在邦政府租给的未开发的土地上植树约800多万株，在私有荒地上也植树近240万株，如今的印度合作社联盟是一种积极的促进印度林业发展的管理方式，不仅受到政府的支持，也受到民众的欢迎。

（三）共事森林管理

针对印度中央和地方森林管理政策出现的问题，在2000年，森林部和各邦林业局共同发起实施"共事森林管理"，通过一系列计划和活动，用来缓解印度在森林管理中的矛盾，例如：制定林业发展计划、监测和评估森林状况、开展森林管理委员会法律援助、鼓励广大妇女开始参与开荒造林等。印度通过这种森林共同管理政策，在林业管理方面起到了积极的促进作用，实行这一共同政策之后，各邦成立了委员会，负责根据居民的意愿进行诸如植树造林、林产品生产加工等活动；中央政府和各邦也通过相应的资金和技术来支持群众。现在越来越多的森林被纳入共同管理，这样不但能够提高广大居民独立管理森林的能力，而且还能提高森林管理效率，有利于森林资源的保护和发展。

（四）森林碳汇市场管理

印度是当今发展中国家中最先建立碳汇市场的国家，凭借其规范、严谨的交易管理规则，如今印度的碳汇市场发展的越来越完善和科学。该国碳汇市场交易规则的严谨性主要体现在以下三个方面：

一是清算规则，印度的清算规则主要分为逐日清算、每日结算价以及到期日结算三种，政府规定，碳汇交易的支付时间为到期日的前一天零点到十一点之前，收付时间为十一点以后，这也是逐日清算和最终交割清算规则的硬性规定。

二是交割程序规则，该规则对交割单位、交割规模以及交易双方责任都做出了相关的规定，具体为：规定距到期日4天左右的时候，卖方需要提供清算所和卖方账户的ID等资料，然后通过交易所通知买方核证减排量来交换系统初始化注册要求；在距到期日 10 天时，期货合约的多头方，需要向相关交易所提交一种特殊要求的表格，表格内容有交割不可撤销承诺、有效的交易请求，有时还有卖方要求的其他相关信息。

三是风险管理。除了上述碳汇交易规则外，印度还对该国商品及衍生品交易所的交易报价、价格变动以及风险等都做出了相应的规定，这种细化到具体天数以及各个交易方面的规则是印度森林碳汇交易安全的保证。在印度除了正常的碳汇保证金之外，该国的国家商品及衍生品交易所还设置了三种类型的保证金，分别是特殊保证金、交割保证金和到期前的额外保证金，其中特殊保证金是在一般保证金之上进行的再保障，保障比例为 3％—5％，其目的是预防额外的风险波动；而交割保证金和到期前的额外保证金则主要是针对碳汇在交易过程中规避风险所提供的一定额度的保证金，规定额外保证金会在合约最后 5 个交易日在正常保证金基础上以每天 3％的速度叠加。

四、印度林业发展的经验启示

(一) 灵活的林业制度

林业制度是所有国家发展林业的纲领，与世界其他国家一样，印度这个国家也十分重视林业制度的制定，印度林业制度最大的特点就是其灵活性，而其制度灵活性的原因主要有两方面：一是印度明晰的产权制度；二是印度实行全民参与制定林业制度的形式。具体内容为：（1）森林碳汇产权制度的变迁过程主要是充分利用市场调节的力量来对二氧化碳的排放量进行控制，进而优化森林碳汇机制配置，达到减排的根本目的，同时也是共有产权制度向产权制度明晰化方向前进的创新性的举措。印度在森林方面十分重视对外资的引进和利用，在碳汇方面也是一样，因此该国实行国家林业政策与国际利益协调发展，促进全球经济共同发展和平衡环境保护的原则。（2）因为印度很重视全民参与造林和进行森林管理，因此该国林业制度和政策一般都是全民进行参与，就拿印度国家林业五年计划制度来说，众所周知，林木的成长和发展有长期性，少则 5 年、10 年，多则

30—50 年甚至百年树木才能为其所有者提供利益回报。印度当局针对林木发展的长期性，为了能与时俱进地经营管理森林便制定了"林业五年计划制度"，根据不同时期印度林业发展情况制定不同的林业发展计划和目标。综合来看，这种灵活性极大的林业制度不仅解决了印度作为殖民地时期被严重毁坏的森林资源问题，使得现今的森林植被覆盖率一直保持增长的状态，而且这种森林的可持续性发展为印度碳汇市场的长足进步提供了可靠的保障。

（二）完善的林业金融机制

印度是发展中国家中金融体制最完善的国家。金融促进产业发展，实际上是金融在市场经济里面充分发挥资源配置作用。首先，印度的林业贷款制度开展时间比较久远：印度的贷款造林开始于 20 世纪 60 年代，该时期印度鼓励当地村民参加造林，主要目的是恢复森林资源、为当地村民提供薪材和饲料等；在 70 年代，主要是由印度政府提供财政来支持，因此在全国范围内，展开了大规模的造林活动；在 80 年代，印度各个邦的营林、造林费用则主要以世界银行贷款为主，另外再加上一些国际组织的援助等；90 年代以来，主要就是靠日本海外经济协力基金（OFCF）提供的贷款来植树造林；到目前为止，经历岁月的沉淀，印度的林业贷款制度越发成熟和完善，为森林碳汇融资打下坚实基础。其次，印度的林业资金来源广泛，其资金主要来自政府财政拨款、外资投入、行业协会投资还有国内外资助等等，这也就解决了林业融资难的问题。印度清楚地意识到仅仅依靠林业所有者或者管理主体的自身原始积累，然后进行再投资来促进林业的发展是不现实的，所以更加积极地拓宽融资渠道吸引外资，优化内资。最后，印度的金融机构、公司与许多民间机构的交易以 CDM 模式维系了其稳定的成交量。金融机构的广泛参与能够促进 CDM 模式的实现，该机构参与的方式包括直接购买平台研发的标准化碳汇商品，向碳汇参与企业提供贷款，以 CDM 收入作为偿还本金和利息的现金流。另外，印度公司为取得交易价值超过尚未进行登记注册和取得授予许可的 CER，需要取得银行信贷，承担项目前期运行成本和风险，这种机制使得印度公司在森林碳汇项目合作中表现更加积极。

综合而言，完善的融资方法和途径以及印度金融机构的深入参与，再加上印度其他金融扶持政策以及宽泛的财税政策，不仅有益于印度对林业的资金投入，更有益于碳汇市场的快速发展。

（三）共同林业管理与专业的森林服务

印度实行共同林业管理与专业的森林服务，这不仅有利于降低森林砍伐率、稳定森林面积、普及荒地造林知识，还有利于为森林总面积的增加提供保障。主要体现在以下几方面：（1）印度政府制定了很多政策和规划，用来鼓励广大企业和林农共同参与森林管理，例如，共事森林管理政策、联合森林经营规划等，都是印度为提高森林覆盖率以及促进碳汇市场发展所做出的不懈努力。（2）印度森林覆盖率和森林碳储藏的稳定，主要都是基于《森林保护法》、社会林业、联合森林管理等造林计划，以及社区的参与意识不断加强。（3）由于技术偏差或服务部门的官僚机制等问题，许多国家在森林管理中往往忽视社会工作，导致了人民群众与政府机构之间产生误解、隔阂和猜忌。但是，印度在这方面表现格外优秀，目前该国约有 23.81% 左右的区域被森林所覆盖，并且由政府通过组织良好的、专业化的森林服务部门控制和管理。为了让人民群众参加自然资源管理，印度政府在制定国家森林政策时候，充分考虑当地群众和林区居民的所想所需，积极鼓励他们参与森林保护，并一同分享森林利益，林农和政府竭诚合作，共同参与林业的经营和管理工作，不仅极大地促进了印度森林面积的增长，还为其森林碳汇的产生和发展奠定了良好的基础。

第五章 森林碳汇机制建设与集体林权
改革协调发展的政策兼容机制

集体林权制度改革设定了当前我国林业生产经营的基本制度规则，包括林权归属、林业税收、林业补贴、林业间伐与皆伐要求等，这些基本的林业政策决定了森林碳汇提供者的成本收益。从国际上引入的以 CDM 项目下的森林碳汇交易及我国正在试点实施的自愿减排机制也对森林碳汇参与者的基本权责进行了规定。这些森林碳汇交易市场的参与者，既要遵守当前的基本林业政策规则，同时也要适应森林碳汇的交易规则。因此，两项政策之间的兼容性问题成为林业政策制定者们必须面对的首要问题，尤其是如何设定能够兼容的动态的林业政策使其适应林业经济的发展演变将成为当前面临的重要课题之一。

本章重点考察森林碳汇交易机制建设与集体林权制度改革协调发展的政策兼容机制设计问题，具体包括四方面内容：首先对我国主要的林业政策和碳汇政策进行回顾，讨论现有以林权改革为主导的林业政策与森林碳汇机制建设中的政策安排是否存在兼容性问题，重点探讨了林权与森林碳汇归属、林业砍伐政策与碳汇林砍伐规定、林业补贴与碳汇林成本之间的差异。其次，在分析政策差异的基础上，利用博弈论方法探讨了政府补贴与林农碳汇供给之间的博弈关系，得出政府补贴在碳汇市场发展的不同阶段所发挥的作用差异较大。尤其是在碳汇市场建立之初，政府补贴的作用尤为重要，而随着碳汇市场的不断发展和完善，林业补贴的数额将会降低，从支持转向引导。最后，在碳汇市场发展的初期、中期和成熟阶段，从政策协调发展视角，笔者提出了集体林权与碳汇建设协调发展的具体思路和对策。

第一节 我国林业政策的权属特征与改革方向

前文已经对我国林业产权政策的变革历程及各时期的基本制度安排进行了简要分析。本节将针对不同时期林业产权的归属特征及林业政策主导目标进行分析，以明确我国集体林权政策设定的基本方向与立足点。

一、林业产权归属特征分析

纵观历次林权制度改革，基本都是从一种产权制度向另一种产权制度的转变，看似简单的产权制度的转变和完善过程，也就是说不管是私有产权转变为公共产权，亦或者是集体产权转变为私人产权，其内涵都是一种根本性的产权关系及制度的变革，其中产权关系变革的重点是改变产权主体的利益关系，产权制度变革的重点是保护新产权的主体利益。

（1）在土地改革时，权属清晰是林业产权制度的一大特点，也就是说林主不但拥有林地的所有权，还拥有林木的使用权以及经营权和收益权，这对于促进林业经营者的生产主动性具有积极作用。但由于小农分散经营、生产技术和能力有限，林农面临生产资料和资金短缺的诸多问题，使得林业生产水平较为低下。土地改革时期的林业政策有两个特点：一是林业权属政策的制定具有较强的奖励效果。在中华人民共和国成立初期，主要依靠政府号召、人民群众自发响应和参与形式来搞绿化造林。这种做法与之后实行的指令性造林差异明显。该措施通过更加明显的利益关系使人民群众具有更大的积极性，效果更理想。二是这次改革使农民成为土地和林木的所有者，使林农们获得了所耕林地及林木的产权及其相关权利，构成了中华人民共和国成立之初的私有林权制度。

（2）在互助组时期，即土地改革时期的整合期，农民对林地和林木拥有所有权，即广大农民享有林地和林木的完整的产权。这种互助组，不仅在某种程度上，对农民的生产资料进行整合，更好地发挥了生产资料及劳动资本整合优势，还能够进一步提高农民规模生产的能力，规避小农经济的某些缺陷。初级农业合作社时期，产权制度逐步过渡为私有产权的不完整特性，也就是开始出现所有权和使用权的分离。农民对林地和林木拥有所有权、合作社对林地以及部分林木拥有处置权及使用权；集体和个人拥有其收益权并进行分配的权利。在该时期对私有林有其特殊的规定，如一般情况下林木的处置权主要由国家进行统一管理和统一调拨。高级农业合作社时期，此时已经基本废除了私有林权制度，自留山的林地是农民唯一保留的，而且在此时集体已成为林地和林木产权的主体。这一时期集体产权和私有产权出现共存的现象。到了人民公社化时期，林地和林木的唯一主体就是集体所有，此时林农的私有产权基本被废除，主要由人民公社对林地实行统一的经营和管理。

（3）集体产权和私有产权共同存在的现象再一次出现是在"三定"时期，在此时期对林地拥有有完整的产权的是集体，广大林农只是拥有部分产权，即土地使用权、林木所有权和处置权。另外，集体对自留山和责任山都拥有所有权，林农则拥有自留山的使用权和林木的所有权以及收益权，对责任山林地拥有经营权和部分林木的所有权，尽管林业产权不断发展，但是还是存在很多的问题：林地产权确定还不彻底，林业经营者对林木所有权、处置权和收益权没有明晰的规定来执行，政策和法律施行没有得到认真贯彻落实。

（4）在现代林业产权制度改革时期，在此阶段林地集体所有是改革主要任务的前提和基础，其经营模式为以林农为经营主体的一种自主经营模式。确权证是可以明确林地使用权及林木所有权的凭证，它不但能够进一步确定林木的收益权，而且还能允许林地使用权、经营权和林木所有权的自由流转。现在，通过这种林地使用权、林木所有权的多种形式流转，使得林业的产权形式多样化、产权主体多元化，这不仅使林地的承包期延长（70年），法律保障增强，同时还使得林业产权的排他性提高，进而对林业产权的长期稳定性的预期增加，林业得到进一步发展。

（5）在目前集体林权制度的深化阶段，指导政策明确规定：推行林业生产上产权明晰、经营权放开、处置权落实、收益权明确的工作目标。在此深化阶段要求是以不改变林地用途为前提的，所有林地承包人可以依法处置林地的使用权和林木所有权，还能够依法自主的经营商品林，除此之外还有其他积极的改革措施用来推进和发展林业，如林木采伐管理、林权抵押、公益林补偿以及森林政策性保险等相关改革。经过十多年的努力，使得林业的政策保障不断加强，所有权、处置权、使用权以及收益权都越来越明晰，最终导致相对较为完整的集体林产权初见成效（见表5-1）。此时期林业产权表现出的主要特征为：林业资源的所有权、使用权、处置权与收益权的有关立法越来越细致明确。林改后的林业生产力与生产关系逐渐协调，各种林业要素流通越来越顺畅，林业生产获得了快速发展。

表 5-1　全国不同时期林业产权归属统计

时期	产权形式	经营形式	利益分配方式
土地改革期间	个人所有	个人经营	个人所有
互助组、初级农村合作社期间	个人所有	合作社统一经营	个人与合作社分成
高级农村合作社期间	合作社集体所有	合作社经营合作社所有	个人年终获林木折价款
人民公社化期间	人民公社集体所有	集体经营	集体所有
林业"三定"期间	集体所有	家庭经营为主	按收益比例分成或固
20世纪末至今	多种产权模式	家庭经营、股份经营、联营等多种经营形式并存	按收益比例分成或股份

资料来源：鲁德：《中国集体林权改革与森林可持续经营》，博士学位论文，中国林业科学研究院，2011年。

二、林业政策改革目标与方向

综观新中国成立以来的所有林业政策，尤其是改革开放以来的林业政策，从这些政策的动态变化特征可以发现，国家对林业政策变革朝着集体林权、注重生态建设及现代林业的方向发展。

（一）走集体林权改革发展的道路

改革开放以来，我国政府始终强调集体林权制度改革的重要意义。从表6-1改革开放以来的主要林业政策可以看出，从1981年的《关于保护森林发展林业若干问题的决定》（林业 25 条）开始，1995 年的《林业经济体制改革总体纲要》、1998 年的《中华人民共和国土地管理法》，这些林业政策主要指向恢复集体林权政策，林地使用权和林木所有权能够通过多种形式流转，法律保障不断加强，林业的经济效益和社会效益不断提高，除此之外这些政策为 2003 年的南方集体林权试点改革铺路。

经过五年的经验总结，我国于 2008 年全面实施了集体林权制度改革。可以认定，1978 年到 2008 年是我国社会主义市场经济体制探索时期，这一时期不仅是将生态建设作为林权改革的重点方向的时期；也是林权改革宏观政策的完善时期；还是集体林产权从不完整走向相对完整的时期。2008 年至今的全部林业政策的核心都集中在集体林权主体改革政策与各项辅助政策的全面开展。2008 年至今，国家林业政策不仅要加强集体林权制度的主体改革，还要同时加速推进与其相关的一些配套改革，其中主要包括：第一，构建和发展林木采伐管理体制，即用林木采伐审批公示制度来代替商品林限额采伐的一种制度；第二，构建和发展森林资源资产评估体系；第三则是为了保证林地林木产权的自由流转而构建产权交易平台；第四，进一步推进林业信贷投放，而且还要建立森林保险制度和林权抵押贷款制度；第五，构建和完善林业协会等林业社会化服务体系等。

（二）全面关注生态建设的重要性

改革开放以来，随着《中华人民共和国森林法（试行）》《关于大力开展植树造林的指示》等一系列林业政策的颁布和实施，生态建设成为林业政策改革的重点。1998 年，《国务院关于保护森林资源制止毁林开垦和乱占林地的通知》出台，对于破坏森林资源的行为采取严厉措施，坚决制止毁林开垦和乱占林地行为，抢救和保护森林资源。2000 年的国家环境总局与其他部门联合颁布的《全国生态环境保护纲要》明确规定了各地区需要根据本地的生态环境情况，建立适宜的生态环境的保护规划，加强对生态环境的保护力度，达到防范生态环境逐渐恶化的趋势。《中共中央国务院关于加快林业发展的决定》于 2003 年发布，它不仅是林业政策改革的里程碑，而且对林业政策的一系列问题尤其是生态建设问题进行了中长期的战略部署，强调了林业的生态目标，确定了跨越式生态发展的目标。

从这些政策文件的变化看，全面凸显生态建设的重要性是林业产权制度变革的方向之一。与以往的经济建设为核心的政策改革不同，林业政策更加关注林业的生态职能。尤其是近年来，集体林权制度改革希望通过提高林业产权的法律保障程度，明晰林业产权与允许林地流转，提高广大从事林业生产的主体进行林业生产经营的稳定性与积极性，使得林业经营主体与经营模式实现多元化发展，实现林业生态职能、社会职能与经济职能的协调发展。

（三）加快向现代林业发展

现代林业同社会发展阶段相关联，强调林业发展中的各项生产要素都应该达到较高标准，包括林业科技水平、物质条件、机械化水平、信息化水平、人力资源等，强调各项林业配套措施完备，包括林业法律保障措施、林业评估制度完善、林业市场化及开放性水平较高等，通过完善的林业发展机制与高标准的生产要素应用，达到提高林业生产效率，实现大林业生产经营目标，实现生态文明目标。

表 5 - 2　改革开放以来中国主要林业政策

时间	政策名称	政策目标
1979	《中华人民共和国森林法（试行）》	森林保护
1980	《关于大力开展植树造林的指示》	植树造林
1981	《关于保护森林发展林业若干问题的决定》（林业 25 条）	林权划分
1987	《关于加强南方集体林区森林资源管理坚决制止乱砍滥伐的指示》	森林保护
1990	《关于 1989—2000 年全国造林绿化规划纲要》	造林绿化
1993	《关于建立社会主义市场经济体制若干问题的决定》	生态建设
1995	《中国 21 世纪议程林业行动计划》	可持续发展
1995	《林业经济体制改革总体纲要》	集体林权经营
1998	《国务院关于保护森林资源制止毁林开垦和乱占林地的通知》	森林保护
1998	《全国生态环境建设规划》	生态建设
1998	《中华人民共和国土地管理法》	林权界定
2000	《全国生态环境保护纲要》	生态建设

续表

2002	《退耕还林条例》	退耕还林
2003	《中共中央国务院关于加快林业发展的决定》	生态建设
2007	《中国应对气候变化国家方案》	应对气候变化
2008	《关于全面推进集体林权制度改革的意见》	林权明晰
2009	《关于做好集体林权制度改革与林业发展金融服务工作的指导意见》	集体林权改革
2009	《关于加强碳汇造林管理工作的通知》	森林碳汇
2012	《关于加快林下经济发展的意见》	集体林权改革
2015	《全国森林经营规划（2015—2020年）》	林业集体资产股份权能改革
2016	《关于落实发展新理念加快农业现代化实现全面小康目标的若干意见》	林业现代化

数据来源：根据中国林业数据库整理而得。

现代林业是我国林业发展的终极目标，从1993的《关于建立社会主义市场经济体制若干问题的决定》开始，国家林业政策已经强调了林业发展离不开市场化经济体制建设。从此以后的多项林业政策，包括集体林权制度改革赋予林户林木所有权和经营权，包括1998年颁布的《森林法》允许林地流转、2008年的《关于全面推进集体林权制度改革的意见》对林地、林木的全面赋权，以及2016年的所有权、流转权和所有权的三权分立，都是要激活现代林业发展中的生产关系，赋予现代林业生产关系必需的基础制度条件，通过不断发展与完善各项林业保障措施，促进现代林业的繁荣发展。而近年来，在文件中更是密集使用"现代林业"一词。如2009年"一号文件"提出"建设现代林业"，2010年林业"一号文件"强调建立现代林业管理制度，以及2016年的《关于落实发展新理念加快农业现代化实现全面小康目标的若干意见》，将现代林业作为我国实现小康社会的手段。由此可见，我国正在加大力度和脚步建设现代林业，现代林业是我国林业发展的最终目标与方向。

第二节 森林碳汇相关的林业政策

目前，我国还没有明文规定森林碳汇的权责归属。但有很多林业政策与森林碳汇的生产经营息息相关。本书将这些相关的林业政策主要分为三类：森林权责法律制度、森林生态补偿制度和森林经营管理制度。

一、森林权责法律制度

现如今我国暂时没有相对较为明确的，针对森林碳汇方面的法律法规，但是我们仍然可以参考以下的法规制度，如：1987 年的《森林采伐更新管理办法》和《中华人民共和国森林法》、2000 年国务院公布的《中华人民共和国森林法实施条例》、还有 2002 年末发布的《中华人民共和国退耕还林条例》等。除此之外，我们还可以借鉴其他相关规章制度，具体如下：

（一）现行法律法规中有关森林碳汇的法规

1. 清洁发展机制相关规定

（1）《清洁发展机制项目运行管理办法》是于 2005 年，由国家发改委联合科技部、财政部以及外交部联合共同发布的。清洁发展机制的核心是允许发达国家与发展中国家开展项目合作，进而获得因项目而产生的核证的温室气体的减排量；其内涵是发达国家缔约方与发展中国家缔约方进行的项目合作的一种机制，其目的是实现发达归家部分温室气体减排的义务，并且协助发展中国家缔约方实现可持续发展的实现等。（2）《关于开展清洁发展机制下造林再造林碳汇项目的指导意见》是 2006 年末由国家林业局碳汇管理办公室制定的，其目的是更加科学有序地开展清洁发展机制框架下的造林及再造林碳汇项目等。该指导意见主要有以下要求：首先，为了保障本国的国土生态安全、促进西部一些区域的生态环境建设，统筹全国的林业生产力布局，应该积极的引导发达国家对一些西部生态脆弱地区进行项目投资，加快该区域的植被恢复；其次，综合目前国际碳交易市场的情况以及我国林业建设的现状，国家林业局相关的碳汇管理部门会组织专业人才，选择一些适合的碳汇项目编入储存库以备不时之需；最后，我国作为碳汇项目的参与方，在与国外或者国际参与方商谈时，主要参照和履行《京都议定书》所规定的义务的基本原则，而且不应承担《联合国气候变化框架公约》以及《京都议定书》为发展中国家规定的那些义务之外的其他任何义务，特别是不应承担项目准备和实施过程中所发生的额外的资金义务。

2. 林地保护利用规划相关规定

《全国林地保护利用规划纲要》于 2010 年 6 月由国务院常务会议审议并通过，该纲要主要目的是确定我国今后十年期间，即 2010—2020 年，全国林地保护利用的主要任务，其具体内容为：（1）更加科学的对林地进行经营和管理，以便提高森林的质量以及综合效益；（2）提高对森林的保护力度，确保其面积总量及林地规模逐步而适度的增长；（3）统筹区域林地的保护和利用工作，优化结构布局；（4）全面深化我国集体林权制度以及国有林场的改革等。林地作为国家一种重要的自然资源、战略资源，它不但是森林生存和发展的根本，对国土生态安全的保障、现代林业的发展、生态文明的建设以及应对全球气候的变化等都具有十分重要的意义，所以编制和实施全国林地保护和利用规划纲要、加强林地的保护、提高林地的利用效率等相关工作显得十分重要。

（二）环境政策中有关森林碳汇的相关规定

1. 气候变化方案相关规定

环境政策中于森林碳汇相关的相关规定也有很多，其中最主要的，也是影响最大的莫过于《中国应对气候变化国家方案》，它是于 2007 年 6 月由国务院所发布的，其提出的目的是应对气候的变化以及把林业当作减缓气候变化的一个重要措施，该方案主要有以下规定：（1）根据可持续发展战略的高度和要求，严格并充分的认识气候变化的重要性；（2）更加积极谨慎地推动《京都议定书》《联合国气候变化框架公约》的发展进程，以便更好地维护我国的合法利益；（3）大力坚持"共同但有区别的责任"的原则，积极参与和气候变化相关的国际活动；（4）把可持续发展的政策及措施作为根本，积极为减缓全球气候变化作出自己的贡献。

2. 生态补偿基金相关规定

《中央森林生态效益补偿基金管理办法》于 2004 年出台，该管理办法对涉及我国生态和环境的问题作出了相关规定规定，并且为了鼓励大众意识到环境和生态的重要性和危机性，国家对符合该管理办法的一些林地和荒地进行补助，其补助范围具体是：由国家林业局所公布的那些重点的公益林林地范围内的有林地，还有荒漠化和水土流失较为严重地区的一些灌丛地、灌木林地和疏林地。这一办法的实行，不仅充分发挥了森林的生态、经济以及社会效益，从而能够更加严格保护和发展生态林，统筹协调自然地理条件较差的林地的保护和利用，而且为经济的可持续发展奠定良好的基础。

3. 绿色碳基金相关规定

《中国绿色碳基金管理暂行办法》《中国绿色碳基金碳汇项目管理暂行办法》以及《中国绿色碳基金碳汇项目造林技术暂行规定》于 2007 年出台，其主要目的为：以自愿参与为原则，应对气候变化。中国绿色碳基金是中国绿化基金会所下设的一种专项基金，严格执行以上的三种法律法规，该基金主要是由中国绿化基金会、国家林业局、中国石油天然气集团公司、美国大自然保护协会以及嘉汉公司发起成立，并且由中国绿化基金会对其进行统一的管理。中国绿色碳基金基本上是面对国内外的企业、团体、组织及个人的一种开放式公募基金，它的宗旨为：为了增强我国森林生态系统整体的碳汇功能，从而加快中国森林的恢复进程，所以大力宣传碳汇事业，并且积极引导国内外企业、团体、组织及个人，通过捐资的方式加入，积累以碳汇为主要目的一些植树造林等相关活动。该宗旨不仅有利于保护生物多样性能力的提高，而且对于促进当地经济社会的发展以及减缓全球气候变暖趋势有十分积极的作用。

二、森林生态补偿制度

在 1998 年所修订的《森林法》中，我国确立了森林生态效益补偿制度，其中规定，为了提供生态效益防护林以及特种用途林的森林资源更多的保护，还为了林木的营造及抚育保护等原因，国家应当设立森林生态效益补偿基金。根据法律的相关规定，我国的"森林生态效益补偿资金"于

2001 年成立，该基金的主要目的是：对公益林的进行植种、养护和管理等。在 2004 年，森林生态效益补偿制度正式开始在全国范围内执行。除此之外，在 2007 年财政部和国家林业局联合发不了新的《中央财政森林生态效益补偿基金管理办法》，该办法主要内容是细化并发展壮大了森林生态效益补偿制度，现在我国森林生态补偿制度的框架主要由 4 部分组成，也就是：国家补偿、地方补偿、社会补偿、市场补偿。[①] 其具体内容如下。

（一）国家补偿方面

国家补偿的特征主要有三点：第一点，其补偿的范围主要针对的是一些重点的公益林。因为公益林形成碳汇，势必会起到减缓气候变化的作用，而且部分公益林会以森林碳汇交易的方式实现部分或全部补偿；第二点，就其补偿资金的来源渠道来说，主要有财政转移支付、征收碳税以及森林碳汇基金等。另外，国家还通过如税收优惠政策、经济合作政策以及生态建设和保护投资政策等一些其他形式来进行补偿；第三点，国家补偿的依据主要是碳交易的市场价格，原因是其价格更有利于针对不同树种和气候，来对森林碳汇实行更加科学的分类补偿。而且，目前我国对不同类型的树种、森林区域都会进行一种差异化的补偿激励政策。

（二）地方补偿方面

地方补偿和国家补偿基本相类似，它对森林生态效益提供补偿的方式主要是地方财政转移支付，而且至 2016 年底，已经有二十五个省市及地区建立了该制度，如广东、北京、福建、云南等地，它们都在省级政府的财政预算中设立了自己的地方补偿基金。为了弥补政府财政基金不足的情况，各地方一般都设有地方补偿标准，像浙江省在中央财政提供的每年每亩补偿 5 元标准的基础上，又增加了 3 元。另外，地方补偿不仅能够补偿上述林地，而且对于那些国家补偿范围之外的碳汇公益林，也能够提供很好的补偿。

---

① 颜士鹏：《基于森林碳汇的生态补偿法律机制之构建》，载《生态文明与林业法制——2010 全国环境资源法学研讨会（下册）》，2010 年，第 738—742 页。

（三）社会补偿方面

社会补偿不是森林生态效益补偿中的主要形式，它主要指那些社会主体出于自愿进行减排或保护森林的目的，向那些森林碳汇经营者直接提供资金的一种补偿方式。它的资金来源于两方面，直接捐助和社会基金帮助，像 2007 年建立的中国绿色碳基金会，该基金不仅不断吸引着一些环境组织、企业和个人的自愿投资，而且截至 2016 年底，该基金会已获得来自国内外约 61000 万元人民币的资金捐助。

（四）市场补偿方面

由于单方面依靠政府补偿的方式越来越难以满足我国森林碳汇的发展情况，便出现了这种市场补偿机制。该机制补偿方式灵活、管理成本较低、适用范围广泛，是一种很好的补充方式，现在我国市场补偿主要采取政府参与森林碳汇交易以及区域之间的林业 CDM 碳汇项目交易两种形式，政府参与的交易形式是一种间接的补偿；而区域间的项目合作则由发达地区出资，针对欠发达的地区开展造林等项目。但是，不管是那种形式，都对我国的生态、社会、经济方面的效益起到很大的促进作用。

三、森林经营管理制度

目前我国的森林经营管理制度主要是根据林业建设的相关任务的需要而进行不断发展和完善的，其基础为林业分类经营，核心是林权制度，而主要的规范对象则是森林资源管理。实践证明，科学而又合理地经营和管理森林，能够最大程度地保证森林碳汇发挥其功效。我国于 20 世纪 80 年代左右，由国务院林业主管部门，下发了许多文件用来指导全国森林经营和管理工作的展开，例如：《关于大力开展植树造林的指示》《关于制止乱砍滥伐森林的紧急指示》《关于深入扎实地开展绿化祖国运动的指示》和《关于保护森林发展林业若干问题的决定》。还有 2003 年的《关于加快林业发展的决定》、2008 年的《关于全面推进集体林权制度改革的意见》、2009 年的《关于改革和完善集体林采伐管理的意见》、2016 年的《关于完善集体林权制度的意见》等重要的政策性文件。它们都强调指出，不仅要将分类经营管理落到实处，而且要建立公益林动态管理机制，这样才能更加科学地经营公益林，放活商品林经营权，进而完善森林采伐的更新和管理制度。

另外，各地区政府也出台了相应的《人工商品林管理试行办法》等有关规定，对商品林进行有效管理，其基本做法的具体内容为：首先将防护林以及特种用途林都划为生态公益林，其次将经济林、薪炭林以及用材林划为商品林。通过对森林种类的划分，对生态公益林和商品林采取不同的经营和管理方法，也就是对两类森林进行资金投入和实行采伐管理措施，将公益林的建设等工作作为社会的公益事业，由各级人民政府负责建设和管理，并且主要采取政府投资，再加上社会力量共同建设的模式；将商品林推向市场，通过有限责任公司、股份制等形式用承包、租赁等多样的、灵活的方式对森林进行经营。上述政策指导我国林业建设及森林经营工作，给林业发展带来了难得的历史机遇。

第三节 集体林权与森林碳汇的政策兼容性分析

"兼容"一词出自"兼容并包"这个成语，另外《史记·司马相如列传》中也有相关的记载，其含义为：接纳或者容纳世间万事万物。但是在经济学领域内，政策的兼容性指的主要是政策主体之间，在面临特定的环境、特定的规则时，同时或者先后、一次或者多次，从各自的策略中选择并实施行动，最终各自取得相应的结果并且融合的一个过程。

为了分析"现有以集体林权改革为主导的林业政策"与"森林碳汇交易机制的建设发展"的兼容性，本节将从林权归属、林权交易等方面讨论"以集体林权改革为主导的林业政策"与"森林碳汇交易机制"的异同。同时选取政府和林业经营者分别作为两者的行为主体，运用供给博弈模型，探讨双方在碳汇交易项目中可能产生的博弈关系，并量化分析双方行为变化对彼此收益的影响和最终均衡收益。最后，从碳汇市场发展初期、发展期、繁荣期等不同阶段分别提出政策建议。

一、林权归属的界定问题

因为森林碳汇是根据森林的持续性生长而不断形成的，所以森林碳汇的产权也就自然而然受到国家林业政策关于森林产权方面规定的影响。再加上森林产权的客体所涉及的形式比较多、森林产权人也越来越多元化，所以，林业碳汇产权与林改政策的林权存在很大的不同之处。

森林资源包括森林土地、林业环境以及森林木材等主要部分，与此相对应的森林产权也就主要由林地产权、环境资源产权以及林木产权三种类型构成。现如今，大部分的林业政策改革针对的主要是林地产权和林木产权，对于环境资源权的关注一般都是诸如一些环境生态效益的收益权问题。这种生态系统所带来的收益有一个显著特征，即公共物品特征，相对应的森林交易中也带有较为明显的外部性特征。在这种情况下，林主获得的个人收益一般都会低于社会收益，从而导致森林产权的所有者在碳汇交易市场中对于提供碳汇产品的积极性和主动性比较低。例如，2004年批准实施的中国广西珠江流域治理再造林项目，原设计4000公顷造林面积，实际仅完成3008.8公顷。主要原因之一是造林地产权权属不清晰。该项目的用地的设计尽管都与农户进行商定，并签订了造林协议，但是在集体林权制度改革后，用地的权属发生了变化。项目设计时有部分林地承包经营权为集体所有，合同是造林实体与村民小组签订的。林权改革后，这些租用的或合作使用的林地承包经营权给了农户。其中一些农户无视合同的法律效力，借机提出一些不合理的要求，甚至退出项目撕毁合同等，导致造林地无法施工。再如，2010年启动的云南西双版纳竹林造林项目，项目实施主体为林业企业——云南勐象竹业有限公司，公司属于财务独立的法人机构，主营业务是木材销售和其他林业产品销售。随着项目实施的深入，人工费用、林地恢复费用不断增加，开展再造林生产和管理等成本支出越来越高，造林、再造林项目的投资收益较低，导致企业的积极性逐渐降低。

二、林权计量政策问题

从林改政策中所涉及的林权的三个组成部分来看，林木、林地和环境资源的产权，导致其在碳汇交易市场上交易流转期间都存在不少计量方面的难点，具体有以下几点：（1）对活立木、林分蓄积量的测算，不但需要耗费大量的人力物力，而且其最后的计算精度和准确度也达不到较高的水平；（2）在林权包含的相关资产方面，对其在实物量上进行评估本身就是一个大难题，其准确度就更难达到高级水平；（3）最后在价值量的计算方面，由于自然因素和人为因素都对森林实物量的变化产生比较大的影响，再加上某些计量方法的差异有所不同，这也就导致精确化和货币化的计量十分困难。所以，林业政策改革中对森林资源的评估是森林碳汇交易市场中林权计量与交易中需要着重考虑的。

三、森林采伐限额制度与碳汇市场交易安排

与其他财产权利相比，由于受到国家林业政策对于协调发挥森林的经济、社会和生态效益的限制，森林产权的交易并不能做到完全市场化。

我国在森林采伐方面的法律法规基本内容：（1）1987年，我国开始实行年森林采伐限额的相关管理制度，不仅对采伐许可证制度进行规定，还规定年度的木材生产计划不可以超过批准的年采伐限额。（2）2000年，新的《森林法》颁布，该法主要是完善非公有制林业的采伐管理，其中第三十二条规定"采伐林木必须申请采伐许可证，按许可证的规定进行采伐；农村居民采伐自留地和房前屋后个人所有的零星林木除外"。（3）2000年，我国又实行了《中华人民共和国森林法实施条例》，其中第十五条规定"用材林、经济林和薪炭林的经营者，依法享有经营权、收益权和其他合法权益"。这些法律、条例都使得林业的经营和采伐有法可依，促进了林业的发展。集体林权制度改革后，福建省、浙江省等先后都进行了林木的采伐管理制度的改革，改革让他们进一步落实了商品林采伐的自主权。

虽然法律给予了林主权利，但是同时也对权利作出了相应的限制，而有了限制，林权主体便不能再任意行使属于自己的林权，从而不能实现自由的产权权益。林权制度和管理的限制性有其两面性，一方面它能够起到保护生态环境，促进经济的发展，为社会创造更加美好的条件的作用；但是另一方面，这种制度又不可避免地阻碍林权的所有者在碳汇交易市场上，如其他商品市场一样通过自由的市场规律来交易。这种情况也就导致了，林权所有者由于受到政策性约束所带来的影响，一般很难来按照市场变化及时制定相应的生产销售决策，也就是说，在某种程度上这些行政干预的一系列措施，对市场的公平竞争产生极大影响。森林采伐限额管理制度的实行，使林权主体从交易中获得权益的难度增加，林权主体经营林地的积极性不足。

四、林业补贴政策与碳汇交易成本收益

碳汇交易项目的前期投入成本较大，项目周期长，利润回收较慢，但相应的补贴政策没有跟进。在碳汇项目实施前，就需要对该项目的可行性进行分析，包括勘察、检验、论证、寻找买家以及找到买家之后的谈判，这些过程的交易成本较高。项目实施之后，还需要进一步对项目进展进行实时监控、测量，跟进国际市场动态，应对司法规章体系的变换，相关交易成本也较高。有研究显示，5 万吨以下的碳汇项目是几乎不可能盈利的，成本过高必然导致卖方热情的降低。加之，需求方缺乏支付意愿，融资能力有限，尤其是农民，对环境生态效益产品的支付能力及支付意愿不强。

在四川西北部退化土地造林再造林项目区域内，农业是农户的主要收入来源，但农业产量受到洪灾、旱灾和其他灾害的影响，农业生产率较低，项目区域内年人均毛收入为 210 美元，很多农民都生活在国家贫困线以下。对于农户来说，由于木材和非木材林产品收益要在项目运行一段时间后才能得到，因此他们几乎无力担负早期的碳汇林成本的投入。

川西南林业碳汇、社区与生物多样性项目，由于项目大部分土地为当

地集体所有，其中大部分使用权归个人所有，没有相应的融资机制，加之项目风险性较高、地理位置较偏远，从当地商业银行申请造林、再造林项目贷款的可能性也较小。云南腾冲小规模再造林景观恢复项目，项目实施主体——苏江林场，在造林和管护过程中需要投入100万元的前期项目启动经费，除30%来自林场收益外，70%均需银行贷款才能运作。然而，该林场作为独立核算的经济实体，由于林场收益较低，日常就难从商业银行获得项目贷款，更难说用高成本、周期长的碳汇项目向银行申请贷款了。

五、林权损益不确定问题

由于森林资源生长周期较长，较容易受到周围的地理环境的影响，例如洪涝灾害、森林火灾、病虫药害等自然灾害及偷盗砍伐、乱砍滥伐等一系列人为因素的破坏，这样不仅使得林业权利人收益受到损害，还会致使森林的资源受到损失。

广西珠江流域治理再造林项目，由于部分造林地立地条件较差，海拔高、坡度大、砂砾含量多，加上山顶风大病害严重，造林成活率低，林木生长不良，每年需要不断进行补植或重新造林，使得造林时间延长、成本激增。云南腾冲小规模再造林景观恢复项目，由于缺少植树造林、森林防火、森林病虫害防治等培训，员工的基本素质较差，使得项目实施过程中遇到不少障碍。

因此，林改对于林权主体产权交易的损益未给予确定性激励政策，会影响森林碳汇在林业碳汇交易机制中的作用。森林资源生长周期较容易受到周围的地理环境的影响，导致森林资源受到损失，并使林业权利人的收益受损。政府为了处理这一难题，引入一种临时减排量的概念，但依然无法弥补林业碳汇所具有的这种不确定性。

第四节 林业政策兼容问题的博弈分析

博弈简单来说就是博弈主体，在预先设定的条件下，同时或者是先后、一次或者多次从各自允许范围内的行为或策略中来进行选择和实施，从中各自取得相应的结果或者收益的一种过程。为了对林业碳汇供给中博弈主体进行分析，也就是分析林农、政府的博弈活动以及最终博弈产生的结论，本节首先设定博弈行为的基本假设，并按照该种假设对林业经营者和政府之间的博弈过程与结论进行分析。[①]

一、假设条件

本书将研究的博弈主体分为林农和政府 2 个群体，政府对于出台相应的林业碳汇扶持政策具有优先选择权，而林农则是根据政府决策选择自己的行为策略，因此本书采用一种不完全信息动态博弈进行研究。尽管林业碳汇项目大都有多重的效益，如生态、经济、社会效益等，但是政府和林农对林业碳汇项目的收益的追求是不同的，政府由于承担着更多的社会责任，其追求的主要目标是生态效益和社会效益的最大化，林农虽然关注经济、生态和社会效益，但作为经济人的林农更加注重经济效益，而随着其收入水平的不断提高，才会对生活质量有更高的需求，进而对生态效益和社会效益给予更多关注。

（1）以集体林权为主导的森林碳汇交易机制以及林业政策，它们涉及三方的利益，即国家、地方政府还有林业经营者。相对于林业碳汇项目，作为林业政策的制定者——国家和地方政府，利益诉求非常接近，主要都是生态和社会效益；作为森林碳汇交易机制的林业碳汇供给方——林业经营者，关注的则是经济效益。因此，为方便分析"现有以集体林权改革为主导的林业政策"与"森林碳汇交易机制的建设发展"的兼容性，将供给博弈界定为政府和林业经营者的双方博弈。

（2）政府作为林业碳汇供给的倡导者，掌握着大量的政策信息，且他们与外界的接触机会相对林农而言更多，所获取的信息量较大，处理复杂问题的能力相对较强。虽然政府并不知道林农对碳汇供给的支付函数，但

---

① 陈丽蓉、曹玉昆、朱震锋、韩丽晶：《碳交易市场林业碳汇供给博弈分析》，《林业经济问题》2015 年第 3 期。

是其对林农经营行为掌握的信息也比较全面，因此可以将政府理解为传统博弈论中的完全理性。政府和林业经营者的双方博弈就选择先后而言差别较大，具体为：政府为先选择的行为者，而林业经营者则为后选择的行为者，政府有权来决定是否出台森林碳汇交易机制的相关政策、是否给予扶持政策等；但是林业主就必须被动地依据政府所出台的一些林业政策来衡量和决定自己的经营和管理策略。

（3）在碳汇交易项目中，政府往往追求的是一种综合效益，即在保证生态效益的前提下，追求生态效益、社会效益的最大化。林业经营者考虑的主要是经济效益。在林业碳汇的供给中，林农获取的信息有限，并且受木材价格、文化水平、对生态环境的态度等束缚，使其对碳汇的理解能力通常较弱。由于政府倡导的林业碳汇供给主要是以追求生态效益为原则，这与林农所追求的经济效益目标相悖，因此在现实生活中，林农会根据自己的实际情况做出最有利于自己的决策，即林农具有有限理性。

二、博弈模型选择

森林碳汇交易市场是具有经济、社会、生态等多种效益的，但在博弈主体双方的政府和林业经营者所希望的收益方面却有所差别。政府是制定相关林业政策措施，从而引导各方完成林业碳汇交易指标，并带动附属的产品效益。林业经营者则是经济理性人，以追求林业收入的利益最大化为目标。综上所述，政府和林业经营者是一对相互影响的博弈主体，政府在博弈中考虑的是社会效益和生态效益，而林业经营者在博弈中考虑的则是经济效益问题。

由于林业碳汇交易机制是受到政策影响较大的运行机制，从而政府在项目运行中是占据前导性的先选择行为者，而林业经营者则是根据政府制定的相关政策采取相关主观能动行为的后选择行为者，这种依次选择行为的博弈形态是动态博弈。同时，由于政府和林业经营者不存在隐藏各自的战略选择的主观判断，所以我们才要采用这种完全、完美的信息动态博弈模型，并以此来进行博弈分析。

三、博弈模型的选择策略集

政府、林业碳汇供给方（国有林业经营者、集体林业经营者、林农）作为本节博弈所涉及的两个主体，双方的策略选择可按照下述进行博弈：

（1）政府的策略集合＝｛A_1 提供林业政策支持，A_2 不提供林业政策支持｝；

（2）经营者在政府策略选择 A_1——在有林业政策支持的前提下，策略集合＝｛B_1 供应林业碳汇产品，B_2 不供应林业碳汇产品｝；

（3）经营者在政府的策略选择 A_2——在不存在林业相关政策支持的前提下，策略集合＝｛B_1 供应林业碳汇产品，B_2 不供应林业碳汇产品｝。

四、政府与供给方的博弈模型设计与效益讨论

（一）博弈模型的扩展

本节博弈模型采用的是完全且完美信息动态博弈，因此政府策略行为、林业经营者的策略行为是前后选择行为，其效益追求结果可以采用博弈扩展形来进行图表说明（详见图 5-1）。在该图中，代表双方博弈主体的为椭圆形，A_1 和 A_2 则代表政府进行的一些策略行为，B_1 和 B_2 就代表的是供给方所进行的一些策略行为，$f_林$ 代表林业经营者的总体效益，$f_政$ 表示政府总体效益。

（二）博弈模型的效益分析

供给博弈模型中，假设林地面积为 M_0。涉及林业碳汇供给方的成本效益影响因素主要有林木售卖效益 $R_木$、碳汇产品效益 $R_碳$、基建设施等建造费用 C_1、林木砍伐养护费用 C_2、项目前期调研及论证费用 C_3 和项目后期后续管理等费用 C_4（核算均是指单位面积林地的收益和成本）。此外，由于森林碳汇交易过程中可能会面临各种不确定性问题，故将单位面积森林的最终碳汇产品效益设定为 $R_碳 \cdot P$（P 为交易成功可能性，$0 \leqslant P \leqslant 1$）。

对于林业经营者，国家针对森林碳汇项目发起人在项目前期调研及论

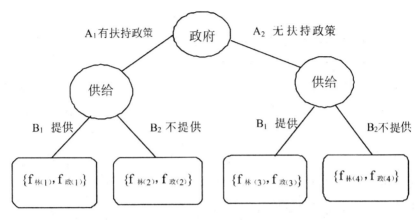

图 5-1 政府与林业经营者之间的博弈扩展形

证费用 C_3 和项目后期后续管理等费用 C_4 的优惠性林业政策，并假设优惠性政策效力为 r（$0 \leqslant r < 1$），则项目前期调研及论证费用为 C_3（$1-r$），项目后期后续管理等费用为 C_4（$1-r$）。

博弈主体也就是政府，其期望收益的多少主要受生态效益、社会效益以及森林碳汇管理成本的综合影响。这三种影响因素具体内容为：（1）生态效益：指的是一种在森林碳汇交易机制中，依据大自然生态的平衡规律，让自然界对人类的生产、生活以及居住的环境条件都产生有益的影响和作用。（2）社会效益：则指的是森林碳汇项目实施后为社会所作的贡献，也称外部间接经济效益。（3）森林碳汇管理成本则是指政府为森林碳汇项目制定相关规章制度所产生的各种费用，包括政府人员的办公经费等。两种博弈主体的具体效益选择情况如表 5-3 所示。

表 5-3 双方策略选择及其收益

A_i	B_1		B_2
A_1	$f_{林(1)} = [R_木 + R_碳 P - C_1 - C_2 - C_4（1-r）] M - C_3（1-r）$		$f_{林(2)} = （R_木 - C_1 - C_2）M$
	$f_{政(1)} = M_态 + M_社 - C_管$		$f_{政(2)} = -C_管$
A_2	$f_{林(3)} = （R_木 + R_碳 P - C_1 - C_2 - C_4）M - C_3$		$f_{林(4)} = （R_木 - C_1 - C_2）M$
	$f_{政(3)} = M_态 + M_社$		$f_{政(4)} = 0$

五、双方博弈过程及策略选择

（一）政府出台支持性林业政策

当国家制定有关森林碳汇项目优惠性的林业政策时，碳汇供给者经营决策取决于 $f_{林(1)} - f_{林(2)}$ 的差额，即 $[R_碳 P - C_4 (1-r)] M - C_3 (1-r)$ 的差额。通过该策略选择能发现，碳汇供给者通过经营能够使得提供碳汇产品的效益大于为提供碳汇产品所承担的相关费用。而且，提供碳汇产品的效益相对于为提供碳汇产品所承担的相关费用的差额越大，碳汇供给者提供碳汇产品的主动性就越强。那么，通过增加 P 值和 r 值的大小，则可以增加提供碳汇产品的效益。

第一，增加 P 值（$0 \leqslant P \leqslant 1$），即交易成功的概率。首先，从价格入手，在碳汇项目交易前期，价格竞争是价值规律的重要表现。林业经营者主要采用价格手段，即通过价格的提高、降低又或者维持不变，再加上对竞争者的定价或价格变动的灵活反应，以此来争夺成功交易的可能性。其次，在碳汇项目交易中后期，加强对林农和企业对于林业碳汇项目的认知度，从而促进碳汇交易的积极性。

第二，增加 r 值（$0 \leqslant r \leqslant 1$），即政府提供的一些优惠性政策的效力，它包括林业碳汇产权的界定工作。虽然目前我国没有林业碳汇交易产权方面的相关法律和法规，但其产权的界定可运用《中华人民共和国物权法》中的规定。在税收、信贷和价格方面给予高强度的扶持政策。在林业碳汇交易市场启动早期，由于多数项目的实施周期长、风险大、收益慢、融资难，国家需要给予高强度的扶持政策。这样就可以降低 C_3 和 C_4 的费用。如果相关税费得到减除的话，则碳汇供给者的最终提供碳汇产品的效益为 $R_碳 P \cdot M$。

综上，当政府制定有关森林碳汇项目优惠性的林业政策时，碳汇供给者的林业碳汇提供效益是增加的，其提供产品的积极性不断提高。这个时候，政府的收益就等于 $M_态 + M_社 - C_管$。

（二）政府不出台支持性林业政策

如果政府没有制定有关森林碳汇项目优惠性的林业政策，碳汇供给者是否有意愿提供碳汇产品的策略选择取决于 $f_{林(3)} - f_{林(4)}$，即（$R_{碳}$ P－C_4）M－C_3 的差值。由于项目前期调研及论证费用 C_3 属于单次成本，对差值的变化影响不大，影响（$R_{碳}$ P－C_4）M－C_3 变化的主要因素是 $R_{碳}$ P－C_4，核心因素依然是 P 值。

由于政府没有制定有关森林碳汇项目优惠性的林业政策，则需要极大增加 P 值（$0 \leqslant P \leqslant 1$），即交易成功的概率，才有可能促进碳汇供给者提供碳汇产品的主动性。然而根据全国各地项目实际实施的情况看，碳汇交易成功率始终保持较低的程度。因此，如果没有当地政府制定有关森林碳汇项目优惠性的林业政策，林业经营者提供碳汇交易产品的主动性较低，则何谈政府能够获得社会、经济、生态等效益。

六、博弈结果分析

综上可知，该供给博弈模型能否达到均衡取决于政府和碳汇供给者各自收益函数的不同策略选择，根据上述分析，只有在 ［$f_{林(1)}$，$f_{政(1)}$］ 或者 ［$f_{林(3)}$，$f_{政(3)}$］ 博弈双方才能达成均衡。如果纳什均衡发生在 ［$f_{林(1)}$，$f_{政(1)}$］ 处，政府要制定有关森林碳汇项目优惠性的林业政策，减少项目前期调研和论证费用 C_3 及项目后期后续管理等费用 C_4，从而促进碳汇交易者的购买积极性。如果纳什均衡发生在 ［$f_{林(3)}$，$f_{政(3)}$］ 处，则需要极大提高交易成功的概率，才有可能增强碳汇供给者提供碳汇产品的主动性，这种策略选择在实际运用中可操作性较低。

第五节 政策兼容机制设计

根据集体林权改革的时间节点，本书将森林碳汇交易机制的建设分为初期、运行期以及成熟期，各阶段具体的制度设计内容参见表 5-4。

表 5 - 4　森林碳汇交易机制建设的具体制度设计

发展阶段	初期	运行期	成熟期
时间期限	2017—2020 年	2021—2050 年	2051 年以后
具体制度设计	1. 明确林业碳汇产权 2. 大力宣传碳汇政策	1. 林木采伐 "有章可循" 2. 碳汇补贴方式多样化	1. 碳汇市场的市场化运作 2. 生态效益长效化发展

在森林碳汇发展初期，首先要明确林业碳汇的产权归属，这是进行所有碳汇交易的首要条件。除此之外，扩大碳汇政策宣传的范围，为碳汇市场的扩大化发展打下基础。到了森林碳汇市场的运行期，碳汇的产权问题已经得到解决，这意味着各交易方不会因为碳汇产权问题产生纠纷，这时，我们需要在此基础上规范林业市场，具体任务是实现林木采伐 "有章可循"，进而为碳汇的充足供给提供保障。此外，由于森林碳汇市场刚刚建立，各项基础设施均不完善，此时急需政府给予补贴政策，保证碳汇市场的顺利发展与完善，因此，实现碳汇补贴的多样化是运行期的重要任务之一。最后在森林碳汇市场建设的成熟期，一味依靠政府的支持并不能取得长久的发展，所以此时，政府应转变职能，逐渐退出市场，令碳汇交易利用市场的自动调节机制实现高效的市场化运作，在提高效率的同时，还要注重发挥森林的生态效益，确保林业碳汇产业可持续发展。

一、森林碳汇交易市场发展初期的政策协调

在森林碳汇交易市场发展初期，明确林业碳汇产权是我们首要解决的问题，再者，全面宣传碳汇政策，保证碳汇交易在全国范围内的普及。所以在碳汇政策的设计方面，重点从林业碳汇产权归属和扩大碳汇政策宣传两个方面入手。具体内容如下。

（一）进行林业碳汇产权界定

1. 完善林业的法律及法规

我国目前为止还未出现较为全面完善有针对性的关于林业碳汇产权方面的规章制度。尽管如此，对于产权的界定我们可以参照《物权法》，因为产权是物权范畴的一种权利，《物权法》中的相关规定可以为我们提供借鉴，例如：该法对于动产以及不动产的所有权、担保物权以及用益物权

的设立都进行了专门的规定，其在第六条中规定"不动产物权的设立、变更、转让和消灭，应当依照法律规定登记。动产物权的设立和转让，应当依照法律规定交付"。根据《物权法》的相关规定，我们可以得出以下结论：（1）如果想确立某项财产的权利，那么则需要通过相关的法律法规所承认的程序，并且进行登记管理；（2）为了能够得到法律的承认，财产权利方面的登记管理，按规定需要在专门的登记机构来办理。目前就我国的具体情况而言，国家发改委、国家林业局有关部门是我国在林业碳汇产权方面的受到法律承认的登记管理部门，其中，国家发改委主要负责那些参与国家碳交易试点的一些林业碳汇产权的管理登记工作；而其他形式的林业碳汇产权如果想顺利获得确权，则需要一个公认的权威管理机构，例如林业部门，该部门作为林业的管理和监督部门，能够集中最大的便利和优势来对林业碳汇产权进行管理，不仅能够清晰界定林业碳汇产权，而且有利于促进其发展。

2. 确定森林产权客体范围

确定森林产权客体范围，也就是明确各类产权主体行使权利的财产范围。林业碳汇独立于林木存在的产权客体之中，需要经过项目的设计、审定、注册、实施再加上项目的监测、核证和减排量签发等相关程序环节。然而，林业碳汇能不能成为一种独立的交易或者是转移的客体，被用于交易和抵减排放量等相关用途则主要依赖于其相较于林业活动产生的其他产品的特殊性。所以，明确产权客体一方面有助于既定的财产范围内灵活配置资金，保证资金的流动性；另一方面有助于明确林业碳汇产权的客体的特殊性，为接下来的政策制定提供理论依据。因此，确定林业碳汇产权的前提条件是林业碳汇产权界定的相关管理部门以及相关的注册管理制度；而林业碳汇产权界定的主要内容是明确林业碳汇的产权客体，进一步划分林业碳汇产权权能，最后将权能分配给合适的产权主体。

3. 确定碳汇权利的分配

2016年10月，中央深改小组第二十七次会议审核通过农地三权分置办法，即实行所有权、承包权、经营权"三权分置"制度。与林地三权分置办法类似，林地改革也开始尝试林业三权分置的形式，即将林地的所有权、承包权和经营权相分离。那么，配合集体林权改革的实行，碳汇权利应该如何分配是目前亟待解决的问题之一。当前，我国对于森林碳汇权利的归属问题尚未有明确的说明。笔者建议可以根据"三权分置"方法与森林碳汇收益的成本承担主体去设置。

森林碳汇分为两类，第一类是通过新建林地获得的森林碳汇，第二类是经提高森林经营管理水平而获得的森林碳汇。这两类森林碳汇均是由林业经营者独自造林，或是由经营者加强经营管理而多获得的森林碳汇，这些森林碳汇供给成本完全由经营者承担。因此，两类森林碳汇的所有权均应归于林业经营者所有。按照国家规定，集体林林地所有权归集体所有；林木所有权和林地使用权归确权的农民所有，他们拥有林地承包权；当林农将林地租借给林业大户，林业大户在合同期内具有了经营权。按照这一规定，当林农自身经营时，森林碳汇产权应归林农所有；当林业大户经营时，森林碳汇产权应归属于林业大户，采取合作经营模式的经营者可按照出资比例进行分配。

需要特别说明的是，（1）当森林碳汇的合同期限属于同一主体的森林经营承包时，森林碳汇产权和收益自然归属于该经营者。（2）当森林碳汇的合同期限分属于不同主体进行森林经营承包时，第二类森林碳汇的所有权和收益权应按照不同经营者拥有的森林碳汇所有权和收益权，通过在森林碳汇合同期限内由其加强经营管理而获得的森林碳汇量进行计算。而第一类森林碳汇由新建森林而获取，即使新建林地的经营者不再承包林地时，森林碳汇产权也应归属于新建林地所有者。

（二）扩大林业碳汇政策宣传

1. 加强国家对地方的碳汇政策扶持

在森林碳汇市场发展初期，各项政策措施不健全，地方发展森林碳汇项目具有一定的困难，此时，国家在政策上的支持和扶助显得十分必要。国家对地方的碳汇政策支持主要体现在两个方面：一是国家应该从全局出发，统筹规划林业发展路径，制定各项林业支持政策，落实各项林业发展计划，奠定林业碳汇事业的基础；二是国家应该加强对地方政府的政策培训，部分地区的政府职员对森林碳汇知识所知甚少，更不用提国家下达的碳汇发展政策了，所以，加强对地方政府的碳汇知识培训，从当地的领导层面抓起，普及森林碳汇知识，推广国家提出的各项碳汇补贴优惠政策，是碳汇市场发展初期的重要内容。

那么，国家对地方的碳汇政策支持的着力点是什么呢？本书认为，碳汇政策的支持应以增大林业种植补贴为主。政府补贴对林农供给碳汇会产生很大的影响。当前，由于我国碳市场还未在全国范围内全面展开，这也就导致林业碳汇项目交易量也相对较少，最终导致广大林农以及企业对林业碳汇项目的认知度较低，林农供给碳汇的积极性低，因此政府应做好引导性工作，出台相应的优惠扶持政策，一方面提高林农对碳汇的认知度，另一方面减少林农经营碳汇的成本，调动碳汇供给的积极性。所以，沿着"自上而下"的路线，国家对地方进行碳汇政策支持，地方对企业进行碳汇项目的指导，最终提高林农的林业种植积极性，推动森林碳汇市场初期的健康运行。

2. 加强政府对企业的碳汇项目指导

除了依靠国家制定的相关碳汇扶持政策拉动碳汇市场的发展，加强对企业的碳汇项目指导也是森林碳汇市场建设初期应重点执行的工作内容。当前，我国的部分企业对森林碳汇知识了解极少，缺乏对碳汇交易的系统性认知，林业种植偏向于传统的种植方案，忽略了碳汇项目下林业发展的其他目标。这直接导致了国内各地区碳汇市场的发展速度有快有慢，发展水平参差不齐。所以，针对森林碳汇产业发展较慢的地区，政府应在认真执行国家碳汇扶持政策的基础上，加强对企业的碳汇项目指导，帮助企业在了解、熟悉并掌握森林碳汇知识的同时，提高林业种植热情和碳汇发展的积极性。

具体来讲，政府对企业的碳汇项目指导可以从如下两方面做起：一是定期举办碳汇知识培训讲座，由政府有关林业部门的专家人士对碳汇项目中可能出现的问题，提前给予解答和辅导，从最基本的碳汇造林项目着手，从项目的申报、经营到林地的种植、抚育，事无巨细，分期培训，达到科学经营的效果。二是联合当地高校、科研院所等机构，根据森林碳汇项目的执行要求，专门培养今后从事碳汇产业的人才。比如，当地林业专业院校争取设立合适的专业，在该专业的培养计划中，插入有关森林碳汇的课程，保证学生了解碳汇基础知识，切实使森林碳汇知识得到广泛传播。

3. 加强政府对林农的碳汇知识培训

出于林区大多处于经济不发达地区的原因，当地林农发展意识不足，这在很大程度上阻碍了当地林区的林业经济增长。具体来讲，林农的林业发展意识不强体现在两方面：一是林农的知识水平有限，大多数林农未经过专业的林业知识培训，且文化程度较低，不具备独立种植、高效种植、保质种植林木的能力；二是林农的思想觉悟不强，受传统思想的禁锢，林农倾向于种植林木、采伐林木、售卖林木后获得收益，而不会考虑到林木的碳汇效益，更不会借助林业碳汇进行交易，所以，林农的思想觉悟不强阻碍林业经营效益的充分发挥，再加上林农的发展意识不足，也不会考虑到发展林业碳汇产业，进而严重影响森林碳汇交易机制的建设，也阻碍碳汇经济的发展。

所以，政府应加强对林农的碳汇知识培训，切实提高林农的林业知识水平，进而提升林农的种植经营能力。对林农的碳汇知识培训可以从两方面着手：一是碳汇基础知识的培训。各林区应尝试多种碳汇知识普及方式，比如，定期观看碳汇项目的发展纪录片、组织当地林农前往其他林区参观、聘请林业专家前来进行现场指导、举办碳汇知识问答活动等等。通过多元化的学习方式，帮助林农深入了解碳汇基础知识。二是碳汇市场信息的供给。碳汇知识是一个动态的变化过程，为此，需要及时对国内碳汇市场的发展状态、碳汇供应情况、碳汇价格等等内容进行更新，方便林农及时了解国内外碳汇市场的状态，并由此制定碳汇造林项目的实施计划。

二、森林碳汇交易市场发展运行期的政策协调

在森林碳汇交易市场发展运行期，重点实现林木采伐"有章可循"和

多样化碳汇补贴方式，为碳汇市场的顺利运行提供保障。所以，我们可以从规范林木采伐限额管理制度和完善碳汇补贴政策两方面做起，具体内容如下。

（1）规范林木采伐限额管理制度

林地经营者与其他经营主体单纯对财富追逐的最大不同在于，林地经营还有着社会与公益属性的附加。森林是地球上最重要的生态资源之一，所以对它的开发与利用的前提应该是保证其可持续发展。那么，要想可持续就必须对林木采伐进行约束和限制。这也就是说应该存在一种严格的采伐管理限度，这样才能为实现林业生态、公益、社会与经济效益的和谐和可持续奠定良好的基础。因此，我们需要尽快建立采伐指标分配体系，提供采伐指标分配的标准与依据。此外，也需要向已经无正生产能量的低质林提供改造指标，以配合森林碳汇项目的开展与实施。

（2）确立科学的经营方案

采伐管理制度在短期内难以实现的主要原因在于，国家对于采伐管理制度缺少一种严格周密的林地经营方案，而科学的林地经营方案又是林业可持续发展的基础。对于如何确立更加科学的经营方案，则需要多方面的人员共同配合，首先，作为经营者要衡量好经济利益和生态利益，并且能够处理好人与自然、技术与市场以及短期利益与长期目标的关系；其次，针对不同的树种，其生长时间、生产周期、采伐方式以及采伐总量这些都需要进行科学规划；最后，调整好森林资源配置与经营统筹之间的关系，比如借助互联网与大数据的平台，实时掌握林业发展的相关动态，为科学的经营方案的确立打下坚实的基础。

（3）实行采伐指标公开化，林地管理分级化

针对个别地区存在林业税费较高的问题，政府施行林地分类管理并公开采伐指标有助于降低林业税费，这是因为分类别公开林木采伐指标，实现了林地的"因地制宜"，不同林地根据自身的经济情况，确定不同的林业税费标准。按照我国《森林资源规划设计调查技术规定》的标准，一般会将林地分为生态公益林地和商品林地，而林业经营主体则需要严格按照

标准执行，并且对不同属性的林地编制不同的采伐限额。（根据国家相关规定，公益林不允许编制整体采伐量，只能编制更新采伐量；商品林则需要按照整体编制规划完成采伐要求）另外，灵活的各层级采伐指标不仅有利于采伐指标更加公开化和透明化，同时也有利于各林区更加灵活地确定采伐指标。整体来看，实行采伐指标公开化、林地管理分级化，能够让林区的生态发展目标和木材生产计划都得到保障。[①]

（4）全方位制定林业补贴制度

在森林碳汇市场的建设初期，各种林业补贴制度的制定是碳汇市场良好运行的保障，也是提高林农及林业企业生产积极性的有力武器，从长远角度保障森林碳汇产业的顺利运行。全方位制定林业补贴制度需要从以下三方面做起：

1. 实行"补贴为主，降税先行"制度

如今，我国林业企业的经营负担一般来说都比较重，再加上纳税范围较大，具体包括：林业销售所交付的增值税、所得税、附加税、印花税、代扣代缴个人所得税，还有城建税、营业税和教育费附加及地方教育附加等等。这也就给企业制造了更大的赋税压力，林业企业难以在现有制度框架内发展其他林业相关产业，这导致林业企业获取收益的来源有限。所以，就出现了林业企业的赋税繁重且资金获取途径有限的窘境，长此以往，林业企业经营的积极性难以保证，林业产业发展受到约束，进一步影响林业碳汇的发展。

因此，新一轮林改政策需要将税负问题作为提高林业企业及林农发展林业积极性的重要内容，将降低企业和林农的税负作为发展林业的重要手段。具体来讲，首先，进一步降低林企、林农的赋税总额，针对不同企业的实际经营状况，推行不同的赋税减额制度，经营效益不好的企业则加大赋税减额比重，经营效益较好的企业则减小赋税减额比重，实现"全面减税，突出重点"的良好效果。其次，增加林企的免税范围，林业企业的资

---

① 肖欣伟、黄蕊等：《深化集体林权制度改革的主要保障与措施》，《经济纵横》2017 年第 4 期。

金收入来源有限，但纳税范围较广，入不敷出极为常见，对部分环节实行免税政策将减轻企业压力。最后，给予更多税收优化，使林业企业焕发经营活力，由此使得林业企业的盈利能够真正服务于自身发展与人才激励，进而推动林业产业的快速发展。

2. 健全集体林业补贴机制

我国的集体林业补贴机制十分不完善，主要体现在集体林业补贴覆盖面小和补贴标准低两方面。根据财政部印发的《中央财政林业补助资金管理办法》，林业补贴共有 11 种，其中依照政策规定集体林业能够享受的补贴只有造林、森林抚育、林业科技推广示范、林业贷款贴息 4 种。在能够享受的 4 种补贴中，国有林业与集体林业标准不同，国有林区森林抚育补贴 120 元/亩，集体林区只有 100 元/亩；林业贷款贴息享受的主体也多为林业龙头企业、林业合作社等，其他经营主体享受比例较小。同时受地域、经营面积、信息不对称等限制，有些地区和林农也很难获益。中央财政对林下经济和林业经营人才培训也缺少扶持政策。所以，要改善集体林业补贴机制，应从问题的两大源头入手，一是扩大林业补贴覆盖面，二是提高林业补贴标准。

扩大林业补贴覆盖面是指扩大林业经营的补贴范围，除了国家现有的造林、森林抚育、林业科技推广示范、林业贷款贴息 4 种之外，还应该增加林业碳汇发展专项补贴，为碳汇造林项目的实施提供资金支持，也为林农种植碳汇林提供动力。提高林业补贴标准主要是针对集体林业的生态补偿标准而言的，现在还包括提高碳汇林的补偿标准。无论是林业种植经营，还是森林碳汇交易，其本质上均是出于提高森林生态效益、保护自然环境的角度考虑，因此，政府部门应该针对不同林区的生态环境状态，有计划地提高生态补偿标准。并且，为了促进碳汇市场建设中期碳汇交易的平稳运行，还应该提高碳汇林种植补贴标准，保证碳汇的正常供应。

3. 建立财政补贴基金制度

1992 年江西省婺源县建立了"森林生态效益补偿基金"，政府对水电站等相关森林资源环境的受益主体征收不同规模的补偿费用，再利用这些补偿费用资助并建设该地区的小型天然林保护区。2006 年，婺源县制定《婺源县森林生态效益补助资金管护费用发放暂行办法》，补偿资金由财政部门专账专项下拨到林业局及林业工作站专用账户上，在农行或信用社内封闭运行。到目前为止，全县有 5.27 万公顷地方公益林。该县专门建立了县级公益林补偿基金，落实了基金筹集的长效机制，每年安排财政预算100 万元，并从旅游门票、小水电开发、矿产收益中筹措了 42 万元，达到每公顷 30 元的补助标准，待林改确权发证后，全部发放到林农手中。

这种通过财政方式进行森林生态效益补偿的做法极大促进了森林碳汇市场的建立和发展。所以，财政补贴基金制度值得在全国范围内进行宣传和推广。财政补贴基金制度是政府对林业产业的资金补贴方式的创新。与原有的直接发放资金补助不同，财政基金补贴制度强调了受益主体的作用，将受益方与提供资金补偿方联系起来，受益方提供资金以实现林业自然保护区的建设，比如，江西省婺源县除县财政每年安排的专项经费外，县人大制定了相关管理办法，按"谁受益，谁补偿"的原则，从旅游、小水电等生态受益行业中，每年提取一定的森林生态效益补偿金，确保地方公益林参照国家公益林的补助标准得到补偿。这种林业补偿制度的设计充分利用了资金的流动性和收益性这两大特性，调动了林农的生产积极性，保证了财政补贴的长久性和灵活性。

三、森林碳汇交易市场成熟期的政策协调

"市场为主体，政府为辅助"是一种科学的模式，在林业碳汇交易方面也是一样，而且目前林业碳汇交易机制正在逐渐走向正轨。因此政府势必会逐渐减少甚至取消一些相关的扶持政策，进而不断体现出市场的主体地位，这样不但能够形成逐步的引导作用，还有助于形成一种稳健良好的发展形势。到了碳汇交易市场机制的成熟期，重点应处理好政府和市场之间的关系、生态效益和经济效益的关系，也就是实现碳汇市场的市场化运作以及实现生态效益的长效化发展。因此，本书提出如下对策。

（一）实行"市场＋政府"主次分明制度

1. 明确"市场"的主导地位

在森林碳汇交易机制建设的初期和运行期，无论是互联网共享型碳汇交易制度的确立，还是对于税收和价格给予的高强度扶持政策，政府始终起着主导作用。如果没有政府的政策支持，那么碳汇市场的建设不可能如此顺利、规范、有序。所以说，政府是森林碳汇市场建立的根本。但是，随着碳汇交易市场的进一步发展，此时，森林碳汇价格已经能够满足森林碳汇供给条件，林农森林碳汇供给意愿显著增强，对政府碳汇补贴依赖明显下降，应该取消政府碳汇补贴，转变政府职能，由碳汇市场的建设者转向碳汇市场的监管者，也就是说，政府不能持续为其提供资金补贴支持，应逐步退出碳汇市场，让市场发挥调节作用。

明确市场的"主导"地位，应从以下两方面着手：一是领导层面。在森林碳汇市场发展的成熟阶段，对于森林碳汇市场上出现的诸如价格、碳汇林种植等问题，政府不应该参与其中。比如，对于价格这种本身不应该由政府控制的因素，政府就不能控制，依靠市场这只无形的手是有能力控制碳汇市场的供需均衡的，进而控制碳汇市场的碳汇价格。所以，领导层面的放开是明确市场的主导地位的第一步。二是执行层面。执行层面的放开是指不能为了激发林农的生产积极性就一味地给予林农碳汇补贴，也不能一味地降低税费，在碳汇市场的成熟阶段，在市场的调节作用下，碳汇价格是能够满足森林碳汇供给条件的，所以林农种植的积极性可以得到保证。

2. 建立"市场化"碳汇发展机制

"市场化"碳汇发展机制是在明确市场的主导地位的前提下，建立的碳汇发展机制。建立"市场化"碳汇发展机制的意义在于，第一，通过市场化机制，可以有效促进碳汇市场的内部管理。借助市场化机制倒逼碳汇交易市场提高运行效率，加强碳汇交易机制的创新，降低碳汇的交易成本，促进碳汇市场更高效的发展。第二，打破现有的碳汇信息不对称现象。在碳汇发展的市场化阶段，所有碳汇信息实现了透明化，这样有利于促进各林业企业的竞争更加公平化，帮助更多的交易主体进入碳汇交易市场。第三，推动林业产业呈现规模化经营状态。林业产业具有一定的规模经济的特性，通过市场化的竞争机制以及多元化的发展机制，借助森林碳汇的规模化发展推动林业产业的规模化经营，在降低经营成本的同时，也降低了碳汇的交易成本。

整体来讲，实现"市场化"的碳汇发展机制的建立大体分为两步：其一，多元化碳汇市场参与主体。现有的碳汇市场的参与主体包括需求主体、供给主体、第三方认证机构、国家及地方政府、碳汇经纪人以及碳汇投资方。在碳汇市场建设的初级阶段，本书确定了互联网共享型碳汇交易机制，主要内容是重视个体交易者的作用并扩大碳汇交易的对象范围，也就是说，在碳汇市场发展的成熟阶段，碳汇市场的参与主体已经不仅仅局限于大型的林业企业，同时还包括个体交易者，以及一些中小型的林业公司。多元化碳汇市场参与主体的好处在于，一方面有利于碳汇市场的多元化发展，为更多的碳汇交易者赢得获取碳汇收益的机会，另一方面有利于分散碳汇的交易风险。

其二，市场化碳汇价格形成机制。碳汇交易价格，也就是碳价。它受多种因素影响，如政府的减排目标、经济形势、气候变化、能源产品价格、市场投机与热钱等因素。由于我国目前的碳汇市场还不成熟，影响碳汇价格的主要因素，依然是发改委催促企业清缴配额的通知。在全国现有的七个碳汇交易试点市场，其碳交易试点价格差别很大。其中，碳汇交易价格最高的为北京，价格可达到 50 多元/吨；而碳汇交易价格最低的则为重庆，交易价格仅为 24 元/吨。在森林碳汇市场发展的成熟阶段，可以利用市场化的定价方式先确定一个基准碳汇价格，在此基础上，运用均衡价格的理论。市场化的定价方式包括边际成本定价法、平均成本定价法以及弹性定价法等。

（二）实行"生态＋经济"协调共发展制度

1. 完善生态补偿机制

发展森林碳汇产业的目的在于充分发挥森林的生态效益、经济效益和社会效益，促进林业产业链条式发展。前文已述，在碳汇交易项目中，政府追求的是森林的生态效益和社会效益，然而广大林农则追求森林的经济效益，这也就导致两者之间势必会出现矛盾，所以，在森林碳汇交易市场建设的成熟阶段，确定生态效益和经济效益之间的关系尤为重要。本书认为，为了森林碳汇产业的长久发展，应该把生态效益放在首位，经济效益只是起到辅助的作用，即利用经济效益推动生态效益的增长。

实际上，利用经济效益推动生态效益的增长的核心是完善生态补偿机制。在森林碳汇市场的发展初期，生态补偿标准低，林农对公益林管护责任感低。由于生态补偿资金少，对林农收入贡献不大，所以林农对公益林没有尽到应有的管护责任。在政策执行上，生态补偿资金与保护效果不挂钩。补偿资金单纯依靠国家财政，没能建立市场化的筹集机制。上述种种原因导致林农种植碳汇林的积极性不强，为此，生态补偿机制的完善对于充分发挥森林的生态效益显得尤为重要。

完善生态补偿机制主要从两方面着手：第一，提高森林的生态补偿标准。林农之所以执着于追求森林的经济效益，原因在于，一方面种植生态林的机会成本较大，也就是说，政府给予的生态补偿资金总量较低，不足以弥补放弃森林经济效益的损失；另一方面管护生态林的成本较高。所以，林农为了追求利益的最大化，不会选择种植生态林或管护生态林，这样森林的生态效益不足以得到充分发挥。所以，提高森林的生态补偿标准是完善生态补偿机制的第一步。第二，差异化生态补偿政策。我们一直强调"因地制宜""因林制宜"，其本质上均是基于自身的特点采取各项举措。同样，实行生态补偿政策也要"因地制宜"，改善现有的"一刀切"形式的生态补偿政策，根据各地区的经济情况、自然情况以及社会情况，区分不同的生态补偿机制。以促进该地区生态效益为前提，结合森林管护、森林经营、森林融资等多项内容，进而实现森林生态效益的最大化发挥。

2. 推广生态追责制，建立新型生态指标

在森林碳汇交易市场建设的成熟期，重点是将发挥森林的生态效益放在首位，所以，本书提出生态追责制，用以保障森林的生态效益。生态追责制，是指充分利用地方纪检监察部门与环境保护主管部门的职能优势，形成的生态环境损害责任追究互补协调配合长效机制。建立生态追责制的目的在于，通过增强政府各相关部门之间的配合，严格执行国家下达的各项环境政策，针对危害环境的违法操作，施以严厉管制，进而有效加强生态环境的保护程度。推广生态追责制要与现有的政府工作人员的考核制度相结合，将本地区的环境质量情况、森林固碳情况等多种因素纳入到生态绩效评估体系之中，由此计算出评估结果，评估结果分为优秀、良好、及格和不及格，并将此评估结果作为考察政府工作人员的绩效标准，也可以作为下一步当地生态环境治理的指标。

对于碳汇交易市场而言，生态追责制可以应用在碳汇交易的供给方。比如，建立"政绩工程"的生态指标，用来测评各地区生态环境治理效果，并以此作为考察政府工作人员绩效的指标。具体来讲，针对各林业企业的实际情况，制定森林固碳量额度，对于按期达到指标要求的企业予以奖励，对未达到指标要求的企业予以惩罚，这样做一方面使各林企之间构成了竞争的关系，促进了各林业企业的生产积极性，有利于森林碳汇产业的长效发展，另一方面有利于保证各林业企业始终以增加森林固碳量、发挥森林的生态效益为经营目标，切实加强生态环境的建设，最终实现生态和经济协同发展的最佳状态。

第六章 森林碳汇机制建设与集体林权
改革协调发展的金融互助机制

金融是现代市场经济运行的核心，是促进生产和消费衔接的重要手段，也是市场经济中最活跃的经济元素。随着经济全球化深入发展，我国经济持续快速发展，工业化、城镇化、市场化、国际化进程不断加快，金融日益广泛地影响着我国经济社会生活的各个方面。在金融对经济社会发展的作用越来越重要的同时，金融支持，尤其是金融信贷支持对林业发展具有特殊的意义：一方面林业信贷资金可以扩大林业资金投入总量，弥补政府财政资金与自筹资金的不足；另一方面林业信贷衍生工具能够改变现金流支付时间，缓解林业生产者资金短缺和期限错配问题。在我国林业发展过程中，金融为林业发展提供了必要的资金支持，这不仅促进了林业生产环境改进、林业产业技术革新、林业基础设施完善，还提升了林业产业总产值、提高了林业产业的经济贡献和林业发展的总收入，进而提升了林业资本积累率与积累规模，加快了林业可持续发展的步伐。

前文将森林碳汇交易机制建设与集体林权制度改革协调发展的理论脉络分解为制度、金融和管理三个方面。本章将从虚拟经济角度，即金融层面探讨森林碳汇交易机制建设与集体林权制度改革协调发展的金融互助体系。笔者首先探讨了林业金融发展的基本概况，指出当前林业金融支持中存在着林业金融抑制、信贷错配、林业服务结构不完善等问题。其次分析了林业碳汇金融基础产品与衍生产品对完善林业金融具有重要的补充作用，能够为减缓和解决上述问题提供帮助。再次分别建立 GARCH 模型和 VAR 模型，实证考察林业金融对发展碳汇市场的作用，以及碳汇金融对林业发展的功效。最后结合森林碳汇发展的不同阶段，规划设计了林业金融与碳汇金融之间金融互助发展的具体方案与任务。

第一节 集体林权制度改革进程中的林业金融支持

2008 年以来，为了全面促进林业经济发展，集体林权制度改革向金融领域倾斜，财政、金融、保险等有关部门不断协调和努力，林业金融支持体系进一步发展完善。尤其是近年来，林业实际利用资金总量不断增长，林业资金来源逐渐多元化，林业信贷产品不断创新，林业金融体系得到深化发展。

一、林业金融支持的总量与构成

从林业实际利用资金总量看，从 2002 年到 2015 年，我国的林业金融总体上呈现持续增长趋势，2015 年的林业实际利用总额达到 4257.45 亿元，是 2002 年林业实际投资额的 13 倍。从数据变化趋势看，2002 年到 2007 年，林业实际利用资金稳步增长，2008 年以来，林业金融总额上升趋势尤为明显，仅 2008 年增加的林业资金就相当于 2002 年全年资金总量。从结构上看，其增加额主要来源于政府财政资金和自筹资金，显然集体林权制度改革通过确认产权归属调动了林业投资的积极性。但相对于 2014 年的林业实际投资而言，2015 年的林业实际资金没有上升反而下降，除了国家林业财政资金继续增长了 180 多亿，林业证券稍有增长之外，国内信贷、利用外资、自筹资金及其他林业资金均大幅下降。

从林业实际利用资金的构成看，国家财政预算资金一直持续增长，在 2008 年之前，林业实际利用资金总量几乎完全由国家预算资金支持。而 2008 年之后，国内信贷、利用外资、自筹资金逐渐增长，国家预算资金占林业实际利用资金的比重逐渐下降，但仍然高达 50%。2008 年之前，自筹资金仅占林业实际利用资金的 1/10，而 2008 年之后，自筹资金在林业实际利用资金中的比重逐渐提升，目前已经接近 1/3 的份额。2011 年林业债券开始发行，在 2012 年林业债券增长了 2 倍多，之后又大幅下降，目前在林业实际利用资金总额中的比重依然较小。利用外资在林业资金中的作用也并未充分发挥出来，在林业实际利用资金总额中仅仅占据近1%的份额。

表6-1 2002—2015年林业实际到位资金及其构成

单位：亿元

年份	本年实际到位资金	国家预算资金	国内贷款	债券	利用外资	自筹资金	其他资金
2002	326.28	251.18	8.4	—	3.19	33.41	14.66
2003	414.24	307.17	10.55	—	4.66	51.59	24.71
2004	423.32	315.57	7	—	4.63	52.97	28.6
2005	473.47	352.62	8.24	—	6.32	55.15	34.26
2006	511.29	362.85	9.77	—	5.61	59.83	56.91
2007	667.94	441.44	13.11	—	8.63	61.48	103.1
2008	1006.63	651.08	13.8	—	19.74	234.56	131.02
2009	1377.86	838.29	74.13	—	13.5	218.12	233.82
2010	1662.56	944.96	176.25	—	7.02	256.87	277.46
2011	2744.48	1302.15	274.18	0.97	22.84	737.42	344.33
2012	3300.92	1556.35	328.39	3.25	31.64	1064.87	316.4
2013	3799.83	1726.34	385.57	0.02	50.64	1316.37	251.93
2014	4265.47	1727.95	401.7	0.15	63.69	1676.51	307.25
2015	4257.45	1910.45	375.49	0.19	23.15	1629.22	222.02

资料来源：2002—2016年《中国林业统计年鉴》。

二、林业金融支持的类型与作用

按照金融支持的目标划分，林业金融资金主要可以分为财政性金融资金、政策性金融资金及商业性金融资金三类。显然，不同类型的林业金融对林业的引导作用并不相同。

（一）林业财政性金融资金

林业要发展，资金是保障。林业金融为林业的可持续发展提供强有力的资金支持，而林业财政性金融资金则构成了林业金融的最重要的组成部分，究其原因可以从以下三个方面说明。其一，就财政性金融资金与林业产业发展之间的关系来看，林业财政性金融资金是保证林业产业持续健康发展的直接途径，是促进林业产业永续生存的有效对策，也是推动林业建设的重要力量。财政性金融资金将社会资本与林业产业相结合，在灵活配置社会闲散资金、充分发挥金融作用的同时，帮助林业产业实现了"绿色、健康、可持续"发展的最终目标。可以说，林业财政性金融资金的供给为林业产业的进一步发展提供了重要的支持。其二，就财政性金融资金自身的特点来看，金融本身即具有资金融通的功能，财政性金融可以充分发挥自身的投资能力、充分利用自身的资金性质并充分调动自身的运作机制，为林业中小微企业、林业科技研究型企业、林业技术创新型企业等提供资金，帮助林业企业顺利、高效、协调发展，也为林业的技术研发、工艺革新以及设备升级提供便利。其三，就我国财政性金融对林业的支持来看，目前财政性金融资金仍然是林业发展的最重要的资金来源，尽管我国的财政性金融支持有限，但是政府在林业产业方面一直在逐步加大投资力度，这为林业产业今后的发展打下了良好的基础。[①]

（二）林业政策性金融资金

除了林业财政性金融资金以外，林业政策性金融资金也为林业产业的平稳运行提供了资金支持。林业产业作为我国重点发展的绿色产业之一，如何充分利用林业自身的特点进行较好的发展是一直以来政府关心的重要问题。众所周知，林业产业发展具有很强的外部性，部分企业投资于林业建设，却得不到相应的收益，难免打击了企业投资于我国林业发展的积极性，长此以往，市场失灵的现象很有可能发生，进一步影响我国林业产业的创新发展。此外，林业商业性金融资源配置不足，这主要表现在金融投资活力减弱、资本市场严重缺位以及自有资金总量不足等方面。因此，林业政策性金融资金的出现为林业发展提供了强有力的资金的补充，一方面林业政策性金融资金在一定程度上缓解了林业产业的资金压力并弥补了林业财政和商业性金融的资金缺口，另一方面，林业政策性金融资金促进了

[①]　参见刘文佳：《中国林业金融支持的框架构建与发展模式》，《林业经济》2016年第4期。

金融资源的优化配置，提升了我国林业的产业竞争力。

（三）林业商业性金融资金

商业性金融，顾名思义，即依靠商业银行进行资金的融通。商业性金融的定义可以从两方面来理解：一是商业性金融是以商业银行为资金供给的主体，充分发挥商业银行等正规金融机构的金融资源配置作用，借助各类融资性金融工具的使用、相关融资机构的对接以及各项金融服务的创新，以实现林业产业与商业银行的完美结合，进而推动二者的协调发展；二是商业性金融要求实现以市场为主导的资源配置形式，这就意味着尽可能消除林业产业存在的信息不对称、道德风险、市场职能缺位等问题。过去，由于政府干预过多、林业生产消极等因素的存在，导致林业产业始终没有突破传统的融资模式，进一步导致当下林业产业融资难问题频繁发生。所以，实现以市场为主导的经济发展模式是解决我国林业产业发展面临的资金瓶颈的重要方法。林业商业性金融资金为林业产业的市场化发展提供了一种思路，即首先市场化融资，而后市场化发展，换句话说，强化林业商业性金融的资金支持是创新林业产业的有效路径。[①]

表 6-2　三种林业金融资金支持方式优缺点比较

类型	林业政策性金融资金	林业财政性金融资金	林业商业性金融资金
优点	投资高效、权威性强、引导性强	投资直接高效、无偿性、持续性、主要的资金来源	金融工具多元化、机构多样化、金融服务创新化
缺点	依赖性强	投资规模和结构具有局限性	投资缺位、低效

（四）林权信贷金融模式

金融机构为林业经营者提供信贷资金支持，以保证其具有充足的资金用于造林和森林管理活动。林业信贷不仅能够推动林业发展、提高林业生态功效，也用于帮助大型林业企业提高生产技术，推动其转型升级。

林业企业努力摆脱过去以伐木收入为主要资金来源的局限，将向金融机构借款作为重要的融资渠道。目前最基本的林业信贷模式主要是以林权

---

① 参见刘文佳：《中国林业金融支持的框架构建与发展模式》，《林业经济》2016 年第 4 期。

证为抵押的信贷。除了这一基本的林权抵押贷款方式外，一些新型抵押方式不断出现。如"林权＋房产抵押组合模式"，要求借款人在林权抵押的基础上，追加20％的个人房产或土地等资产抵押，同时对抵押的森林资产必须办理以银行为第一受益人的保险。林权抵押率具有如下规定：用材林中的幼林不超过30％，中龄林、近熟林不超过40％，成熟林及经济林不超过50％，以保障银行的资金安全。同时，通过发展林业信用共同体和培育林业资金合作信用平台，形成了"林企＋合作社＋银行""林业基地＋林农＋银行""林农＋共同体＋银行""林企＋保险＋银行"等多元化的利益主体联合贷款模式。

对于小额林权抵押贷款方式，贷款担保方式采取多种灵活形式。浙江、四川、福建、辽宁、江西等集体林权改革省份把小额抵押贷款作为重点推进配套改革的政策措施，现在已经取得了快速的发展，并日渐成熟。表6-3为我国六种典型的小额林权抵押贷款模式，分别为林业合作经济组织、林业经营大户或林业企业林权抵押贷款，林农信用联保直接林权抵押贷款，林农个体直接林权抵押贷款，专业担保公司担保林权抵押贷款，信用基础上林农小额贷款，林业信用共同体贷款模式。[①]

表6-3 全国六种典型的林权抵押贷款模式

模式名称	主要做法
林农个体直接林权抵押贷款	林农向银行申请贷款时以林权证作为抵押，要申请森林资源资产评估证书，再与银行签订林权抵押贷款合同，林权登记管理处审核无误后颁发林木他项权证，银行依照权证资料发放林权抵押贷款
林农信用联保直接林权抵押贷款	农户自愿组成联合担保小组，以自身拥有的林权证作为保证，农村信用社对联保小组提供林业联保贷款，形成多户、自愿联保，风险共担的贷款形式，是一种创新的贷款模式
专业担保公司担保林权抵押贷款	由林业大户联合其他投资者组成民间担保公司，由该公司向林农提供担保贷款，由于存在风险，林农用自身拥有的林权证向民间担保公司提供反担保

---

① 参见黄庆安：《林权抵押贷款及其风险防范》，《山东财政学院学报》2008年第5期。

林业合作经济组织、林业经营大户或林业企业林权抵押贷款	林业大户、林业公司和林业经济组织向农村信用社等金融机构以经过中介机构评估的林权证作抵押，提出申请获得贷款
林业信用共同体贷款模式	林业协会、林业中小企业和林农共同组建信用共同体，每一份子缴存担保基金作为份额，以基金为基础向金融机构申请4—8倍的林业贷款
信用基础上的林农小额贷款	林农以林权证作为信用基础向金融机构申请"一次核定，随用随贷，小额控制，周转使用"的免评估、免担保的林业小额信用贷款

三、林业金融支持的主要局限

与种植其他经济作物相比，林木的生产经营周期较长，获取收益的滞后性导致林农资金的流动性较差，尤其是生态林的轮伐期更长，在生态林轮伐之前，林农需要大量的生活消费资金，可用于种植生态林的资金严重不足，即使获得森林碳汇收益和政府碳汇补贴的支持也难以满足林农对资金的流动性需求。林业信贷是支持林业发展的基本手段。而当前的林业信贷并未从根本上解决生态林资金短缺与流动性不足问题。

（一）林业信贷支持不足

林业信贷支持力度不足具体体现在以下两个方面：一是林业信贷资金难以满足林业企业的发展需求。企业要发展，资金是关键。当前我国的林业企业在逐步壮大的过程中，资金问题日益凸显，融资难、融资慢成为阻碍林企发展的一大瓶颈。而林业信贷作为林业企业获取资金的最重要渠道，在这一过程中，也出现捉襟见肘的窘境。究其原因在于，我国开展林业信贷的金融机构较少，并且出于林业种植时间长、林业经营风险大等林业自身因素造成的林业金融抑制的问题，加之林业抵押评估难、市场流转难以及贷款保险难等多种外部因素，愿意提供林业贷款的金融机构更是少之又少，因此，林业信贷资金的供给难以满足林企的资金需求，林业贷款困境重重。

二是林业信贷工具不能充分发挥作用，或者说，农村地区没有为林业信贷工具发挥作用提供良好的金融环境。当前，由于我国农村金融存在组织制度不健全、征信体系不完善以及金融监管不规范等诸多问题，导致农村金融很难得到快速发展。再者，出于地理位置、自然环境等原因，农村获得的信息有限、抓住的机遇有限、资金融通的渠道有限，这又导致金融严重脱离农村。农村金融发展的主观条件和客观环境均不利于农村金融机构的发展，进一步影响林业信贷体系的构建，最终为林业信贷工具发挥作用制造了障碍。所以，眼下急需利用林业金融带动农村金融，农村金融反过来再推动林业金融，进而实现二者的相互促进。

（二）林业信贷期限错配问题

林业信贷存在期限错配问题，即林木采伐获取收益的时间与林业信贷还款时间是不一致的。具体来讲，林木成熟至少需要 10 年，然而，目前我国林业信贷期限往往是 1—3 年，这相对于林农能够获取林木砍伐收益的时间而言，是极不相称的。此时，出现了短期信贷资金根本无法满足林农持久的流动性需求的问题。林农为了继续使用林业贷款，需要进行续贷活动，但是续贷需要资金成本，为此，林农不得不以较高的利率向临近的其他林户借款以完成续贷。资金按照这样的方式周转反复几次，大大增加了林农的资金成本。成本增加了，林农的种植经营活动受阻，进而严重损害了林农的利益。

林业信贷出现的期限错配问题导致的不良后果可以从两个角度说明。从林农的角度来讲，林业信贷期限错配导致的直接后果是增加了林农的林业种植成本，成本增加又会很大程度地打击林农的种植热情，进一步影响森林的生长状况，再进一步影响森林的碳吸收能力，最终影响森林碳汇产业的发展。从农村金融机构的角度来讲，林业信贷期限错配容易引起道德风险的发生，这是因为，部分林农出于维护自身利益的考虑，坚决不还贷或者坚决不续贷，而林木尚未成熟，不可采伐获取收益，金融机构无法采取措施强制还贷，由此陷入进退两难的境地，进而造成金融机构的资金损失。所以，如何利用碳汇金融工具为林业信贷提供风险规避的方法是接下来需要重点研究的课题之一。

（三）林业信贷服务体系不健全

目前，我国农村金融发展尚不成熟，林业金融发展更是问题重重，其中，林业信贷服务体系不健全是阻碍林业金融发展的问题之一。林业信服务体系是指为配合林业信贷工作的顺利进行，制定的一套包括信贷咨询服务、信贷评估服务、信贷担保服务、信贷保险服务等多种服务内容在内的完整的服务体系。我国林业信贷服务体系不健全的主要原因在于两方面：第一，金融机构参与意识薄弱。当前，我国开展林业金融信贷的金融机构并不多，参与林业金融服务体系的金融机构更是少之又少，金融专业人员数量严重不足且水平参差不齐，林业信贷服务体系的基础设施缺失，进而导致林业信贷服务体系的不健全。

第二，金融服务机制不畅。一套健全的服务体系是需要各个环节紧密配合而实现的，仅仅囊括几个金融服务部门，缺少必要的链接机制，各部门之间缺少磨合沟通，很难形成完整的服务体系。比如，林农要想进行林业抵押活动，首先需要咨询林业信贷事项，这涉及咨询部门，而后资产评估部门对森林估值，这涉及评估部门，接下来需要寻找资产担保部门进行担保，这又涉及担保部门，各部门运行独立导致林农办事效率低。此外，各部门自身存在许多难以解决的问题，以担保部门为例，是个人担保、村落担保，还是采取联保的形式？如何规避各种担保形式产生的风险？这些都是林业金融服务体系需要考虑的问题。所以，服务机制不畅通导致林业服务体系不健全，最终阻碍林业金融信贷充分发挥作用。

第二节 森林碳汇产品对丰富林业信贷金融支持的作用

前文的林业信贷产品是林业碳汇产品及其衍生品创设与发展的基础，而森林碳汇金融产品对丰富林业信贷金融支持具有重要作用，并主要体现在三个层面：一是林业碳汇方面的基础类金融产品能够扩大林业信贷金融支持；二是森林碳汇衍生金融产品将为林业信贷提供风险规避工具；三是森林碳汇金融组织服务体系将提升林业信贷服务水平。

一、森林碳汇基础金融产品能够扩大林业信贷金融支持

森林碳汇金融产品是森林碳汇金融体系的核心，其设计和创新是碳汇

金融市场发展的必然选择。森林碳汇金融产品体系包括下列五个类别。

（一）森林碳汇信贷

森林碳汇信贷实际上是将森林碳汇交易品用以抵押，进而取得银行贷款的一种融资方式。森林碳汇信贷与房屋抵押贷款类似，二者均是通过抵押的方式获得商业银行的资金支持，并将资金用于所需要的其他产业中去，不同的是，森林碳汇是一个不断变化的量，森林碳汇本身具有的资产特征决定了其可以作为证券流转的基础产品，比如说，森林碳汇交易本身就是一种能够创造利润的形式，交易者通过对森林碳汇进行交易，最终实现碳汇市场上森林碳汇的供需均衡。就森林碳汇信贷的过程而言，在森林碳汇发展初期，林农或者林业企业为了筹集资金选择将森林碳汇进行抵押，并由此获得资金，在此以后，林农或者林业企业与商业银行对还款期限、利息设置以及风险排查等环节进行层层审核，进而商业银行实现抵押贷款的发放。因此，林农或者林业企业在偿还抵押贷款时，需将森林碳汇的交易所得用于支付本金和利息，最终以实现森林碳汇融资方式的顺畅化。在这一过程中，如何对森林碳汇进行计量和测算是商业银行等金融中介机构需要思考的问题，其计量和测算的值的大小决定了林农或林业企业所能获得的资金量的多少。因此，可以说商业银行对森林碳汇量的计量和测算是森林碳汇信贷的基础。综上可以发现，金融产品的不断创新在深化自身改革发展的同时，也为其他产业的发展提供了新的动力，并由此推动二者的共同发展，而金融创新产品的不断出现将成为未来碳汇供给的主要途径。

（二）森林碳汇储蓄类产品

森林碳汇交易过程中过剩持有者成为供给方，将暂时不用的碳汇量存储到商业银行，获得"碳汇存款单"，以获得碳利息。这一业务即"存碳业务"。承包森林的农户、各地林场的拥有者和具有森林使用权的企业机构持有森林碳汇，由于一些碳汇没有找到适合的买主或者是正在等待价格上升的时机，这些碳汇被存入指定的商业银行后便形成"存碳业务"的对象，商业银行可以将这些碳汇量以更高的碳利息贷给碳汇需求者。碳汇储蓄产生的小额存单，甚至可以提前支取，但要扣除一部分碳汇利息；碳汇储蓄产生的大额存单不能提前支取，通过金融创新变为可转让定期存单，如果碳汇存单持有者急需兑现成碳汇，可以到二级流通市场出售。吉林省露水河林业局作为碳汇林试点，2005 年至 2016 年 6 月，借款人碳汇储备量 385 万吨，参照 30—50 元/吨碳汇交易价格，可达 1.5 亿元，经过项目评估，每年将创造不低于 1000 万元的碳汇经营收入，碳汇存款如果形成碳汇储蓄产品，将创造更多的碳汇存量和碳汇经营收入。

（三）森林碳汇保险产品

在森林碳汇发展中，保险不仅为林业开发新森林保险险种以规避气候风险，更重要的是为清洁发展机制下碳信用交割提供担保，转移碳交易项目资金需求量大、发展前景高度不确定带来的违约风险。林业碳保险主要有碳担保和碳保理业务。碳保理与清洁发展机制（CDM）相关。由 CDM 技术出让方经过银行审核后，获得贷款以完成 CDM 项目，贷款本金和利息由技术购买方利用项目产生的节能减排收益来偿还。在这一交易过程中由于违约风险、市场风险和节能减排收益不确定的风险，碳减排额交易保险为其提供保障。碳担保则是与林权融资结合，为林业融资提供担保，与低碳生产企业合作，为其购买低碳、环保设备提供担保。碳保险让低碳生产企业在加大投入新设备方面更有信心，一旦因为设备发生意外导致减排任务无法完成，企业能得到更多保障，减少损失。

我国森林碳保险尚处于起步阶段。吉林省白山市政府成立了林业经济公司，又称为林权流转平台，该平台于 2016 年 9 月与吉林省人保财险白山分公司合作，以专业合作社和农户的林权作为抵押为其提供"保险＋政府平台＋N"的商品林融资支农模式，鼓励当地发展林业经济，包括种植木耳、人参等当地林业特产品，这一举措不仅启动了"金钥匙"扶贫工程，同时也推动了森林碳汇保险的初步发展。2016 年 11 月，平安保险湖北省分公司与湖北华新水泥集团签署了集团认购"碳保险"产品的意向认购书，该协议是全国第一个"碳保险"产品的认购协议。同时，平安保险湖北省分公司与当地碳排放权交易中心共同商定了我国碳保险产品设计方案，并以"碳保险"开发战略协议的签署作为推动碳保险产品开展的合约约束。碳保险为森林碳汇市场提供充足的流动性，为碳市场参与者提供风险管理工具，为激活与管理碳资产创造条件。

（四）森林碳汇资本市场产品

1. 森林碳汇债券

债券是一种较为常见的资金融通方式，它因风险相对较低，且承诺了固定收益，所以被投资者广泛信赖。绿色债券则是将债券与环境保护相结合，主要目的是发展可再生能源项目并减少温室气体排放，极大程度地保护生态环境。当前，许多国家为了保护生态环境做了很多努力，比如，将绿色债券的融资所得用于建设水电站、开发生物能源、发展可再生能源等，这些均为环境保护做出了很大的贡献。此外，绿色债券的发展也在不断创新之中，这种持续的创新活动推动了森林债券的产生和发展。森林碳汇债券是向社会公众筹集资金用于开发森林碳汇项目，取得的收益偿还利息和本金的一种债务凭证。债券在发行之前要对项目评估，这包括发行者是否具备发行条件，债券的发行种类，发行债券与其他融资渠道比较所具备的优势，债券发行的成本收益分析，发行者的负债偿还和盈利能力分析，最终的债券发行定价和还本付息方式。

森林碳汇债券有两种类型。第一种是国家发行的森林碳汇债券。以国家政府为主体发行森林碳汇债券的流程是：首先，政府与金融机构达成协议，将核证碳汇量交由金融机构所有，并由金融机构负责森林碳汇债券的推销工作。具体流程如下：国家以开展森林碳汇项目合作的名义向银行、非银行金融机构出售森林碳汇债券。债券筹集的资金用于开发森林碳汇项目，种植碳汇林后，测定林木可吸收的二氧化碳数量，经过机构审核认定，将 CCER 在交易所挂牌出售获得收益。项目产生的 CCER 量归金融机构所持有，金融机构以此为支持向社会出售该债券，并以碳汇交易所得偿还本金和利息。第二种是企业发行林业债券。与以政府为资金需求主体不同，以企业为主体发行森林碳汇债券要求企业与有购买意向的公众直接联系，也就是说，森林碳汇供给企业直接向公众发行债券融资。当森林碳汇项目建成后，产生的碳汇量经过核证并且可以交易时，企业则可以向社会偿还债务及利息。值得一提的是，由于森林碳汇隶属于国家大力支持的清洁、环保领域，因此更多的森林碳汇债券将由政府或环保部门进行发行担保，从而保障债权人的根本利益。[①]

2. 森林碳汇股票

森林碳汇企业还可以通过上市发行股票融资。森林碳汇股票是指投资者向森林碳汇企业提供资本的权益合同，是森林碳汇企业通过股票筹集资金用于森林碳汇行业的生产运作。森林碳汇相关行业的上市公司主要从事林业木材开发、种植和加工，以及纸张生产，以这些行业为支撑会获得新的业绩增长点。在我国涉及碳汇交易的上市公司仅有5家，分别是平潭发展、吉林森工、永安林业、福建金森和 ST 景谷。这五家企业上市募集的资金主要用于森林培育营造，森林保有管护，木材生产销售。不仅通过买林造林工作，开展林木资源项目建设，也利用自身产业优势与开发署开展国际技术合作，目标是使我国农村地区二氧化碳排放量减少，农村能源消费结构日趋合理，使当地生物固碳能力得到提高，最终使我国农村地区环境得到改善。

3. 森林碳汇福利彩票

作为一类集环保属性、公益属性、绿色属性于一身的交易品种，森林碳汇具有其特有的融资优势，利用这种融资优势，可以试图将森林碳汇交易产品与福利彩票相结合，进而形成一种新的金融产品，即森林碳汇福利彩票，帮助森林碳汇产业实现融资。具体来看，福利彩票资金的种类、用途及比例如下表所示。[②]

---

① 黄开琼：《基于交易费用理论的农户林权抵押贷款模式创新研究》，硕士学位论文，西南林业大学，2013年。

② 参见舒凯彤、张伟伟：《完善我国森林碳汇交易的机制设计与措施》，《经济纵横》2017年第3期。

表 6 - 4　福利彩票资金详细说明

种类	用途	比例
发行费	彩票发行	50%
公益金	投资公益	40%
反奖奖金	兑奖	10%

需要特别说明的是，公益金部分的资金需要上交至当地财政部门，并按照财政的专款文件分到每个具体的公益项目，属于专款专用，不得违规使用。由于森林碳汇产业的性质决定了福利彩票的资金有近40%将用于帮助开展森林碳汇项目，这为森林碳汇项目的融资提供了有力的支持。此外，借助福利彩票进行融资还具有融资成本较为低廉的特点，无需还本付息，因此这能够吸引众多投资者的目光，极大程度吸引公众的投资。

4. 森林碳汇产业基金

按照出资主体或资金来源，碳基金包括企业碳基金、国家碳基金、碳汇投资基金、银行碳基金。按碳基金设立的目的分为两类：一种是自愿捐赠组织创设基金，企业、个人和社会组织捐赠用于森林碳汇项目建设。由于自愿捐赠管理较为繁琐，于是创设了森林碳汇基金以实施统一、有效的管理。另一种是营利性碳基金，多由金融机构或企业投资设立。该基金组织在金融市场上融资后开发森林碳汇项目，产生的碳汇收入用于偿还本金和利息。

我国成立了属于公益性质的中国绿色碳基金和中国清洁发展机制基金。捐赠的资金用于培育森林系统和保护森林生态环境，以及开展造林项目。如图 6-1 所示，中国绿色碳基金首先利用社会捐款植树造林，计量森林碳汇数额，并评估其价值，在网上公示；然后设立专门的基金管理机构进行碳汇交易。

二、碳汇衍生金融产品将为林业信贷提供风险规避工具

森林碳汇衍生金融产品是在基础金融产品基础上派生出的未来交割的

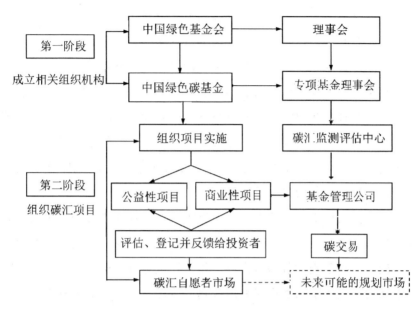

图 6-1　中国绿色碳基金市场运作

金融合约，包括林业碳汇远期、期货、期权、互换和结构化产品。森林碳汇衍生交易的合约价值取于一种或多种基础资产的价值或相关指数，其特点在于构造具有复杂性，设计具有灵活性，交易具有杠杆性。这些特征决定森林碳汇衍生金融产品的交易目的在于指导森林碳汇基础金融产品定价，规避与原生产品相关的风险暴露。显然，这些以森林碳汇基础产品为基础的衍生产品能够为防范林业信贷风险提供途径。

（一）森林碳汇远期

森林碳汇远期是买卖双方约定在未来某一特定时间，以某一特定价格购买特定数量的林业碳排放交易权的合约。森林碳汇远期的购买者是控排企业，如果担心未来碳汇价格上涨，可以购买远期合约，提前锁定价格，为控排企业管理碳汇资产提供了更为灵活的交易方式。2016 年 4 月，在"绿色发展与全国碳市场建设"会议上，湖北省推出首笔碳汇远期交易，当日碳汇远期数量达到 680.22 万吨，成交金额为 1.5 亿元。

（二）森林碳汇期货、期权产品

森林碳汇期货是以森林碳汇为标的的标准化远期合约。森林碳汇市场应参照期货交易的原则，包括保证金制度、每日无负债结算制度、大户报告制度、强行平仓制度等。森林碳汇期货的多头，一类是支持低碳经济发展的企业、个人和社会团体，其交易目的是多头套期保值；另一类是对碳汇期货价格看涨的投机者。森林碳汇的空头，一类是森林碳汇的生产者，以及将多余的排放权出售时担心价格下降的企业，交易目的是空头套期保值；另一类是对碳汇价格看跌的投机者。国际碳汇金融市场，欧洲、美国、澳大利亚、印度、新加坡、巴西、哥斯达黎加均已推出碳汇期货产品，我国还处于探索阶段。

森林碳汇期权交易则是以碳汇现货或碳汇期货作为标的金融资产，碳汇期权的购买方通过支付一定的权利金之后，具有在一定期限内按双方约定的基础森林碳汇资产价格购买或出售一定数量森林碳汇资产的权利。森林碳汇期权是在碳汇期货市场发展成熟之后产生的一种更为有效规避风险和杠杆投资的手段。国际碳汇金融市场，欧洲和美国均已推出期权类产品，我国目前没有碳汇期权产品。

（三）森林碳汇结构性产品

森林碳汇结构性产品是以碳配额作为支付标的，为解决碳排放权市场参与企业履约需要，设计的以存款固定利率为基础、以碳汇市场投资收益为浮动的结构化金融产品。浮动收益部分来自对碳排放权参与企业的投资收益。理财产品的创新不仅帮助控排企业获得资金、辅助其高效管理碳配额资产，而且能够推动碳汇市场的金融创新和优化金融产品结构。早在2007年4月，汇丰银行、东亚银行和德意志银行等国际银行就推出了以"气候变化"为主题的碳汇结构性产品。2014年11月，我国兴业银行首发碳金融结构性存款。

（四）森林碳汇互换产品

森林碳汇互换是指买卖双方按照商定的条件，在约定的时间内，交换不同碳汇金融工具的一系列支付款项或收入款项的合约。在森林碳汇金融市场深入发展之后，产生了一系列的碳金融产品，相对于不同类型和不同价格的碳汇金融产品，每个参与者具有不同的比较优势。参与者可以在金融市场上将具有比较优势的碳汇产品与意愿碳汇产品交换，从中获益。具体而言，企业间可以在碳排放配额和碳核证减排量之间建立互换制度，达到自身的减排目标、管理企业价格风险。

三、森林碳汇金融组织服务体系将提升林业信贷服务质量

森林碳汇金融组织服务体系是指专门为减少碳排放量的项目提供便利的各种碳汇金融机构，由以碳排放权交易所、商业银行、投资银行、保险机构为主的传统金融机构，以碳资产管理公司、指定经营实体、碳信用评级机构、碳市场信息服务机构为辅的现代金融组织构成。

（一）碳排放权交易所

碳排放权交易所是为温室气体排放权证券化相关的金融衍生工具交易提供交易平台的固定交易所。平台主要功能是为碳排放权交易提供交易设施、市场行情和信息披露。交易所的交易制度公开、公平、公正，是林业碳金融市场的形成基础和企业融资的便利平台。各种森林碳汇基础金融产品和衍生产品在此平台发布和推广，企业以此规避温室气体排放交易风险和增加金融资产流动性，以实现绿色低碳和节能环保资源的最优配置。

截至 2016 年底，我国已有 8 个碳排放权交易试点地区，这些地区包括北京、天津、上海、重庆、湖北、深圳、广东、四川。其中，湖北省碳交易规模最大，碳汇金融产品交易种类最多。截至 2016 年 10 月 31 日，湖北省碳交易总量为 2.88 亿吨，占全国总量的 80%，其中共有 166 家企业纳入碳交易。为了增加企业投资节能减排的积极性，湖北省碳排放权交易所先后创新推出碳金融授信、碳汇基金、碳汇保险、碳汇远期等碳金融产品。

（二）经营碳汇业务的商业银行

商业银行在森林碳汇金融产品的二级交易市场中，推动绿色信贷、提供中介服务和创新碳金融产品和业务。对于绿色信贷业务，商业银行以"赤道原则"为理念，为企业节能减排项目融资制定金融行业规则和评级标准，帮助企业交易碳排放权；对于中介服务业务，商业银行为森林碳汇

项目开发提供担保，管理企业碳汇账户和提供项目咨询服务，同时作为做市商加入碳金融二级市场参与交易；对于碳金融产品与业务创新业务，商业银行利用其他种类金融产品创新的经验，为碳排放权交易提供避险与管理的创新工具。

（三）指定经营实体

指定经营实体是负责审核、监督、检验和核证的机构。指定经营实体监督和维持林业碳金融市场秩序，干预林业碳金融市场；在森林碳汇项目启动前，作为第三方独立认证；在森林碳汇项目通过审核后，向参与各方提交认证报告和制定标准；在项目完成后，核准确定碳减排量。中国大陆共有 4 家第三方审定核查机构（DOE），分别是中国质量认证中心（CQC）、中国环境联合认证中心（CEQC）、中国船级社质量认证公司（CCSC）、深圳 CTI 国际认证优先公司（CTI）。

（四）碳资产管理公司

碳资产管理公司是为参与者提供碳资产项目咨询、项目融资、信用经纪、碳资产开发和投资、碳补偿等各种信息咨询服务的机构。碳资产管理公司是专业的碳资产综合管理服务商，以配额碳资产管理、减排碳资产管理、合同能源管理三大业务板块为主，为国内外碳排放市场参与者、控排企业和节能企业提供全程碳资产管理方案。公司在清洁发展机制（CDM）概念普及、行业能力建设、项目开发等方面为项目业主实现减排收益。

碳资产综合管理即围绕《京都议定书》所规定的 6 种温室气体（全氟化碳、氧化亚氮、二氧化碳、氢氟碳化物、六氟化硫和甲烷）以及国家发改委第 17 号令《碳排放权交易管理暂行办法》新增加的一种温室气体（三氟化氮）开展的以碳资产生成、利润或社会声誉最大化、损失最小化为目的的现代企业管理行为。碳资产综合管理服务即围绕碳资产综合管理所提供的独立第三方服务。碳资产综合管理服务的内容包括市场能力建设、碳盘查、配额碳资产管理、减排碳资产管理以及碳金融等。

基于配额碳资产管理是以最优成本完成履约，对于负碳资产企业，其目的是实现购入碳资产的成本最小化；对于正碳资产企业，其目的是实现售出碳资产价值的最大化。基于碳减排的资产包括中国核证自愿减排量（CCER）、国际自愿减排项目（VER）、清洁发展机制项目（CER）和黄金标准（GS），基于碳减排的资产管理是帮助企业了解供需，发现价格，获取项目所能产生的最大减排碳资产价值。合同能源管理是公司为企业提供能源管理服务，项目设计、审计、融资、采购、施工监测。

（五）碳信用评级机构

碳信用评级机构是服务性中介机构，对碳汇证券发行者和碳汇证券的信用进行等级评定。评级机构规范了森林碳汇金融市场的运作制度，获得较高信用评级的碳汇企业能够拓宽的融资渠道，降低融资成本；为碳汇项目的投资者提供科学的评估标准，方便投资者高效选择碳汇投资领域和项目。

（六）投资银行

投资银行是非银行金融机构，在碳汇金融市场中的业务是负责碳汇证券的发行、承销、交易，为碳汇企业并购、融资、资产管理和项目融资提供咨询和服务。

第三节 森林碳汇金融支持问题的实证分析

一、欧盟碳排放权资产定价模型实证分析

（一）数据选取和采用方法

本书选取的数据主要来源于欧洲能源交易所（EEX），选取欧洲能源交易所的两个碳金融现货交易品种：欧盟排放权配额（EUA）和核证减排量（CER），根据其公布的日度数据搜集整理了 2016 年 1 月 11 日至 2017 年 3 月 16 日时间段内的 224 个交易日数据，并对数据进行处理分析。

1. 描述性统计

对欧洲能源交易所的 EUA 现货价格、对数收益率和 CER 现货价格、

对数收益率的描述性统计如表 6-5 所示。

表 6-5 EUA、CER 描述性统计表

	EUA_P	EUA_LP	CER_P	CER_LP
观测数	224	223	224	223
平均数	5.234955357	-0.001725889	0.367053571	-0.002226174
众数	4.8	0	0.42	0
中位数	5.16	-0.00240674	0.38	0
最大值	7.45	0.132297079	0.46	0.105360516
最小值	3.94	-0.121360857	0.27	-0.089612159
标准差	0.649843386	0.039904822	0.048534568	0.028177798
Skewness	0.442008	0.324990	-0.618683	0.063766
Kurtosis	3.167609	4.140535	2.179983	4.660636
Jarque-Bera	7.556057	16.01228	20.56602	25.77485

EUA_P 表示欧盟排放权配额（EUA）的现货价格，EUA_LP 表示欧盟排放权配额（EUA）的对数收益率；同理，CER_P 表示核证减排量（CER）的现货价格，CER_LP 表示核证减排量（CER）的对数收益率。

由表 6-4 可知，无论是 EUA 现货价格还是现货对数价格，Skewness 检验值均大于 0，这说明两者的序列分布右偏（右拖尾），Kurtosis 检验值均大于 3，这说明两者的序列分布相对于标准正态分布来说是凸起的。从 JB 检验的结果发现，无论是 EUA 现货价格还是现货对数价格，碳金融序列分布在 1% 的显著性水平上拒绝服从正态分布。再看 CER 数据，对 CER 现货价格，Skewness 检验值小于 0，说明 CER 现货价格序列分布左偏（左拖尾），Kurtosis 检验值小于 3，说明 CER 现货价格序列分布相对于标准正态分布是平坦的；对 CER 现货对数价格，Skewness 检验值大于 0，说明 CER 现货对数价格的序列分布右偏（右拖尾），Kurtosis 检验值大于 3，这说明 CER 现货对数价格的序列相对于标准正态分布来说是凸起的。从 JB 检验结果发现，无论是 CER 现货价格还是现货对数价格，碳金融序列分布在 1% 的显著性水平上拒绝服从正态分布。

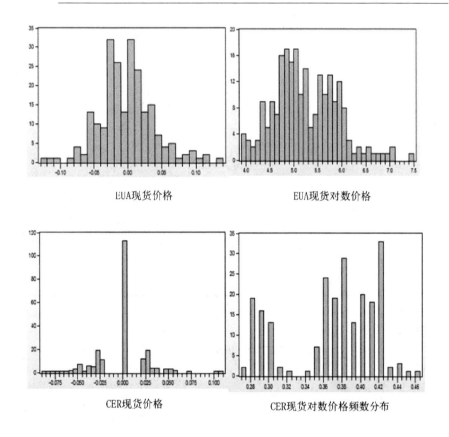

EUA现货价格　　　　　　　　　　　EUA现货对数价格

CER现货价格　　　　　　　　　　CER现货对数价格频数分布

图 6-2 EUA、CER 现货价格、现货对数价格频数分布

从图 6-2 中则更能清晰地看出序列的分布情况，对于 EUA 来说，图形出现双峰情况，对于 CER 来说，频数分布图则更分散。

2. 数据平稳性检验分析

由价格趋势图可看出，对于 EUA、CER 现货价格走势大体都呈现出下降趋势，对于两者的对数收益率，能大致看出 CER 对数收益率波动相对于 EUA 来说比较平稳一点，具体各种数据是否平稳还需进行平稳性检验。

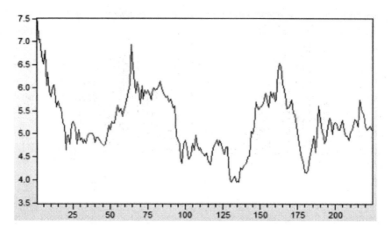

图 6 - 3　EUA 现货价格趋势图

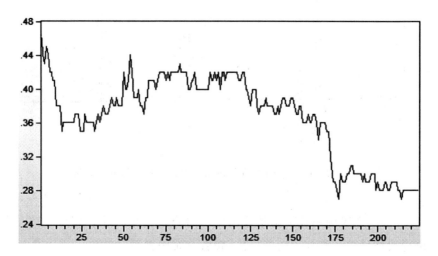

图 6 - 4　CER 现货价格趋势图

表 6 - 6　EUA、CER 数据平稳性检验

	EUA _ P	EUA _ LP	CER _ P	CER _ LP
ADF	t 值：－3.726711 Prob.：0.0043	t 值：－15.51142 Prob.：0.0000	t 值：－1.204879 Prob.：0.6727	t 值：－17.82277 Prob.：0.0000
PP	t 值：－3.727586 Prob.：0.0043	t 值：－15.51349 Prob.：0.0000	t 值：－1.419735 Prob.：0.5722	t 值：－18.18468 Prob.：0.0000
KPSS	0.258120	0.144168	1.207012	0.094061

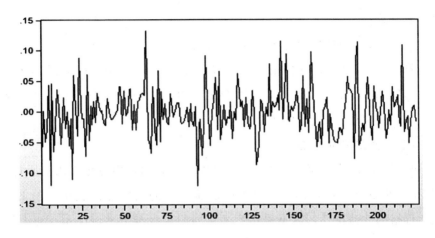

图 6-5 EUA 现货对数价格趋势图

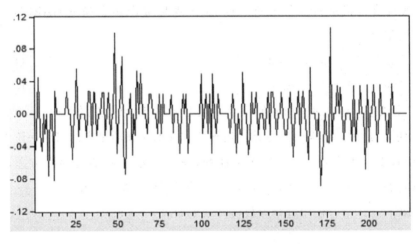

图 6-6 CER 现货对数价格趋势图

EUA、CER 现货价格、现货价格对数收益率的 ADF、PP、KPSS 检验如表 6-6 所示，无论是对于 EUA 现货价格还是对数价格，ADF、PP 检验都拒绝原假设，即表明原数据序列不存在单位根，是平稳的，KPSS 检验接受原假设，即数据平稳；对于 CER 现货价格，ADF、PP 检验都接受原假设，即表明原数据序列存在单位根，是不平稳的，KPSS 检验拒绝原假设，是非平稳的；对于 CER 现货对数价格，ADF、PP 检验都拒绝原假设，即表明原数据序列不存在单位根，是平稳的，KPSS 检验接受原假设，是平稳的。

3. EUA、CER 现货价格的自相关检验

附表 4 中，从 AC（自相关函数值）、PAC（偏自相关函数值）、Q 统计量、P（拒绝自相关概率）可以看出，EUA、CER 现货价格存在自相关，并且偏自相关阶数为一阶。

（二）模型定价方法

本书以欧洲能源交易所的 EUA 现货价格为例，构建相应的欧盟排放权 EUA 现货资产定价模型。由于前面所论述的欧洲能源交易所的 EUA 现货价格的波动特性，本书采用广义自回归条件异方差（Generalized Autoregressive Conditional Heteroskedasticity，简称"GARCH"）模型来对 EUA 现货价格进行定价分析。对 EUA 现货资产建立如下 GARCH（1，1）模型：

$$\log (p_t) = a_0 + a_1 \log (p_{t-1}) + u_t \tag{6-1}$$

$$\sigma_t^2 = \beta_0 + \beta_1 u_{t-1}^2 + \lambda_1 \sigma_{t-1}^2 \tag{6-2}$$

上式中，p_t 表示 t 时刻欧洲能源交易所的 EUA 现货价格，u_t 为随机扰动项，σ_t^2 为 t 时刻 u_t 的方差，用均值方程的扰动项平方的滞后一阶度量前期的波动性信息，u_{t-1}^2 为 ARCH 项，σ_{t-1}^2 表示上一期的预测方差，为 GARCH 项，a_0，a_1，β_0，β_1，λ_1 均为待估计参数。运用 Eviews7.2 对 GARCH（1，1）模型进行参数估算结果如表 6-7 所示。

表 6-7 GARCH（1，1）模型的参数估算

参数	系数	标准差	Z 统计量	拒绝概率（Prob.）
a_0	0.127028	0.034837	3.646456	0.0003
a_1	0.921603	0.021098	43.68172	0.0000
β_0	0.001803	0.000525	3.436594	0.0006
β_1	0.129990	0.086303	6.506204	0.0013
λ_1	0.312798	0.031576	23.99059	0.0002

由上表可知，各参数估计均在合理的范围内，R_2 值为 0.896288，拟

合优度较高，由此可写出 GARCH（1，1）模型方程为：

$$\log（p_t）=0.127028+0.921603\log（p_{t-1}）+u_t$$

$$\sigma_t^2=0.001803+0.129990u_{t-1}^2+0.312798\sigma_{t-1}^2$$

（三）分析结论

本书根据欧洲能源交易所（EEX）上 EUA 现货资产价格的走势及特点，对其进行描述性统计分析、平稳性检验（包括 ADF、PP、KSPP 检验）以及自相关检验，从 EUA 的描述性统计可看出，无论是 EUA 现货价格还是现货对数价格，Skewness 检验值均大于 0，这说明两者的序列分布右偏（右拖尾），Kurtosis 检验值均大于 3，这说明两者的凸起程度均大于标准正态分布，JB 检验结果表明，无论是 EUA 现货价格还是现货对数价格，拒绝服从正态分布。从 EUA 的序列趋势图及平稳性检验可看出，无论是对于 EUA 现货价格还是对数价格，ADF、PP 检验都拒绝原假设，即表明原数据序列不存在单位根，是平稳的，KPSS 检验接受原假设，即数据平稳。从自相关表可看出，EUA、现货价格存在自相关，并且偏自相关阶数为一阶。根据以上分析，最后选择并确定了其现货价格的资产定价模型，且各参数估计在合理的范围之内，拟合优度也不错，具有一定合理性及可借鉴性。

二、我国金融体系支持林业经济发展的实证分析

（一）数据选取和采用方法

本实证的数据从我国的林业经济产值、林业贷款、财政税收、林业新增固定资产和林业固定资产投资五方面选取。由于经济理论通常并不足以对变量之间的动态联系提供一个严密的说明，而且内生变量既可以出现在方程的左端又可以出现在方程的右端使得估计和推断变得更加复杂。为了解决这些问题而出现了一种用非结构性方法而建立各个变量之间关系的模型。特别是近年来，随着国家一系列相关政策的出台，金融支持与林业经济发展的关系越来越密切。那么，当前金融支持与林业经济发展是不是一个双赢的选择？二者存在怎样的关系？因此本书采用 VAR 模型挖掘我国

的林业经济产值、林业贷款、财政税收、林业新增固定资产和林业固定资产投资之间的关系（基础数据参见附表6）。

（二）实证分析

1. 单位根检验

利用 VAR 建模，要使 VAR 稳定。首先进行 ADF 检验。首先检验序列，显示在 5% 的显著水平，ADF 模型一、二阶差分下，t 检验的结果如表 6-8 所示。

表 6-8 ADF 检验

序列	显著性水平	t 检验	Prob	是否平稳
林业总产值（cz）	5%	−3.404731	0.0036	平稳
林业贷款（dk）	5%	−3.925285	0.0015	平稳
财政税收（cs）	5%	−3.005268	0.0081	平稳
林业新增固定资产（zz）	5%	−0.952333	0.2784	不平稳
林业固定资产（gz）	5%	4.923027	0.0002	平稳

注：原序列不存在单位根，为平稳序列，对应的 ADF 临界值查表可知为 −1.95，因此在建立 VAR 模型时我要去掉林业新增固定资产这个变量。

2. VAR 模型检验

确定 VAR 模型合适的滞后结构，用 AR 根的图表，得到结果如图 6-6 所示。可以看到所有单位根的模均落于单位圆内，这表明 VAR 模型满足稳定的条件。

3. 建立 VAR 模型

VAR 模型被称为向量自回归模型，是处理多个相关经济指标的分析与预测的模型。[1] VAR 模型是构造内生变量与内生变量滞后值关系的系统性模型。将 2003 年到 2015 年间的年度数据，林业金融支持包括林业总产

---

[1] 参见俞毅：《我国进出口商品结构与对外直接投资的相关性研究——基于 VAR 模型的分析框架》，《国际贸易问题》2009 年第 6 期。

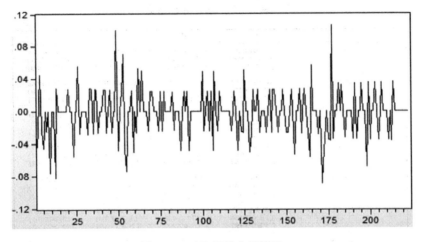

图 6 - 6　AR 根的分析结果

值（cz）、财政税收（cs）、林业贷款（dk）、林业固定资产（gz）进行 VAR 分析。林业总产值是最能直接反映林业产值效果和程度的重要指标，财政税收、林业贷款和林业固定资产的多少则反映金融对林业经济发展的支持程度。

从 VAR 分析结果可以看到，尽管有些系数并不显著，但是方程的拟合度都很好，如表 6 - 9 所示。第一行是系数估计值，圆括号中是估计系数的标准方差，方括号中是 t 统计量。可以看到财政税收对林业总产值的影响很大，从整体结果得到林业总产值的变动对林业贷款、林业固定资产和财政税收也有影响，说明林业总产值的提高也会促进金融支持的力度。

（4）脉冲响应函数分析

通过脉冲响应函数可以分析金融支持受到冲击和林业经济发展进程受到冲击之间的相互影响。因此，对 VAR 模型下的各个参数作脉冲响应函数分析。

如图 6 - 7 所示，可以发现财政税收、林业贷款、林业固定资产中的某一个所产生的冲击都可能会对林业总产值产生一定的影响，财政税收所引起的冲击将使得林业总产值受到同样的冲击，在第 2 期反应加快增长，但在第 3 期反应又下降，第 4 期趋于平稳，但之后两期仍有震荡，在第 6

表 6 - 9　VAR 分析结果

	CZ	CS	DK	GZ
CZ(-1)	0.788821 (0.42892) [1.83908]	-18.65941 (23.5279) [-0.79307]	0.004173 (0.02438) [0.17116]	0.084354 (0.12791) [0.65948]
CZ(-2)	0.228757 (0.75146) [0.30442]	64.73311 (41.2204) [1.57042]	0.041366 (0.04272) [0.96833]	0.358902 (0.22409) [1.60156]
CS(-1)	0.003356 (0.00479) [0.70065]	-0.857328 (0.26270) [-3.26352]	0.000110 (0.00027) [0.42162]	0.003380 (0.00143) [2.36687]
CS(-2)	-0.004238 (0.00846) [-0.50094]	-0.461514 (0.46405) [-0.99453]	0.000379 (0.00048) [0.78904]	0.002210 (0.00252) [0.87582]
DK(-1)	13.54937 (10.4754) [1.29344]	-1463.847 (574.616) [-2.54752]	0.535195 (0.59551) [0.89872]	4.862910 (3.12390) [1.55668]
DK(-2)	29.91700 (18.0725) [1.65539]	-1137.335 (991.343) [-1.14727]	0.469513 (1.02738) [0.45700]	-0.340087 (5.38944) [-0.06310]
GZ(-1)	0.393656 (1.92986) [0.20398]	98.34974 (105.860) [0.92906]	-0.055355 (0.10971) [-0.50457]	-0.340718 (0.57551) [-0.59203]
GZ(-2)	-1.886651 (0.80960) [-2.33034]	-29.29654 (44.4097) [-0.65969]	-0.044466 (0.04602) [-0.96614]	0.479545 (0.24143) [1.98624]
C	190.5901 (624.233) [0.30532]	-27534.11 (34241.5) [-0.80412]	-47.58092 (35.4862) [-1.34083]	-465.5132 (186.154) [-2.50069]
R-squared	0.998207	0.984785	0.980496	0.999473
Adj. R-squared	0.991035	0.923926	0.902478	0.997364
Sum sq. resids	20697.67	62277583	66.88781	1840.650
S.E. equation	101.7292	5580.214	5.783070	30.33686
F-statistic	139.1830	16.18134	12.56765	474.0258
Log likelihood	-57.07767	-101.1290	-25.53649	-43.76821
Akaike AIC	12.01412	20.02346	6.279362	9.594220
Schwarz SC	12.33967	20.34901	6.604913	9.919770
Mean dependent	2818.358	32403.60	28.04091	841.7664
S.D. dependent	1074.419	20231.70	18.51858	590.9233

期达到最高，从第 7 期开始相对平缓但是趋于轻微下降；林业贷款对林业总产值的影响是从第 2 期开始趋于平缓，但是在第 6 期达到高峰，以后有所回落并趋于平缓。这表明林业总产值通过财政税收、林业贷款的冲击同向传递，而且这一冲击具有显著的促进作用和持续效应。

其他几个变量受到冲击后对林业贷款的影响如下：受到冲击后的林业总产值对林业贷款是正影响，这种影响在 5 期达到最高值后平稳；财政税收变动后对林业贷款是正影响，并一直增长到第 4 期保持平稳。表明林业总产值和财政税收受到冲击后给林业贷款带来正影响，产生稳定的拉动作用。

其他几个变量受到冲击后对财政税收的影响：受到冲击后的林业总产

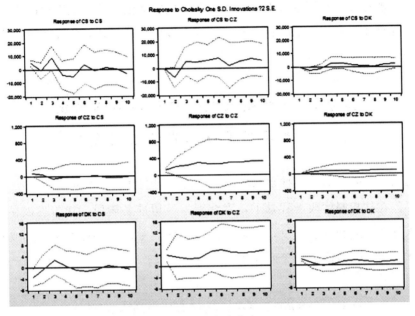

图6-7　脉冲响应

值对财政税收产生正的影响，但冲击幅度不是很大，在第3期开始略微增长，增长幅度也不大，在5期开始逐渐稳定下来；林业贷款受到冲击后对财政税收的冲击正向增加，在3期开始回落，第4—6期缓慢下降，然后第6期开始上升，第8期又有所回落。表明受到冲击后的林业总产值和林业贷款给财政税收带来同向影响，起到促进作用。

根据以上脉冲响应函数的分析，国家支持林业经济发展的金融支持政策带来不同程度的影响，但都是正向的影响。

（三）分析结论

通过以上的实证分析，可知金融支持对林业经济发展有积极的促进作用，二者是双赢的选择，金融支持能够让林农对林业经济发展更加有信心，林业经济发展又对生态发展问题起到积极的作用。林业产值、财政税收、林业贷款三者之间存在正向的相互影响，而林业固定资产和林业新增固定资产却没有体现作用，可以看出国家在对林业进行金融支持政策的考虑上，可以对林业固定资产投资不做太多的支持。而林业贷款要大力支持，才能让林农有资金去发展林业经济，也要加强一些其他方面的金融支持，如林业保险方面的支持，林业经济发展周期长，林农的收入要适当给予保障。

第四节 森林碳汇机制建设与集体林权改革的金融互助体系构建

构建金融互助体系推动森林碳汇交易机制与林权改革的良性互动尤为重要。在林权制度改革背景下，森林碳汇经历准备阶段、初步发展阶段、深入发展阶段和成熟阶段，金融互助体系各类主体将发挥着不同的功能。具体来讲，各阶段的任务内容如表 6-10 所示。

表 6-10　森林碳汇交易机制建设各时期金融体系具体内容

发展阶段	初步发展阶段	深入发展阶	成熟阶段
时间期限	2017—2020 年	2021—2050 年	2051 年以后
具体内容	实现政策性金融体系的建成	1. 实现碳汇信托基金支持体系的建成（2021—2030 年） 2. 实现项目融资的支持体系的建成（2031—2050 年）	实现资产证券化融资模式的建成

在森林碳汇的初步发展阶段，由政府主导的政策性金融体系的建成十分必要，这是因为，此时的碳汇市场尚处于起步阶段，政府的金融扶持有助于推动碳汇市场的快速发展。到了森林碳汇市场的初步发展阶段，有了准备阶段奠定的基础，初步发展阶段将目光放在资金的管理层面，力争建成碳汇信托基金支持体系，以实现碳汇信托基金在全国范围内的融通。在森林碳汇的深入发展阶段，碳汇金融体系有了一定的规模，这时，加大碳汇金融的创新是需要完成的重点任务，这里主要指的是建成 PPP 项目融资模式、BPT 项目融资模式以及 TOT 项目融资模式，这些新型的融资模式均为森林碳汇的进一步发展提供了融资渠道，进而保证了碳汇市场的顺利建设。最后是森林碳汇的成熟阶段，这一时期金融互助体系的主要任务是建成资产证券化的融资机制，目的在于有效降低森林碳汇经营者的风

险，促进金融市场和森林碳汇市场的协同长效发展。

一、森林碳汇准备阶段政府主导的政策性金融体系

(一) 强化林业金融支持体系建设

多年以来，由于林业发展的资金来源多为政府财政，社会资本投入比例十分有限，金融业对林业的资金优化配置作用，始终未能完全释放。[①]因此，地方政府需要审时度势，把握此次集体林权改革的契机，完善金融服务功能，加强金融创新实力，使得林业发展的金融发展效应进一步展现。尤其是加大碳汇林金融支持力度。目前提供林业信贷的金融机构很少，主要是农村信用社和农业银行。与农业信贷相比较，与林业相关的金融信贷产品少，数额不高，林业信贷工具急需创新。为了促进碳汇林建设，银行等金融机构需要积极开展碳汇生态林金融工具创新，扩大对碳汇林的金融支持力度。具体包括增加碳汇收益抵押贷款，尤其是增设各类碳汇林抵押贷款产品以提高碳汇生态林资产的流动性，保证林农手中造林资金充沛并能够满足其基本的生产生活要求。

(二) 推进林业抵押贷款证券化

资产证券化，即将灵活性较弱的资产以特定的证券组合的形式进行发行，以增强资产的流动性，最终实现资金的融通。它是一种新型的资金配置方式，对于增强资产的流动性和市场的流动性具有十分重要的意义。就其发展历史来讲，最早，资产证券化诞生于房地产市场。它是以住房抵押贷款者的月供作为现金流来源，以房地产资本身作为抵押物，将原本流动性较差的资产进一步盘活而形成的金融创新。倘若将这一理念亦应用于林业市场，定会收到同样的效果。在林地产权明晰的前提下，企业可以与商业银行等金融机构依照《林地抵押管理办法》，办理林业抵押贷款。与此同时，也可以效仿国外抵押资产证券化市场，形成自己的林业抵押贷款买卖二级市场，方便类似资产流转，形成价值增值。当前，我国仍处于金融市场建设的初级阶段，主要表现为贷款品种不齐全、交易机制不完备、

---

① 参见郭艳斌：《我国森林碳融资机制研究》，硕士学位论文，北京林业大学，2012 年。

配套服务不健全等各个方面。在这种金融市场状态下，建立林业抵押贷款还具有一定的难度。此外，鉴于林业抵押贷款证券化具有十分高的风险，因此完善的风险补偿机制的建立显得尤为重要。只有金融市场发展得极其完备时，投资者才有热情参与到林业抵押贷款证券化的过程中来。

二、森林碳汇初步发展阶段的碳汇信托基金支持体系

（一）开展森林碳汇信托基金的可行性

碳基金的产生是为达到全球温室气体减排目标，为支持和推动节能减排项目而建立的一种资金管理模式。基金管理的资金用于植树造林、森林管理以及林基地建设等项目，以吸收大气中的二氧化碳。基金最初是由国家引导方向，企业出资建立，初始资本来源于企业、个人和社会，因此采取执行理事会负责制的管理方式。我国碳基金缺乏有效融资机制，承担森林碳交易的支持作用有限，因此，森林碳汇初步发展阶段的碳基金需要完善和创新。

在森林碳汇发展的初期阶段，也就是自愿减排时期，其主要融资途径是基金融资方式，也是满足私人部门减排融资需求的一种可行途径，以及政府实现社会参与的一种有效途径。但是，随着我国按照国际减排承诺实施强制减排，单纯依靠政府引导建立的公募基金难以继续维持运作，一方面是基金规模不够庞大，另一方面是基金管理不能按市场需求运作，难以满足森林碳汇融资需求。尤其是基金管理方式主要依赖银行贷款和债券购买，使得筹资渠道单一，基金的保值和增值效率低下，基金运作和发展难以深入。

从国际碳基金的实践来看，银行等专业金融机构运营资金具有三个优势：一是提高基金的保值和增值能力，这是因为，类似银行的专业金融机构拥有众多的专业金融人才，人才的充分供给有助于促进金融机构的快速发展，进而有助于金融市场的发展，人才的专业性有助于创造更多的金融产品，以实现资金的保值和增值。二是充分发挥碳汇交易平台的作用，这是因为，银行作为目前我国金融市场上最重要的组成部分，其有能力借助金融市场将碳汇交易推向更好的发展阶段。三是银行的介入有助于实现碳

中和交易，不仅能够分散经营风险，还有助于拓宽现有的公益目的，使森林碳汇交易实现效益的最大化。

（二）开展森林碳汇信托基金的操作程序

信托机构是专业性较强的经营机构，由我国银监会负责监管，能够维护捐赠人的经济利益，激发社会的捐赠热情。用于林业生态建设的森林碳汇信托基金，可按如下操作程序开展：

第一，选择在北京等一线城市建立森林碳汇信贷基金。选取一至两个预期效益较高的森林碳项目和林业碳汇公益项目，在北京、上海等一线城市，开展融资信托和基金信托试点。这些城市拥有发达的金融基础设施和先进的市场理念，比较容易开展并起到示范的作用。森林碳汇建设需要从全局统筹规划，在对整个碳汇项目进行规划的基础上，逐步推广森林碳汇项目建设，从一线城市入手，争取早日实现森林碳汇事业的全国化发展。第二，设立森林碳汇信托基金以增强资金的供给。在这一过程中，一线城市和二线城市是设立森林碳汇信托基金的主要地区，这也是森林碳汇项目逐步推广的必然趋势。此时，森林碳汇项目的重点目的是森林碳汇生态活动建设以及生态环境恢复等。第三，总结试点经验，按碳汇信托基金的可行性逐步扩大信托基金的范围。

（三）森林碳汇信托基金的设立主体

新兴产业发展初期，投资者首要关注的是风险和回报。森林碳汇具有公益性质，风险相对较大且回报的大小是不确定的。以政府主导建立的基金引导社会资本积极参与项目前期建设建立信托基金，不仅能够分担投资风险，构建供给拉动森林碳汇发展的融资模式，还有利于引领森林碳汇发展从属于国家战略规划。依据设立主体的不同，森林碳汇信托基金可归为国有控股机构主导、国家政策性银行主导、地方政府主导型三类。政府引导基金的财政出资比例一般在20%，具有一定的存续期，政府政策使命完成后，政府就退出，进而基金转化为商业运作。

（四）森林碳汇信托基金的运行方式

我国森林碳汇信托基金的运行采取授权股权管理公司管理的形式。这种资金运作形式需要依靠政府进行资金的监管。政府可以通过直接参股、不参股和既不参股也不涉足基金投资决策这三种方式实现基金的严格监管。对于第一种方式而言，政府享有直接参与基金投资的决策管理权利，这在很大程度上保证了基金流向的可靠性；对于第二种方式而言，尽管政府不参股，但依旧享有基金投资决策管理的权利，也就是政府在基金或其设立的多支子基金里，可以一票否决任何被认为有亏损风险的股权投资策略，进而有效地管理森林碳汇信托基金；对于第三种方式而言，政府通过要求投资机构按时偿还本金和分红的方法，保证了森林碳汇信托基金的平稳运行。

森林碳汇母基金、境外资金、民间资金委托管理一级资金运作并出资：确定森林碳汇基金运作章程及若干二级基金，封闭期7至10年。几家二级基金单独或联合其他基金、私人或机构投资者以股权投资森林碳汇创业企业管理机构。

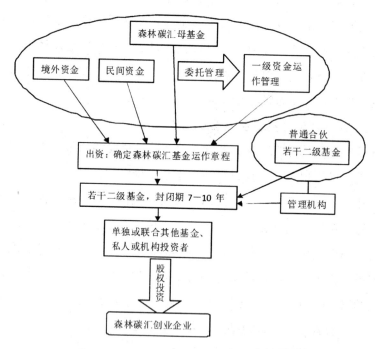

图 6-8　我国森林碳汇信托基金运作模式

基金的分红机制。我国森林碳汇信托基金产生的创业企业与政府的分红模式有以下三种：第一种是政府在参与分红的基础上，保证其本金和利息能够按时足额收回，利率的设定按照银行存款贷款利率制定；第二种是政府承担风险和参与分红，在规定时间，创投企业可以按照初始投资额和利息回购政府股份；第三种是政府和投资管理公司共担风险和分享收益。

三、森林碳汇深入发展阶段的项目融资支持体系

（一）森林碳汇深入发展阶段项目融资的可行性

随着森林碳汇的深入发展和林权制度改革的逐步推进，建设森林碳汇实物交易平台、建立科学的森林资源价值评估体系、引导社会资金投资林业产业，需要大量的资金，但由于林业产业结构调整周期长、回报速度慢，出于逐利考虑的社会资本不愿意进入。为此可构建项目融资的金融支持体系。

项目融资是一种公共部门与私人部门合作的模式，是一种包含计划、建设、经营和履行多项内容的融资途径。结合我国森林碳汇深入发展阶段的特点，森林碳汇项目融资具有可行性。首先，根据国际经验，国家公共服务和设施服务的融资要经历政府投资、公私合作到私人完全投资的资金融通模式。我国在太阳能发电领域的项目融资和林业生态建设项目融资方面取得了一定成果，我国政府直接或间接参与了清洁发展机制和减排项目，这些为建立森林碳汇项目融资积累了经验。其次，我国的项目融资运作方式为经营森林碳汇项目提供了有利的条件。我国的融资方式中，私人企业在项目论证初期就开始参与，这种运行程序符合较高技术标准的森林碳汇项目融资的需求。

（二）森林碳汇深入发展阶段 PPP 项目融资模式

在保证森林碳汇交易顺利进行的过程中，对于碳汇供给方而言，灵活的融资机制设计便显得十分必要。在我国林业发展势头平平的背景下，林业企业、集体或林农都存在投入成本过高，沉没成本过大，资金链易于断裂等风险。因此，对碳汇供给方的融资机制设计，刻不容缓。鉴于森林碳

汇兼具公益效益与经济效益的属性，融入社会资本的 PPP 模式将是助力森林碳汇融资机制形成的一个很好的运作模式。

1. PPP 项目融资模式的内涵

PPP（Public-Private-Partnership）项目融资模式，是政府与私人组织之间，为了合作建设森林碳汇项目，以森林碳汇特许权协议为基础，彼此之间形成一种伙伴式的项目合作关系。[①] PPP 项目融资有助于提升森林碳汇建设和服务水平。政府在森林碳汇建设方面有了私人组织这一新的合作伙伴，使得其在森林碳汇建设中的角色得到了转换，政府部门的工作受到其合作伙伴的监督和约束。双方基于利益驱动的考虑，会共同致力于提高森林碳汇建设和服务水平。双方安排融资的额度和方式主要基于项目的资产生成、项目的预期收益和政府扶持措施的力度。项目偿还贷款的资金来源于项目建设后的经营收益和政府扶持转化的效益。项目贷款的安全保障是项目公司的资产及政府的备用承诺。

2. PPP 项目融资模式的特点

第一，吸引更多的民营资本加入项目，提高项目效率和降低项目风险。具体而言，PPP 项目融资模式的优点可以从两方面论述：一是激活了民营资本，扩大了森林碳汇项目资金的来源渠道和范围。利用民营资本的最大好处在于，它可以将更多的私人企业融入森林碳汇项目中去，私人企业参与其中能够保证项目的确认、设计和可行性研究等前期工作的正常进行，为森林碳汇项目的顺利运作提供保障。此外，这种融资方式还极大程度促进民营资金的运转，为民营资本创造利润提供更多的机会。二是降低了项目整体的风险，保障了政府与企业双方利益的最大化。降低风险是由于在森林碳汇项目的运行过程中，将大力引进私人企业的高效管理办法和技术，很好地控制经营风险、融资风险等其他类型的风险，为碳汇项目的平稳运行提供支持。

第二，PPP 模式保证民营资本获得足额回报。上文已述，PPP 项目融

---

① 参见车昕哲：《PPP 模式在城市基础设施建设中的应用研究》，硕士学位论文，重庆大学，2008 年。

资模式的一个最大的优点就是激活了民营资本，所以说民营资本的引入在拓宽民营资本投资范围的同时，政府还会给予民营资本相应的投资回报，这就保证了私营部门的投资目标能够得以实现。除此之外，政府会给予民营资本相应的政策支持，比如税收优惠政策、贷款担保政策以及民营企业沿线土地优先开发权等，这些政策的实施使民营资本有利可图，提高了民营资本投资森林碳汇项目的积极性。

3. PPP 项目融资模式的架构

森林碳汇融资机制的整体构架需要以下组织部门构成：PPP 项目母基金管理公司、母基金公司（有限合伙人）、子基金管理公司、子基金（有限合伙人）及根据项目推进情况设立的若干项目公司（SPV）。假设社会资本方最终和政府达成意向为森林碳汇项目开展植树造林活动进行融资，则母基金管理公司的注册资本要设定一个比例，将其归属于社会资本。母基金的设立目的是作为多个地区项目子基金的社会资本方。投资方为社会资本发起人及具有优质施工资质的企业。其资本金用途是投资子基金。初步资金规模通常较少，但资本金会根据项目推进情况逐步分期到位。子基金管理公司的股东可以是政府平台公司、母基金管理公司或社会资本。由于发起方是社会资本，项目可经由社会资本方及施工企业组成联合体通过竞争性谈判取得。

这种 PPP 项目融资模式架构的优点在于：其一，控制了项目前期的经营风险。经营风险主要指的是建设施工风险，由于天气等自然因素或者技术不过关等人为因素导致的在整个过程中出现工作人员受伤、工程质量不达标等多种风险，如果不加以防范，后果不堪设想。而 PPP 融资模式则帮助项目很好地规避了部分风险，这是因为，它是将施工企业纳入整个封闭的结构内，并实行严格的监管，保证整个项目在安全的环境里运行。其二，降低了项目后期的运营风险。在后期运营的阶段，如何借助现有资金实现利益的最大化或者如何利用现有资金产生更多的资金以进行后期的投资是项目管理者需要考虑的重点问题。PPP 融资模式为项目管理者提供了很好的解决方案，其通过吸收具有丰富经验的运营方投资子基金，产生的收益为后期项目的平稳运行提供资金支持，免除了项目管理者在资金方面的后顾之忧。其三，实现回报利益最大化。对于金融机构来讲，这种依靠投资获取收益的路径需要很长的时间，从低收益到高收益，从运营前期到运营后期，整个过程是循序渐进且逐步推进的，所以，在项目运营后期，不仅项目自身有能力获得较高收益，同时在项目初期给予资金投入的金融机构也会获得很好的回报。因此，可以说，PPP 融资模式产生的效益实际上是双赢的，既有利于金融机构，盘活了资金链条，又有利于项目管理者，在金融机构的支持下实现自身经营效益的最大化，PPP 融资模式是目前政府和金融机构比较认可的融资方式。

4. PPP 项目融资模式方案设计

综上可见，PPP 项目是十分适用于资源环境与生态保护方面的融资机制选择。相关机制设计有助于林业现代化发展与林农、林企的风险防范、增产增收。具体而言，森林碳汇融资机制的 PPP 设计方案如下：

森林碳汇融资机制的 PPP 设计方案总共分为五个步骤：一是申请合规文件。这主要是指森林碳汇项目投资方撰写融资报告，详细具体阐述森林碳汇项目实施所需的资金的数量及用途，并将其交由政府部门审批。政府在接受融资报告后，通过人大协议核准该报告的可行性，再将此融资计划列入财政年度预算中去，从政府角度实现方案的平稳运行。二是融资方案的落实。政府将森林碳汇项目的预算记录在案，随后项目负责人应该积极寻求资金的供给方，以保证项目得到充足的资金支持。在寻找资金供给方的过程中，项目负责人可以考虑资本市场、保险或者信托的形式。以森林碳汇为抵押品，获得商业银行或其他金融机构的资金支持。三是一体化招标。所谓一体化招标，即参考其他同类的 PPP 融资招标方式，制定适合森林碳汇项目自身的招标模式，确保招标有序进行。四是预测森林碳汇需求量。只有对森林碳汇量进行精细的测算，才能确保碳汇项目获得相应的融资。在整个融资过程中，第三方专业评估机构的加入不可或缺，其主要负责对碳汇总量、项目运行进行认定和监督。五是社会资本的退出机制。在森林碳汇需求预测严重背离、政策调整、政府违约及不可抗力等情形下，社会资本投资方可考虑合理退出。为保证其退出顺利，政府需要给予投资人以市场公允价格，进行补偿。①

（三）森林碳汇深入发展阶段 BOT 项目融资模式

1. BOT 项目融资模式内涵

BOT（Build-Operate-Transfer）模式，又称为特许权融资方式，是由土耳其前总理厄扎尔（Ozal Turgut）在 1984 年提出的。是私营机构参与森林碳汇项目时，政府与承包商在互惠互利基础上合作经营森林碳汇项目，共同分配项目的资源、利益和风险的一种运作模式。具有全额投资、民营化、垄断经营和特许期四个基本特征。具体而言，林业部门或者其他国有单位通过公开招标或者竞争性谈判的方式将一个森林碳汇项目的特许权交给具有国际财团资格的承包商，签订特许权协议，并规定一个具体承包期限，在特许期内，明确相关的权利和义务，在此期限内，承包商负责项目设计、融资、建设、运营和维护，在项目运营期间回收成本、赚取利润和偿还债务，待经营期满后，再移交相关林业部门或其他国有单位。

2. BOT 项目融资模式的特点

BOT 项目融资模式的特点可以从如下三方面说明：一是 BOT 融资模式难以衡量企业的举债风险，由于 BOT 融资方式不具有追索权或优先追索权，项目负责人很难对企业的资产负债表有真实、准确的说明，在这种情况下，极易产生部分企业的债务信息不充足等现象，进而迷惑投资者做出错误的投资决策。最具代表性的就是国内企业与国外企业进行资本合作所产生的债务，这部分债务并不计入项目的资产负债表内，所以导致资产负债表的信息缺失。二是融资成本高。融资成本高的主要原因是风险高。由于在特定的时期内，整个项目的所有权和经营权归项目承包商所有，因此，整个项目的风险也将由项目承包商所承担，如果在项目实施过程中出现任何意外，承包商全权负责，所以说，高风险情况下衍生出高成本，在这种情况下，项目融资将遇到很大阻碍。三是外汇数量失衡。BOT 融资

---

① 参见舒凯彤、张伟伟：《完善我国森林碳汇交易的机制设计与措施》，《经济纵横》2017年第 3 期。

项目的收入一般是当地货币，如果承包商来自国外，对宗主国来说，项目建成后将会有大量外汇流出，由此造成宗主国的外汇数量失衡。[①]

（四）森林碳汇深入发展阶段的 TOT 项目融资模式

1. TOT 项目融资模式的内涵

TOT（Transfer-Operate-Transfer），是按移交项目、经营项目和完成后移交项目进行融资过程的模式，它是在 BOT 融资模式基础上的进一步发展。国有企业或政府部门有偿转让给投资者建设完成的森林碳汇项目，约定一定的期限的所有权和经营权，在此期限内投资人运营管理获得投资回报后，在经营期限结束后移交回国有企业或政府部门。在具体细节上，国有企业或政府部门要依照森林碳汇林业项目的实施标准建设该项目，建设完成后的碳汇项目要经过科学计量和评估，通过公开招标或竞争性谈判招募投资者，有偿转让要结合森林碳汇项目的预期收益来确定，

2. TOT 项目融资模式的特点

盘活森林碳汇存量资产，开辟融资新途径。随着森林碳汇业务的加快发展，面对巨大资金需求，通过森林碳汇的深入发展，林业资产、森林碳汇资产出现资产沉淀现象。如何盘活这部分存量资产，以发挥其最大的社会和经济效益，是每个碳汇经营者必须面对的难题。通过 TOT 项目融资，接手森林碳汇项目的投资公司，运用先进的生产经营理念和专业的技术水平，改善碳汇项目的经营管理、提高项目生产效率，利用其企业运营的成功管理经验，充分发挥专业化分工的优势，迅速提升项目资源的使用效率和经济效益。

四、森林碳汇全面实施阶段资产证券化融资模式

（一）森林碳汇资产证券化的可行性

森林碳汇资产证券化是指，在资本市场上将森林碳汇项目作抵押发行证券来筹集资金的过程，也就是将森林碳汇项目资产的可预期收益流打

---

① 参见吴宗宁、王松江：《云南煤炭项目开发的 BOT 融资模式研究》，《财经论坛》2017 年第 27 期。

包，以证券的方式出售筹集资金。资产证券化成为拓宽传统项目筹资方式的创新途径。随着森林碳汇的全面深入实施，那些兼具生态、经济和社会效益的森林碳汇项目为资产证券化融资方式提供了广阔的应用空间。

森林碳汇资产证券化的运行主体，特别信托机构（SPV）、原始权益人、投资者、证券承销商，在共同的市场规则下在国际高级证券市场筹资，由于债券安全性高、流动性高、信用等级高，从而利息率低，为森林碳汇资产有效地降低了融资成本。同时，由于资本市场上众多投资者购买森林碳汇资产证券，有效地降低了筹资风险，分散了信用风险，资产证券化项目隔断了碳汇项目原始受益人的风险和未来现金收入的风险。

（二）森林碳汇全面实施阶段资产证券化融资体系设计

随着林权制度改革的成熟完善和森林碳汇交易的全面实施，规模不等的、额度不同和信用质量有差别的森林碳汇资产被汇集在一起。虽然这些资产缺乏流动性，但未来产生的现金流是可预期的。将它们进行重组，并在市场经过信用担保增级后，就可以转化成流动性强的债券，经过信用评级和出售后可获取流动性资金，以此发行的证券被称为森林碳汇资产债券。发行债券的林业机构通常信用等级较低，难以取得大规模的、风险分散的资金，但这种融资方式通过信用增级和资产结构重组使林业机构进入债券市场，筹集到足额资本。尽管资产池中的每一种森林碳汇资产项目的现金流特征不同，但整体资产池的现金流有规律可循，能够规避风险。

森林碳汇资产证券化业务的运作程序如图 7-9 所示，首先森林碳汇项目的原始受益人确定是否进行资产证券化，测算森林碳汇项目的收入流，经过权衡后确定资产证券化后寻找 SPV（特目的机构，Special Purpose Vehicle）。SPV 通常是信托投资公司、信用担保机构、商业银行和政策性银行，一般具有较高的资信等级，在宽松的金融市场环境下开展此项业务，负责接受项目未来的稳定收入流，将项目的未来风险与原始受益人剥离。同时，SPV 对森林碳汇资产提供信用担保和信用增级，牵头其他金融机构共同发行债券。如果仅凭 SPV 作以信用担保，信用等级不足，可采用再担保的形式，通过政府贴息支持或政策性机构再担保，以增强森林碳汇资产证券的信用等级，方便以较低成本筹集足额资金。筹集到的资金将用于支持森林碳汇全面实施阶段所需要的资金，用于林业项目建设和林权制度改革。

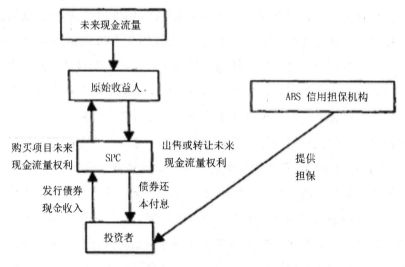

图 6-9　森林碳汇资产证券化业务的运作程序

在我国开展森林碳汇融资还不具备完备的经济基础，需要建设一些辅助配套措施，目前缺乏权威性的信用评级机构，债券市场的发展尚不成熟，还缺乏相应的债券发行法规，从长远角度考虑，可以从以下三方面着手培育项目资产证券化融资。

第一，完善森林碳汇资产证券化融资的市场体系。项目融资涉及商业银行、信托投资机构等各方面，各类金融机构应服从于金融市场建设和金融监管体系，是一项复杂的系统工程建设。政府应积极推动制定交易规则和法规，包括金融机构的市场准入、经营业务、市场退出、交易规则、市场主体及监管主体的职责和权利等，制定完善的、有利于森林碳汇资产证券化建设的规章制度。

第二，培育配套的机构投资者。项目融资需要大量投资者，其中机构投资者占据主体地位，政府应该鼓励更多的金融机构进入证券化市场，在完善法规、加强监管的前提下允许保险基金、金融租赁公司进入证券市场。

第三，开发各种森林碳汇储蓄存单、保险产品和衍生金融产品，帮助森林碳汇参与者规避风险。森林碳汇资产证券化交易风险较大，除了证券化自身存在着信用风险之外，关键还在于林业基础设施落后，林业税费高和林业投资周期长、见效慢、风险难以转化。要吸引民间资本投资森林碳汇证券化交易，不仅要有较高的收益率，还要有风险控制和转移的有效手段。森林碳汇基础产品包括碳汇储蓄存单和保险产品，衍生产品包括远期、期货、期权、互换等金融产品，能够有效降低森林碳汇经营者的风险，有助于林业市场、碳汇交易市场风险的防范和化解，最终促使金融市场和森林碳汇交易市场协同发展。

第七章 森林碳汇机制建设与集体林权 改革协调发展的经营管理机制

　　林业经营管理是指为获得林业经济价值或生态效益而进行的造林营林活动，包括林业组织结构、树种选择、育苗管理、更新造林、森林抚育、林分改造、护林防火、林木病虫害防治、采伐管理等内容。在林业制度安排与林业生产实践综合作用下形成了种类繁多的林业经营管理类型，不同的经营管理活动通过影响造林营林的各项成本和森林碳汇量，进而对集体林权改革与森林碳汇机制建设产生重要影响。林业经营管理是实现林业永续发展的具体措施，也是实现林业资源可持续经营的有效途径，对林业资源的保护、培育和合理利用具有重要意义。研究林业经营管理模式，不仅有助于丰富和完善国内外现有的林业经营的理论与实践，而且通过选择和设定林业经营管理模式以推动集体林权改革与森林碳汇机制建设的协调发展，有利于充分发挥林业的经济、生态和社会效益，对促进我国现代林业经营的发展和实现林业资源的可持续经营具有深远的现实意义。

　　本章将从设定林业经营管理机制的角度探讨森林碳汇交易机制与集体林权制度改革的协调发展问题。本章首先阐述了林业经营管理的定义与分类；其次从组织结构、准备阶段、造林阶段以及防护阶段对我国林业经营管理现状做简要介绍；再次探讨了各项林业经营管理活动与森林碳汇之间的关系，实证考察了普通林经营管理模式与碳汇林经营管理模式对森林碳汇的影响；最后综合设计了促进森林碳汇交易机制与集体林权改革协调发展的林业经营管理模式。

第一节　林业经营管理概述

一、林业经营管理的定义

经营是指经营主体为完成既定的经济活动，通过决策的制定、活动的实施以及其他环节，组合其占有、支配、使用的各种生产资料和生产要素，最终形成新的生产力的过程。管理是指组织者对整个生产经营活动进行决策、计划、组织、控制和协调，以实现期待的目标。管理的主要内容是根据组织成员特点，结合整个活动的实施进程，合理组织生产力，链接供应、生产、销售各个环节，组合人力、物力、财力各种要素，利用最低的成本生产最多的产品，以达到最佳效果。总之，经营管理的目标在于，借助生产资料和生产要素的合理使用，依照管理者的经营决策，有序、协调、稳定地实施项目活动的过程。

林业经营管理是在经营管理的基本概念的基础上进行延伸。林业经营管理是以森林为主体进行的所有管理活动，不仅包括造林活动、营林活动、森林建设，还包括森林调研、林地规划、林地利用、森林砍伐、林产品销售、林区建设以及森林效益评价等内容。实际上，林业经营管理的概念包含管理对象和管理层次两方面的内容。一是从管理对象来看，林业经营管理的管理对象包括林木及相关林业资源，主管日常的林木培育、管护等内容。二是从管理层次来看，林业经营管理是指由林业生产经营者对林地林木资源的经营活动。

本书研究的林业经营管理属于微观层面上的广义的林业经营管理，如果从林业生产经营者的角度分析，林业经营过程中的造林、抚育、管护、采伐、利用等环节均属于林业经营的范畴，具体包括林地管理、森林采伐管理、森林防火、病虫鼠害防治、种苗管理、造林绿化等内容。为了使林业经营管理模式更加清晰明确，本书将林业经营模式按照造林实施过程，分为准备阶段、造林阶段及防护阶段，在后文中将细化分析我国的林业经营管理活动。[1]

二、林业经营管理的分类

按照经营目的区别，林业经营管理活动可划分为两大类：第一类是生产性经营。生产性经营包括的林种有用材林、经济林和薪炭林。生产性经营的经营目的是获得木材、柴炭和各种林产品，比如用材林、薪炭林、竹林、经济林的经营最终能够实现各种林产品的综合生产与销售。第二类是生态性经营。生态性经营包括的林种有防护林和特种用途林，其经营目的是以发挥森林的生态效益为主，以改善人们的生产、生活环境为辅，形成林业、经济、环境协调发展的良好局面。比如防护林、水源涵养林、水土保持林、防风固沙林、风景林、自然保护区的森林经营就充分发挥了林业的生态保护功能，增加了生态效益。

生产性经营又分为掠夺经营与永续经营。掠夺式经营是指完全依靠大自然的作用，天然林更新成次生林，忽略森林的防护活动，对森林进行砍伐利用的经营方式。毫无疑问，这种经营方式不利于森林的可持续发展，长此以往，还不利于周围林地资源的更新培育。与掠夺经营不同，永续经营不是无休止砍伐树木，而是首先确立采伐原则：森林采伐量不超过生长量，在此原则基础上合理利用森林资源，并结合科学的人工培育方法和技术手段，在保护资源的前提下最大程度地发挥森林的三大效益，进而形成持久、有序、健康的经营方式。

生产性经营还可以分为粗放经营和集约经营。与掠夺经营类似，粗放经营是指主要依赖森林的自然更新与生长能力进行的经营活动，忽视人工的培育防护。但与掠夺经营不同的是，粗放经营的采伐强度明显弱于掠夺经营，不会对森林造成实质性的伤害。集约经营是在一定的林地面积上，借助先进的技术措施，通过投入一定的生产资料，最终获得较高的林木产量和较大的生态效益的经营方式。目前，我国的林业产业存在木材供需矛盾较大的问题，要想改变这种状况，林业管理者需要实行永续经营，并逐

---

[1] 参见谢丽：《论湖南林业管理体制改革》，硕士学位论文，湖南师范大学，2013年。

渐向集约经营转化。

按生产关系划分，我国共有国家经营、合作经营和个体经营三种基本森林类型。国家经营的森林主要分布在我国的东北、内蒙古和西南的大型林区，具体来讲，国家经营是由国家设立的林业企业进行森林经营管理活动。合作经营的森林主要分布在长江以南的浙江、安徽等地区。合作经营共分为两种形式，一种是集体统一经营，另一种是由家庭承包经营全民所有和集体所有的山林。个体经营的森林主要是农村居民自有的、种植在房前屋后和自留山上的林木。

第二节 我国林业经营管理现状

随着集体林权制度改革的深入，我国林业经营模式发生了很大变化，具体来讲，集体林权改革后，林区倾向选择"分山到户"的策略，由此导致经营主体转向农户，而林地经营权的转让，直接促进了经营主体的重组，从而促进了林业经营模式的改变，即由单一集体经营逐渐向家庭承包经营、联户经营、股份制合作经营等经营模式转变。下文将重点介绍我国林业现有的经营模式，并做简要分析，进而从更深层次研究我国林业经营模式的创新发展。

一、林业的组织结构模式

我国现有的林业组织结构模式大致可以分为八种，分别是合作委托造林小组、家庭合作林场、林业种植专业合作社、股份合作林场、个体农户造林、农户小组造林、参与式社区经营以及联合式三级管理。下文将从经营主体、执行过程、利益分配、运行机制、管理业务五个方面对八种组织结构模式进行介绍。

（一）经营主体

不同的组织结构模式所包含的经营主体大有不同。比如，合作委托造林小组的经营主体包括村民与林业局营林公司，营林公司受当地村民委托造林。家庭合作林场的经营主体包括村里的几个山林大户，各山林大户协商合作造林。林业种植专业合作社是由当地村民在负责人的带领下联合经营，其中的股权分配方式为村集体林地股份占 30%，村民股份占 70%。与林业种植专业合作社类似，股份合作林场的经营主体也是当地村民，村民自行入股实行林场股份经营，林地股权归村委会所有，扣除 10% 的造林基金后，剩余部分的林地股和村民股分别按照 40% 和 60% 分配。[①]

上述几种组织结构将村民和林业局联合起来，实现了村民与林业局共同经营的良好状态，与之类似的还有参与式社区管理和联合式三级管理。参与式社区管理的经营主体是当地造林局和土地的所有者。联合式三级管理的经营主体与合作委托造林小组类似，均是由当地造林公司和林场合作经营，但造林公司和林场在项目的实施和管理方面较为独立。相比之下，个体农户造林的经营主体仅有农户，即农户个体承包集体土地的经营权并自行投入资金实施项目。农户小组造林则是由具有参与意愿但各自资金不足的多个农户进行组合，这种联合经营模式极大调动了村民的参与热情，同时培养了村民组织的协调能力。目前，我国碳汇项目造林大多采取参与式社区管理和联合式三级管理模式，经营主体合作较为密切。

（二）执行过程

整体来讲，各种林业经营模式的执行过程比较类似，均是依照事前签订的合同要求，组织不同行为主体进行不同的经营活动。具体来讲，合作委托造林小组，是由村民与林业局营林公司签订合同，委托林业局营林公司进行投资造林，其间发生任何劳务关系优先考虑合作农户执行。家庭合作林场，是村里几个山林大户对所承包的山林进行评估，根据评估结果折价入股，根据股份的多少分配决定权的大小。股份合作林场实行招标造林的形式，即在轮伐期内，借助公开竞投标的方式，由具有一定专业技术的造林团队进行组织安排，转让林场的采伐权和销售权，对于收回的土地由林场统一管理。

---

① 参见王小军：《基于农户视角的集体林权制度改革主观评价与森林经营行为研究》，博士学位论文，北京林业大学，2013 年。

同样的，农户造林小组的执行过程也是提供土地的村民小组集体签订土地经营合同，其中，农户小组负责筹集资金和经营林场。参与式社区管理，合作形式为农户或社区与当地造林局签订合同，由农户和社区提供土地，保证土地和林权的归属无异议，由当地造林局提供技术和资金支持，双方合作开展项目，项目结束后，土地和林木归土地所有者所有。联合式三级管理模式主要是通过委托代理的方式，依靠当地经济实力较强、技术力量雄厚的林业公司进行项目的操作实施。所以，各种经营管理模式的执行过程大多借助当地的林业局、林业公司、林场或者造林局保证林业项目的顺利实施。碳汇项目造林由造林局提供技术，村民提供劳动，分工较为清晰明确。

（三）利益分配

由于组织形式的不同，各种经营模式的利益分配存在很大不同，最具代表性的是股份合作林场，其按照股份合作林场章程的规定，由村民共同持股等额分红。而其他的经营模式则采取不同的利益分配方式，比如，合作委托造林小组，在利益分配上以当年人口为准进行 55∶45 的比例分成，其中营林公司获得 55％ 的利益，村民小组获得 45％ 的利益。家庭合作林场，在利益分配上，依据各成员的股权结构进行，每年分配一次，经股东会同意，林场确定收益用途分配比例为，50％ 用于股利，40％ 用于扩大再生产，10％ 作为其他项目开支费用。林业种植专业合作社，在利益分配上，每个年度的收益均按片独立核算，并按户发放股权证，相比较而言，合作社的利益分配方式较为方便快捷、省时省力。

碳汇项目下的林业经营利益分配方式与上述方式均有差别，主要原因在于，碳汇林包括林业产品和碳汇收入两部分的分配，因此，其利益分配更加规范全面。比如，个体农户造林，所产生的所有收益全部归个体农户所有，这种经营模式的好处是不会产生任何的权益纠纷。农户造林小组按照事前签署的合同规定进行林产品和碳汇收入的分成，参与分成的主体包括村民和村民集体小组。股份合作造林是将 40％ 的林产品收益和 60％ 的碳汇收益归农户所有，剩余部分归林业公司所有。参与式社区经营将碳汇收益分配得更为具体明确，碳汇收益的 30％归农户所有，25％归当地造林局，20％归县林业局，剩余 15％作为公用经费用于项目的协调、管理、培训等活动。

（四）运行机制

各种林业经营模式的运行机制存在诸多差异，有的运行机制较为简单，不涉及复杂的操作流程；有的运行机制较为复杂，对管理组织的方方面面均做了详细的规定。具体来讲，合作委托造林小组，在运行机制上，没有设立专门的运行机构，也没有制定专门的规章制度，运行较为简单。家庭合作林场，在运行机制上，家庭合作林场与股份有限公司类似，均设有股东会、理事会和监事会，并且其在林业部门的指导下制定规章制度和林场运作方案。相比于合作委托造林小组，家庭合作林场较为规范。林业种植专业合作社，在运行机制上，合作社的组织结构由成员大会、理事会、监事会构成，其中，成员大会由全体成员组成，是合作社的最高权力机构。理事会由 3 人构成，监事会由 2 到 5 人构成。[①]

其他的组织结构的运行机制也各有不同。比如，农户造林小组，在项目实施过程中，当地林业部门的专家和从业人员负责提供技术培训和资金支持，帮助农户掌握先进的林业生产与培育技术，进而保证项目的进程符合清洁发展机制的要求，降低项目的运营风险。参与式社区经营模式，在具体实施过程中，造林局或林场负责项目的整体运营并承担投资风险和运营风险以及与碳汇有关的各项工作费用，除此之外，造林局还为社区农户提供相应的工作岗位并支付劳动报酬，社区村民则通过整地、种树、育苗等工作获得相应的劳动报酬。联合式三级管理的运行最为清晰，第一级是当地林业局，第二级是项目办公室和专家组，第三级是项目实施主体，这种分级管理能够保证项目的有序进行。

（五）管理业务

经营模式不同则在业务管理的范围上也略有差别。比如，股份合作林

---

① 参见李瑞红：《新型农民合作组织发展与金融支持问题研究》，《中国发展》2013 年第 13 期。

场由于采取"股权入驻"的组织结构，所以在管理业务上涉及股金收取、按股分红、股权登记等事项，除此之外，股份合作林场的管理业务还包括林地的回收与经营、投资预算、造林抚育、病虫害防治、施工检查等等。除了股份合作林场存在股东分红之外，林业种植专业合作社和家庭合作林场的管理业务也包括股利分配、股金收取、股东大会的召开等。不同的是，在不同的管理模式下，各项事务实施的主体不同。股份合作林场的经营管理由林场统一安排，林业种植专业合作社的所有业务由合作社全权负责，家庭合作林场的所有业务则由股东会决定。

与上述三种林业经营管理模式不同，合作委托造林小组、参与式社区经营和联合式三级管理不存在股权问题。合作委托造林小组，在管理业务上，由每个村民小组的组长、副组长及村民代表组成合作委托造林小组，其主要负责监督协议的执行、召集劳动力、管理档案、谈判相关事宜等任务。合作委托造林小组起到了连接村民与造林公司的桥梁的作用。参与式社区经营的业务包括造林的全过程，比如整地、栽植、抚育、补植、管护等。联合式三级管理的业务包括项目申请、组织培训、材料上报、活动记载、质量监督以及全部的造林活动。虽然各种林业经营模式的管理业务存在差别，但仍有很多相似之处，比如，各种模式的业务主体均为造林营林活动等，差别在于，碳汇林的管理业务还包括碳汇项目的申请以及碳汇收益的分配。

二、准备阶段的经营模式

(一) 树种选择

尽管林业经营管理模式较为多样化，但是各种模式在树种选择上仍存在一些共性，可以归结为两点：一是依照"适树原则"优先选择种植当地树种，"适树原则"即根据当地的自然条件、生态环境及树种种植的偏好来确定森林种植的主要树种，这样做的好处在于，一方面能够保证树木的顺利且快速生长，避免种植风险的出现，另一方面能够降低树种的运输成本，节约资金。二是依照"多样性原则"，多样化种植多种林木，"多样性原则"的好处在于，充分利用多种植物的光合作用，使树木尽可能吸收二氧化碳，从而增强森林的固碳能力，提升森林资源的综合效益。所以，树种选择不仅需要考虑树种的环境适应性，还要考虑树种的多样性。

遵循"适树原则"进行森林种植的最典型的例子比如福建省邵武市洪墩镇尚读村，尚读村以专业合作社为林业主要经营模式，种植的树种包括杉木、毛竹和马尾松，其中杉木的比例最大。① 杉木是南方省区的主要速生用材树种，具有生长快、易成活等特点。此外，广西珠江的三级管理模式下，其确定的树种除桉树外，其他树种均为当地原有树种。类似的还包括四川地区林业经营，该地区也是根据当地的立地条件和"适树原则"，确定的树种包括冷杉、云杉、华山松、高山杨、柳杉和桤木等等，以及云南西双版纳的竹林种植，选择当地生长状况较好的龙竹作为种植的唯一竹种。

此外，我国部分地区开始小规模尝试多样化选择树种。比如在广西珠江的林业三级管理模式下，确定的树种包括马尾松、枫香、杉木、木荷、桉树和大叶栎。在充分考虑"适树原则"的基础上，这些树种的生长速度较快且生长培育较为简单。四川省林业种植确定的树种包括侧柏、光皮桦、四川杨、红桦、厚朴、落叶松、麻栎、马尾松、岷江柏、杉木、油松、云杉等。在云南腾冲的林业社区管理模式下，确定的树种包括光皮桦、桤木、秃杉、云南松等。碳汇项目下的造林活动遵循"适树原则"优先选择当地树种，且实现了树种的多样化种植。

（二）树种安排

树种安排主要分为两种模式，一是纯林模式，二是混交林模式。纯林是指一个树种的蓄积量占总蓄积量的65%以上的乔木林。混交林是指由两种或两种以上树种组成的、其中任何一个树种蓄积量占总蓄积量不到65%的乔木林。混交方式有株间混交、行间混交、带状混交、块状混交以及植生组混交等。在我国林业经营管理模式下，纯林与混交林均占有一定的比重。纯林经营与混交林经营各有优缺点，但是，如果基于降低火灾风

---

① 参见朱大业：《实行林业分类经营办好商品材基地》，《农业现代化研究》1988年第6期。

险、病虫害风险等多种经营风险，并提高环境和社会经济效益的考虑，混交林是树种安排的最佳方式。

目前，我国部分地区实行纯林模式，比如福建省加尚村的家庭合作林场，确定的树种包括杉木、马尾松和毛竹，三种树种分块、分类经营。还有一些地区实行块状混交模式，具有代表性的如广西珠江的林业三级管理，这种管理模式在树种安排方面，选择块状混交模式，共包括马尾松和枫香混交林、杉木和枫香混交林、桉树纯林、马尾松和大叶栎混交林、马尾松和木荷混交林五种模式。云南腾冲的林业经营同样采用块状混交模式，具体来讲，包括光皮桦和桤木混交林、秃杉和光皮桦混交林、秃杉和桤木和光皮桦混交林、桤木、桤木和云南松混交林等。碳汇项目下的造林活动大多采取混交林的树种安排模式。

（三）树种来源

我国森林种植的树种来源渠道较为多样，比如，以福建省为例，福建省内拥有多个审定的种子园用来供应良种种子，此外还包括母树林采集的种子，当然，还有长期生长于当地，有一定的自然分布，对于稳定当地自然生态系统以及体现当地特色生态文化能够发挥积极作用的树种，也就是我们常说的乡土树种。树种来源的多样性保证了林业种植的顺利进行。

在上述的几种树种供应渠道中，最为广泛的就是就地育苗，比如，四川省的社区管理模式下培育的所有苗木均为就地育苗，育苗所需种子采自与当地的立地条件相似的母树或者当地采种基地。在质量保证方面，所有种子均要通过认证、质量检验并拥有合格标签。此外，所有种子均要有质量证书以说明其种子来源和质量等级。种苗的质量认证依据国家标准（GB6000-1999）进行，所有使用种苗至少达到该质量标准Ⅰ级和标准Ⅱ级。云南省林业种植所用的苗木同样是就地育苗，种苗质量标准按云南省地方标准《主要造林树种苗木》执行，所有使用种苗要求达到Ⅰ级和Ⅱ级苗木标准，保证林木的健康成长。

除了就地育苗外，部分地区的林业经营者还会向邻近地区购买种苗。比如，云南省林业经营涉及的所有种苗首选当地培育，但是，腾冲县的林业种植在就地育苗的基础上，还会选择向临近地区购买种苗。具体来说，腾冲县的林场经营者会选择向临近的曲石乡、中和乡和一些私营种苗公司购买本地没有的种子。在腾冲县曲石乡、界头乡、猴桥镇、北海乡及和顺镇的苗圃或者现有的母树林中采集秃杉的种子，在林家铺或者高黎贡山自然保护区中采集桤木和光皮桦的种子，树种来源正规可靠。碳汇项目下的造林活动大多为就地选种、就地育苗，且种苗质量严格按照国家规定的标准选取。

（四）育苗方式

我国的林业育苗方式大体分为两种，一是营养袋育苗方式，二是重复分株繁殖育苗方式。具有代表性的如四川省的林业社区管理模式，该模式下种植的侧柏、岷江柏、油松、马尾松和落叶松将采用营养袋育苗。这种育苗方式是将含有 20％有机土的土壤装进塑料袋内进行育苗。部分岷江柏将采用大苗移植，麻栎将采用点播方式，即用麻栎种子直接播种造林，四川杨采用扦插苗。云南腾冲的林业经营模式还将采集的桤木和光皮桦种子同样采用营养袋育苗方法，该技术保证了种植初期的生长条件，有助于提高树种初期的生长质量并可以有效提高造林的成活率。而云南西双版纳竹林经营则采用埋竿重复分株繁殖育苗方法，育苗所需竹竿采自当地相似立地条件的竹林。

三、造林阶段的经营模式

（一）整地方式

整体来讲，林业整地方式较为多样化，包括穴状整地、带状整地、鱼鳞坑整地和高垅整地等，出于防止水土流失的目的，无论是哪种整地方式，均要求禁止炼山和全垦整地，并保留大部分原生植被。基于各地区的自然环境不同，整地方式也各有不同。比如虽然四川省和云南省的林业管理均采取参与式社区管理的模式，但是四川省偏向穴状整地，而云南省偏向带状整地，两省均针对不同的森林结构设计不同的整地规格。具体如下表所示。

表 7 - 1 不同林业经营模式下具体的整地方式

经营模式	整地方式	树种	规格
四川省林业社区管理模式	穴状整地	厚朴、落叶松、马尾松、侧柏、杉木	直径 40 厘米、深度 30 厘米
		红桦、光皮桦、岷江柏	直径 60 厘米、深度 5 厘米
		麻栎	直径 30 厘米、深度 20 厘米
		四川杨	直径 2—3 厘米的洞穴
云南省林业社区管理模式	带状整地	秃杉、云南松	40 厘米×40 厘米×40 厘米
		桤木、光皮桦	30 厘米×30 厘米×30 厘米
		龙竹	40 厘米×40 厘米×40 厘米

（二）生产技术

我国林业生产技术严格按照国家要求的标准执行，具体的生产技术标准包括：国家造林技术规程（GB/T15776）、国家生态公益林建设标准（GB/T18337.1，GB/T18337.2，GB/T18337.3）、造林作业设计规程（LY/T1607-2003）、水土保持综合治理技术规范（GB/T16453.1-16453.6）、森林抚育规程（GB/T15781）、林木种子质量分级（GB7908）、主要造林树种苗木质量分级（GB6000）、育苗技术标准（LY1000-1991）、育苗技术规程（GB/T6001）等。同样，碳汇项目下的造林活动也按照国家的标准执行。由此可以看出，林业的生产技术要求较为严格，这对于碳汇量的增加以及碳汇项目的实施具有一定的促进作用。

（三）造林面积

林业造林面积依照区域不同设定。部分地区的林地经营面积较小。以福建省为例，福建省拥有多个集体林种植单位。由于集体林权改革实施后，林地均分后人均经营面积较小，分散经营较为复杂困难，因此，福建省邵武市拿口镇加尚村实行森林联合经营模式，这种联合经营模式分为两类，一是合作委托造林小组，二是家庭合作林场。加尚村合作委托造林小组的造林面积为 49.8 公顷，加尚村家庭合作林场的造林面积为 136 公顷。除此以外，邵武市洪墩镇尚读村选用林业种植专业合作社的形式，其经营林地面积为 246.87 公顷，后期不断发展增加至 306.67 公顷。

　　同样，我国其他地区的林业种植面积各有不同。由于部分林场采取块状混交的造林模式，因此，不同林业种植项目所包含的树种的不同决定了其造林面积的不同。比如，在广西珠江的林业三级管理模式下，共营造4000公顷多功能防护林，具体来讲，大叶栎马尾松混交林的造林面积为900公顷，木荷马尾松混交林的造林面积为600公顷，马尾松枫香混交林的造林面积为1050公顷，杉木枫香混交林的造林面积是450公顷，桉树的造林面积是1000公顷。四川省开展的川西南林业种植项目同样属于大规模造林，树木栽种工作于2012年启动，目前已营造总面积4196.8公顷的防护林。广东省分两期启动香港马会东江源碳汇造林项目，共营造乡土阔叶树种人工混交林4000公顷。

　　相比之下，四川省西北部活动的造林面积略低于上述造林项目，该项目的造林面积为2251.8公顷，其中，光皮桦的种植面积最多为330.5公顷，红桦的种植面积最少为62.4公顷。云南腾冲的林业种植面积更少，在2007年的造林面积为467.7公顷，秃杉光皮桦混交林的面积最多是282.6公顷，桤木林和光皮桦桤木混交林的面积不足10公顷，桤木林的面积是4.8公顷，光皮桦桤木混交林的面积是7.2公顷。该林业种植面积较少的原因在于，该项目开始时的定位就是"小规模"，此外，在林业种植的过程中，出现了诸如缺少种源、缺少林地管理技术、缺少社区的组织管理、缺少投资来源等问题，这些均导致云南省碳汇造林项目规模较小。

（四）造林密度

　　林业种植在造林密度的比较方面，不能一概而论，因为造林密度的确定需要综合考虑多种因素，比如造林面积、树种选择、树木生长等等。以福建省为例，根据造林技术规程，该区域的适宜造林密度是3000株/公顷。再看四川省的林业种植情况，四川省根据树种不同确定不同的造林密度。厚朴、四川杨、光皮桦以及红桦的造林密度为1667株/公顷，麻栎的造林密度为4444株/公顷，杉木、侧柏、岷江柏、油松、马尾松、落叶松以及云杉的造林密度为2500株/公顷。在川西南造林活动中，针叶树种的造林密度为2500株/公顷，冷杉、云杉、柳杉、华山松、阔叶树种的造林密度为 1667 株/公顷。

而云南省的林业经营活动根据林木不同成长阶段的特点，确定不同的造林密度。云南西双版纳竹林种植设计的初植密度为 16—18 丛/公顷，丛行距为 5 米×8 米，成林后每公顷留养健壮立竹 240—270 丛，丛行距 5 米×8 米。在种植洞穴的下坡位将修建堙壕，以起到为幼竹保水保土的作用。大尖山、尔东山、欧毕各角、冬瓜林和曼梭腊 5 个地块部分土地上套种桉树，其中大尖山桉树套种面积 207.51 公顷、尔东山 104.31 公顷、欧毕各角 72.37 公顷、冬瓜林 20 公顷、曼梭腊 44.77 公顷。套种方式为龙竹丛行距保持不变，两排桉树一排龙竹，桉树株行距为 3 米×2.6 米。云南腾冲林业种植项目，再造林活动从 2007 年开始，植造密度 2 米×3 米。①

四、防护阶段的经营模式

（一）森林抚育

森林抚育是指在林木成长的过程中，为改善林木品质并提高林产品的生产率而采取的各项措施，具体包括除草、松土、施肥等。不同地区不同树种的森林抚育情况大有不同，下面举例介绍我国森林抚育的具体方法和内容。四川省林业种植活动在栽植后 6 个月内检查造林成活率，对于成活率不足 85% 的种苗，及时用合格苗补植。造林后及时进行人工抚育，冷杉和云杉连续抚育 5 年，第一年抚育 1 次，第二、三年各抚育 2 次，第四、五年各抚育 1 次；其余树种连续抚育 3 年，第一年抚育 1 次，第二、三年各抚育 2 次。

类似的，四川省林业经营活动为期两年，造林初期，为保证较高的成活率和较好的生长状况，每年将进行 2 次除草和松土，雨季不进行除草和松土。云南腾冲小规模再造林项目，其森林抚育工作规划得更为详细。头 3—5 年每年定期除草两次（4—5 月和 9—10 月），造林后的一个月将进行成活率调查，并根据需要进行补植补造。为保证所造林木的生长，将使用

---

① 参见吕植：《中国森林碳汇实践与低碳发展》，北京大学出版社 2014 年版。

复合肥（含氮量 10%）。其中，种植第一年每棵树配合施肥 50 克，其后第二年 50 克，第三年 100 克，第四年 100 克。云南省竹林的造林活动为期两年，从 2010 年春天开始。造林活动尽量选择阴雨天进行，采用人工植苗的方式。

（二）间伐时间

森林间伐时间根据树种不同而确定，大体 12 年到 40 年不等。比如，四川省的林业种植根据自然稀疏率、不同碳层和树种生长状况，在 15—40 年的树林间开展间伐。川西南林业种植活动，根据不同树种，在 12—40 年的树林间进行间伐，具体来讲，冷杉和云杉在 40 年进行间伐，华山松在 20 年进行间伐，高山杨和桤木在 12 年进行间伐，柳杉在 15 年进行间伐。云南腾冲林业种植中的桤木、光皮桦和秃杉将进行两次间伐，其中第一次在造林后的第 17 年进行，第二次在造林后的第 24 年进行，云南松不进行间伐，第 30 年时可以进行商业采伐。云南西双版纳竹林造林活动中，龙竹种植后第 4 年含水率、纤维状况等指标达到用材标准开始砍伐，砍伐季节全年均可，桉树在种植后第五年全部砍伐。

（三）间伐强度

森林间伐强度依据树种和地点而确定。以四川省林业种植为例，间伐强度为木材蓄积量和树木密度的 20%—30%（包括自然稀疏率），具体间伐标准由具体树种和生长状况而定，比如北川县的光皮桦、红桦和厚朴的间伐强度均为蓄积量的 30%，理县的红桦、侧柏、岷江柏和油松的间伐强度均为蓄积量的 20%。川西南林业种植活动中，间伐强度为林分株数的 20%，不同树种和地块的间伐计划不同。云南腾冲的林业种植中，间伐强度按照蓄积量的 30% 进行。光皮桦和桤木间伐后，由于天然更新的原因，将不进行补植补造，其余树种将根据间伐强度和实际的需要进行一定量的补植。

（四）主伐时间

森林主伐具有严格的采伐计划，总共分为五个步骤：首先，测算年森林合理采伐量；其次，分配年森林合理采伐量；再次，设计采伐区规划内容；接下来，制定采伐区配置的原则；最后，初定采伐区顺序。单就主伐时间来讲，以四川省为例，项目将不会对新造林项目进行主伐，其他林地会在 10—80 年后进行主伐，所有项目森林被主伐后，都将通过人工造林的方式进行更新。无论是主伐、间伐和补种均采用人工方式，不使用机械。川西南林业种植在主伐过后，冷杉林和云杉林的采伐迹地采用天然更新，其他树种将对所有主伐区域进行人工更新。具体来讲，冷杉和云杉在101 年进行主伐，华山松在 51 年进行主伐，高山杨、柳杉和桤木在 31 年进行主伐。

（五）主伐强度

以福建省为例，福建省森林的主伐强度最大不得超过伐前林木蓄积量的 70％，具体来讲，对于未来将培育成大径材的杉木，最终保留株树为40—60 株/公顷，未来将培育成中径材的杉木，最终保留株树是 55—60株/公顷，对于未来将培育成大径材的马尾松，最终保留株树为 30—50 株/公顷，未来将培育成中径材的马尾松，最终保留株树为 40—70 株/公顷。对比四川省的林业种植活动，该活动种植的冷杉、云杉、华山松、高山杨、柳杉和桤木的主伐强度均为蓄积量的 25％。所以，各种树种的主伐强度均有差别，在实际操作中，应该结合树种安排模式以及森林结构，合理设计主伐强度与保留树种类别。

（六）森林防火

我国的林业经营管理模式建立了完善的防火体系。首先，建立健全森林防火预测预报系统，及时预测防范火灾发生的可能性；其次，积极建造生物防火林带，阻隔火灾的蔓延；最后，加强野外火源管理，规范祭祖火、地边火、烟头火、生产火等各种火源。具体来说，就四川省实行的社区管理模式来讲，虽然火灾发生的频率很小，但是项目地块大多数与社区农地接壤，成林后的火灾威胁将加大，稍有不慎将会酿成严重的后果。为了避免火灾的发生，管理者通过对当地农户与社区的技术和意识培训、加强管护和监测、建立防火隔离带及营造混交林来降低火灾带来的风险。

（七）病虫害防治

在造林活动运行阶段，企业会雇佣部分土地所有者进行项目造林成效的管护，其中包括病虫害防治工作。以四川省林业经营为例，考虑农药、除草剂施用不当会污染包括土壤、水和空气在内的自然环境，并可能伤害周边的野生动物栖息地，因此，该项目采用人工整地和除草措施，不使用除草剂来消灭病虫害。此外，该项目还将采取环境友好型措施，包括混交种植、种子和苗木检疫以及实施病虫害综合防治技术，采用生物措施控制病虫害，限制农药的使用。云南省的林业种植项目则选择通过对社区百姓的教育和技术培训、加强巡护管护等方法降低病虫害风险。以上措施对于病虫害的防治均起到积极作用。

第三节　林业经营管理模式与森林碳汇的关系

一、林业经营组织结构与森林碳汇

林业经营的最终目的是最大程度地发挥森林的碳吸收功能，减轻环境压力，增强森林碳汇效益。所以，组织结构的设计应以发挥碳吸收功能为主。结合我国目前存在的林业经营组织结构模式，我们可以发现，其中存在诸多问题，具体来讲，包括以下几点：

其一，经营主体较为分散。虽然部分组织模式的经营主体包括村民、营林公司、林业局等多个主体，但是各主体之间并未形成较好的合作关系，分工不明极易导致造林项目运行混乱。以合作委托造林小组为例，尽管林业局和村民有大致的分工，比如，林业局负责进行日常的营林活动，村民负责部分劳务活动，但是，在管理规则的制定、管理条例的实施、管理业务的规范等方面均未有明确的说明，村民和林业局如何进行合作、如何分配工作、如何沟通协调均未有详细的指导，分散的经营主体容易导致造林活动效率低下，不利于林业的经营管理，进而不利于森林的碳吸收。

其二，利益分配不能起到激励作用。造林活动能否顺利进行、需要多长时间可以完成取决于经营主体的经营效率，而经营效率的高低又取决于激励机制的有效性，所以，建立适当的激励机制有利于调动村民的积极性，保证造林项目在最短时间内完成。而利益分配是刺激经营主体运行效率的最佳途径。然而，当前我国的林业经营模式并未建立完善的激励机制，或者说，并未做到借助林业利益分配调动经营主体的工作热情。在这方面做得比较好的如股份合作林场，将村民的利益与股份挂钩，在一定程度上起到激励作用。所以，利益分配制度的完善有助于提高森林运行效率，充分发挥森林的碳吸收功能。

其三，运行机制不完善。合理且完善的运行机制能够有效促进林业管理活动的高效运行。但是，目前我国的林业经营的运行机制水平参差不齐，比如，合作委托造林小组的运行较为简单，没有制定详细的规则，也没有专门的运行机构。如此不完善的运行机制将导致造林项目在实施过程中会出现诸多问题，如果不能妥善解决这些问题，将会严重降低运行效率，不利于项目的实施，更不利于森林发挥碳吸收的功能。相比之下，同为合作造林形式的家庭合作林场则不同，其管理结构包括股东会、理事会和监事会，运行起来更加高效有序。

在林业组织结构上出现的经营主体分散、利益分配无法起到激励作用和运行机制不完善等问题，最终影响的是森林碳吸收。原因在于，组织结构出现的问题从根本上影响整个造林活动，沿着自上而下的路线逐步传导，即组织结构混乱——经营主体分工不清——运行机制不畅——造林活动拖延——森林生长缓慢——碳吸收能力减弱。所以，组织结构间接影响着森林的碳吸收能力，进而影响森林碳汇量。因此，从组织结构上对森林经营模式进行修改，是增强森林碳吸收能力的有效办法。

与普通的林业经营管理相比，碳汇项目下的林业经营组织结构对于上述问题的解决起到了一定的促进作用。碳汇林之所以能够促进碳吸收，是因为碳汇林的建造目的在于通过森林碳汇项目的实施，增加森林碳汇量，最大程度地发挥森林的经济效益和生态效益，并由此促进我国碳汇交易的发展。所以，在森林碳汇项目的背景下开展造林活动，要求碳汇林的经营模式在促进林业发展的同时，还要促进森林碳汇的发展，或者说，为了促进森林碳汇项目的发展，碳汇林的经营模式在传统的集体林的经营模式的基础上，实现了延续与创新，二者之间是相互协调且相互促进的关系。具有创新性的碳汇林的经营管理模式，最具代表性的是联合式三级管理模式和参与式社区管理。

联合式三级管理模式是在当地的造林公司和林场联合经营的基础上，推行的"三级管理"经营模式，将整个经营主体分为林业局项目办公室、县项目办公室和专家组、项目实施主体三个层次，分别执行不同的任务。其中，第一级负责申请碳汇项目、与相关部门取得联系、组织各种培训项目等内容；第二级负责组织技术培训、编写所需的各种材料、监测项目的实施等内容；第三级负责开展造林、经营、抚育等内容。分级管理的好处在于，一是职责明确，保障了项目的有序进行；二是治理结构完善，保障了项目的全面实施；三是长效有序，保障了项目实施的效率，进而推动碳汇项目的健康发展。

参与式社区经营模式以社区作为项目的核心，这直接增强了社区的凝聚力，通过参与式方法让林业技术人员走进社区，贴近群众，充分听取社区村民的意见，运用参与式工具让社区村民广泛参与项目的规划和决策，从而增强了村民的自信心和参与意识，并帮助社区居民掌握了项目活动的种苗选取、整地、栽植、抚育和森林病虫害综合治理等多项生产经营技能。此外，参与式社区经营管理模式还可以拓宽村民的就业途径，为当地和周边农户创造短期就业机会，社区村民通过参与项目实施中的造林和后续管护，既可以获得劳务收入，又可以获得碳汇和木材收益，进而增加社区村民的经济收入。

所以，联合式三级管理模式和参与式社区经营模式均实现了林业管理模式的创新，而诸如个体农户造林、农户小组造林和股份合作造林，也在管理模式的制定上考虑到碳汇因素，在一定程度上加速了碳汇项目的进程，增强了森林的碳吸收能力。相比之下，合作委托造林小组、家庭合作林场、林业种植专业合作社以及股份合作林场等经营模式，仅在林业经营上下功夫，并未切实有效地促进碳汇项目的发展。综上，从促进我国森林碳汇交易的长效发展的角度来看，深入研究我国现有的森林碳汇项目下的林业经营组织结构，对于今后我国碳市场的建立、碳汇交易机制的完善以及森林碳汇的发展具有指导意义。

二、准备阶段管理模式与森林碳汇

准备阶段的造林活动包括树种选择、树种安排、树种来源以及育苗方式四方面，当前，我国造林活动准备阶段的经营模式存在诸如树种选择单一、树种安排简单等问题，这种经营模式不利于森林的长久经营，且对碳吸收也会起到阻碍的作用。因此，多样化树种选择、混交林种植模式和选取优质种苗将会增强森林的碳吸收能力，由此增加森林碳汇量。

第一，多样化树种有利于增强森林碳吸收能力。目前，我国大多数林业经营管理模式在树种选择上偏向于生长速度快、易种植的当地树种，而对于增强森林碳吸收能力来说，多样化树种种植是未来林业经营管理的一个方向。以福建省为例，福建省地处我国东南沿海，植被类型以常绿阔叶林、马尾松次生林、杉木林、毛竹林为主，其中，杉木林和毛竹林经营的面积最广、生长状态最好、林木收益最高。[①] 福建省的营林模式是以杉木、毛竹为主，以其他树种为辅，最终形成了多种树种并存的状态。这种多样化的林木经营在很大程度上增强了森林的风险防范能力，也促进了森林的可持续发展。

此外，根据部分学者对于亚热带人工林的研究显示，亚热带人工林通过可持续森林管理办法，明显增加了生态系统的碳含量，其中，可持续森林管理办法要求，在树种选择上倾向于多元化。原因在于，适度的高密度、混合针叶树和阔叶树将有助于防止地力衰退，并且还有利于充分利用多种植物的光合作用，使树木尽可能吸收二氧化碳，从而增强林木的固碳能力，提升林木资源的综合效益。所以，树种选择不仅需要考虑树种的环境适应性，还要考虑树种的多样性。树种选择的多样性决定了森林种植的科学性，进而决定了森林碳吸收能力的高效性。

---

① 参见周俊：《南方集体林区森林可持续经营管理机制研究》，硕士学位论文，北京林业大学 2010 年。

第二，混交林模式有利于增强森林碳吸收能力。目前，我国林业树种安排方式包括纯林和混交林两种形式。同样以对亚热带人工林的研究为例，随机模拟 120 年间，200 个传统短期周转的纯林和 200 个可持续管理的楠木杉木混合人工林。研究结果表明，混合的可持续管理的种植园平均生态系统碳储量比传统的纯针叶林高出 67.5%。如果在接下来的 10 年里一切纯林都逐渐转化为混交林，在我国中东部，碳储量可能在 2050 年时上升 260.22 吨二氧化碳当量。温带和寒带林存在类似的差异，如果可持续林业的做法应用在我国所有新的森林植被类型上，储存的碳可以在 2050 年增加 1482.80 吨二氧化碳当量。这样的增长将相当于每年 40.08 吨二氧化碳当量的固碳速率，抵消 2010 年中国排放量的 1.9%。

因此，鉴于混交林的树种安排模式有助于增强森林的碳吸收能力，碳汇项目下的混交林模式值得在全国范围内推广。比如，广西珠江林业种植在树种安排方面，选择块状混交模式，共包括马尾松和枫香混交林、杉木和枫香混交林、桉树纯林、马尾松和大叶栎混交林、马尾松和木荷混交林五种模式，在既定面积的林地上，既有桉树纯林，又有四种混交林，这在丰富森林树种、保护生物多样性的同时，还增强了森林的固碳能力。此外，混交林模式还有助于降低火灾发生的概率，预防各种病虫害风险的发生，增强了森林的抗病毒能力，确保了各种林木的健康生长。

第三，优质种苗有利于增强森林碳吸收能力。选择优质种苗的优势在于，优先种植优质树种并培育种苗有助于促进林木的快速生长，林木生长速度的加快又促进了林木碳吸收能力的加强，由此增加森林固碳量。就目前我国进行的部分碳汇项目而言，所选用的种子均产自优质母树，并通过质量检验且附有质量证书，所有的质量认证均依据国家标准执行。严格的质量标准要求体现了碳汇项目下的林业经营的规范性，从增强森林固碳能力、增加森林固碳量的角度来看，优质种苗的选取也是保证森林碳吸收能力的最佳办法。

三、造林阶段管理模式与森林碳汇

从前文对于造林阶段的介绍中可以得出如下结论：首先，我国林业整地方式包括穴状整地、带状整地、鱼鳞坑整地和高垅整地，出于防止水土流失的目的，无论是哪种整地方式，均要求禁止炼山和全垦整地，这对于保护现有碳库具有积极意义；其次，林业生产完全按照国家技术标准执行，且对于林业建设标准、造林设计规划、森林抚育规程、树种质量分级、育苗技术标准等均制定了具体且详细的分类，保证了造林活动严格依照标准进行；再次，造林密度无明确的规定，各林区根据造林面积、树种选择、树木生长等因素综合确定造林密度；最后，造林面积大小不同，整体来看，碳汇项目下的林业生产经营面积较大，无碳汇功能的林业生产经营面积略小。

那么，为什么无碳汇功能的林业经营面积会小于碳汇项目下的林业经营面积呢？究其原因在于，普通的集体林多存在于南方各村镇之中，虽然各村镇大多实行联合经营模式或者专业合作社联合模式，但由于这些村镇自身的面积较小，其包含的林地面积自然较小，即使联合经营，最终实现的造林面积依然远远小于碳汇林的造林面积。相比之下，碳汇林是出于提高森林固碳能力、加强生态文明建设的目的而建造，造林面积越大，越能实现碳汇量的大规模储存。因此，碳汇造林面积较大，造林时间较短，造林种类较多，这些均有利于充分发挥森林的碳吸收能力，进而增加森林固碳量。

因此，我们可以认为，造林面积的大小影响着森林的碳吸收能力，造林面积越大，森林的固碳量越高。那是不是造林面积越大越好呢？答案是否定的，因为我们在考虑增强森林碳吸收能力的同时，还要考虑造林密度。如果造林密度过大，各种林木的距离过近，则不利于林木的生长，更不利于林木对于二氧化碳的吸收；如果造林密度过小，尽管林木的距离变远了，但是在既定的造林面积内，林木的数量减少了，这同样不利于林木吸收二氧化碳。所以，森林碳吸收能力的大小与造林密度之间并不是正相关或者负相关的关系，而是近似于"倒 U 型"曲线。只有确定适合林木生长的最佳造林密度，才能最大程度发挥森林的碳吸收能力。

综上，碳吸收能力的强弱不仅取决于林木生长状况的好坏，还取决于森林经营面积的大小和造林密度的疏密。碳汇项目下的林业经营则考虑到了碳吸收问题，在实际造林过程中，结合项目所处地区的自然环境与项目自身的经济实力，在选择多种树种并采取混交模式的基础上，扩大造林面积，合理安排造林密度，保证林木生长处在最佳环境，由此促进森林的碳吸收。

四、防护阶段管理模式与森林碳汇

防护阶段的管理内容包括森林抚育、主伐间伐、森林防火以及病虫害防治等，各部分管理模式的确定间接影响着森林碳吸收能力的强弱。在森林防护与碳吸收的关系的研究中，最具有代表性的就是 Todd Hale，Viktoria Kahui 和 Daniel Farhat 在 2015 年提出的"增加森林生物量为固碳提供了低成本手段"的观点，这一结论目前已成为新西兰排放交易计划的重点。[①] 这一观点主要说明的是，生产力更高的地区有更强的碳汇能力，在生产力低的地区固碳可以达到以较低成本获得较高的木材收益的效果。通过林业管理的微妙变化，新西兰可以以较低的机会成本实现碳摄入的适度增长。所以，在经营管理层面，我们可以通过在一些生产力高的林地地区大量生产木材，并且在生产力低的地区进行更多的低碳农业，进而实现以最低的社会成本获得碳汇的初步增长的目标。

所以，上述观点表明，在没有规定社会福利功能的情况下，如果在高生产力的森林中改变抚育计划，或在低生产力的林地中增加低碳农业产业，最终可以做到利用最低的成本实现碳汇的初步增加。也就是说，森林抚育计划的优化或者低碳农业的加入，均会在不同程度上促进森林的碳吸收能力的提高。因此，在下文的森林碳汇交易机制建设与集体林权制度改革协调发展的林业管理模式设计上，我们可以选择优化森林的抚育方式，改变现有的除草、松土和施肥的方式，间接提高森林的碳吸收能力。

---

① Todd Hale, Viktoria Kahui, Daniel Farhat, "A Modified Production Possibility Frontier for Efficient Forestry Management under the New Zealand Emissions Trading", *Australian Journal of Agricultural & Resource Economics*, Vol. 59, No. 1 (2014), pp. 116—132.

除了森林的抚育方式会对碳吸收产生影响外，森林间伐时间和主伐时间的确定也会影响森林的碳吸收能力。以杉木林为例，在现有的普通林的管理模式下，杉木林每6年进行一次间伐，主伐前有3次间伐，这就导致杉木林在主伐前的种植规模不断减小，尽管间伐次数增多会加快林木的生长速度，但是林木的生长速度远远不及林木砍伐速度，因此，杉木林的规模还是在减小。与林地经营面积影响碳吸收的原理类似，间伐次数过多将会导致林木数量减少，进而降低森林的固碳量，不利益森林的生态效益的发挥。

综上可以看出，从林业经营的组织结构，到准备阶段的经营模式，再到造林阶段的营林模式，最后到防护阶段的经营模式，均与碳吸收有密不可分的关系。此外，我们还可以看出，与普通的集体林相比，碳汇项目下的碳汇林在增强森林碳吸收、增加森林固碳量方面确实具有一定的优势。所以，下文在林业经营模式的设计上，参考我国碳汇林的经营模式，从林业的组织结构、准备阶段、造林阶段和防护阶段入手，优化现有的经营管理模式，探究新型经营管理方法，最终实现森林碳汇与林业经营协调发展的局面。

第四节 林业经营管理模式影响森林碳汇的实证分析

一、森林碳汇量的测算方法

森林碳汇是指通过造林活动的实施，利用森林的光合作用，吸收二氧化碳并将其固定在植物或土壤中，进而降低二氧化碳浓度。森林碳汇量是指在一定时间内，森林固定的二氧化碳的总量。森林碳汇量的计算方法如下：

森林碳汇量＝森林碳吸收量－森林碳泄漏量

其中，碳泄漏是指发生于项目边界之外的，由项目引起并且可测量的温室气体源排放增加量。[①] 在林业经营管理过程中，产生碳排放的来源主要有以下几个：一是活动转移泄漏，即由于造林再造林项目的实施，导致部分村民的生产经营活动转移到项目边界外，进而导致边界外二氧化碳排放量的增加；二是市场泄漏，即由于林业经营管理导致与其相关产品的供求发生改变，进而导致价格发生变化，由此引起项目边界外的碳排放；三是排放转移泄漏，是指由于林业经营管理活动的发生，导致周边地区其他相关活动的碳排放增加；四是生态泄漏，是指林业经营管理活动改变了区域的生态环境，从而增加或减少了周围地区的碳排放。

所以，在计算森林碳汇量时，应重点计算森林的碳泄漏量及森林的碳吸收量。下文分步骤计算杉木林的碳泄漏量和碳吸收量。

二、碳泄漏的测算

我国林业经营模式较为多样化，本书以四川省兴文县股份合作林场和四川西北部碳汇造林项目为例，选用股份合作林场和参与式社区经营模式分别进行碳泄漏的估算。在林木种植的过程中，产生碳泄漏的原因主要有两个，一是在运输种苗、劳动力和采伐木材时，燃烧化石燃料产生的二氧化碳排放，二是在项目实施后，原有的放牧和薪柴采集转移到项目边界外引起的碳储量减少。由于普通林所处的区域一直用来种植林木，所以不存在放牧转移的情况，而碳汇林的参与方拥有的现有放牧地非常充足，当前的放牧强度远远低于可承受的能力，原有的放牧量可以忽略不计，因此，放牧转移导致的碳泄漏为零。所以，本书测算的碳泄漏量是来自利用卡车和农用车运输种苗、木材等物资时产生的。

本书参照《造林项目碳汇计量与监测指南》，根据如下公式计算杉木林的碳泄漏量：

$$LK_{Veraciej} = \sum_f (EF_{CO_2 f} \cdot NCV_f \cdot FC_{ft} \tag{7-1}$$

$$FCf, t = \sum_{v=1}^{v} \sum_{i=1}^{f} n \cdot (MT_{f,y,j,t}/TL_{f,v,i}) \cdot AD_{f,v,j} \cdot SECK_{f,v} \tag{7-2}$$

---

① 参见刘博杰、逯非、王效科、刘魏魏：《森林经营与管理下的温室气体排放、碳泄漏和净固碳量探究进展》，《应用生态学报》2017年第2期。

式中：

$LK_{Veraciej}$	第 t 年项目边界外运输引起的二氧化碳排放（吨二氧化碳当量/年）
$EF_{CO2 f}$	f 类燃油二氧化碳排放因子（吨二氧化碳当量/吉焦）
NCV_f	f 类燃油的热值（吉焦/升）
$FC_{f,t}$	第 t 年 f 类燃油消耗量（升）
n	车辆回程装载因子（满载时 n＝1，空驶时 n＝2）
$MT_{f,v,j,t}$	第 t 年 f 类燃油 v 类车辆运输 i 类物资的总量（立方米或吨）
$TL_{f,v,i}$	f 类燃油 v 类车辆装载 i 类物资的装载量（立方米/辆或吨/辆）
$AD_{f,v,i}$	f 类燃油 v 类车辆运输 i 类物资的单程运输距离（千米）
$SECK_{f,v}$	f 类燃油 v 类车辆的单位耗油量（升/千米）
v	车辆种类
i	物资种类
f	燃油种类
t	项目开始后的年数（年）

本书基于数值模拟的方法，假定普通林与碳汇林在物质运输过程中，所利用交通工具为中型卡车和农用车（一般来讲，中型卡车使用柴油，农用三轮车使用汽油），中型卡车所能承受的装载量一般约为 5 吨，农用车所能承受的装载量一般约为 1 吨。在其他条件既定及车辆满载时，中型卡车的单位耗油量约为 0.12 升/千米，农用车的单位耗油量约为 0.04 升/千米。根据初始国家信息通报，本书选用的排放因子为 2.6353 千克二氧化碳/升柴油、2.49 千克二氧化碳/升汽油。柴油的热值是 0.033 吉焦/升，汽油的热值是 0.044 吉焦/升。假设车辆单程运输距离为 100 千米，普通林与碳汇林造林项目持续 30 年。

四川省兴文县的集体林股份合作林场在造林项目实施过程中，运输的主要物资包括种苗和采伐的木材。其中，以杉木林为例，所培育的种苗来自良种树种和乡土树种两类，良种树种需要从外地运输，每 6 年进行一次间伐，主伐前有 3 次间伐，每次采伐的林木需要运输出去。运输种苗的车辆回程装载因子为 2，运输木材的车辆回程装载因子为 1。假设种苗运输 6 吨，木材运输 36 吨，根据公式（7-1）（7-2），计算普通林的碳泄漏量如表 7-3 所示。

表 7-2 普通林项目边界外的二氧化碳泄漏

单位：吨二氧化碳当量

年份	汽油		柴油		合计	
	年排放	累计排放	年排放	累计排放	年排放	累计排放
1	0.8765	0.8765	2.0872	2.0872	2.9637	2.9637
2—7	0	0.8765	0	2.0872	0	2.9637
8	1.3147	2.1912	3.1307	5.2179	4.4454	7.4091
9—15	0	2.1912	0	5.2179	0	7.4091
16	0.8765	3.0677	2.0872	7.3051	2.9637	10.3728
17—22	0	3.0677	0	7.3051	0	10.3728
23	0.4382	3.5059	1.0436	8.3487	1.4818	11.8453
24—29	0	3.5059	0	8.3487	0	11.8453
30	1.3147	4.8206	3.1307	11.4794	4.4454	16.3000

普通林项目边界外的二氧化碳泄漏量以"吨二氧化碳当量"为单位进行衡量。此处"吨二氧化碳当量"是指用来比较不同温室气体排放的量度单位，计算方法为：吨二氧化碳当量＝某种气体的吨数×该气体产生温室效应的指数。这种气体的温室效应指数被称为全球变暖潜能值（Global warming potential，GWP），该指数取决于气体的辐射属性和分子重量以及气体浓度随时间变化的状况。由定义可知，二氧化碳的全球变暖潜力值为1。因此，普通林项目边界外的二氧化碳泄漏量＝二氧化碳当量÷二氧化碳 GWP 值，即 16.3000 吨。

四川省西北部碳汇造林项目的参与式社区经营模式在实施过程中，运输的主要物资为间伐和主伐的木材。该项目使用本地的劳动力，不会出现运输劳动力产生的碳排放，并且该项目使用的种苗全部来自就地育苗，不需要来自外地的调运，所以，运输物资导致车辆的二氧化碳排放是唯一的碳泄漏来源。仍然以杉木林为例，碳汇项目中的杉木林在种植期的第 15年和第 25 年进行间伐，第 30 年进行主伐。运输木材的车辆回程装载因子为 1。假设木材运输 36 吨。根据公式（7-1）（7-2），计算碳汇林的碳泄漏量如表 7-2 所示。

表 7-3 碳汇林项目边界外的二氧化碳泄漏

单位：吨二氧化碳当量

年份	汽油		柴油		合计	
	年排放	累计排放	年排放	累计排放	年排放	累计排放
1—14	0	0	0	0	0	0
15	1.3147	1.3147	2.0872	2.0872	3.4019	3.4019
16—24	0	1.3147	0	2.0872	0	3.4019
25	0.8765	2.1912	1.6700	3.7572	2.5465	5.9484
26—29	0	2.1912	0	3.7572	0	5.9484
30	1.3147	3.5059	2.0872	5.8444	4.8206	10.7690

与普通林项目边界外的二氧化碳泄漏量计算方法相同，碳汇林项目边界外的二氧化碳泄漏量为 1.7690 吨。

三、碳吸收的测算

王小玲等（2013）基于林木生长模型和生物量扩展因子法对森林碳吸收量进行研究。[①] 其中，林木生长模型是通过利用树木胸径、树高和树龄计算林木蓄积量，生物量扩展因子法是通过实验方法测算不同树种的碳储量。但是，生物量扩展因子法存在一些局限性，比如，这种估算方法受胸径和树高的影响较大，仅适合估算胸径较小的树。因此，在具体使用过程中，我们对原有模型进行修正，得到杉木蓄积量的函数关系式为：

$$Q_s(t) = \alpha e^{-[5.7207 - 6.8307/(t-2)]}(t > 2) \qquad (7-3)$$

式中，$Q_s(t)$ 为第 t 年杉木蓄积量（立方米/公顷），α 为杉木林蓄积量的平均水平。根据各省份调研得到杉木林蓄积量的平均水平，$\alpha = 0.2542$。

采用生物量扩展因子法，进一步测算杉木的固碳量，公式如下：

$$C_j(t) = Q_j(t) \times WD_j \times BEF_j \times CF_j \times (1 + R_j) \qquad (7-4)$$

式中，$C_j(t)$ 为树种在第 t 年的碳储量（吨/公顷）；j 为树种的类别；

[①] 参见王小玲、沈月琴、朱臻：《考虑碳汇收益的林地期望值最大化及其敏感性分析—以杉木和马尾松为例》，《南京林业大学学报（自然科学版）》2013年第4期。

BEF_j 为将 j 树种的树干生物量转换到地上生物量的生物量扩展因子；WD_j 为 j 树种的木材密度（吨/立方米）；CF_j 为 j 树种的平均含碳率；R_j 为 j 树种的生物量根茎比（即地下生物量与地上生物量之比，无单位）。以上所有参数均取自《造林项目碳汇计量与监测指南》。

根据公式（7-3）计算 30 年间杉木林蓄积量，可以得到下表：

表 7-4 30 年间杉木林蓄积量

单位：立方米/公顷

年份	1	2	3	4	5	6	7	8	9	10
蓄积量	0	0	0.0837	2.5490	7.9579	14.0608	19.7850	24.8440	29.2316	33.0238
年份	11	12	13	14	15	16	17	18	19	20
蓄积量	36.3	39.17	41.6830	43.8968	45.8616	47.6155	49.1898	50.6099	51.8970	53.0685
年份	21	22	23	24	25	26	27	28	29	30
蓄积量	54.1	55.12	56.0248	56.8593	57.6321	58.3497	59.0177	59.6412	60.2244	60.7710

根据公式（7-4），计算 30 年间杉木林的固碳量，根据《造林项目碳汇计量与监测指南》可得，$BEF_j = 1.53$，$WD_j = 0.307$，$CF_j = 0.47$，$R_j = 0.46$。30 年杉木林的固碳量如下表所示：

表 7-5 30 年间杉木林固碳量

单位：吨/公顷

年份	1	2	3	4	5	6	7	8	9	10
固碳量	0	0	0.0270	0.8216	2.5650	4.5320	6.3770	8.0076	9.4218	10.6441
年份	11	12	13	14	15	16	17	18	19	20
固碳量	11.7	12.6	13.4351	14.1486	14.7819	15.3472	15.8546	16.3123	16.7272	17.1048
年份	21	22	23	24	25	26	27	28	29	30
固碳量	17.4	17.77	18.0576	18.3266	18.5757	18.8070	19.0223	19.2233	19.4112	19.5874

设杉木林面积为 1 公顷[①]，则杉木林 30 年的固碳总量为376.6643吨。

———————————

① 杉木林固碳量的计算目的在于为下节的森林碳汇量的比较提供数据，所以，杉木林种植面积并不是重点，重点在于数据能够用于比较，故为方便计算，假设杉木林面积为 1 公顷。

四、不同经营模式的影响

根据前文的森林碳汇量公式：森林碳汇量＝森林碳吸收量－森林碳泄漏量，计算可得，四川省兴文县的股份合作林场的杉木林森林碳汇量为 376.6643－16.3＝360.3643 吨，四川西北部碳汇造林项目的森林碳汇量为 376.6643－10.7690＝365.8953 吨。可见，碳汇项目下的造林活动的森林碳汇量要高于无碳汇功能的普通林的森林碳汇量。究其原因，主要是由于二者的碳泄漏量不同导致。通过对比普通林和碳汇林的碳泄漏量，可以明显看出，在项目进行的 30 年里，碳汇林的二氧化碳排放累计达到 10.7690 吨，普通林的二氧化碳排放累计达到 16.3000 吨，二者相差高达 5.5310 吨，因此，我们得出结论，碳汇林项目边界外的温室气体排放明显低于普通林项目边界外的温室气体排放量，也就是说，碳汇林的经营管理模式优于普通林的经营管理模式。之所以如此，原因在于：

第一，碳汇林在树种选择方面倾向于就地育苗，即直接从当地选择合适的树种，仅有部分的碳汇林项目还会向邻近地区购买种苗，但这种情况极少且运输距离较短，产生的二氧化碳泄漏量极少。与碳汇林不同，普通林倾向于多元化育苗，其不仅选择当地特有的乡土树种，还会选择种子园供应的良种和从母树林采集的种子，这样无疑在增加运输成本的同时，增加了二氧化碳的排放量。此外，普通林的经营管理模式还增加了劳动力的使用，进而增加劳动力成本。所以，从减少温室气体排放、增加森林固碳量的角度来看，碳汇林的经营管理模式更加适合碳汇项目的可持续发展。

第二，树木的间伐时间和主伐时间不同。在本次碳泄漏估算中，普通林和碳汇林均以杉木为例进行碳汇量的测算。虽然同样是杉木，但是间伐时间和主伐时间却不同：普通林的杉木间伐时间是每隔 6—8 年一次，在主伐前要进行 3 次间伐；碳汇林的杉木间伐时间是在第 15 年和第 25 年，主伐时间是在第 30 年。这样就导致碳汇林比普通林少了一次间伐，间接减少一次木材运输。碳汇林的间伐次数较少与碳汇林的树种安排有关。碳汇林大多是选择块状混交林种植模式，随着时间的推移，生态系统的结构出现轻度变化，这就导致在间伐时应该考虑其他相关树种的情况，比如生长状态、生长周期等诸多因素，据此，确定碳汇林的杉木间伐时间和主伐时间，进而保护碳汇林的树种多样性。

实际上，不仅是四川省碳汇造林的参与式社区管理模式有助于减少二氧化碳的泄漏，还有其他碳汇林的管理模式也能够减少碳泄漏。比如，广西珠江流域的治理再造林项目采用三级管理模式，该种管理模式最大的特点是职责明确，其也有助于减少碳泄漏，因为公司或林场之间在项目实施和经营管理方面是独立的，管理者会根据专业林业知识进行林木的培育管理工作，实施者会根据管理者的要求，严格执行各项规定，这将减少多余的、不必要的环节，提高项目整体的运行效率，对于降低种苗、木材在运输过程中的温室气体排放起到促进作用。此外，该种管理模式同样实行块状混交林经营，间伐次数同样需要考虑多种因素后确定。所以，联合式三级管理模式对于减少碳泄漏具有一定积极意义。

综上，通过模拟普通林与碳汇林不同的经营管理模式对碳泄漏的影响，可以得出结论，碳汇项目下的碳汇林的经营模式可以有效降低碳泄漏，增强森林的固碳能力，尤以参与式社区管理模式和联合式三级管理模式为代表。种植碳汇林是实现利用我国林业来减缓气候变化的主要途径，研究适合林业发展的经营模式是促进碳汇项目可持续发展的关键所在，因此，设计一套推动森林碳汇交易机制建设与集体林权制度改革协调发展的林业管理模式，是本章的重点。下文将多方位创新林业经营管理模式，以此促进我国林业产业的长效发展。

第五节 林业管理模式设计

科学的林业经营管理模式是林业可持续发展的根本指南。基于林业经营活动各个阶段的特点，林业经营管理模式均给出了明确的林业活动章程，这保证了造林活动的顺利完成，即林业经营管理模式的科学性决定了造林项目的可行性。而造林项目是否能够顺利进行决定了森林碳汇量的多少，也就是说，林业经营管理模式的好坏最终影响的是森林碳汇的情况。因此，林业作为碳汇项目发展的载体，其管理模式的设计应该起到促进碳汇量增加、碳汇能力增强以及碳汇项目可持续发展的作用。

事实上，无论是林业的经营管理模式的设计，还是林业的金融支持产品的研究，亦或是林业的各项制度措施的制定，其目的均是最大程度地推动森林碳汇的健康发展。所以，在设计林业经营管理模式时，本章出于增加森林碳汇量的想法，从组织结构、准备阶段、造林阶段以及防护阶段入手，针对树种选择、树种安排、树种来源等十余个方面，具体详细地阐述林业经营管理模式的内容，由此实现增强森林固碳能力，增加森林碳汇量，促进森林碳汇与经济、环境、社会协调统一发展的最佳状态。具体而言，根据造林活动的各阶段内容，将经营管理模式的分为组织结构模式的设计、准备阶段经营模式的设计、造林阶段经营模式的设计以及防护阶段经营模式的设计。具体内容如表 7 - 6 所示。

表 7 - 6　森林碳汇市场建设与集体林权协调发展各阶段管理模式

活动阶段	组织结构	准备阶段	造林阶段	防护阶段
具体内容	1. 设计适合林业发展的管理理念 2. 设计适合林业发展的组织模式	1. 全方位制定林业种植计划 2. 完成林木种植基础工作	1. 实现林木种植规模化 2. 实现林木采伐规范化	1. 实现林木抚育科学化 2. 实现森林防护系统化

组织结构的设计主要从管理理念和管理模式两方面进行阐述，即结合可持续管理理念，实行以社区为主体的统一管理模式。准备阶段的设计主要是从树种选择、树种安排、育苗方式等多个层面进行阐述，提出了包括构建林业互联网、改良碳汇林树种以及优化群落结构等多项对策。造林阶段的设计主要是从造林面积、整地方式、生产技术等多个层面进行阐述，提出了退化地造林、林木采伐管理、林业专项经营等多项对策。防护阶段的设计主要是从森林抚育、森林防火、病虫害防治等多个角度进行阐述，提出了建立科学的抚育方式、建立森林保护机制等多项对策。下文将具体阐述上述各阶段的具体内容。

一、林业经营组织结构模式的设计

碳汇项目下的林业经营管理模式是基于森林永续利用理论、森林多功能论、林业分工论、生态林业论等多种林业经营理论，针对造林活动的各个阶段，制定的详细且具体的管理方案。其设计目标是：通过林业经营管理模式的设计，不仅可以在技术层面保证管理方法的可行性和科学性，还可以在执行层面保证各个环节密切联系，从而综合各方面保证造林项目的顺利实施，使森林真正发挥生态效应、经济效应和社会效应。此外，区别于普通的林业经营管理模式，碳汇项目下的林业经营管理模式还要做到：有效减少大气中二氧化碳的含量，增强森林的固碳能力，增加森林碳汇量，提高碳汇收入，最终实现森林碳汇与林业经营的协调健康发展。

所以，基于这样的设计目标，林业经营组织结构应该朝着促进森林碳吸收的方向设计。前文已述，林业经营组织结构模式与碳吸收之间存在一定的关系，组织结构的合理与否决定着森林碳吸收能力的强弱以及森林固碳量的多少，所以，在设计林业经营组织结构模式时，应以碳汇项目下的林业组织结构作为参考，在此基础上，研究促进森林碳汇交易机制建设与集体林权改革协调发展的组织结构。因此，林业经营组织结构的设计应该以可持续发展为重点①，以社区管理为核心，兼顾经营主体、执行过程、利益分配、管理业务等诸多内容。具体来讲，从如下几方面做起：

（一）以可持续管理理念作为林业经营重点

可持续管理实际上是以可持续发展理念为核心，结合林业经营的特点而设计的管理方式。它的落脚点是可持续发展理念，也就是说，无论我们采用哪种管理模式，始终要把可持续发展理念放在第一位，即在获取森林经济效益的同时，充分发挥森林的生态效益。2013年11月，习近平总书记在党的十八届三中全会上作关于《中共中央关于全面深化改革若干重大问题的决定》的说明时，再次阐述了他的生态理念："我们要认识到，山

①　参见黄水长：《森林经营管理对森林碳汇的影响和提高措施探析》，《科技与企业》2015年第15期。

水林田湖是一个生命共同体，人的命脉在田，田的命脉在水，水的命脉在山，山的命脉在土，土的命脉在树。"由此可见，可持续管理理念是当下林业经营需要遵循的原则之一。

（二）实行以社区为主体的统一管理模式

以社区为主体进行碳汇项目下的林业管理，对于社区和林业管理均有一定的益处。在实施社区林业管理后，社区村民会定期针对林业管理问题召开会议并进行讨论，参与项目的规划章程，参与决策的研究与制定，这在很大程度上培养了村民的参与意识，增强了社区居民的凝聚力。反过来，通过村民的意见反馈，修改后的项目管理方案将更加贴合实际，从而更好推动林业产业的发展。所以，实行以社区为主体的统一管理模式，是当下促进森林碳汇与林业经营协调发展的有效途径。社区管理从地理上实行分片管理、从组织上实行分级管理、从时间上实行分阶段管理，具体内容如下。

1. 分片管理

碳汇项目出于最大程度发挥森林碳吸收功能、增加森林固碳量的目的，其碳汇林的建造面积较大，因此，将较大面积的林地划分为若干小部分，一方面有利于林业的经营管理，方便村民定期培育林木，另一方面有利于各种林地项目的开展，各片区林地之间形成很好的竞争关系，由此激励各片区的管理者更好地治理林地。由于社区管理是以各社区为管理单位，所以，各社区可以进行区内随机分组，每组通过民主投票的方式竞选各林地片区的管理者，每组根据地理位置的远近选择管理的林地区域。这样就形成了以社区为核心，以各小组为分支的集中化管理模式。

2. 分级管理

参考碳汇项目下的林业三级管理模式，可以看出，分级管理的最大好处在于，各级部门各司其职，从规则的制定，到具体的实施，再到后期的防护，均是在合理有序的环境下完成。严格的三级管理模式不仅可以保证项目井然有序地进行，还可以提高各部门的执行效率，从而在最短的时间内达到最理想的效果。此外，森林资源的合理配置与经营需要自上而下、全面规范的统筹协调，具体且明确的分工能够确保筹划环节、执行环节、管理环节、融资环节等各个环节紧密配合，做到"统筹有序、执行有力、监管有方"。时间上自始至终、规划上自上而下、管理上前后照应，全方位推动造林活动的持续发展。

3. 分阶段管理

造林活动不是一朝一夕就可以完成，它需要长时间的经营管理，所以，针对长期的造林活动，我们可以采取分阶段管理的方法。具体来讲，林业管理者根据树木的成长周期的特点，将整个造林活动分成几个阶段，每个阶段制定不同的林木成长计划，依照计划实行不同的培育方案，进而确保造林计划的全面实施。此外，在培育方案制定期间，社区管理者可以发布方案制定等有关事宜，事前征求社区居民的意见，并咨询社区林业顾问的建议，进而依照社区居民的意见和建议制定有关章程。这种因树制宜、因时制宜的管理办法，做到了按照林木的特点来规划森林管理，保证了林木管理科学高效进行。

（三）建立利益激励机制

激励机制的确立是保障社区居民热情的最佳途径。林业管理者可以借助社区管理中的分片管理模式，每个社区小组各负责一片林地，定期组织社区小组参加林地经营的经验交流活动，并于每年年末进行小组林木大赛，具体内容包括林木在一年内的成长状况比拼，火灾病虫害发生次数的比拼，资金使用情况的比拼等等，并设有奖金鼓励。此外，类似于股份合作林场的利益分配形式，将林地经营与社区居民的利益挂钩，最终林地产生经济利益的多少与社区居民的付出具有正相关关系，由此最大程度调动社区居民生产经营的积极性。

二、准备阶段的经营管理模式设计

设计林业经营管理模式要从整体出发，立足于林业系统，分析如何有序地实施各个环节的内容。林业经营管理模式的确定涉及技术、资金、制度、人力等多方面因素，并且目前在这些方面我国均处于较低水平，所以，各方面因素的发展与完善需要一定的时间。此外，林业在经营过程中需要各个方面因素的配合协作，各方面因素的相互协调融合也需要一定的时间。所以，创建一个合理、完善、高效的林业经营管理模式，是一个"循序渐进"的过程，切不可一蹴而就。应从实际出发，结合我国森林碳汇发展现状及集体林权改革后林业发展现状，分层次、分步骤、分阶段地制定合理、完善且高效的林业管理模式。

因此，准备阶段作为整个造林项目实施的起点，其经营管理模式的设计应该立足于整个项目进程，遵循"循序渐进"的原则，坚持"实事求是"的态度，进而为造林阶段的顺利进行提供保障。准备阶段涉及的林业经营活动包括树种选择、造林方式以及育苗方法等多个方面，前文已述，树种选择的多样性、造林方式的混合性以及育苗方法的科学性决定了最终森林碳吸收能力的强弱，所以，基于准备阶段的各项活动与森林碳吸收之间的关系，本章提出了建立林业互联网系统、改良碳汇林树种、优化群落结构等多项举措。具体内容如下。

（一）建立林业互联网系统，全面制定林木种植计划

林业作为我国第一产业发展的重要产业，其现代化水平的提高有助于促进其更快发展。随着信息化农业、信息化工业等概念的提出，信息化林业也是未来林业产业发展的方向之一。信息化林业，意为借助互联网技术的发展，结合林业产业自身特点，建立林业信息互联网系统，收纳包括林业组织结构、林业种植事项、林业经营事宜等诸多信息，以实现林业产业的信息化发展。建立林业互联网系统的意义在于，其为林业管理提供了准确的数据支持，保证管理计划建立在科学的数据基础之上。具体来讲，林业互联网系统的建立分为如下两个步骤：

1. 加强互联网基础设施建设

我国大多数林地处在农村或者经济不发达地区，在这样的地区发展林业互联网首先要考虑的是互联网基础设施是否健全，比如，当地是否拥有足够的机房，是否接入互联网，是否拥有具有计算机技术的人才等等。在对当地进行基础调查后，规划建设基金，购置计算机设备，组织专业人才，搭建信息系统，完成数据传输，营造安全的网络环境和健康的网络系统，为后期林业信息互联网的建设提供基础保障。

2. 加强林业信息的日常管理

林业信息的日常管理内容包括：一是管理手段有效性的检验。前文已述，林业社区管理将实现分阶段管理，这就意味着，在不同的时间段内，将实行不同的造林计划，此时，日常管理就为各种造林计划的有效性提供了检验办法。一是在林木生长过程中，记录其高度、宽度等可以量化的指标，将数值信息输入信息系统中，隔一段时间进行比较，进而分析该阶段的造林计划是否得当；二是记录当地其他生物的状态。林业经营不仅要保证林木的快速生长，还要保证林地的生物多样性。所以，通过记录不同时间的其他生物状态，可以及时了解林业管理对其他生物的影响，进而制定适合当地各种生物共同发展的林业管理计划。

（二）改良碳汇林树种，优化群落结构

在过去很长一段时间内，集体林在树种安排上以纯林为主，即在某一地区集中种植单一树种，这难免导致集体林结构简单、群落光能利用率不高、风险抵御能力过弱等诸多弊端。所以，多元化造林树种、增加森林结构的复杂性、提高森林群落的光能利用率，是增强森林固碳能力的重要途径。[①] 此外，复杂多样的森林结构也有助于降低火灾风险、病虫害风险等多种经营风险。具体来讲，应从以下三方面做起：

1. 多样化树种选择

依照"适树原则"，根据当地的自然条件、土壤结构等诸多因素，选择生命力强、生长速度快的当地树种。采取"适树原则"的原因在于：第一，优先选择当地特有的树种可以保证树木的快速生长，种植外来的种苗可能导致种苗的"水土不服"；第二，优先选择当地树种可以在很大程度上节约运输成本以及种植成本；第三，当地村民对于本土特有的树种较为了解，且具有丰富的种植经验和先进的种植技术，优先选择当地树种可以最大程度利用村民的技术优势，进而充分发挥树种的经济效应及生态

① 参见姜霞：《中国林业碳汇潜力和发展路径研究》，硕士学位论文，浙江大学，2015年。

效应。

2. 采取混交式造林模式

混交林是指由两种或两种以上树种组成的森林。从前文的树种安排介绍上可以发现,无论是广西珠江碳汇造林项目,还是云南腾冲的再造林项目,二者在树种安排上均采取块状混交模式。根据树种的特点,在碳汇项目管理上,经营者将光皮桦和桤木混交、秃杉和光皮桦混交、杉木与枫香混交、马尾松与枫香混交等等,这样一方面有助于提高苗木的生长速度,确保林下植被的快速生长,保护生物的多样性,另一方面增强了森林的固碳能力以及森林的风险抵御能力。

3. 就地育苗,保证质量

种苗质量的好坏直接影响最终树木的优劣,所以,在准备阶段,经营者应该把提高种苗质量放在重要位置,为此,可以选择在项目初期,聘请林业培育的专业人士对当地村民进行授课或者现场指导,讲述如何选种、如何育苗以及如何栽培等多项内容,带领村民参观其他优质林场,提高林业发展意识,甚至可以引进林业专业技术人才,保证碳汇项目下的碳汇林种植工作的高质运行。此外,就地育苗可以有效促进森林生长,提高森林的生长量,从而增加森林碳汇。

三、造林阶段的经营管理模式设计

林业作为一项公共属性、环保属性与经济属性合一的特殊产业,其管理模式的设计需要兼顾经济、社会与生态各个方面,或者说,碳汇项目下的林业生产经营管理不仅要求推动我国森林碳汇的健康发展,同时还要求实现经济、社会、生态协调发展的最终目标。此外,三者也从不同角度反过来促进碳汇的发展,经济目标的实现为碳汇发展提供金融支持,社会目标的实现为碳汇发展提供基础环境,生态目标的实现为碳汇发展提供自然保障,寻求三者的平衡有助于优化资源配置,从而更好地推动林业碳汇的可持续发展。所以,在设计林业经营管理模式时,经济目标、社会发展目标和生态目标均不容忽视。

因此，基于兼顾经济目标、社会目标和生态目标的设计原则，在设计造林阶段的经营模式时，应该对整个阶段的内容进行全面统筹规划。众所周知，造林阶段是造林项目实施的最重要环节，前面的准备阶段以及后面的防护阶段，其本质均是为造林活动的进行提供保障，可以说，造林阶段是连接准备阶段和防护阶段的桥梁。所以，针对造林阶段涉及的包括造林面积、整地方式、生产技术在内的多项林业经营活动，兼顾经济目标、社会目标和生态目标，本章提出退化地造林、规范林木采伐限额管理、加大资金投入、引进林业专业人才等多项举措。具体内容如下。

（一）退化地造林，增加造林面积

2009 年国家林业局出台《应对气候变化林业行动计划》，其中提出了：到 2020 年，全国森林覆盖率达到 20%，森林蓄积量达到 132 亿立方米；到 2050 年，比 2020 年净增森林面积 4700 公顷，森林覆盖率达到并稳定在 26% 以上。在 2015 年新一轮自主减排承诺中进一步提出：2030 年森林蓄积量比 2005 年增加 45 亿立方米左右。[①] 可见，国家对于森林面积及森林蓄积量制定了具体的规划，并始终加大力度支持森林种植、森林管理等多项经营活动。近几年，国家实行的退耕还林政策有效地缓解了森林覆盖面积小的问题，对于恢复生态系统平衡以及增加森林碳吸收量具有十分重要的积极意义。

除了响应国家的有关林业支持政策之外，根据森林可持续经营理论，我们还可以知道，森林只有具备一定的经营规模，才能充分发挥其各种作用。如果森林的造林面积过小，则会出现林地资源紧张的困境，进而影响森林固碳能力的发挥。而退化地造林则可以有效缓解林地资源紧张的困境。之所以选择退化地造林，原因在于，目前我国荒漠化土地、沙化土地的面积逐年增长，并且截至 2010 年，我国荒漠化、水土流失治理中造林形成的固碳潜力每年将达 32.59 吨[②]，可见，将荒漠化土地、沙化土地进

　　① 参见国家林业局：《应对气候变化林业行动计划》，中国林业出版社 2010 年版。
　　② 参见吴庆标、王效科、段晓男等：《中国森林生态系统植被固碳现状和潜力》，《生态学报》2008 年第 2 期。

行森林种植经营，不仅能够增大我国的林业种植面积和绿色植被覆盖面积，还可以充分开发退化土地的固碳潜力，最大程度发挥退化土地的碳汇功能。

（二）规范林木采伐管理

林木的采伐是调整森林结构、促进森林再生长和健康发展的重要措施之一，也是保护森林资源的重要手段。但是，长期以来，我国的森林采伐以木材的利用为主，以木材燃烧为代表，众所周知，将木材作为燃料燃烧将产生大量的二氧化碳等温室气体，过多的温室气体释放在空气中，增加了气候变暖的压力。此外，采伐后没有进行科学管理，导致采伐遗留物经过腐烂、分解后将碳释放到大气中，增加了大气中碳含量的浓度。所以说，现有的木材采伐方式极大破坏了森林自身的调节能力，并严重影响环境质量。调整现有的木材采伐方式并规范林木采伐限额管理刻不容缓。

因此，无限度、无约束的林木采伐将严重影响森林的可持续发展。通过控制和减少森林采伐，改变现有的采伐方式，将提高木材的利用水平，对于保护现有的森林碳储量意义重大。规范林木采伐限额管理应从两方面入手，一是林业经营者的角度，二是国家的角度。林业经营者应该结合所处地区的环境特点和种植树木的生长特点，制定合理的采伐规划，比如，前 10 年达到什么样的生产规模，采伐多少树木等等。与此同时，国家需要及时公开林地采伐指标。公开透明的行政管理机制将确保林业采伐的平稳进行。而伐区公示及灵活的各层级采伐指标，也有利于各林业开发主体确立自身的经营方案。只有这样，林区的生态发展目标与木材生产计划才能有所保证。[①]

（三）专项经营管理，加大资金投入

现阶段，在我国碳汇项目实施过程中，资金的投入始终是阻碍碳汇项目快速发展的瓶颈。以川西南林业碳汇项目为例，该项目在实施时就遇到了投资障碍，主要表现在四个方面：一是没有融资能力，缺少相应的融资

---

① 参见黄水长：《森林经营管理对森林碳汇的影响和提高措施探析》，《科技与企业》2015年第 15 期。

机制提供资金保证长期造林活动的实施；二是国家的支持力度不够，国家提供的资金仅能勉强维持林场的日常经营；三是贷款渠道封闭，由于再造林项目风险较大，所以商业银行不愿意提供贷款支持再造林项目；四是国家启动的天然林保护工程、退耕还林工程等重点林业项目存在巨大的资金缺口。综上，我们可以得出结论，资金问题不解决，碳汇造林项目难以实现可持续经营。

因此，从宏观层面来讲，国家应该规定某具体林业部门专门从事碳汇造林项目的管理工作，具体任务是：根据国家林业政策，结合项目所在地的经济状况，实地测算并调查碳汇项目实施所需资金总额和已筹得资金数额，将情况反映给国家林业部门，林业部门制定专项林业发展基金，定额定期分配给资金缺口较大的碳汇造林项目，进而保证碳汇造林项目的顺利进行。除此之外，对于特大型林业碳汇项目，除了林业发展专项基金的支持，国家还需要继续增加林业建设的资金投入，并加强社会宣传力度，号召更多企业投身到林业碳汇项目中去，为我国的林业产业发展助力。

（四）引进专业技术人才，提高林业经营水平

仍以川西南林业碳汇项目为例，该项目在实施过程中，除了存在投资障碍以外，还存在技术障碍。技术障碍主要指的是当地村民和社区难以获得优质种源，并缺乏生产优质苗木、成功造林以及防止所造林木遭火灾、病虫害侵袭的技能。因此，在林业经营管理过程中，专业人才的引进必不可少。无论是准备阶段的树种选择、种苗培育，还是防护阶段的病虫害风险控制，林业专业技术是保证碳汇林健康生长的良药。所以，碳汇项目的管理者应该加大力度引进专业人才，提供专业技术，建立科学的森林资源管理模式，提高森林的质量。

四、防护阶段的经营管理模式设计

防护阶段涉及的林业经营活动包括森林抚育、森林防火、防病虫害等多个方面，本书针对上述活动，提出建立科学的抚育管理模式和建立森林保护机制等多项举措。具体内容如下：

（一）建立科学的抚育管理模式

林业抚育是指从造林起到成熟龄前的培育过程中，改善林木组成和品质及提高森林生产率所采取的措施，具体包括除草、砍杂、松土、施肥等工作。所谓科学的抚育管理模式是指针对抚育的各项内容，制定详细的抚育计划，并依照该计划，从事除草、砍杂、松土、施肥等诸项活动。通过林业抚育管理，可以达到提高造林成活率和森林碳吸收速率的目的，为保留的树木创造更适合的生长环境，进而达到最佳效果。具体来讲，建立科学的抚育管理模式包括以下几个步骤：

1. 编制林业抚育管理方案

林业抚育方案的编制对于林业经营管理起到指导作用。碳汇项目管理者应该按照国家出台的与森林抚育相关的政策要求，制定适合本项目的林业抚育方案。比如，项目管理者指派专人负责调查当地村民意见，保证林业抚育方案最大程度满足当地村民的要求，进而调动村民的劳动积极性，提高工作效率；项目管理者还应该考虑林区种植的所有树种的情况，根据树种的生长要求及林地的水土情况，进行实地调研并做好数据记录，综合考虑各方面因素，设计森林抚育方案。

2. 建立恰当的林业抚育激励机制

在林业抚育管理方案的基础上，项目管理者的主要任务是确保方案执行得有序和高效。项目管理者应该积极探索实施目标绩效管理，健全管理考评机制，制定林业抚育质量奖惩等管理办法，保证林业抚育的工作质量，将林业抚育经营作为考核项目管理者工作绩效的重要内容，将中幼龄的抚育任务、质量、完成时间纳入年度目标绩效考核的范围，并将林业种植面积和森林蓄积量增长纳入年度经营目标，以充分调动管理部门领导和职工的积极性和主动性。

3. 加强区域化合作

目前，我国南方的碳汇造林项目居多，且大都发展较快，相比之下，北方的碳汇造林工作的质量并未达到预期的效果。所以，在林业抚育环节，区域间应该互帮互助，增强合作友好关系，加快林业相关产业发展，加强林业生产病虫害防治，增强林业资源共享，共建林业发展基础设施，形成区域间林业产业合作发展机制，由此带动森林碳汇产业发展，实现区域林业经济共赢的良好局面。

（二）建立森林保护机制

森林保护机制主要是指建立一套预防和消除各种导致森林破坏的因素的机制。由于各种自然或者人为因素，森林容易遭受火灾、病虫害等问题的困扰，不仅危害森林健康，还严重影响森林的碳汇作用，尤以火灾的影响程度最为严重。不可否认，一定程度上人为的科学的焚烧可以有利于森林的健康生长，但是过于频繁的焚烧将严重影响森林的覆盖率和森林的健康。除了森林火灾之外，病虫害也是常见的森林破坏因子，它直接影响森林的生长和发育，降低植物的成活率。因此林业管理部门应当做好森林防火、防病虫害的保护工作，以增加森林的碳汇。[①] 具体可以分为如下两方面内容。

1. 建立完善的森林火灾防护体系

从预防着手，尽可能切断一切可能导致森林火灾的源头，比如，加强森林夜间巡逻频率，以防止出现不法分子肆意纵火；建立森林火灾防火预测预报体系，尽早了解森林火灾可能出现的周期；营造防火林带，修建防火道路，阻断森林火灾的蔓延；多元化树种种植，提高森林整体的火灾抵抗能力等等。完善的森林火灾防护体系不仅包括森林火灾的预防，还包括火灾的营救。林业管理部门应定期举办防火工作培训讲座，帮助林木工作人员和村民了解森林火灾预防的重要性，以及如何灭火、如何逃生等知识；举行火灾模拟演习活动，保证火灾来临时工作人员的人身安全。

2. 建立完善的森林病虫害防护体系

完整的森林病虫害防护体系应包括以下几方面内容：一是在树种选择上应该选择抗病能力强的品种，在遵循"适树原则"的基础上，择优选择优质树种，保证树木的成活率和抗病能力；二是加强林业经营管理，及时

---

① 参见黄水长：《森林经营管理对森林碳汇的影响和提高措施探析》，《科技与企业》2015年第15期。

发现林地出现的各种害虫，并及时采取措施消灭害虫；三是定期检查树木生长状况，一旦发现异常情况，及时采取防病虫害措施，阻断病情的蔓延；四是小面积采取引进措施，引进其他物种以增加森林内有益生物的种类和数量，多样化群落结构。

第八章 促进森林碳汇机制建设与集体林权改革协调发展的配套对策

前文分别从政策、金融及经营管理视角对我国集体林权制度改革与森林碳汇交易机制建设之间协调发展的路径进行了探讨。林业政策协调、金融互助及经营管理效率的提高是促进林业发展的重要途径和手段。除了这些手段以外，仍需要采取措施应对林业发展中存在的一些问题。在我国集体林权制度改革过程中，还存在林权不清晰、林农违规流转、基础设施不足、农民种林护林意识不强等问题。同样，森林碳汇交易机制建设仍处于试点阶段，在机制设计方面仍然存在很多不足之处。这些基本问题的处理不仅波及林业政策制定、林业金融安排及其经营管理效率的提高，而且也会影响林业经营管理者的参与热情，甚至决定林业机制建设与制度改革的成败。因此，在推动森林碳汇交易机制与集体林权制度改革协调发展的过程中，除了采取政策、金融及管理方面的对策外，仍需要针对林业发展中存在一些基本问题进行深入剖析，给出应对策略。

本章整体分为三个部分，第一部分是详细叙述我国森林碳汇交易机制与集体林权改革协调发展的内容设计，共分为森林碳汇交易机制建设初期的内容设计、森林碳汇交易机制建设中期的内容设计以及森林碳汇交易机制成熟期的内容设计三个阶段。第二部分是阐明各个阶段我国森林碳汇交易机制建设与集体林权改革协调发展的路径设计，主要包括建立并规范碳汇交易市场、降低森林碳汇市场的交易成本、加强森林碳汇信息建设、实现碳汇交易网络化等内容。第三部分提出促进森林碳汇交易机制与集体林权改革协调发展的具体对策，包括完善森林资源资产评估制度、加强林权流转市场建设、完善林业服务体系、加强林业基础设施建设及促进人才培养等内容。

第一节 森林碳汇交易机制与集体林权改革协调发展的基本内容

森林碳汇交易机制的设计是促进我国林业永续经营、林业碳汇可持续发展的根本措施。在森林碳汇交易机制建设过程中，必须遵循公平、公正、公开的碳汇金融市场交易原则，必须遵循实现防控森林碳汇市场风险的原则。公平、公正、公开的碳汇金融市场交易原则，是碳汇金融市场健康发展的基础，也是维护合理交易秩序的基本要求，更是碳汇金融市场参与者获得合法经济利益的必要条件。实现防控森林碳汇市场风险的原则是建设并完善我国森林碳汇交易机制建设的根本保障。具体来讲，两项原则内容如下：

公平、公正、公开的碳汇金融市场交易原则可以分为三部分理解：公平是强调森林碳汇交易的各参与者以平等的法律地位、在互利共赢的环境下交易，为交易的进行营造健康有序的氛围；公正是指管理部门严格制定法律、法规和政策措施，并对一切参与主体平等对待，进而很好地保证了交易的规范性；公开是指森林碳汇金融信息的公开透明，即在碳金融市场运行过程中，及时、准确且完整地披露与交易相关的各项信息。公平、公正、公开作为不可分割的三部分，共同作用，保障森林碳汇市场的健康运行。

此外，碳金融市场运作的不确定性给碳金融交易主体以及整个社会经济带来了一系列的风险。为了降低各种风险发生的可能性，在森林碳汇交易机制设计的过程中，应重点建立风险监管机制。风险监管机制是指通过运用法律、经济及行政等手段对碳金融市场交易风险的监管、控制和应对的过程，其本质是一种政府规制行为，它是碳金融市场建立的保障，也是碳金融市场有效运行的保障。所以，切实以"实现防控森林碳汇市场风险"为森林碳汇交易机制的设计原则，将在很大程度上促进我国森林碳汇市场的建设以及森林碳汇产业的长效发展。

因此，遵循上述原则，根据集体林权改革的时间节点，将森林碳汇交易机制的建设分为初期、中期以及成熟期，各阶段基本内容如表 8-1 所示。

表 8-1　森林碳汇交易机制建设的基本内容

发展阶段		初期	中期	成熟期
时间期限		2017—2020 年	2021—2050 年	2051 年以后
基本内容	森林碳汇交易机制	(1) 碳汇扶持精准化 (2) 碳汇交易规范化	(1) 消除森林碳汇交易障碍 (2) 林业信息的对称	(1) 森林碳汇交易的链条化 (2) 打破森林碳汇交易地区壁垒 (3) 碳汇交易网络化
	集体林权改革	(1) 集体林权流转制度化 (2) 林权收储担保机制完善化	(1) 实现林木种植科技化 (2) 实现林农素质专业化	(1) 林业种植-经营-服务一体化 (2) 区域间要素流通

出于森林碳汇交易机制与集体林权改革协调发展的考虑，我们在设计碳汇交易与林权改革具体内容时，尽可能保持二者在每个阶段的任务目标的一致性，达到"相辅相成、互相促进"的效果。森林碳汇交易机制建设初期、中期以及成熟期的具体内容将在下文进行详细阐述。

一、森林碳汇交易机制初期的内容设计

（一）森林碳汇交易机制的具体内容

在森林碳汇交易机制的建设初期，碳汇林种植意识不强，碳汇交易机制并未建立，此时需要借助政府的支持，主要包括税收和补贴两大方面，从源头提高林农的种植生产积极性，帮助林农实现增产增收，进一步促进森林碳汇的发展，此外，还要并尽可能在建立森林碳汇交易市场的同时规范碳汇交易市场，即从一开始就为今后的碳汇交易机制的发展打下良好的基础。具体来讲，森林碳汇交易机制建设初期的内容包括两方面：

1. 实现碳汇扶持精准化

实现碳汇扶持精准化是我国初步建立碳汇交易机制的基础，可以从两

方面解释。一是从政府扶持的角度。在森林碳汇市场的建设初期，我国并没有建成一套完备的基础保障，各方面基础设施均不完善。所以，此时林农出于稳定现有收益的角度，不愿意种植碳汇林，更不愿意参与到碳汇交易的过程中。因此，政府的政策支持是林农加大力度开展碳汇造林项目的保障。有了政策的支持，林农才有热情投身于碳汇市场的建设中去。二是从建立碳汇交易机制的角度。要想建立完整的碳汇交易机制，税收和价格是需要解决的两大关键问题。税率的高低是决定企业是否愿意投资碳汇造林项目的前提条件，碳汇市场的碳汇价格则是林业企业是否坚持发展碳汇造林项目的参考指标。所以，政府给予的针对税收、价格的精准化的扶持政策是保证碳汇交易机制顺利建成的重要条件。

2. 实现碳汇交易规范化

前文已述，实现碳汇林种植规模化是建立碳汇交易市场的保障，而实现碳汇交易规范化则是保证森林碳汇交易长效发展的重要内容。这是因为，碳汇交易市场的建立为碳汇交易提供场所，碳汇交易市场的规范性又保证了碳汇交易的合规性和合理性，也保证了碳汇交易可以按步骤有序进行。此外，只有在碳汇市场建立初期就严格按照各种规范执行，才能更永久地保障碳汇市场的规范性，同时保障碳汇市场的长期发展。所以，加强规范碳汇市场，整合多种要素，全面规划碳汇市场未来发展路径，从源头避免各种风险的出现，这是森林碳汇交易机制建设初期的重中之重。

（二）集体林权改革的具体内容

与碳汇交易机制的设计相类似，集体林权改革在森林碳汇交易机制建设初期，各项政策措施、金融安排、管理业务也十分不完善，因此，下大力气搞好集体林权改革初期的各项重点任务，是林业经营者应着重进行的内容。集体林权改革初期的主要内容包括集体林权的流转和林权收储担保机制的完善问题。具体如下：

1. 实现集体林权流转制度化

集体林权流转，即在不改变集体对林地的所有权的基础上，将其使用权转移给另一方的过程。设计集体林权流转制度的意义在于，一是增强了林权流转的灵活性，各地区林农可以根据自身需求或者个人意愿，租赁、购买或出售林地，在满足林农需求的同时，加快了林权的流转。二是为林农增收提供便利，在灵活的集体林权流转制度下，林农实现了"种植自主、经营自主、收益自主"，极大激发了林农的经营热情，进一步促进林农的增产增收。三是增强地方经济实力，林农种植有热情、经营有方法、收益有途径，直接促进了地方经济发展，增强了地方经济实力。

2. 实现林权收储担保机制完善化

林权收储是指经过政府部门批准林权担保机构，依照核准程序和权限，对通过流转、收购、赎买、征用或者其他方式取得林权，通过储存或前期开发整理，向社会提供担保的行为。① 林权收储担保行为实际上建立了林业产业与金融产业的合作关系，实现了二者的互相促进和共同发展。以福建省三明市为例，为了保证资金的安全，三明市通过成立国有全资或国有控股的林权收储有限公司，将闲置的林权统一交由林权收储机构收储，进而进行统一的贷款安排。当然，林农在这期间会获得 1%—1.5% 的担保费，这样一方面增强了林权的流动性，另一方面为林农增加了财产性收入。然而，当前我国的林权收储担保机制存在许多不足之处，完善林权收储担保机制是加强林权流转的重要途径。

二、森林碳汇交易机制中期的内容设计

(一) 森林碳汇交易机制的具体内容

在森林碳汇交易机制建设中期，各项基础设施已经健全，此时要考虑如何完善碳汇市场交易机制。所以，在中期阶段，应着重消除森林碳汇交易障碍，为林农提供更多的碳汇交易机会，同时，实现林业信息的对称，避免出现任何内幕信息的泄漏，广泛普及林业知识，为林农信息的交流提供契机。具体内容如下：

---

① 刘德钦：《林权收储是一种好的融资担保模式》，2015 年 12 月 25 日，见 http：//www.forestry. gov. cn/portal/stafa/s/576/content-830973. html。

1. 消除森林碳汇交易障碍

森林碳汇的发展障碍主要是指交易成本障碍，交易成本过高是制约碳汇交易者进行碳汇交易的重要因素。在森林碳汇市场的建立初期，由于碳汇市场刚刚建立，碳汇交易者的碳汇交易热情较高，碳汇市场极有可能出现"供不应求"的情况。管理者面对碳汇交易者的交易热情，为谋取更高收益，也会伺机提高交易成本。但是，从长期角度来讲，过高的成本会降低碳汇交易者的交易热情，如果交易成本高于碳汇收入，交易者会逐渐退出交易市场，进一步阻碍森林碳汇市场的继续发展。所以，在森林碳汇交易机制建设中期，出于长久发展的考虑，管理者应着重消除森林碳汇交易的资金障碍，保证碳汇交易机制的快速建成以及森林碳汇市场的高效发展。

2. 实现林业信息的对称

在森林碳汇交易机制的建设初期，部分地区出于自身的经济优势、环境优势以及人才、技术优势等，森林碳汇交易机制的建设十分顺利，森林碳汇交易状况也优于其他地区，这就很容易导致该地区拥有更好的林业发展资源以及多种林业部门的内部信息，进而导致该地区的森林碳汇产业的发展越来越快，与其他森林碳汇产业发展较慢的地区之间的差距越来越大，最终出现地区发展不平衡的状况，这十分不利于森林碳汇的长久发展。因此，整合优势信息，消除信息流通障碍，实现林业产业信息的对称，是森林碳汇交易机制建设中期的重点任务。

（二）集体林权改革的具体内容

随着森林碳汇交易机制的逐步建设，集体林权改革也在不断发展。与森林碳汇交易机制建设中期的任务相适应，集体林权改革在中期也有两项重点任务，一是实现林木种植科技化，二是实现林业人才专业化。这与消除森林碳汇交易障碍以及实现林业信息的对称看似风马牛不相及，实则存在关联性。比如，实现林木种植科技化和实现林业人才专业化，实际上就是实现林业技术的创新和林业人才的培养，林业整体水平提高了，自然为消除森林碳汇阻碍提供了强大的支持。此外，实现林业科技化意味着林业产业技术的升级，升级后的产业技术将有助于增强信息的对称性。具体来讲，中期任务内容如下：

1. 实现林木种植科技化

产业技术的升级一方面可以有效加快产业的发展速度，另一方面可以提高产业整体的发展水平，从技术层面提高产业地位。具体来讲，在森林碳汇交易机制建设初期，集体林权改革也处于初级阶段，而初级阶段的主要任务是健全林业发展的基础设施建设，保证森林碳汇与林业经营在基础层面的一致性，此时，集体林的经营者大多为当地村民，虽然当地村民熟悉林木的生长特性且掌握一定的种植技术，但是他们仅能保证林木的健康生长，很难保证林木的生长速度、生长质量等状况，这就导致集体林权改革很难朝着科技化的方向发展。所以，切实提高森林经营水平、实现林木种植的科技化，是中期建设的重要内容。

2. 实现林农素质专业化

现阶段，我国的林业产业仍属于劳动力密集型产业，所以，林农素质的高低是决定林业产业能否快速发展的决定性因素。林农素质主要指的是林农的专业技术水平以及专业知识的掌握程度。由于传统观念的束缚，大多数农民并没有发展林业的理念，更没有依靠林业产业发展森林碳汇的想法，此外，我国大多数林区处于经济较落后的地区，当地的经济、教育水平有限，因此，大多数农民是没有受过教育的，更不用说掌握专业的林业技术知识了。所以，在森林碳汇交易机制的建设中期，切实提高林农的专业知识水平是我们应重点实现的目标。

三、森林碳汇交易机制成熟期的内容设计

（一）森林碳汇交易机制的具体内容

到了森林碳汇交易机制发展的成熟阶段，我们应该将着力点放在如何利用森林碳汇交易的配套制度的设立来促进碳汇交易全面化发展，也就是说，我们应该着眼于产业融合、区域融合和技术融合三大方面。其中，产业融合是指实现森林碳汇交易的链条化，区域融合是指打破森林碳汇交易

的地区壁垒，技术融合是指实现碳汇交易的网络化。具体内容如下所述：

1. 实现森林碳汇交易的链条化

任何一个产业发展都不能仅仅依靠一己之力，尤其是当产业已经发展到成熟阶段，仅依靠单一力量，很难在该产业上取得重要突破。所以此时，管理者应该转换当前仅局限于产业内发展的思路，考虑如何通过森林碳汇产业发展带动其他相关产业发展。换句话说，探索"森林碳汇＋其他产业"共同发展模式是今后森林碳汇市场发展的主流方向。产业间相互交流是推动各产业协调发展的有力手段，也是促进国内各产业共同繁荣的有效途径。所以，实现森林碳汇交易的链条化发展是森林碳汇交易机制建设成熟阶段的重要内容之一。

2. 打破森林碳汇交易的地区壁垒

与产业融合可以促进森林碳汇交易快速发展的路径类似，着重于打破森林碳汇交易的地区壁垒也是推动未来森林碳汇更好发展的一剂良药。前文已经出现类似的阐述，在森林碳汇发展的各个阶段，国内各地区由于各种因素导致碳汇市场发展极其不均衡，而碳汇交易的区域融合方案则为该问题的解决提供了新思路。原因在于，在政府的大力支持下，如果区域间实现了信息、人才、技术等各要素的融合，那么就有可能通过"强帮弱"的方式实现各区域的均衡发展，这样有利于森林碳汇交易机制的建设和森林碳汇市场的进步。

3. 实现碳汇交易的网络化

随着互联网技术的迅猛发展，网络化运营模式已经普及。以手机为例，手机不仅可以实现人与人通话交流的功能，更重要的是，其已经成为个人与外界沟通的桥梁。可以说，"秀才不出门，便知天下事"已经成为现实。所以，碳汇市场未来的发展不能局限于仅依靠电脑执行各种交易，还可以借助各种手机软件的研发，创造出新的交易模式。此外，碳汇交易的交易对象可以继续延伸，除了森林碳汇之外，还应该加入其他的碳汇主体，争取实现在以"森林碳汇"为交易主体的基础上，加入其他交易品种，丰富碳汇市场的产品种类。并且，在森林碳汇交易的过程中，应该重视个体的作用，充分挖掘个人在森林碳汇交易中的潜力，不断壮大碳汇市场，争取实现碳汇交易的网络化运行。

(二) 集体林权改革的具体内容

配合着森林碳汇交易机制的建设，集体林权改革在成熟期的任务包括实现林业种植-经营-服务一体化以及实现区域间要素流通。其中，实现林业种植-经营-服务一体化与实现森林碳汇交易的链条化存在内在的一致性。因为森林碳汇交易的链条化最终要实现的是产业融合，而林业一体化最终要实现的是产业一体化发展，其本质也是产业融合。因此，二者的目标一致、方向一致。与此同时，打破森林碳汇交易壁垒与实现区域间要素流通的本质均是区域融合。所以，出于促进森林碳汇交易与集体林权改革协调发展的想法，我们在设计初期、中期以及成熟期的任务目标时，重点令二者相辅相成。具体来讲，成熟期的任务内容如下：

1. 实现林业种植-经营-服务一体化

一体化发展意味着林业产业与其他相关联产业相融合，摒弃在本产业范围内单独发展的想法，寻求一条多产业协调发展的道路。或者说，在产业内发展的基础上，发展其他相关产业。林业种植-经营-服务一体化的目标更为明确，即利用各种技术的支持以及人员的调动，将种植、经营以及林业服务项目进行融合，在林业种植业务、林业经营业务的基础上，发展林业服务业务。发展林业服务业的必要性在于，在种植过程中会出现各种技术问题，此时可以联系林业技术人员为林农提供技术服务指导，方便林农种植林木的同时，也促进了二者的交流协作。所以，实现林业种植-经营-服务一体化发展是未来林业产业发展的重要任务。

2. 实现区域间要素流通

要素流通的畅通与否决定了林业产业发展速度的快慢。当某个产业发展较慢时，要考虑如何借助外界力量提升产业发展速度。比如，产业内是否存在信息的不畅通，是否出现了技术发展瓶颈或者是否存在管理机制问题。那么，除了依靠自身力量摆脱困境之外，管理者还应该从区域融合的角度思考，如何借助其他林业发达地区的先进经验解决当下出现的问题。

所以，这就涉及了区域融合的思想。只有实现区域融合，实现各种要素在区域间的流通，才能加快林业产业的发展速度，促进林业产业向全面化、可持续化的方向发展。因此，实现区域间要素融通是林权改革成熟阶段的重要内容之一。

第二节　推动森林碳汇交易机制建设与集体林权改革协调发展的路径设计

要想促进森林碳汇交易机制建设与集体林权改革的协调发展，必须实现"两条腿走路"。换句话说，森林碳汇交易机制建设与集体林权改革需要同步进行。对于森林碳汇交易机制的建设而言，政府是森林碳汇交易机制建设的主导者。由于森林碳汇发起的初衷在于政府提供生态产品和良好的生态环境，森林碳汇作为生态建设的一部分，是政府提供的公共产品和公共服务。此外，财政部门配合政府的碳汇工作安排，尝试运用财政收入调节机制引导社会培育、保护和合理运用森林资源，实现林权明晰和林业规模化。整体而言，森林碳汇的发展需要以政府为主导并兼以财政的支持。因此，本节意图根据上文对于森林碳汇交易机制建设的三个阶段的具体内容，确立政府的主导地位，探寻实现诸多任务目标的路径，为森林碳汇交易机制的快速发展添砖助力。

一、森林碳汇交易机制建设初期的路径设计

在森林碳汇交易机制建设初期，其主要任务包括实现碳汇扶持精准化和实现碳汇交易规范化两项内容。基于这两项内容，在实际的碳汇交易机制建设的过程中，应从在税收和价格方面给予高强度的扶持政策和建立并规范碳汇交易市场两方面入手，切实完成碳汇交易机制建设初期的任务。

（一）在税收和价格方面给予高强度的扶持政策

要想实现碳汇扶持精准化，应重点从政府的角度出发，出台各项政策安排，保障碳汇市场的顺利运行。此外，林业本身就属于高风险高投入的

产业类型。在森林碳汇交易市场启动初期，由于多数林业碳汇项目的实施周期长，风险大，收益慢，融资难，导致许多企业和个人不愿意承办林业碳汇项目，因此，国家需要给予高强度的扶持政策。这种政策支持主要分为两类，一是税收扶持政策，二是价格扶持政策，二者共同为森林碳汇市场的初期建设提供保障。

1. 高强度的税收扶持政策

政府对碳汇林项目基于高强度的税收扶持政策的主要目的是降低碳汇项目的实施成本。为什么要降低成本呢？原因在于两个方面：第一，碳汇造林项目周期长。造林周期长一方面加大了林木的种植、经营、防护风险，另一方面导致资金回笼速度慢。具体来讲，就目前我国的 CDM A/R 项目而言，其实施周期基本上稳定在 20 年到 30 年范围内，那么项目实施过程中，很容易面临森林火灾、病虫害和干旱等自然灾害，这些自然灾害一旦发生，给森林碳汇产业带来的损失不可估量。再者，林业种植时间长，意味着投资于林业的资金回笼慢。林业经营收入速度根本无法跟得上资金的消耗速度，更为严重的是，二者之间存在的巨大时差，导致碳汇造林项目无法实现快速融资，反过来影响森林碳汇产业的发展。

第二，碳汇造林项目风险大。上文已述，碳汇造林项目时间周期长本身就加大了项目的风险。此外，各种自然条件的不可抗拒性也导致了碳汇造林项目风险的不断加剧。以中国广西珠江流域治理再造林项目为例，2008 年初，项目有 100.6 公顷林木遭受雨雪冰冻灾害影响而重新造林；2008 年秋季又有部分幼树受干旱影响，成活率低，需进行补植；2011 年春，因 2008 年受冻灾害重建的桉树再次受到冻害。这就大大增加了造林成本，给林业主带来了较重的经济负担。另外，多数碳汇项目大多处于偏远山区，交通不便，给物资运输和造林施工带来了很大困难，相应地增加了造林成本和实施难度。

因此，为了降低碳汇造林项目的成本，给林业经营主体营造一个良好的金融环境，我们要从制度层面改善碳汇造林成本过高的状态。制定税收扶持政策要分为三个层次，第一层次是就政府层面而言，要建立以政府为主导的税收政策制定体系，从宏观上制定税收政策的详细内容，规范林业碳汇项目的税收政策的内容。第二层次是就地方林业部门而言，林业局或者相关政府部门应设立碳汇指导机构，专门负责林业碳汇项目的前期确权、申请指导工作，尽可能降低林业碳汇项目在实施过程中各种风险发生的概率。第三层次是就林业部门下属科研单位而言，高校、科研院所或者相关机构设立林业碳汇测量验收机构，对林业经营者实行免费或者优惠性的收费政策。

2. 高强度的价格扶持政策

在森林碳汇交易市场的建设初期，价格始终是不稳定的，出现大幅上涨或下跌属于正常情况，所以，政府提供的高强度的价格管理政策显得十分必要。实际上，当前我国碳汇市场的碳汇价格呈现较低状态，此时，政府的价格管理政策偏向于价格扶持。价格在碳汇市场建设初期的价格偏低的原因在于两个方面：第一，价格直接反映碳汇市场的供求状况。目前，在我国国内市场上，交易者对林业碳汇的交易需求小，导致碳汇价格较低，并且我国并没有提高对项目实施主体的补偿额度，这导致受偿方的积极性受到严重打压。此外，在国际市场上，CDM 林业碳汇缺少市场且价格偏低，一般都在 5 美元/吨以下，且美元近 10 年来连续走低，由此可见，国际市场的碳汇价格不容乐观。

第二，环境因素加剧碳汇价格波动。环境因素主要表现在，一是相关碳汇价格对于林业碳汇项目的实施难度、申请和实施项目、检测项目的高成本很不对称。也就是说，碳汇项目成本过高，然而，碳汇市场的碳汇价格却很低。成本与价格的不对称性导致碳汇市场交易不能沿着正常轨道进行，长此以往，面对碳汇项目的高成本，投资者会降低碳汇项目的投资力度，进而导致碳汇价格越来越低。二是社会环境影响对方实施项目的约束条件较多，项目对造林业主的吸引力较小，项目没有吸引力，投资没有引导力，交易没有行动力，这难免加剧碳汇价格过低的情况。所以，这样的碳汇市场环境不利于碳汇市场的长期发展。

事实上，碳汇价格无论过高还是过低，其最终损害的都是碳汇交易者的利益，所以，政府制定的高强度的价格扶持政策，实际上是从维护碳汇交易者的利益，营造良好的碳汇交易环境的角度出发的。因此，政府制定的高强度的价格扶持政策从以下两方面着手：一是在碳汇补偿方面，国家应多考虑项目实施主体的意见和市场价值，加大政府转移支付的力度，在财政转移支付项目中增加碳汇补偿项目，利用财政预算内建设资金和国债资金加大对重要碳汇项目区域的资金投入。二是在碳汇收益分配方面。价格和收益是互相影响的关系，政府要在优先考虑收益问题的基础上，确定价格补贴的幅度。只有建立合理的收益分配方式，价格机制才会更加完善。

（二）规范碳汇交易市场

1. 扩大碳汇交易的权重与规模

加强森林碳汇交易机制的建设需要建立规范化的碳汇交易市场，而建立规范化的碳汇交易市场需要扩大碳汇交易的权重与规模，如果碳汇交易规模过小，那么建立碳汇交易市场则会增加成本，反而阻碍碳汇交易的发生，所以扩大碳汇交易规模是当下的重要任务。森林碳汇交易的是碳排放配额，交易受供求关系的影响，如果国家规定的排放配额有限，而企业的排放量比较大，碳配额价格较高，企业就会转向去提高节能减排技术水平，降低排放量，这样就达到了节能减排的目的。发展中国家普遍能源利用效率比较低，产业技术比较落后，碳排放量的可压缩空间比较大，所以国家与国家之间会发生森林碳汇的交易。

而在一国内部，国家可以将自己在一定时间内需要完成的减排标准，划分给不同的企业，各个企业之间也可以进行碳排放交易。当前的碳汇交易多是 CDM 项目与国内试点地区的减排项目，交易机制尚不成熟，因此，第一步需要加大在贫困山区对森林碳汇的宣传力度，做好林业碳汇知识的普及工作；第二步需要突破限定的碳汇交易量，当前，试点省市多允许碳汇交易占配额总量的 5%—10%，在 2017 年即将建立的全国碳市场又限定了配额分配的行业，进而限定了森林碳汇交易的规模。但是，随着全国碳市场的建立与发展，需要进一步扩大森林碳汇交易在配额总量的权重，由政府主导增加碳汇交易规模，同时增加森林碳汇的需求。

2. 取消碳汇交易的地区限制

根据国家对于森林碳汇交易的规定，碳汇交易试点地区往往不允许使用其他省市的碳配额来抵消本地区的履约承诺，原因在于，如果各省市地区随意交易碳排放量，那么不仅威胁国家法律制度的权威性，还会形成混乱的碳汇交易模式，阻碍碳汇市场的规范发展。但是，长期依照区域内独立发展的经营模式，一些林业大省的森林碳汇则会出现供需严重失衡的现象，因此，需要打破地区界限，允许碳汇跨地区交易。同时，为了避免上述问题的出现，国家应专门制定碳汇交易政策制度，逐步放开地区间的碳汇交易限制，在保护法律权威性的同时，形成各地区的森林碳汇量的供需均衡。

此外，取消碳汇交易的地区限制还要求加大政府的财政支持力度，这是因为跨地区交易森林碳汇会增加交易成本，如果交易成本过高，则会降低交易方的交易热情，并且，在缺少国家财政支持的不利条件下，各地区宁可保持森林碳汇量不均衡的现有状态，也不愿意加大资金投入以改善碳汇的供需状况，这极不利于打破碳汇交易的区域限制。与此同时，经研究发现，在不同立地条件下，如果缺少政府补贴，碳汇项目也是无法实现盈利的，尤其是碳汇市场建立之初，碳汇交易成本可能会提高，需要政府因地因林给予不同程度的碳汇补贴，激发林农的碳汇林种植热情，以推动森林碳汇市场的发展。

二、森林碳汇交易机制建设中期的路径设计

在森林碳汇交易机制建设中期，其主要任务包括消除森林碳汇交易障碍和实现林业信息的对称两项内容。基于这两项内容，在实际的碳汇交易机制建设的过程中，应从降低森林碳汇市场的交易成本和加强森林碳汇信息建设两方面入手，切实完成碳汇交易机制建设中期的任务。

(一) 降低森林碳汇市场的交易成本

森林碳汇交易的资金障碍主要指碳汇市场的交易成本问题。高交易成

本是降低参与者参与兴趣、侵蚀投资者收益的重要原因。降低森林碳汇市场的交易成本时当前我国亟待解决的问题之一，只有极大程度地降低碳汇的交易成本，才会吸引越来越多的投资者投资于森林碳汇产业，由此推动森林碳汇产业的良好发展。因此，我们可以从以下几个方面对碳汇市场的交易成本问题加以改进：

1. 规范合同文本，简化交易程序

碳汇交易的特殊之处在于碳汇的计量、认定都需要第三方严格、准确的操作，一般而言，对于国内开展自愿减排开发项目流程，首先需要提交项目申请文件，随后基于实际调查数据，准备项目佐证材料，最后，通过第三方核证机构审定，报送至国家发展改革委备案。予以备案的项目，将进入监测期，监测期一般为五年左右。监测期内的减排量经过计算后，再次反馈至国家发改委。经过第三方核查后，国家发改委才最终给予减排量备案。通常，备案后的减排量就可以直接进入市场流通。综上可以看出，碳汇交易流程较为复杂，这种复杂的交易流程将导致成本支出周期长、费用高，进而导致碳汇市场交易成本居高不下。

除此之外，出于我国复杂且多样的地理因素、森林因素等多种因素，森林碳汇的鉴定成本与检验程序非常繁琐。同时，中国境内符合碳汇计量认定资质的机构寥寥无几，这也加大了交易的困难程度。因此，我国要想降低森林碳汇的交易成本，首先需要规范合同文本，将交易流程安排等各项内容明确、合理地记录在合同文本中。这样一方面可以有效规避道德风险的发生，另一方面增强各项信息的透明度，进而最大程度地约束、保障买卖双方的合法权益，也保障了碳汇交易流程的透明化。其次需要根据现有的交易流程，合理制定新的碳汇交易流程，简化认定步骤，参考国际经验，从而有效降低交易费用。

2. 集碳汇合作组织之力，争取更多话语权

森林碳汇的许多供给者都来自偏远地区，由于知识水平有限且法律意识不足，大多数林农在谈判中的话语权较弱，因此往往在碳汇交易谈判中出于劣势地位，既无法保证林农的利益不受侵害，也无法保证林农与其他

交易者的交易流程的合法性。此时，碳汇交易者应该尝试采取联合的方式保护自己的权利。众所周知，当林农利益受到损害时，一个林农保护自己的正当权利可能并不会引起有关部门的重视，但是，当所有林农联合起来守护自己的权益时，相关部门会采取相应的措施保护林农的正当权益。因此，林农联合形成联盟对于保护自己的权利不受侵害具有十分重要的意义，换句话说，联盟形式增强了林农的话语权。此外，林农合作联盟也为林农之间的沟通互助搭建了平台，有助于促进林业产业的全方位发展。

具体而言，建立碳汇联盟分为如下三个步骤：第一，调查当地林农意愿。虽然建立碳汇联盟会产生很大的经济效益，但是联合组织的建立意味着林农需要进行长时间合作，期间难以避免出现诸如利益分配问题、业务分配问题等等，所以，是不是某一地区所有的林农都愿意进行合作，是我们需要提前弄清楚的问题。第二，各项制度措施书面化。面对林农合作可能遇到的诸多问题，林农将通过协商、谈判来进行各项制度的安排，将所有的制度措施写成书面文字进行保留，在出现问题时，按照事前的规定解决。第三，不断壮大森林碳汇联盟。只有当碳汇联盟组织形成一定的规模时，林农才有更大的话语权，由此更好地保障自身的利益并降低碳汇交易成本[1]。

（二）加强森林碳汇信息建设

实现全国各地区的信息对称意味着信息的无地界交流，所以，加强森林碳汇的信息建设就是为了实现森林碳汇信息的对称。具体来讲，加强森林碳汇信息建设应该从以下两方面着手。

1. 搭建信息共享平台

在当前的市场环境下，信息不对称问题是阻碍市场进一步发展的一大瓶颈，对于林业市场也是如此。林业市场要发展，信息的传递尤为重要。原因在于，信息不畅通导致各地区林业发展水平不均衡，林业发展难以实现全国范围内的一致，地区发展不均衡意味着部分地区的生产技术、生产

---

① 参见舒凯彤、张伟伟：《完善我国森林碳汇交易的机制设计与措施》，《经济纵横》2017年第3期。

水平以及生产效率存在极大的问题，长此以往，对于林业发展极为不利。因此，建立一个对称化的信息共享平台是当下亟需做的事情。具体来讲，建立对称化的信息共享平台的目的在于实现信息的智能化和网络化，在森林碳汇交易平台内，可以构建除交易模块之外的环境咨询模块、法律帮扶模块、疑难解答模块和碳排放项目可行性分析模块，并增加最新林业政策等新闻链接，从多个角度增加内容，为信息的公开、透明、互通提供平台。

2. 搭建数据分析平台

数据分析平台的主要作用是，根据各地区的林业基础信息数据，利用计算机科学技术以及大数据应用技术，对所有的林业基础信息数据进行整合分析，据此，为森林碳汇量的多少提供计算依据。具体而言，搭建数据平台分为如下两个步骤：第一，实现全国林业信息网络化。将全国各地的林业发展状况、林业经营水平、林业经济状态等多项内容记录在全国林业信息系统中，方便及时查找需要的各地区林业信息，为各地区的林业交流提供便利，同时也为学者进行森林碳汇的理论研究提供便利。第二，利用计算机技术，分类、分批、分地区整合各类数据，建立数学模型，为森林碳汇的预测提供依据。

三、森林碳汇交易机制建设成熟期的路径设计

在森林碳汇交易机制建设成熟期，其主要任务包括实现森林碳汇交易的链条化、打破森林碳汇交易的地区壁垒以及实现碳汇交易的网络化三项内容。基于这三项内容，在实际的碳汇交易机制建设的过程中，应从建立森林碳汇交易中介服务机制、构建森林碳汇联合组织以及发展互联网共享型碳汇交易模式三方面入手，切实完成碳汇交易机制建设成熟期的任务。

（一）建立森林碳汇交易中介服务机制

实现森林碳汇交易的链条化发展实际上就是要求实现森林碳汇与其他产业的融合发展，所以，森林碳汇交易中介服务机制的建立就为实现产业融合提供了路径。这是因为，中介本身的职能就是搭建双方沟通的桥梁，

中介服务机制的建立直接连接了森林碳汇方与其他相关产业方。具体来讲，森林碳汇交易中介服务机制的建立可以分为以下两个方面。

1. 初步建成森林碳汇交易中介服务机制

当前，我国尚缺少针对森林碳汇交易的完备管理制度和具体的规范操作程序，相应的林地流转管理制度、森林资源资产评估服务机构和林业经营的经济仲裁机构在全国多数地方还没有建立。这些林业经营中介服务机构的缺失都会制约林权流转市场的发展。由于在森林碳汇交易过程中，会涉及诸多有关林业经营的问题。比如，为了完善森林碳汇交易机制，林业经营的融资模式会得到不断创新，金融机构会接受林权抵押和森林碳汇收益权抵押来获取资金支持[1]。那么，在森林碳汇交易机制建立和完善的过程中，势必会催生出诸多林业经营的中介服务机构，来保证整个碳汇交易市场的平稳运行。

森林碳汇交易服务机制实际是为碳汇交易的顺利进行提供保障。如果没有建立森林碳汇交易服务机制，那么森林碳汇内部出现任何问题，只能选择自身消化的方式，这样不仅拉低了整个碳汇市场的发展速度，还不利于碳汇市场的长久发展。整体来讲，森林碳汇交易服务机制的建立可以从两方面做起：一是事前规划碳汇产业的发展安排，在不同阶段，根据不同需求，总结归纳在发展历程中涉及的其他产业类型，提前做好产业间的沟通交流；二是针对碳汇交易服务机制的设立制定详细的规划，依照该规划的安排，有条不紊地进行各项任务。

2. 建立森林碳汇中介服务配套制度

除了建立森林碳汇中介服务机制之外，我们还应该建立森林碳汇中介服务配套制度，来保障中介服务的顺利进行。中介服务的配套制度主要指的是法律制度和管理制度。其中，法律制度是为交易过程中出现的任何法律问题提供法律服务，也为森林碳汇与其他产业之间的任何纠纷矛盾提供法律裁判依据。管理制度则是为碳汇产业与其他产业的更好融合提供管理

---

[1]　参见张伟伟、高锦杰、费腾：《森林碳汇交易机制建设与集体林权制度改革的协调发展》，《当代经济研究》2016年第9期。

制度的支持，也就是说，我们先从管理制度方面实现融合，而后审时度势，进而——实现二者的其他方面融合，最终保证森林碳汇中介服务机制的完整性以及实现碳汇产业与其他产业共同发展的最佳状态。所以，初步建成森林碳汇交易中介服务机制，并建立森林碳汇中介服务配套制度，是促进森林碳汇交易机制建设成熟期的有效路径。

（二）构建森林碳汇联合组织

打破森林碳汇交易的地区壁垒意味着实现地区间的信息沟通交流，构建森林碳汇联合组织为地区壁垒的消除提供了路径。具体而言，构建森林碳汇联合组织可以分为以下两个方面的内容。

1. 加强区域间合作交流能力

构建森林碳汇联合组织的前提是加强区域间合作交流能力。我国国土面积较大，各地区在经济、环境、人文等方面具有不同的特点，所以，构建森林碳汇合作组织应该结合不同地区的特点，考虑地理位置、自然环境以及人文特征等诸多因素，制定详细、可行的合作方案，以此推动碳汇合作组织的建立。此外，地区之间可以组织相互交流项目，比如，组织本地林农前往临近其他省市的林区参观，记录其他林区的森林碳汇交易情况，分享林业种植经营的心得体会，加强人员的互通流动，为森林碳汇联合组织的建立提供基础。

2. 构建森林碳汇联合组织

联合组织，意味着具有一定威信的发起人（个人或单位）通过契约合同，聚集众多潜在参与者，共同建立的森林碳汇联合机构。该机构的主要负责人将为全体参与者全权接洽碳汇业务，并起到监督成员护林、造林的责任。由于联合组织的存在，分散化的林农、林地实现了良好的统一与规划，使得碳汇规模进一步增加，形成了极大的规模经济效应。与此同时，原本孤立、单一的林户也可以得益于联合组织的权威性，免除经营过程中的后顾之忧。而随着联合体中参与成员数量的增加，森林碳汇交易的成本与风险将进一步被稀释，这也变相增强了碳汇联合组织的市场竞争力。

因此，这种建立在自由平等基础上的联合组织将更好地激发林户的参与热情，从而积极地带动森林碳汇服务的开展。在经济学中，森林碳汇联合组织属于典型的规模经济形式。成员联合导致生产规模扩大，进而实现经济效益增加的结果。与此同时，规模经济的另一个好处在于成本的分摊。林户个人参与议价谈判，往往会受制于购买规模的限制。而联合组织派出代表参与交易，则可以起到增大谈判筹码的目的。由此可见，构建森林碳汇联合组织是一项很好地推进我国集体林权改革深化的设计方案。

（三）建立互联网共享型碳汇交易模式

在森林碳汇市场发展的成熟期，确定一种创新性的网络交易模式是未来碳汇市场发展的重点。当前，共享经济理念逐步普及，它指的是以互联网为媒介，整合闲散的线下资源并进行重新分配的经济形式，体现了资源分配的公平性。而互联网共享型的碳汇交易制度，则意味着碳汇交易市场具有共享经济平台的特性，能够有效促进各种闲置资源的流通。这项交易制度囊括森林碳汇的供给方、需求方以及共享型的碳汇交易市场。具体来讲，确立互联网共享型碳汇交易模式需要从以下两方面做起：

1. 发展以"碳减排"为核心的互联网碳汇市场

森林碳汇交易机制建立的目的在于实现"碳减排"。所以，将"碳减排"作为建设互联网共享碳汇市场的核心要义是正确的且需要长期坚持的。总体来看，发展以"碳减排"为核心的互联网碳汇市场共分为两步，一是在整个碳汇市场的发展过程中，重视"个人"的作用，去除个人参与碳汇交易的高门槛，推动更多的个体交易者投身于碳汇市场中；二是在大众广泛参与的基础上，利用互联网技术，开发碳汇交易软件，使碳汇交易做到广泛化参与和便捷化参与。

首先，充分发挥个体碳汇交易者的作用。个体碳汇交易者在整个森林碳汇交易过程中发挥着极其重要的作用，原因在于，虽然在森林碳汇交易市场上，碳汇个体交易者的交易量较小，但是个体交易者数量众多，这就对于森林碳汇的交易总量的增长起到了十分重要的作用。所以，在森林碳汇市场发展的成熟阶段，将越来越多的个体碳汇交易者放在重要位置，换句话说，将越来越多的个体碳汇交易者纳入到森林碳汇交易体系当中，对于提高碳汇总量将起到十分重要的作用。不仅如此，引入更多的个体碳汇交易者对于保护环境能起到十分重要的作用。在个体碳汇交易者之间组织森林碳汇的宣传工作，在加强碳汇交易机制建设的同时，还能够增强群众的环境保护意识。此外，当下各种环保类型的手机软件层出不穷，这为环境保护以及增强环境效益提供了广泛的路径。因此，可以说，个体碳汇交易者在整个碳汇交易市场的发展历程中，发挥着十分重要的作用。

其次，开发碳汇交易网站及手机碳汇交易 APP。上文简单提及环保类型的手机软件对于增强群众的环保意识起到十分重要的作用。实际上，无论是碳汇交易网站，或者是碳汇交易 APP，本质上均是为个体的碳汇交易者提供碳汇交易的平台，方便个体交易者借助各种碳交易工具，时时刻刻共享碳汇信息资源和进行碳汇交易。此外，在发展以"碳减排"为核心的互联网碳汇市场的过程中，我们明显地扩大了碳汇交易的范围，交易对象不仅包括森林碳汇，还包括个人通过步行、骑行或者公交的绿色出行方式积累得到的碳汇。这样做的好处在于，一方面为碳汇交易提供了新的思路，也就是说，碳汇交易的对象不一定是森林碳汇，还可以包括其他方式减少的二氧化碳量；另一方面也符合国家的"绿色发展"战略，帮助实现了全民低碳出行、绿色文明的健康生活方式，为低碳减排、爱护自然、保护环境做了一定的贡献。

2. 建立以"绿色碳汇"为重点的共享交易模式

确立互联网共享型碳汇交易制度的第一步是发展以"碳减排"为核心的互联网碳汇交易市场，有了市场，下一步就是建立互联网共享型的碳汇交易模式。目前，中国的互联网化碳汇市场还存在很大的发展空间。从当前的规模上看，碳汇交易发展迅速。2014 年起中国陆续开放了 7 个试点城市，截至 2015 年 10 月，累计成交额近 13 亿。并且 2017 年国家还将出台一项重大利好，即全国碳市场上市。预计经过 2 至 3 年的酝酿和发展，2020 年左右，我国将进入碳汇市场的爆发阶段，交易规模预计能达到 600 亿至 800 亿元，中值将达到 4170 亿至 5560 亿元。在碳汇交易形式上，还将包含现货、期货等多种类型①。彼时千亿级的碳汇成交规模将使得碳交易的强金融交易属性，愈发明显。

碳汇交易表面上是绿色环保类型的企业与林农或林农企业之间的交易，实际上，碳汇交易的收益群体却不局限于企业和林农，进一步来讲，碳汇交易容纳的内容除了包括碳汇交易这一项以外，还包括环境治理、生态维护、节能减排等多项内容。环境治理主要体现在碳汇交易产生的经济收益的一部分将被用于环境保护工作，比如，部分碳汇金将用于捐赠给贫困地区人群，有了资金的支持，该地区的环境治理工作可以上一个新的台阶。生态维护主要是指森林碳汇交易不仅带来经济效益，同时还会产生生态效益。通过森林碳汇交易，越来越多的人投身于森林防护建设中去，这将导致更多的森林防护带被设立、水土流失问题被缓解、温室气体排放减少等诸多好处。节能减排主要是指全民参与的节能减排活动，比如通过记录自己的步行积累碳汇等等。这种方式看似不能产生较大的碳汇量，但实际上，这也为温室气体含量的降低提供一种补充路径。

所以，在充分发挥个体参与者的作用的基础上，建立一套完备的"绿色碳汇"共享碳汇交易制度迫在眉睫。首先，"绿色碳汇"指的是通过各种绿色发展方式增加碳汇交易量。比如，利用当下比较常见的绿色出行方式、绿色造林方式、绿色减排方式等等，将积累的碳排放量转化为碳汇，进而通过互联网交易平台进行交易。这种方式将零散的小额的碳汇量集聚成一定的规模，扩大了碳汇交易数量。其次，"共享型碳汇交易制度"与共享经济类似，均是在网络平台进行的公开透明的碳汇交易方式，与其他的碳汇交易不同的是，共享型碳汇交易制度要求交易的透明化、公平化，去除部分大企业打压碳汇价格等因素，实现了人人可以参与碳汇交易，人人为节能减排做贡献的目的。最后，按照互联网模式下的碳汇计量模式与绿色出行结合，是未来碳汇产业大规模发展的必经之路。

综上，要想在森林碳汇市场的建设成熟期形成一套完备的碳汇市场交

---

① 参见郭淑芬、聂影：《我国碳汇林业融资：环境、能力与策略构想》，《林业经济》2012年第12期。

易模式，需要以"碳减排"为核心，以"共享经济"为理论基础，以"互联网"为工具，汇集所有个体形成庞大的碳汇供给方，在公开、透明的网络平台实现互联网共享型碳汇交易制度的建立。归根结底，只有所有参与减排行为的用户联合起来，形成滴水成河的效应，推动大规模碳汇交易市场运转，反哺于环保和公益事业，才是真正可持续性的环保发展模式。

第三节 促进森林碳汇交易机制建设与集体林权改革协调发展的对策

随着森林碳汇交易的深化，集体林权改革也在不断发展完善，可以说，二者相辅相成、协调进步，共同推动我国林业产业高效发展。所以，在推动森林碳汇交易机制与集体林权改革协调发展的过程中，我们应该配合碳汇交易机制的发展历程，逐步、有序提出各项对策，由此全面推动集体林权改革的完成。换句话说，我们制定的各项措施以及提出的各种对策，是贯穿于整个集体林权改革历程的。但是，这并不意味着在集体林权改革的各个阶段，可以忽略重点、不分主次地完成任务，而是应该分重点、分步骤地推行改革。所以，只有弄清楚森林碳汇交易机制建设各时期的特点，并根据该特点，有重点、有方向地布置集体林权改革的任务，才能实现二者的协调发展目标。

要想实现我国森林碳汇交易机制建设与集体林权协调发展的目标，首先应该发现二者之间存在的问题，再针对这些问题提出相应的解决对策。当前，在森林碳汇交易机制建设初期，我国集体林权改革面临的问题可以归纳为林权归属问题、集体林权流转问题等；在森林碳汇交易机制建设中期，我国集体林权改革面临的问题可以归纳为林木采伐限额问题、林业基础设施与人才培养问题等；在森林碳汇交易机制建设成熟期，我国集体林权改革面临的问题可以归纳为林业服务体系建设问题、林区发展独立化问题等。下文将着重介绍上述问题并提出解决对策，由此推动森林碳汇交易机制建设与集体林权协调发展。

一、碳汇交易机制建设初期的对策

森林碳汇交易机制建设初期，碳汇发展不健全，集体林权改革更是处于初级阶段，所以，集体林权流转问题的解决和林权收储担保机制的完善是集体林权改革进行的首要任务。在森林碳汇交易机制建设初期，我国集体林权改革面临集体林权流转问题和林权收储担保机制不完善问题。其中，集体林权流转，即在不改变集体对林地的所有权的基础上，将其使用权转移给另一方的过程。本质上，林权流转并没有改变林地资源的归属权，而非林业资源的转让。使用权通过多渠道、多途径的处置，不仅可以为农户增收，更增强了地方的林业实力。而林权收储担保机制为林权流转提供了新的思路，将闲置的林权通过收储中心统一安排，进而保障了资金的安全性和流动性。下文针对问题提出相应的解决对策，具体如下：

（一）规范集体林权流转

林权流转问题是制约森林碳汇交易机制建设与集体林权改革协调发展的重要因素。近年来，在集体林权改革过程中，林农违规流转林地现象屡禁不止，林权流转纠纷频繁出现。总体来讲，集体林权流转问题主要体现在林权流转合同纠纷激增苗头突出、林权流转市场服务畸形问题突出两个方面。为解决该问题，本书提出如下对策。

1. 完善森林资源资产评估制度

当前，我国林区的林权流转合同纠纷激增苗头突出，其具体原因在于两方面：一是我国林农"惜流"意识愈发强烈，导致林地流转困难，进一步阻碍林权流转合同的起草；二是农民易受利益驱动、法律知识水平有限且维权意识不足，进而引起流转合同纠纷。由于农村林地产权关系模糊，导致许多农民为避免林地归属不清的风险，选择将林地闲置，或者交给亲戚朋友托管，而不愿意流转林地。近年来，农户的"惜流"意识明显增强，对林地流转的热情始终不高。据统计，在2015年，有81.27%的农户不想流转林地，仅有18.63%的农民会主动选择进行林地流转，由此可见，我国农民的"惜流"意识过强，"惜流"现象过于严重。

　　针对这 18.63% 的农民，在进行林权流转时，还会出现盲目流转、错误流转、重复流转等多种问题，由此导致在林权流转过程中，合同纠纷问题屡次出现。更为严重的是，一些村社集体或林农，在产权尚未明确或产权存在纠纷的情况下，隐瞒事实或为了发展集体经济随意流转林权，与经营业主达成转让协议，收取了转让费并用于村级公路建设等公用支出。但经营业主一旦开始经营受让的林权，即引发争议，退钱退不了，合同又无效，导致经营业主进退两难，利益受损。此外，集体林权制度改革前的林地无序流转与林农维权意识的提高，林地价值增长与林权契约精神欠缺，这些也导致纠纷案件增多。

　　综上，我们可以总结归纳出，林权流转问题的直接原因分为两点，一是村民"惜流"意识过于强烈，二是村民易受利益驱动。那么，产生上述两点直接原因的根本原因是什么？本书认为，村民"惜流"意识过于强烈和易受利益驱动的根本原因是村民对于森林资源资产的估值不清，过于高估或者过于低估森林资源的价值均会影响村民的林权交易决策，比如，在不清楚森林资源价值的情况下，村民极有可能高估自己拥有的森林资源价值，在这种情况下，当给出的价格低于村民估计的价格时，村民不会选择租赁林地，这就导致村民的"惜流"意识不断增强。或者，当村民低估自己拥有的森林资源的价值时，极易受利益驱动，进而通过不正规渠道交易林权，最终出现林权流转合同纠纷问题。

　　因此，完善我国森林资源资产评估制度刻不容缓。完善森林资源资产评估机制的首要任务是得到科学合理的评估结果，而科学合理的评估结果需要评估人员的专业素养与完善的评估标准作为基础与支撑。换句话说，负责资产评估的机构必须拥有森林资源资产评估资质，专业评估人员需要审慎评估，为森林资源估测底价。然而当前，我国尚未出台有关森林资源资产评估的完备内部质量控制体系，评估方法、评估模型与评估参数的设计也存在较大缺陷，与此同时，具备专业技能的森林资产评估人员寥寥无几，这都为森林资源定价增添了些许困难。因此，在深化集体林权改革的进程中，政府部门需要率先完善森林资源资产的评估制度建设，防微杜渐，规范管理。

2. 加强林权流转市场建设

林权流转市场是林权交易顺利进行的基础，规范合理的市场机制的建立将提升林权流转效率，实现林业增收。然而，当前我国并未建立一个充分市场化的林权流转市场机制。非正规的林权流转市场不仅导致林权流转合同纠纷激增，还会导致服务畸形问题突出。比如，我国林权流转市场的中介组织发展缓慢，只有少数地方存在由地方政府组建或者主导发展起来的中介组织，非政府组建的中介组织严重不足。中介组织不足意味着林权流转不畅，即无法及时找到林地需求方和林地供给方，林权无法及时转出或转入。此外，我国林权流转市场服务、政府和中介组织服务都存在缺位和错位的问题，林权流转市场严重畸形，部分组织部门出现不作为、乱作为的情况，影响整个林业产业的运行效率。并且，在实践中，政府除提供林权登记和纠纷调处外，极少提供签订合同指导、政策法律咨询与宣传、流转价格指导、流转信息公开等其他公共服务，使得村民不了解林业相关知识。同时政府热衷于调查评估和竞拍等收费业务，与民争利，打击村民的林业经营热情。

林地流转市场服务畸形现象还导致强制私下流转问题十分突出。具体表现为，一些村组干部私下流转集体统一经营管理的林权，暗箱操作寻租，严重损害村民利益。除此之外，少数地方政府为了招商引资，完成国家下达的任务，钻了林权服务市场不完善的空子，假借推动林权服务市场发展的名义，私下流转林权，或者个别干部受个人利益驱动，利用行政力量介入林权流转，从下指标、定任务、责任到人等各个环节入手，强行推动林权流转工作的进行，最终导致林权流转问题重重，在损害村民利益的同时，危害本地的林业生产与经营。经调查，目前上访案例中，90％以上是"三过"① 流转导致的。可见，"三过"流转问题不解决，林权流转服务不完善，林业发展不会实现长久健康发展。

因此，为加快集体林权改革在我国各地区的全面推进，需要不断完善

---

① "三过"指：流转面积过大、时间过长、承包费用过低。

林权市场建设，为林权交易的顺利进行扫清障碍。加强林权流转市场建设是解决林权流转市场服务畸形的有效对策。原因在于，林权流转市场为林权交易提供具体的、有形的、规范的场所，各方交易者本着"公平、公正、公开"的原则，自愿且平等地交易林权，保证整个流程的高度透明。所以，在健全的集体林权流转市场中，非公开的林权交易是很难实现的，政府等其他相关部门同样很难乱作为，这在很大程度上保证了林权市场服务功能的较好发挥。所以，在碳汇交易机制建设初期，应着重加强林权流转市场建设，以促进森林碳汇交易机制与集体林权改革的协调发展。

（二）完善林权收储担保机制

1. 加大林权收储担保机制的支持力度

我国林权收储担保机制存在的首要问题是政府的支持力度不足。我国林区县大多是贫困县，财力有限，大部分市、县以政府为主导，成立了林权收储担保中心或金融服务中心。但是，随着收储担保贷款额的不断增加，收储担保金捉襟见肘，如何筹措这笔资金是许多市、县面临的大问题。此外，民间担保公司平均规模小，实力较有限，抗风险能力低下，融资成本高，其更愿意选择林业大户和林业企业作为担保对象，无法满足普通林农的贷款需求，从而不能很好地发挥风险分担作用。这样就导致普通林农陷入缺少资金来源渠道的困境，没有资金来源，更不用说林业产业的未来发展了。

政策的不支持是导致林权收储担保机制举步维艰的重要原因，那么，为什么政府不愿意在当地的林权收储担保机制上下功夫？究其原因在于，我国成立的林权收储担保中心大多较不规范，没有成立专门的领导组织机构，分工较为不明确，且运行环节存在诸多问题。在这种情况下，政府的支持可谓是杯水车薪，对于林权收储担保机制的完善而言起不了很大的作用。所以，政府不愿意将资金、技术、人力投入在林权收储担保机制的建设上。此外，我国的林权收储担保机构大多建立在偏远贫穷的农村，政府的资金实力有限。因此，林权收储担保机制的支持力度有限也就不足为奇了。

既然当前的林权收储担保机构存在组织结构上的问题，那么政府的首要任务应是调整组织结构，借鉴其他发展较快林区的林权收储担保机构的经验，加强机构的组织管理。加大林权收储担保机制的支持力度主要从两方面做起：第一，针对林权收储担保中心实行市场化的管理体制。单纯依靠政府的力量来进行林权收储机制的建设会面临融资难、融资慢等问题。此时，市场机制应该充分发挥作用，即尝试利用市场化手段进行林权收储担保机制的建设，将收储担保金的筹措、收储担保贷款额的降低等内容全部交由市场处理，政府在这一过程中起着统领全局的作用，必要时加以辅助支持。第二，对民间担保公司提供资金支持。为了帮助更多的林农有机会经营林地，政府应加大对民间担保公司的扶持力度，增强其风险防范能力，建立资格审查机制，最终促进林业产业的良性发展。

2．调整政府支持林权收储担保机制

政府支持林权收储担保机制的方式阻碍了担保机制的正常运转。长期以来，政府支持林权收储担保机制的主要方式是注资成立林权收储担保中心。但是，由于当地政府的财力有限，且林区缺少各类金融机构，导致林权收取担保中心收取的担保金无法发挥资金的流动性和收益性两大属性，资金的放大效应很难充分发挥。同时，林权收储担保中心的所有事物基本上都归政府打理，这种行政化运作容易导致资源配置错位，产生较高的道德风险，毫无疑问，最终风险的承担者一定是政府。由此可见，单纯依靠注入资金推动林权收储担保中心发展是不可行的。政府应该转变发展思路，考虑如何借助金融工具或者金融市场来完善林权收储担保机制。

当前，政府采取注入资金的方式组建林权收取担保机构，这种方式不仅耗资巨大，而且达不到理想的效果。所以，调整政府支持林权收储担保机制是完善林权收储担保机制的重要内容之一。所以，我们尝试使用政府奖励型支持方式。与政府注资型的支持方式相比，政府奖励型的支持方式能更好地发挥财政资金的杠杆作用，最大程度化解风险，推动林权收储担保机制的市场化进程。政府奖励型支持是指，根据林权担保机构的实际运行情况给予适当的资金支持，对于运行低效的担保机构予以处罚。这样能够激发担保机构工作人员的积极性，促进林权的流动性。所以，我们调整政府支持林权收储担保机制的方式是转变政府的支持方式，由注资支持转向奖励支持，从中小型林权收储担保机制的转变入手，尝试初步运用市场化手段实现林权收储担保机制的调整。

3. 多渠道处置林权收储担保机构抵押品

由于林权收储担保机构大多处在偏远的地方，这些地区大多存在信息不对称、林权分散、路途遥远、人力不足等诸多问题，这导致林权收储担保机构出现抵押品处置难的现象。并且，收储中心对于担保机构的抵押品难于管理，更为严重的是，这还会造成抵押品收储后无法出售变现的现实问题，抵押品无法变现就失去了抵押品利用的价值。此外，现行的林木采伐限额制度和采伐许可证制度导致林木的处置权受到限制，抵押物变卖、拍卖受到采伐政策的影响，丧失了林权抵押作为担保物权的意义，增加了收储机构的风险，严重制约了林权抵押贷款的发展。

出于自然环境的因素，拓宽处置林权收储担保机构抵押品是有一定困难的。首先，政府应该针对上述原因，规划解决问题的方案，从源头拓宽抵押品处置渠道。比如，修建公路，以保证各种物品的及时供应，也可以保证抵押品的及时输出变现。其次，加强与临近区域合作，后文也将提到打破区域壁垒对于林业发展具有十分重要的意义。所以，拓宽处置林权收储担保机构抵押品的渠道将有助于林权担保产品以及资金的流通，促进市场要素的流动，进而推动林权收储担保机制的完善。

二、碳汇交易机制建设中期的对策

在森林碳汇交易机制建设中期，各项林业基础设施较为完善，同样，集体林权改革也初见成效，这时，林业管理者要考虑的除了林业种植的规模之外，还有林木的种植技术问题。所以，在森林碳汇交易机制建设中期，我国集体林权改革面临林业种植技术问题与人才培养问题。林业种植技术与人才培养是指加强林权改革的配套设施及相关环境机制建设，并注重林业人才的培养与供给问题。

（一）提升林业种植科技化水平

1. 完善林业基础设施建设

林业基础设施的完善是推动林业种植经营良好发展的重要保证。当前，我国大部分林区的林业经营基础设施落后，林业产业发展缓慢的原因体现在三个方面：一是林木资源分布不均，不少新型林业经营主体所经营的林业资源分布在地处偏远的深山老林，人烟稀少且交通极为不便，阻碍林业资源与外界的交易。二是林区交通不便，大多数林区未通林区公路，林农无力开发林地，林地资源优势无法显现，林地开采潜力并未完全开发，这在很大程度上导致林地资源的浪费。三是森林防护措施不到位，规模较小的新型林业经营主体出于资金、成本等因素影响，普遍不重视护林防火等基础设施的建设，缺乏较完备的森林防火林道和防火林带以及防火监控系统，森林资源存在安全隐患。

此外，完善林业基础设施也是推动林业产业科技化发展的关键。近几年，伴随着生态系统急剧变化、环境污染问题、耕地面积有限、人们追求健康等原因，植树造林、林地生态红线等等愈加受到重视。加之气候变暖、物种灭绝等问题的国际化，人们逐渐意识到林业发展的重要性。此外，在经济方面，速生丰产林的突破加快了森林生长速度，国家将碳汇交易提上日程，增强了碳汇交易的重要性，由此促进碳汇交易的规范、合理且完善。在政策方面，国家已径把林地提到跟耕地一样的级别，粮油安全问题方面也有意向林地方面进一步发展。国家对于林业发展的愈发重视，将作为其振兴的最大砝码，最终形成良性循环。所以，接下来的重点任务是研发新型的林业发展技术，加快林业产业的发展步伐。

众所周知，一项先进的林业管理理念或者前沿的林业科技成果，若想顺利应用于实际，其必要条件便在于林区环境与基础设施建设能够相互配套，同时拥有足够的资源、信息与技术接纳能力。当前，我国地方林区建设差距较大，林区基础设施也呈现老旧现象，这与现代林业发展需求极不相称，也无法满足林业现代化种植的要求。因此，为了建设地方林区的基础环境，林地经营者需要增强在林区的人才储备、改善交通运输情况、稳定电力与供水系统、增加在培训活动开展等方面的投入，同时，利用林业的各项相关政策引导人力、物力和财力流向林区环境建设，激发林业种植热情，坚定林业发展的信心，推动地区林业快速发展。

2. 加大科技投入力度

科技是第一生产力。自集体林权改革开展以来，国家对于林业科技产业给予了一定的支持，但是林业产业依旧面临技术水平较低、种植经营低端化等问题。这对于林业产业今后的发展十分不利，进一步对森林碳汇产业的发展也起到了不利的影响。因此，切实提高林业种植的技术水平，是我们亟待解决的问题。提高林业技术水平的第一步是完善林业基础设施建设，第二步就是加大科技投入力度。加大科技投入力度是针对政府层面而言的，具体可以从以下两方面着手：

第一，加大科技资金支持。资金是发展科技的一大阻碍，如果政府能够给予强有力的资金支持，那么科技水平的提高可以说指日可待。当然，加大政府的资金支持并不意味着政府盲目地、无限量地投入科研资金，而后不管不顾。政府应该事前统筹规划，事中加强监管，事后总结经验。具体来讲，首先，政府设立林业专用科研基金，确定资金投入总量，并下设专门的林业部门掌管该项资金，确保林业科研基金的专款专用。其次，政府加强对林区的科技项目的监管，比如，安排林区科研人员定期交送成果汇报，总结近期取得的科研成果或者目前面临的问题和阻碍，保证林业科研项目的有序进行。最后，政府总结归纳经验，针对完成的各项科研项目或者申请的科研成果，撰写文字报告，整理、装订成册，以便日后查阅。

第二，引导林业技术自主创新。政府的资金支持只是为林区的科研水平的提升提供保障，对科学技术的研发起不到关键作用。所以，在拥有资金支持的基础上，引导科技创新是接下来林区工作人员应重点完成的任务。具体来讲，政府可以通过科研基金的建立，激励区域外的技术引进。当然，对于这种外来的技术引进，不是完全照搬照抄，而是结合区域内自身的发展特点、存在的问题，改变现有的林业经营模式，创新林业种植技术、抚育技术，力争做到"创新有动力、改革有方向、发展有路径"的最佳状态，进一步提升我国的林业自主创新水平。还可以通过"产-学-研"一体化链条的打造，为林业技术水平的持续提高奠定人才基础，也为产业发展与科技创新完美对接的实现提供途径。

（二）促进人才培养与激励

1. 加强林区内的人才培养

我国幅员辽阔，但森林资源缺乏，林业经济占比低且不受重视，林业部门在各级政府中受冷落（当然山区、林区除外）。众所周知，森林覆盖率的增长、林业经济的发展都是长期任务，但是，在政府狠抓经济狠抓绩效的同时，并没有将林业发展放置于突出位置。而且，林业部已降级为国家林业局，虽然始终是直属于国务院，但其组织架构已大不如前。这些因素均导致林业产业发展缓慢。此外，当前，林区的农业人口急剧下降，越来越多的林农开始选择进城务工而非留守林地。在工业优先发展的大潮下，林业所占的经济比重也越来越少，加之林业发展见效慢，大众和地方政府便更对其兴趣寥寥，仅仅依靠计划经济式的发展，始终不甚如意。

面对林业发展的困境，区域内人才的培养显得尤为重要，原因在于：一方面培养区域内人才的成本较低，出于地理位置的因素，留住人才比引进人才更有优势；另一方面人才培养是实现科技兴林的保障，充足的人才供应可以保障林业产业的可持续发展。具体来讲，加强区域内人才培养应从两方面做起：第一，建立林业技术合作组织，促进林业生产信息的传播，为各林区的林农交流生产经验提供平台，也为外来林业技术指导人员的授课提供便利条件，由此强化技术人员与林农的沟通交流和林农与林农的探讨协作；第二，成立林业文化学习月，每年的固定月份，分批组织林农统一学习林业技术，通过阅读、知识问答、竞赛等多种模式，培养林农的学习兴趣，激发林农的学习热情，从根本上普遍提高林农素质。

2. 加强林区外的技术引进

整个林业工作，涉及的方面很多。单就技术层面，就包括农业、林业、生物、机械、管理、经济、法律、治安、消防、交通等诸多专业知识。课题组通过走访调研东北国有林区发现，东北国有林区里的一个林业局就是一个完整的社会运作体系。各行各业、各种业技术人员，都可以进入林业行业系统工作，这造成了林业生产的不规范。所以，目前，基层林业单位急需的大多是林业专业技术人才，是能招来即用的人才。但这并不意味着其他专业人才是不需要的，即要求实现以林业专业人才为主，其他专业人才为辅的最佳状态。

实际上，林业人才招之不来的原因在于基层林业工作者的待遇不高。当下，不同地区的基层林业工作者的待遇差异较大，最低待遇仅能维持生活，最高待遇堪比金蓝领。这一结果同国家政策、当地政府对林业的支持力度、林业生产单位的性质以及林业产业的创收能力，都有很大关系。国家支持力度不足、林业生产单位人员组织结构臃肿、林业产业创收能力较弱，均导致林业工作者收入水平低下。因此，从各个方面入手，加强必要的人才引进，建立人才激励机制，将有效增加林业对市场中人才的吸引力度，促使更多有志者扎根基层、服务林业，推动林业产业的发展振兴。

三、碳汇交易机制建设成熟期的对策

到了森林碳汇交易机制建设的成熟阶段，碳汇发展趋于规范化，此时，配合碳汇交易机制的发展，集体林权改革也进入成熟期，这时，林业管理者应该将改革的重点放在林业服务体系的完善和林业区域合作方面，依靠林业服务体系的发展和区域合作推动森林碳汇交易的完善。在森林碳汇交易机制建设成熟期，我国集体林权改革面临林业服务体系需要完善和林区发展独立化问题。林业体系是一个庞大的自组织系统，它的运作发展离不开林业服务体系的加成。林业服务体系渗透于林业生产、林权流转、林业收益分配和生态保护等各个环节，它是联结林业主体与市场要素的纽带与桥梁。为解决上述问题，本书提出如下对策：

（一）完善林业服务体系

随着时代的发展，科技的进步，林业服务体系越来越向着网络化、信息化、智能化、技术化和集成化的方向转变。那些陈旧的服务制度、落后淡薄的林业服务意识、非智能化的服务平台已不能满足林业未来发展的需求。只有多元化的服务门类、高水准的服务水平、全方位的服务网络联通，才能达到我国林业服务体系真正为林改添砖助力的目的。因此，我国应从以下几个方面，加强林业服务体系建设。

1. 整合林业要素

集体林权改革的首要任务是整合林业要素。只有对于林业要素有了整体的了解，并对其进行整合归纳，才能形成完整的林业规划。林业要素包括林地资源、市场流转信息、林业科技信息、资金、服务平台等等。众所周知，一个高效有序的林业市场的建立，需要不断依靠市场价格机制的作用，加速林业要素的整合与配置。具体来讲，信息网络、服务网络、法律咨询、林权交易等各系统间应该打通物理接口，实现各系统的完美融合。这样才能在供给端实现林业要素的转移，打破信息的不对称，使得林业发展所需的技术、资金与信息资源得以充分共享，进而保证资源的充分利用。

与此同时，林业要素的整合关键更在于人才队伍建设。林业服务质量提升的根本便在于高素质人才的引进。当前，诸如东北林业大学等专业院校已逐渐出现人才外流，未从事相关岗位的现象。这与林企对人才重视程度不足，待遇偏低息息相关。长此以往，林业专业人才的缺失将制约林业产业发展、林业碳汇发展以及林业相关产业发展。因此，若想壮大林业产业的发展，需要加大对专业人才的激励机制，令其坚定服务林业的初心，通过业务技能培训增强其专业素养和业务能力，从人才队伍建设层面加强林业要素的整合和完善，最终促进林业服务体系的建立和健全。

2. 打造龙头企业

当前，我国林业服务体系的主体认定标准不明确，缺少支撑整个林业服务体系建立的龙头企业。对于家庭林场，因中央文件从未出现过相应提法，导致一些省区林业部门在协调有关部门明确家庭林场登记注册的条件、类型等政策时遇阻，进而难以制定富有针对性的扶持政策。监测调查中发现很多农户，甚至基层林业部门工作人员也不清楚家庭林场和专业大户的区别，两者经常被混为一谈。一些新型经营主体观念陈旧，认识不足，生产经营以经济林为主，品种结构单一，林分质量较差。新型经营主体更多偏重于经营规模的扩大，其经营方式相对落后，缺乏对林产品的精深加工，林产品附加价值利用程度低，市场开发能力弱，难以达到"集约化、专业化、组织化、社会化"的要求。

此外，我国各地方省市林业发展非平衡的现象十分突出，具体表现在两个方面：一是林业服务主体始终不清楚，由于各地区发展不均衡，林业产业所处的阶段也各有不同，部分地区以林木种植为重点，大力发展林业种植业，在此基础上发展林业碳汇项目，部分地区则以保护生态环境为主，并不从事森林碳汇交易或者很少从事森林碳汇交易，或者将从事森林碳汇交易获得的利益全部用于新一轮的林木种植。由此导致有的地区以经济效益为主，有的地区以生态效益为主，缺乏明确的目标，进而导致各地区森林碳汇的发展水平参差不齐，发展状况各有不同。二是林木资源难以实现跨区域转移。与其他资源不同，林木资源由于自身的生长属性，不能随意更换地区种植，如果将某一地区的林木转移至其他地区，这将会导致林木生长很难快速适应当地的环境。此外，林木的大批量移植也不符合现实。因此，要想在短时间内实现森林碳汇产业在全国范围内的均衡发展，从技术上来讲是难以实现的。但是，政府可以从政策层面加以支持，比如打造龙头企业发挥带头作用等等。

（二）积极推动林业合作建设

1. 建立技术流转机制

当前，我国南方各省市地区森林碳汇发展较快，相比之下，北方各省市地区发展较为缓慢。原因在于，南方作为集体林权改革的现行地区，其在资金、技术、人才等方面均经历了长期发展，因此，南方部分地区有能力保证技术的先进性以及人才的高级性。但是，我们可以发现，尽管南方部分地区林业产业及森林碳汇发展比较迅速，但是其仅局限于当地独自发展，并未形成地区间的互利共赢模式。这就造成了发展快的地区发展依旧快，发展慢的地区发展依旧慢，全国各地区发展速度不均衡，这样极易出现经济的不对称现象。此外，各地区独立发展，还容易造成地区内的各种林业要素局限性，其中，以林业技术发展最为严重。

众所周知，林业技术的好坏是决定该地区林业发展速度的重要因素，所以，加快林业技术发展速度是当下林业工作者应聚力完成的环节。林业技术包括林业生产技术、林业种植技术以及林业培育制度等诸多内容。然而，由于各地区间经济存在差异，导致技术发展水平不均。技术发展水平的不均衡将影响国内整体的林业技术水平，阻碍林业技术的进一步提高，这是因为区域的技术不均衡直接导致地区内技术发展局限，区域内与区域外并未形成很好的沟通，各地区仅操作自己熟悉的技术，对其他的林业技术置若罔闻，进而导致国内整体的林业技术水平停滞不前。

因此，林区发展独立化导致林业技术发展空间较为局限，各地区未实现林业技术的有效沟通交流，技术流转机制的建立显得尤为重要。也就是说，各林区应积极筹备新型林业合作模式、走出一条规模化、科学化的林业发展之路，确保林业整体水平的提高。建立技术流转机制可以从两方面做起：一是在本区域内发展林业专业技术，在原有技术的基础上实现新的创新，推动区域内的林业技术创新；二是在各区域间实现技术的流转，积极引进区域外的先进技术，并依据本地区的环境、经济特点，对引进的技术进行修改、完善，因地制宜，将外地引进技术"本土化"，促进国内林业技术链条化发展。

2. 建立资金融通机制

资金是产业发展的根本保障，只有建立良好的融资机制，才能从根本上保证林业产业的长效发展。然而，林区发展独立化导致各林区呈现独立种植、独立经营、独立防护的局面，这在很大程度上阻碍了林区间资金的融通。无论是林地的种植，还是林地的经营，资金都是促进林业发展的关键因素。资金融通不畅造成部分经营效益好的林区出现资金闲置的状态，而部分经营效益差的林区出现资金紧张的状态。对于林业这种经营风险较大的产业来讲，仅仅依靠银行贷款实现资金的供给是极为困难的，此时，资金紧张的林区需要资金充裕的林区的帮助。若各地区间未建立合理的融通机制，则会导致资金流动困难，进一步影响林业发展。

　　前文在金融层面已经详细阐述了林业发展融合问题的解决方案，本章从区域间资金融通的角度，提出建立资金融通机制的对策，促进区域间资金的供需均衡。建立资金融通机制分为两步：第一，建立全国林区信息平台。全国林区信息平台的建设直接为国内林农的信息交流提供平台，由此促进林业信息在全国范围内的流动，并消除林业信息的不对称。第二，政府主导实行"一对一"林业资金对接政策。政府具有政策发布的强制性，调查国内各主要林区的资金供需状况，一对一实现资金的融通对接，保证各林区资金的有效供给，从而促进区域内、区域间资金的融通交流。

结 语

伴随着经济的蓬勃发展，尤其是近年来，环境问题日益突出，绿色发展成为中国持续发展的必然选择。追本溯源，植树造林与森林保护是绿色发展的关键。作为与林业息息相关的两项制度建设——集体林权制度改革与森林碳汇交易机制建设的关系问题成为摆在我们面前的重要课题。

本书通过理论建模、数值模拟与实证检验等方法证明了集体林权制度改革与森林碳汇交易机制建设存在协调发展的必要性与可行性，认为二者应在政策设定、金融互助、经营管理及辅助设施安排四个层面协调发展。在政策设定层面，尽量减少两项林业制度建设间的政策分歧，包括林业补贴额度设定、砍伐期限设定等问题；在金融互助层面，利用森林碳汇金融衍生工具为林业金融发展开拓渠道，同时提供风险规避的工具，利用林业金融基本工具促进森林碳汇金融的发展；在经营管理层面，通过林业经营管理模式选择、林业管理效率提高等方式降低碳汇林种植中的碳渗漏问题，通过碳汇林经营管理模式设定提高森林的生态功效；在辅助措施层面，做好当前林业发展面临的基本问题，包括规范林地流转和森林碳汇交易机制，完善森林资源资产评估制度，加强林业基础设施建设等。

本书的研究目标是通过建立与完善森林碳汇市场深化集林权制度改革，通过建立长效的市场化的森林生态补偿机制实现人类与自然的和谐发展。在本书中，笔者关注的是林业制度建设方面的问题，笔者并非林业培育领域的专家，书中难免存在一些不足之处，欢迎广大读者批评指正。

参考文献

习近平：《关于〈中共中央关于全面深化改革若干重大问题的决定〉的说明》，《人民日报》2013年11月16日。

习近平：《携手构建合作共赢、公平合理的气候变化治理机制》，《人民日报》2015年12月1日。

《绿水青山就是金山银山——习近平同志在浙期间有关重要论述摘编》，《浙江日报》2015年4月17日。

《中华人民共和国土地管理法实施条例》，《工程经济》1999年第2期。

曾程、沈月琴：《基于林业部分的中国宏观社会核算矩阵构建》，《北京林业大学学报（社会科学版）》2014年第6期。

陈丽荣、曹玉昆、朱震锋、韩丽晶：《碳交易市场林业碳汇供给博弈分析》，《林业经济问题》2015年第3期。

陈世清、王佩娟、郑小贤：《南方集体林区森林资源产权变动管理对策研究》，《林业经济》2005年第9期。

陈曦、李姜黎：《欧盟森林生态补偿制度对我国的启示》，《山东省农业管理干部学院学报》2012年第1期。

陈永富、陈辛良、陈巧、潘辉、陈杰、李文林：《新集体林权制度改革下森林资源变化趋势分析》，《林业经济》2011年第1期。

杜强、陈乔、杨锐：《基于Logistic模型的中国各省碳排放预测》，《长江流域资源与环境》2013年第2期。

方精云、陈平安、赵淑清、慈龙骏：《中国森林生物量的估算》，《植物生态学报》2002 年第 3 期。

房凤文：《集体林权制度改革政策效果：基于一阶差分模型的估计——以福建省永安市为为例》，《林业经济》2011 年第 7 期。

高海：《农地入股合作社的嬗变及其启示》，《华北电力大学学报（社会科学版）》2013 年第 2 期。

郭彩霞、邵超峰、鞠美庭：《天津市工业能源消费碳排放量核算及影响因素分解》，《环境科学研究》2012 第 2 期。

郭淑芬、聂影：《我国碳汇林业融资：环境、能力与策略构想》，《林业经济》2012 年第 12 期。

国家林业局赴芬兰、瑞典林业经营管理考察团：《芬兰、瑞典林业经营管理考察报告》，《绿色中国》2005 年第 7 期。

何得桂：《产权与政治：集体林权改革的社会影响——从山区农村治理角度的分析》，《湖北社会科学》2013 年第 1 期。

侯元兆：《从国外的私有林发展看我国的林权改革》，《世界林业研究》2009 年第 2 期。

胡元聪：《基于经济学视野中的外部性及其解决方法分析》，《现代法学》2007 年第 11 期。

胡运宏、贺俊杰：《1949 年以来我国林业政策演变初探》，《北京林业大学学报（社会科学版）》2012 年第 3 期。

胡运宏、贺俊杰：《1949 年以来我国林业政策演变初探》，《北京林业大学学报（社会科学版）》2012 年第 3 期。

黄李焰、陈少平、陈泉生：《论我国森林资源产权制度改革》，《西北林学院学报》2005 年第 2 期。

黄萍：《论我国林权制度的完善》，《江西社会科学》，2011 年第 11 期。

黄庆安：《林权抵押贷款及其风险防范》，《山东财政学院学报》2008 年第 5 期。黄水长：《森林经营管理对森林碳汇的影响和提高措施探析》，

《科技与企业》2015 年第 15 期。

贾治邦：《深化农村改革的重大战略举措——学习〈中共中央、国务院关于全面推进集体林权制度改革的意见〉》，《求是》2008 年第 19 期。

蒋金荷：《中国碳排放量测算及影响因素分析》，《资源科学》2011 年第 4 期。

蒋舟：《外部性理论研究现状评述》，《决策与信息（中旬刊）》2013 年第 5 期。焦敏娟：《境外碳排放交易市场的发展运行机制》，《期货日报》2015 年 3 月 24 日。

柯水发、温利亚：《中国林业产权制度变迁进程、动因及利益关系分析》，《绿色中国》2005 第 20 期。

蓝虹、朱迎、穆争社：《论化解农村金融排斥的创新模式——林业碳汇交易引导资金回流农村的实证分析》，《经济理论与经济管理》2013 年第 4 期。

李晨婕、温铁军：《宏观经济波动与我国集体林权制度改革——1980 年代以来我国集体林区三次林权改革"分合"之路的制度变迁分析》，《中国软科学》2009 年第 6 期。

李磊、肖光年：《基于主成分回归的无锡碳排放量影响因素分析》，《城市发展研究》2011 年第 5 期。

李瑞红：《新型农民合作组织发展与金融支持问题研究》，《中国发展》2013 年第 13 期。

李跃辉、蒋盼：《中国碳排放量影响因素研究——基于省级面板数据的分析》，《经济问题》2012 年第 4 期。

林海权、王昌海、谢屹、王战楠、温亚利：《基于农户视角的北京市集体林权制度改革评价及影响因素研究》，《林业经济》2014 年第 1 期。

刘博杰、逯非、王效科、刘魏魏：《森林经营与管理下的温室气体排放、碳泄漏和净固碳量探究进展》，《应用生态学报》2017 年第 2 期。

刘璨、吕金芝、王礼权、林海燕：《集体林产权制度分析—安排、变迁与绩效》，《林业经济》2006 年第 11 期。

刘文佳：《中国林业金融支持的框架构建与发展模式》，《林业经济》2016 年第 4 期。

陆菁、刘毅群：《要素替代弹性、资本扩张与中国工业行业要素报酬份额变动》，《世界经济》2016 年第 3 期。

潘佳佳、李廉水：《中国工业二氧化碳排放的影响因素分析》，《环境科学与技术》2011 年第 4 期。

邵锋祥、屈小娥、席瑶：《陕西省碳排放环境库兹涅茨曲线及影响因素——基于 1978—2008 年的实证分析》，《干旱区资源与环境》2012 年第 8 期。

沈月琴、王枫、张耀启、朱臻、王小玲：《中国南方杉木森林碳汇供给的经济分析》，《林业科学》2013 年第 9 期。

沈月琴、曾程、王成军、朱臻、冯娜娜：《碳汇补贴和碳税政策对林业经济的影响研究——基于 CGE 的分析》，《自然资源学报》2015 年第 4 期。

舒凯彤、张伟伟：《完善我国森林碳汇交易的机制设计与措施》，《经济纵横》2017 年第 3 期。

宋杰鲲：《基于 LMDI 的山东省能源消费碳排放因素分解》，《资源科学》2011 年第 1 期。

王磊：《对外贸易对中国经济增长影响的实证分析——基于 1997—2007 年中国进口非竞争性投入产出表的分析》，《山西财经大学学报》2013 年第 1 期。

王磊：《基于投入产出模型的天津市碳排放预测研究》，《生态经济》2014 年第 1 期。

王丽冰：《基于国际比较视角的林业税费研究》，《绿色财会》2012 年第 1 期。

王小玲、沈月琴、朱臻：《考虑碳汇收益的林地期望值最大化及其敏感性分析—以杉木和马尾松为例》，《南京林业大学学报（自然科学版）》2013 年第 4 期。

王怡：《我国碳排放量情景预测研究—基于环境规制视角》，《经济与管理》2012 年第 4 期。

王昭琪：《农户参与林业碳汇意愿及影响因素动态分析——以云南省凤庆县、镇康县为例》，《中国林业经济》2014 年第 5 期。

王琢、许浜：《从初级合作社到高级合作社——二论中国农村土地制度变革的六十年》，《技术经济与管理研究》1996 年第 4 期。

魏倩：《中国农村土地产权的结构与演进——制度变迁的分析视角》，《社会科学》2002 年第 7 期。

文骁、朱志军、许志敏：《足印——新中国成立 60 周年经济发展轨迹（1949—1959）》，《改革》2009 年第 2 期。

吴萍：《我国集体林权改革背景下的公益林林权制度变革》，《法学评论》2012 年第 3 期。

吴庆标、王效科、段晓男等：《中国森林生态系统植被固碳现状和潜力》，《生态学报》2008 年第 2 期。

吴宗宁、王松江：《云南煤炭项目开发的 BOT 融资模式研究》，《财经论坛》2017 年第 27 期。

肖欣伟、黄蕊等：《深化集体林权制度改革的主要保障与措施》，《经济纵横》2017 年第 4 期。

徐国泉、刘则渊、姜照华：《中国碳排放的因素分解模型及实证分析》，《中国人口·资源与环境》2006 年第 6 期。

徐秀英、吴伟光：《南方集体林地产权制度的历史变迁》，《世界林业研究》2004 年第 3 期。

续姗姗：《森林碳汇项目态势分析—以黑龙江省森工国有林区为例》，《生态经济（中文版）》2012 年第 3 期。

颜士鹏：《基于森林碳汇的生态补偿法律机制之构建》，载《生态文明与林业法制——2010 全国环境资源法学研讨会（下册）》，2010 年。

杨梅：《印度林权制度探析》，《经营管理者》2010 年第 8 期。

杨培涛、奉钦亮、覃凡丁：《广西集体林权制度改革绩效综合评价计量分析》，《林业经济》2011 年第 8 期。

尹朝静、范丽霞、李谷成：《要素替代弹性与中国农业增长》，《华南农业大学学报（社会版）》2014 年第 5 期。

尹少华、周文朋：《湖南省森林碳汇估算与评价》，《中南林业科技大学学报》2013 年第 7 期。

于丽红、兰庆高：《林权抵押贷款情况的调查研究——以辽宁省抚顺市林权抵押贷款实践为例》，《农村经济》，2012 年第 11 期。

余久华、郑一宁、吴丽芳、王寿：《关于〈森林法〉修订的探讨》，《法治研究》2008 年第 6 期。

俞毅：《我国进出口商品结构与对外直接投资的相关性研究——基于 VAR 模型的分析框架》，《国际贸易问题》2009 年第 6 期。

张蕾、黄雪丽：《深化集体林权制度改革的成效、问题与建议》，《西北农林科技大学学报（社会科学版）》2016 年第 7 期。

张蕾：《半个世纪的奋进——中国林业 50 年发展成就和展望》，《中国林业》1999 第 10 期。

张伟伟、高锦杰、费腾：《森林碳汇交易机制建设与集体林权制度改革的协调发展》，《当代经济研究》2016 年第 9 期。

张晓梅：《国有林权制度改革的政府职能与政策保障研究》，《林业经济问题》2007 年第 6 期。

张艺鹏、姚顺波、郭亚军：《国有林权制度改革对承包户收入的影响——基于 DID 模型的实证研究》，《林业经济》2014 第 9 期。

张志达、李世东：《德国生态林业的经营思想、主要措施及其启示》，《林业经济》，1999 年第 2 期。

赵爱文、李东：《中国碳排放灰色预测》，《数学的实践与认识》2012 年第 4 期。赵绘宇：《论生态系统管理》，《华东理工大学学报（社会科学版）》2009 年第 2 期。

支玲、许文强、洪家宜、刘燕、李平云：《森林碳汇价值评价——三北防护林体系工程人工林案例》，《林业经济》2008 年第 3 期。

周黎安、陈烨：《中国农村税费改革的政策效果：基于双重差分模型的估计》，《经济研究》2005 年第 8 期。

朱大业：《实行林业分类经营办好商品材基地》，《农业现代化研究》1988 年第 6 期。

朱冬亮、肖佳：《集体林权制度改革：制度实施与成效反思——以福建为例》，《中国农业大学学学报（社会科学版）》2007 年第 3 期。

朱臻、沈月琴、吴伟光、徐秀英、曾程：《碳汇目标下农户森林经营最优决策及碳汇供给能力——基于浙江和江西两省调查》，《生态学报》2013 年第 4 期。

车昕哲：《PPP 模式在城市基础设施建设中的应用研究》，硕士学位论文，重庆大学，2008 年。

陈晓娜：《集体林权制度改革效益评价及模式选择研究》，博士学位论文，山东农业大学，2012 年。

戴凡：《新中国林业政策发展历程分析》，硕士学位论文，北京林业大学，2010 年。

郭艳斌：《我国森林碳融资机制研究》，硕士学位论文，北京林业大学，2012 年。

黄开琼：《基于交易费用理论的农户林权抵押贷款模式创新研究》，硕士学位论文，西南林业大学，2013 年。

姜霞：《中国林业碳汇潜力和发展路径研究》，硕士学位论文，浙江大学，2015 年。

鲁德：《中国集体林权改革与森林可持续经营》，博士学位论文，中国林业科学研究院，2011 年。

秦建民：《退耕还林还草经济补偿问题研究》，硕士学位论文，中国农业大学，2004 年。

王小军：《基于农户视角的集体林权制度改革主观评价与森林经营行为研究》，博士学位论文，北京林业大学，2013 年。

郁婷婷：《REDD 机制参与碳交易的理论研究及路径设计》，博士学位论文，东北林业大学，2014 年。

　　谢丽：《论湖南林业管理体制改革》，硕士学位论文，湖南师范大学，2013 年。

　　杨爽：《基于非线性规划的碳配额金融市场的构建》，硕士学位论文，东北财经大学，2012 年。

　　张娇娇：《森林碳汇视角下吉林省林业产业发展研究》，硕士学位论文，长春理工大学，2015 年。

　　周俊：《南方集体林区森林可持续经营管理机制研究》，硕士学位论文，北京林业大学 2010 年。

　　朱磊：《长白落叶松人工林动态林价评估及营林投资效益分析》，硕士学位论文，东北林业大学，2005 年。

　　国家林业局：《应对气候变化林业行动计划》，中国林业出版社 2010 年版。

　　国家林业局"集体林权制度改革监测"项目组编：《集体林权制度改革监测报告（2015）》，中国林业出版社 2016 年版。

　　吕植：《中国森林碳汇实践与低碳发展》，北京大学出版社 2014 年版。

　　徐秀英：《南方集体林区森林可持续经营的林权制度研究》，中国林业出版社 2005 年版。

　　《中国林业统计年鉴》（2012—2015 年）。

　　霍小光、罗宇凡：《习近平：把建设美丽中国化为人民自觉行动》，2015 年 4 月 3 日，见 http://news. xinhuanet. com/politics/2015-04/03/c_1114868498. htm。

　　霍小光、张晓松：《习近平：发扬前人栽树后人乘凉精神　多种树种好树管好树》，2016 年 4 月 6 日，见 http://cpc. people. com. cn/n1/2016/0406/c64094-28252296. html。

　　刘德钦：《林权收储是一种好的融资担保模式》，2015 年 12 月 25 日，见 http://www. forestry. gov. cn/portal/stafa/s/576/content-830973. html。

学习中国：《习近平：建设绿色家园是人类的共同梦想》，2016 年 4 月 7 日，见 http：//politics. people. com. cn/n1/2016/0407/c1001-28258626. html。

中国共产党新闻网：《习近平谈"十三五"五大发展理念之三：绿色发展篇》，2015 年 11 月 12 日，见 http：//cpc. people. com. cn/xuexi/n/2015/1112/c385474-27806216. html。

中国林科院：《部分发达国家森林法对采伐的主要规定》，2010 年 8 月 20 日，见 http：//www. jsforestry. gov. cn/art/2010/8/20/art _ 323 _ 62218. html。

Adam Gibbon, Miles R. Silman, Yadvinder Malhi et al., "Ecosystem Carbon Storage Across the Grassland - Forest Transition in the High Andes of Manu National Park, Peru", *Ecosystems*, Vol. 13, No. 7 (2010), pp. 1097—1111.

Afton Clarker-Sather, Jiansheng Qu, Qin Wang, Jingjing Zeng, Yan Li, "Carbon Inequality at the Sub-National Scale: A Case Study of Provincial-level Inequality in CO_2 Emissions in China 1997—2007," *Energy Policy*, Vol. 39, No. 9 (2011), pp. 5420—5428.

Amy E. Duchelle, Marina Cromberg, Maria Fernanda Gebara et al., "Linking Forest Tenure Reform, Environmental Compliance, and Incentives: Lessons from REDD+ Initiatives in the Brazilian Amazon", *World Development*, Vol. 55 (2014), pp. 53—67.

Brant Liddle, Sidney Lung, "Age-Structure, Urbanization, and Climate Change in Developed Countries: Revisiting STIRPAT for Disaggregated Population and Consumption-Related Impacts", *Population Environment*, Vol. 31, No. 5 (2010), pp. 317—343.

Brian C. O'Neill, Michael Dalton, Regina Fuchs et al., "Global Demographic Trends and Future Carbon Emissions", *Proceedings of the National Academy of Sciences of the United States of America*, Vol. 107, No. 41

(2010), pp. 17521—17526.

Brian E. Robinson, Margaret B. Holland & Lisa Naughton-Treves, "Does Secure Land Tenure Save Forests? A Meta-Analysis of the Relationship between Land Tenure and Tropical Deforestation", *Global Environmental Change*, Vol. 29 (November 2014), pp. 281—293.

Cecilia Luttrell, Ida Aju Pradnja Resosudarmo, Efrian Muharrom et al., "The Political Context of REDD+ in Indonesia: Constituencies for Change", *Environmental Science & Policy*, Vol. 35 (2014), pp. 67—75.

Charles Palmer, Markus Ohndorf & Ian A. MacKenzie, *Life's a Breach! Ensuring 'Permanence' in Forest Carbon Sinks under Incomplete Contract Enforcement*, CER-ETH-Center of Economic Research at ETH Zurich, Working Paper, 2009 (09/113).

Dan Klooster, "Environmental Certification of Forests in Mexico: The Political Ecology of a Nongovernmental Market Intervention", *Annals of the Association of American Geographers*, Vol. 96, No. 3 (2006), pp. 541—565.

Daniel Klooster, Omar Masera, "Community Forest Management in Mexico: Carbon Mitigation and Biodiversity Conservation through Rural Development", Global Environmental Change, Vol. 10, No. 4 (2000), pp. 259—272.

David P. Edwards, Lian Pin Koh, William F. Laurance, "Indonesia's REDD+ Pact: Saving Imperilled Forests or Business as Usual?", *Biological Conservation*, Vol. 151, No. 1 (2012), pp. 41—44.

Detlef P. van Vuuren, Monique Hoogwijk, Terry Barker et al., "Comparison of Top-down and Bottom-Up Estimates of Sectoral and Regional Greenhouse Gas Emission Reduction Potentials", *Energy Policy*, Vol. 37, No. 12 (2009), pp. 5125—5139.

Ian Frame, "An Introduction to a Simple Modelling Tool to Evaluate the

Annual Energy Consumption and Carbon Dioxide Emissions from Non-Domestic Buildings", *Structural Survey*, Vol. 23, No. 1 (2005), pp. 30—41.

Jan Willem den Besten, Bas Arts & Patrick Verkooijen, "The Evolution of REDD+: An Analysis of Discursive-institutional Dynamics", *Environmental Science & Policy*, Vol. 35 (2014), pp. 40—48.

Kaisa Korhonen-Kurki, Maria Brockhaus, Amy E. Duchelle et al., "Multiple Levels and Multiple Challenges for Measurement, Reporting and Verification of REDD+", *International Journal of the Commons*, Vol. 7, No. 2 (2013), pp. 344—366.

Kristell A. Miller, Stephanie A. Snyder, Michael A. Kilgore, "An Assessment of Forest Landowner Interest in Selling Forest Carbon Credits in the Lake States, USA", *Forest Policy and Economics*, Vol. 25 (December 2012), pp. 113—122.

Leo Peskett, Kate Schreckenberg & Jessica Brown, "Institutional Approaches for Carbon Financing in the Forest Sector: Learning Lessons for REDD+ from Forest Carbon Projects in Uganda ", *Environmental science & policy*, Vol. 14, No. 2 (2011), pp. 216—229.

Nicos M. Christodoulakis, Sarantis C. Kalyvitis, Dimitrios P. Lalas et al., "Forecasting Energy Consumption and Energy Related CO_2 Emission in Greece: An Evaluation of the Consequences of the Community Support Framework II and Natural Gas Penetration", *Energy Economics*, Vol. 22, No. 4 (2000), pp. 395—422.

Pablo Benítez, Ian McCallum, Michael Obersteiner & Yoshiki Yamagata, "Global Supply for Carbon Sequestration: Identifying Least-Cost Afforestation Sites Under Country Risk Consideration", IIASA Interim Report. IIASA, Laxenburg, Austria: IR-04-022.

Peter J. Marcotullio, Julian D. Marshall, "Potential Futures for Road

Transportation CO_2 Emissions in the Asia Pacific", *Asia Pacific Viewpoint*, Vol. 48, No. 3 (2010), pp. 355—377.

R. K. Dixon, Allen M. Solomon, Sanda Brown et al., "Carbon Pools and Flux of Global Forest Ecosystems", *Science*, Vol. 263 (January 1994), pp. 185—190.

Roland Olschewski, Pablo C. Benítez, "Secondary Forests as Temporary Carbon Sinks? The Economic Impact of Accounting Methods on Reforestation Projects in the Tropics", *Ecological Economics*, Vol. 55, No. 3 (2005), pp. 380—394.

Soumyananda Dinda, "A Theoretical Basis for the Environment Kuznets Curve", *Ecological Economics*, Vol. 53, No. 3 (2005), pp. 403—413.

Todd Hale, Viktoria Kahui, Daniel Farhat, "A Modified Production Possibility Frontier for Efficient Forestry Management under the New Zealand Emissions Trading", *Australian Journal of Agricultural & Resource Economics*, Vol. 59, No. 1 (2014), pp. 116—132.

Ugur Soytas, Ramazan Sari, "Energy Consumption, Economic Growth, and Carbon Emissions: Challenges Faced by an EU Candidate Member", *Ecological Economics*, Vol. 68, No. 6 (2009), pp. 1667—1675.

Volkey Krey, Brian C. O'Neill, Bas van Ruijven et al, "Urban and Rural Energy Use and Carbon Dioxide Emissions in Asia", *Energy Economics*, Vol. 34, S3 (2012), pp. S272—S283.

Yazhen Gong, Gary Bull & Kathy Baylis, "Participation in the World's First Clean Development Mechanism Forest Project: The Role of Property Rights, Social Capital and Contractual Rules", *Ecological Economics*, Vol. 69, No. 6 (2010), pp. 1292—1302.

附 表

附表 1　2014 年度社会核算矩阵

单位：亿元

	林业	农业	其他	林产品	农产品	其他	劳动	资本	居民	企业	政府	劳动增值税	资本增值税	关税	投资-储蓄	出口	总需求
林业				4639												5	4644
农业					59403											517	59920
其他						1135012										91016	1226028
林产品	856	14	4891						24		0					−36	5749
农产品	509	7885	37445						12245	238						4456	62778
其他	1654	16656	794592						125412	56009					231653		1225976
劳动	1299	28267	153457														183023
资本	326	7072	200726														208124
居民							183023	24509			18995						226527
企业								167795									167795
政府	0	14	13408					19498	7377	31935		8206	13315	17290			111043
劳动增值税	0	7	8199														8206
资本增值税	0	5	13310														13315
关税				0	654	16636											17290
投资-储蓄									81469	135860	35801					−17057	236073
国外				1110	2721	74328		−3678									74481
总需求	4644	59920	1226028	5749	62778	1225976	183023	208124	226527	167795	111043	8206	13315	17290	236073	74481	3830972

附表 2　碳汇补贴模拟结果——水平比较

补贴价格	0 元/吨	50 元/吨	100 元/吨	150 元/吨	200 元/吨	250 元/吨	300 元/吨	350 元/吨	400 元/吨
森林部门									
产出价格水平	0.986	0.991	1.004	1.033	1.084	1.171	1.316	1.552	1.929
产出量水平	4975.467	4886.061	4762.946	4595.284	4368.987	4066.822	3670.852	3170.12	2574.844
要素投入价格	1.002	0.896	0.79	0.684	0.578	0.472	0.366	0.26	0.155
要素投入量	1688.588	1919.625	2196.726	2529.692	2927.565	3392.944	3908.312	4411.162	4770.135
森林碳汇量	3.436	3.906	4.470	5.148	5.957	6.904	7.952	8.976	9.707
非农其他部门									
产出价格水平	0.971	0.972	0.973	0.975	0.977	0.981	0.986	0.993	1.001
产出量水平	1289387	1287126	1284199	1280405	1275503	1269255	1261570	1252823	1244294
要素投入价格	1.005	1.004	1.004	1.005	1.005	1.005	1.006	1.008	1.011
要素投入量	377564.2	377453.6	377366.9	377324.3	377360.2	377531.7	377928.2	378672.8	379889.9
GDP	429514.3	429545.4	429592.0	429660.4	429759.0	429899.9	430097.4	430365.3	430707.6
碳税总额	0	203.321	465.336	803.826	1240.455	1797.416	2485.425	3274.7	4050.679

附表 3　碳汇补贴模拟结果——变化率

补贴价格	50 元/吨	100 元/吨	150 元/吨	200 元/吨	250 元/吨	300 元/吨	350 元/吨	400 元/吨
森林部门								
产出价格	0.51%	1.83%	4.77%	9.94%	18.76%	33.47%	57.40%	95.64%
产出量	−1.80%	−4.27%	−7.64%	−12.19%	−18.26%	−26.22%	−36.28%	−48.25%
要素投入价格	−10.58%	−21.16%	−31.74%	−42.32%	−52.89%	−63.47%	−74.05%	−84.53%
要素投入量	13.68%	30.09%	49.81%	73.37%	100.93%	131.45%	161.23%	182.49%
非农其他部门产出价格	0.10%	0.21%	0.41%	0.62%	1.03%	1.54%	2.27%	3.09%
产出量水平	−0.18%	−0.40%	−0.70%	−1.08%	−1.56%	−2.16%	−2.84%	−3.50%
要素投入价格	−0.10%	−0.10%	0.00%	0.00%	0.00%	0.10%	0.30%	0.60%
要素投入量	−0.03%	−0.05%	−0.06%	−0.05%	−0.01%	0.10%	0.29%	0.62%
GDP	0.01%	0.02%	0.03%	0.06%	0.09%	0.14%	0.20%	0.28%

注：附表 3 中变化率以碳价格为 0 元/吨的情形为基准。

附表 4　EUA、CER 现货价格的自相关检验

	EUA				CER			
	AC	PAC	Q-Stat	Prob	AC	PAC	Q-Stat	Prob
1	0.9200	0.9200	192.0700	0.0000	0.9620	0.9620	209.9600	0.0000
2	0.8560	−0.0650	359.1800	0.0000	0.9350	0.1310	409.1800	0.0000
3	0.7910	−0.0310	502.6100	0.0000	0.9130	0.0830	600.2300	0.0000
4	0.7290	−0.0200	624.9300	0.0000	0.8910	−0.0020	782.7200	0.0000
5	0.6740	0.0130	729.9200	0.0000	0.8630	−0.0750	954.7900	0.0000
6	0.6040	−0.1210	814.6100	0.0000	0.8350	−0.0430	1116.5000	0.0000
7	0.5560	0.0860	886.7500	0.0000	0.8140	0.0800	1271.3000	0.0000
8	0.4920	−0.1130	943.5300	0.0000	0.7920	−0.0190	1418.2000	0.0000
9	0.4460	0.0610	990.3600	0.0000	0.7670	−0.0280	1556.6000	0.0000
10	0.3970	−0.0380	1027.7000	0.0000	0.7470	0.0540	1688.7000	0.0000
11	0.3410	−0.0740	1055.3000	0.0000	0.7330	0.0640	1816.4000	0.0000
12	0.2800	−0.1050	1073.9000	0.0000	0.7170	−0.0020	1939.2000	0.0000
13	0.2290	0.0550	1086.5000	0.0000	0.7040	0.0510	2057.9000	0.0000
14	0.1830	−0.0370	1094.6000	0.0000	0.6890	−0.0230	2172.5000	0.0000
15	0.1330	−0.0360	1098.9000	0.0000	0.6780	0.0170	2283.7000	0.0000
16	0.0860	−0.0450	1100.7000	0.0000	0.6660	0.0110	2391.6000	0.0000
17	0.0340	−0.0540	1101.0000	0.0000	0.6510	−0.0340	2495.3000	0.0000
18	−0.0040	0.0220	1101.0000	0.0000	0.6340	−0.0540	2594.3000	0.0000
19	−0.0380	0.0090	1101.3000	0.0000	0.6170	−0.0220	2688.4000	0.0000
20	−0.0600	0.0370	1102.2000	0.0000	0.6020	0.0090	2778.3000	0.0000
21	−0.0880	−0.0540	1104.2000	0.0000	0.5840	−0.0210	2863.5000	0.0000
22	−0.1140	−0.0030	1107.4000	0.0000	0.5670	−0.0010	2944.0000	0.0000
23	−0.1320	−0.0060	1111.8000	0.0000	0.5490	−0.0140	3020.0000	0.0000
24	−0.1550	−0.0400	1117.8000	0.0000	0.5310	−0.0260	3091.4000	0.0000
25	−0.1750	−0.0430	1125.6000	0.0000	0.5190	0.0830	3160.0000	0.0000
26	−0.1930	0.0180	1135.2000	0.0000	0.5070	0.0080	3225.6000	0.0000
27	−0.2170	−0.0830	1147.3000	0.0000	0.4920	−0.0340	3287.8000	0.0000
28	−0.2420	−0.0490	1162.4000	0.0000	0.4790	0.0050	3347.1000	0.0000
29	−0.2750	−0.1120	1182.1000	0.0000	0.4650	−0.0440	3403.2000	0.0000
30	−0.2950	0.0320	1204.7000	0.0000	0.4500	−0.0280	3456.0000	0.0000

	EUA				CER			
	AC	PAC	Q-Stat	Prob	AC	PAC	Q-Stat	Prob
31	−0.3120	−0.0160	1230.3000	0.0000	0.4350	−0.0050	3505.6000	0.0000
32	−0.3190	0.0600	1257.2000	0.0000	0.4200	−0.0120	3552.2000	0.0000
33	−0.3250	−0.0440	1285.1000	0.0000	0.4120	0.0700	3597.1000	0.0000
34	−0.3200	0.0710	1312.4000	0.0000	0.3970	−0.0500	3639.0000	0.0000
35	−0.3090	−0.0020	1338.0000	0.0000	0.3810	−0.0160	3678.0000	0.0000

附表 5 EUA、CER 现货价格及对数收益率表

日期	EUA_P	CER_P	EUA_LP	CER_LP
2016/1/11	7.45	0.46	−0.056605862	−0.044451763
2016/1/12	7.04	0.44	0.001419447	−0.022989518
2016/1/14	7.05	0.43	−0.049428666	0.045462374
2016/1/15	6.71	0.45	−0.028724575	−0.022472856
2016/1/18	6.52	0.44	0.043517744	−0.046520016
2016/1/19	6.81	0.42	−0.119988108	0
2016/1/21	6.04	0.42	0.046896224	−0.024097552
2016/1/22	6.33	0.41	−0.065276023	0
2016/1/25	5.93	0.41	−0.022166295	−0.075985907
2016/1/26	5.8	0.38	0.037229342	0
2016/1/28	6.02	0.38	0.006622541	0
2016/1/29	6.06	0.38	−0.052509945	−0.082238098
2016/2/1	5.75	0.35	−0.031804801	0.028170877
2016/2/2	5.57	0.36	0.023071121	0
2016/2/3	5.7	0.36	−0.026668247	0
2016/2/4	5.55	0.36	0	0
2016/2/5	5.55	0.36	−0.055569851	0
2016/2/8	5.25	0.36	−0.011494379	0
2016/2/9	5.19	0.36	−0.109866478	0
2016/2/11	4.65	0.36	0.060498112	0.027398974
2016/2/12	4.94	0.37	0.006054509	0
2016/2/15	4.97	0.37	−0.038979294	0
2016/2/16	4.78	0.37	0.088056855	−0.055569851
2016/2/18	5.22	0.35	0.007633625	0
2016/2/19	5.26	0.35	−0.011472401	0
2016/2/22	5.2	0.35	−0.011605546	0.055569851
2016/2/23	5.14	0.37	−0.072612533	−0.027398974
2016/2/25	4.78	0.36	0.060870715	0
2016/2/26	5.08	0.36	−0.046332557	0
2016/2/29	4.85	0.36	0.0102565	0

日期	EUA_P	CER_P	EUA_LP	CER_LP
2016/3/1	4.9	0.36	−0.020619287	0
2016/3/2	4.8	0.36	0.016529302	−0.028170877
2016/3/3	4.88	0.35	−0.016529302	0.028170877
2016/3/4	4.8	0.36	0.030771659	0.027398974
2016/3/7	4.95	0.37	0.010050336	−0.027398974
2016/3/8	5	0.36	0	0.027398974
2016/3/10	5	0.37	0.001998003	0.026668247
2016/3/11	5.01	0.38	−0.018127385	−0.026668247
2016/3/14	4.92	0.37	−0.022611446	0
2016/3/15	4.81	0.37	0.022611446	0
2016/3/17	4.92	0.37	0	0.026668247
2016/3/18	4.92	0.38	−0.012270093	0.025975486
2016/3/21	4.86	0.39	−0.01242252	−0.025975486
2016/3/22	4.8	0.38	−0.00836825	0
2016/3/24	4.76	0.38	−0.00210305	0.025975486
2016/3/29	4.75	0.39	0.004201687	−0.025975486
2016/3/30	4.77	0.38	0.041073535	0
2016/3/31	4.97	0.38	0.041385216	0
2016/4/1	5.18	0.38	−0.019493795	0.100083459
2016/4/4	5.08	0.42	0.034819765	−0.048790164
2016/4/5	5.26	0.4	−0.005719749	0
2016/4/7	5.23	0.4	0	0.024692613
2016/4/8	5.23	0.41	0.035684537	0.070617567
2016/4/11	5.42	0.44	0.038013627	−0.046520016
2016/4/12	5.63	0.42	−0.028830826	−0.074107972
2016/4/14	5.47	0.39	0.012715884	0
2016/4/15	5.54	0.39	−0.029306127	0
2016/4/18	5.38	0.39	0.016590242	0.025317808
2016/4/19	5.47	0.4	0.01991016	−0.051293294
2016/4/21	5.58	0.38	0.028270434	0

续表

日期	EUA_P	CER_P	EUA_LP	CER_LP
2016/4/22	5.74	0.38	0.030877239	−0.026668247
2016/4/25	5.92	0.37	0.026668247	0.052643733
2016/4/26	6.08	0.39	0.132297079	0
2016/4/27	6.94	0.39	−0.044189811	0.050010421
2016/4/28	6.64	0.41	−0.054150893	0
2016/4/29	6.29	0.41	−0.067404309	0
2016/5/3	5.88	0.41	0.041637988	0
2016/5/6	6.13	0.41	−0.028124269	−0.024692613
2016/5/9	5.96	0.4	−0.053414936	0.024692613
2016/5/10	5.65	0.41	0.066748467	0.024097552
2016/5/12	6.04	0.42	−0.049204157	0
2016/5/13	5.75	0.42	0.032509279	0
2016/5/17	5.94	0.42	−0.0118545	0
2016/5/19	5.87	0.42	0.013536586	−0.024097552
2016/5/20	5.95	0.41	−0.016949558	0.024097552
2016/5/23	5.85	0.42	−0.020726131	−0.024097552
2016/5/24	5.73	0.41	0.02923682	0.024097552
2016/5/27	5.9	0.42	0.016807118	0
2016/5/31	6	0.42	−0.00836825	0
2016/6/2	5.95	0.42	0.001679262	0
2016/6/3	5.96	0.42	0.014987791	0
2016/6/6	6.05	0.42	0.01476647	0.023530497
2016/6/7	6.14	0.43	−0.01476647	−0.023530497
2016/6/9	6.05	0.42	−0.020034059	0
2016/6/10	5.93	0.42	−0.017007213	0
2016/6/13	5.83	0.42	−0.008613318	0
2016/6/14	5.78	0.42	0.006896579	−0.048790164
2016/6/16	5.82	0.4	−0.024349029	0
2016/6/17	5.68	0.4	0.013986242	0.024692613
2016/6/20	5.76	0.41	−0.013986242	0

日 期	EUA_P	CER_P	EUA_LP	CER_LP
2016/6/21	5.68	0.41	−0.023153305	0.024097552
2016/6/22	5.55	0.42	0.00896867	−0.048790164
2016/6/23	5.6	0.4	−0.121360857	0
2016/6/24	4.96	0.4	−0.020367303	0
2016/6/27	4.86	0.4	−0.01242252	0
2016/6/28	4.8	0.4	−0.071227509	0
2016/6/30	4.47	0.4	−0.027212564	0
2016/7/1	4.35	0.4	0.09217046	0
2016/7/4	4.77	0.4	0.018692133	0
2016/7/5	4.86	0.4	−0.033475929	0.048790164
2016/7/7	4.7	0.42	−0.054658413	−0.024097552
2016/7/8	4.45	0.41	0	0
2016/7/11	4.45	0.41	0.017817843	0.024097552
2016/7/12	4.53	0.42	0.055808472	−0.024097552
2016/7/14	4.79	0.41	−0.029663192	0.024097552
2016/7/15	4.65	0.42	0.066552621	−0.048790164
2016/7/18	4.97	0.4	−0.045275222	0.048790164
2016/7/19	4.75	0.42	−0.021277398	0
2016/7/20	4.65	0.42	0.010695289	−0.024097552
2016/7/21	4.7	0.41	−0.021506205	0.024097552
2016/7/22	4.6	0.42	−0.00873368	0
2016/7/25	4.56	0.42	−0.01102547	0
2016/7/26	4.51	0.42	0.015401845	0
2016/7/28	4.58	0.42	−0.044650274	0
2016/7/29	4.38	0.42	0	0
2016/8/1	4.38	0.42	−0.013793322	0
2016/8/2	4.32	0.42	0.062800901	−0.024097552
2016/8/4	4.6	0.41	0.032088315	0
2016/8/5	4.75	0.41	0.008385793	0.024097552
2016/8/8	4.79	0.42	0.016563526	0

续表

日期	EUA_P	CER_P	EUA_LP	CER_LP
2016/8/9	4.87	0.42	−0.024949319	−0.048790164
2016/8/11	4.75	0.4	0.02289382	0
2016/8/12	4.86	0.4	−0.016597891	−0.025317808
2016/8/16	4.78	0.39	−0.027573327	−0.025975486
2016/8/17	4.65	0.38	−0.021739987	0.051293294
2016/8/18	4.55	0.4	0.034560675	0
2016/8/19	4.71	0.4	0	0
2016/8/26	4.71	0.4	−0.086432506	−0.051293294
2016/9/2	4.32	0.38	−0.0719735	−0.026668247
2016/9/5	4.02	0.37	−0.020101179	0.026668247
2016/9/6	3.94	0.38	0.020101179	0
2016/9/8	4.02	0.38	0.012361097	0
2016/9/9	4.07	0.38	−0.032462276	0.025975486
2016/9/12	3.94	0.39	0.007585371	−0.025975486
2016/9/13	3.97	0.38	−0.007585371	0
2016/9/15	3.94	0.38	0.078088437	0
2016/9/16	4.26	0.38	−0.007067167	0
2016/9/19	4.23	0.38	0.01641303	−0.026668247
2016/9/20	4.3	0.37	0.006952519	0
2016/9/22	4.33	0.37	0.011481182	0.026668247
2016/9/23	4.38	0.38	0.027028672	−0.026668247
2016/9/26	4.5	0.37	0.002219757	0.026668247
2016/9/27	4.51	0.38	0.11506933	0.025975486
2016/9/29	5.06	0.39	−0.011928571	0
2016/9/30	5	0.39	0.033434776	−0.025975486
2016/10/4	5.17	0.38	0.094078544	0
2016/10/6	5.68	0.38	−0.010619569	0
2016/10/7	5.62	0.38	−0.016143848	0.025975486
2016/10/10	5.53	0.39	0.009000961	0
2016/10/11	5.58	0.39	0.001790511	−0.025975486

续表

日期	EUA_P	CER_P	EUA_LP	CER_LP
2016/10/13	5.59	0.38	0.010676258	−0.026668247
2016/10/14	5.65	0.37	0.033075252	0
2016/10/17	5.84	0.37	0.008525201	0.026668247
2016/10/18	5.89	0.38	−0.032789823	0
2016/10/20	5.7	0.38	−0.021277398	−0.054067221
2016/10/21	5.58	0.36	0.059147673	0
2016/10/24	5.92	0.36	−0.023932766	0
2016/10/25	5.78	0.36	0.020548668	0.027398974
2016/10/27	5.9	0.37	−0.034486176	−0.027398974
2016/10/28	5.7	0.36	0.0104713	0
2016/10/31	5.76	0.36	0.097517338	0.027398974
2016/11/3	6.35	0.37	0.029482353	0
2016/11/4	6.54	0.37	−0.012307848	−0.027398974
2016/11/7	6.46	0.36	−0.057340547	−0.057158414
2016/11/8	6.1	0.34	−0.024897552	0.057158414
2016/11/10	5.95	0.36	−0.016949558	0
2016/11/11	5.85	0.36	−0.05444716	0
2016/11/14	5.54	0.36	0.001803427	0
2016/11/15	5.55	0.36	0.00896867	−0.028170877
2016/11/17	5.6	0.35	0.022948933	0
2016/11/18	5.73	0.35	−0.05193647	−0.089612159
2016/11/21	5.44	0.32	−0.003683245	−0.064538521
2016/11/22	5.42	0.3	−0.02427757	−0.033901552
2016/11/24	5.29	0.29	−0.046430003	0
2016/11/25	5.05	0.29	−0.050772325	−0.03509132
2016/11/28	4.8	0.28	−0.051293294	−0.036367644
2016/11/29	4.56	0.27	−0.026668247	0.105360516
2016/12/1	4.44	0.3	−0.027398974	−0.033901552
2016/12/2	4.32	0.29	−0.037740328	0
2016/12/5	4.16	0.29	−0.00240674	0

续表

日期	EUA_P	CER_P	EUA_LP	CER_LP
2016/12/6	4.15	0.29	0.019093659	0.033901552
2016/12/8	4.23	0.3	0.057421053	0
2016/12/9	4.48	0.3	0.037244173	0.032789823
2016/12/12	4.65	0.31	0.035906708	0
2016/12/13	4.82	0.31	0.028631813	−0.032789823
2016/12/15	4.96	0.3	−0.077525717	0
2016/12/16	4.59	0.3	0.085557888	0
2017/1/9	5	0.3	0.113328685	0
2017/1/10	5.6	0.3	−0.055059777	0
2017/1/12	5.3	0.3	−0.046340337	−0.033901552
2017/1/13	5.06	0.29	−0.019960743	0.033901552
2017/1/16	4.96	0.3	−0.032789823	−0.033901552
2017/1/17	4.8	0.29	0.016529302	0
2017/1/19	4.88	0.29	0.05579136	0
2017/1/20	5.16	0.29	0.034289073	0.033901552
2017/1/23	5.34	0.3	−0.020814375	0
2017/1/24	5.23	0.3	−0.046975368	0
2017/1/30	4.99	0.3	0.041222716	−0.068992871
2017/1/31	5.2	0.28	0.007662873	0.03509132
2017/2/2	5.24	0.29	−0.003824096	−0.03509132
2017/2/3	5.22	0.28	−0.02718614	0
2017/2/6	5.08	0.28	0	0
2017/2/7	5.08	0.28	0.032916815	0.03509132
2017/2/9	5.25	0.29	0.009478744	0
2017/2/10	5.3	0.29	−0.044366003	−0.03509132
2017/2/13	5.07	0.28	−0.023953241	0
2017/2/14	4.95	0.28	0.002018164	0.03509132
2017/2/16	4.96	0.29	−0.022427036	0
2017/2/17	4.85	0.29	0.040409538	0
2017/2/20	5.05	0.29	0.007889587	0

日 期	EUA_P	CER_P	EUA_LP	CER_LP
2017/2/21	5.09	0.29	0.015594858	−0.03509132
2017/2/23	5.17	0.28	0.026719147	0
2017/2/24	5.31	0.28	−0.005665738	−0.036367644
2017/2/27	5.28	0.27	−0.024929383	0.036367644
2017/2/28	5.15	0.28	0.108462496	0
2017/3/2	5.74	0.28	−0.033661283	0
2017/3/3	5.55	0.28	−0.014519311	0
2017/3/6	5.47	0.28	−0.007339482	0
2017/3/7	5.43	0.28	−0.051002554	0
2017/3/9	5.16	0.28	−0.015625318	0
2017/3/10	5.08	0.28	0.005888143	0
2017/3/13	5.11	0.28	0.009737175	0
2017/3/14	5.16	0.28	−0.017595762	0
2017/3/16	5.07	0.28		

附表 6 我国金融体系支持林业经济发展的实证数据

年份	林业总产值	林业贷款	财政税收	林业新增固定资产	林业固定资产投资
2015	4436.39	57.98	62661.93	1732.87	1966.89
2014	4256	53.28	59139.91	1290.46	1592.39
2013	3902.43	40.86	53890.88	1075.93	1356.58
2012	3447.08	36.15	47319.08	770.88	1010.62
2011	3120.68	31.44	41106.74	683.74	889.9
2010	2595.47	31.7	32701.49	497.5	742.4
2009	2193	26.11	26157.43	456.71	584.31
2008	2152.9	11.55	23255.11	282.56	392.56
2007	1861.64	6.47	19252.12	200.02	297.63
2006	1610.81	10.56	15228.21	167.17	246.01
2005	1425.54	3.35	12726.73	127.88	180.14
2004	1327.12	4.99	9999.59	98.11	145.51
2003	1239.93	4.67	8413.27	102.55	150.24
2002	1033.5		7406.16		
2001	938.75				
2000	936.5				
1999	886.3				
1998	851.3		4438.45		
1997	917.8		4002.04		
1996	778		3448.99		
1995	709.9		2832.77		
1994	611.1		2294.91		
1993	494		3371.31		
1992	422.6		2443.26		
1991	367.9		2209.62		
1990	330.3				
1989	284.92				
1988	275.3				
1987	221.98				
1986	201.19				
1985	188.7				

资料来源：中国统计年鉴（2016）

后 记

　　本书是笔者主持的国家社科基金项目的最终成果。为获取基础数据并确保分析的准确性，本书在选题与写作过程的各个环节几乎都进行了实地调研。在同门师兄弟、科研好友及学生的支持和帮助下，历时3年多时间最终付梓成书。

　　在选题环节，笔者随同吉林财经大学金融学院祝国平副院长对吉林省农村地区进行实地调研时发现，林权改革问题研究价值较高，故结合本人研究方向拟定了该选题。后经吉林大学经济学院丁一兵和史本叶两位副院长反复推敲，东北师范大学社科处白冰副处长对选题进行了逐字逐句的审核和修改，最终确定选题。在写作过程中，受吉林省发改委委派，笔者参加了由欧盟专家主持的中国碳市场建设会议，对碳市场理论进行了深入的学习和交流。在对北京环境交易所、北方能源环境交易所进行过实地调研后，在国家林业局、中国人民银行长春支行、北方能源环境交易所、吉林省统计局和吉林省林学会等部门和组织所提供的关于林业政策、金融与经营管理等方面的资料和数据的支持下，笔者开始了课题的深入研究工作。在初稿写作过程中，长春理工大学的崔蕊副教授、盛志君副教授、黄蕊副教授、诺敏博士，吉林大学东北亚研究院的陈治国副教授、孙飞飞硕士、彭诗琪硕士，长春财经学院的冯楠副教授，东北财经大学的李媛硕士，长春光华学院的高锦杰老师提供了大量帮助。人民出版社的孟令堃编辑对著作初稿反复推敲，提高了写作的规范性。此外，本书得到了吉林省能源局项目《吉林省能源供给侧结构性改革对策研究》和吉林省长吉图规划项目

《长吉图开发开放先导区口岸经济建设与发展问题研究》的资金支持。

笔者对以上及所有提供过帮助的师长、好友及学生，在此一并感谢。

笔者

2017 年 12 月